AF393791

Halbleiterprobleme

in Referaten des Halbleiterausschusses
des Verbandes Deutscher Physikalischer Gesellschaften
Mainz 1955

BAND III

Herausgegeben und kommentiert von
Prof. Dr. Dr.-Ing. E. h. Walter Schottky, Erlangen

Mit 75 Abbildungen

SPRINGER FACHMEDIEN WIESBADEN GMBH 1956

Halbleiterprobleme

Herausgegeben und kommentiert von
Prof. Dr. Dr.-Ing. E. h. W. Schottky, Erlangen

Band I   In Referaten des Halbleiterausschusses des Verbandes Deutscher Physikalischer Gesellschaften, Innsbruck 1953. VIII, 387 Seiten mit 111 Abbildungen. 1954.

Band II   In Referaten des Halbleiterausschusses des Verbandes Deutscher Physikalischer Gesellschaften, Hamburg 1954. VIII, 292 Seiten mit 62 Abbildungen. 1955.

ISBN 978-3-662-16111-1   ISBN 978-3-540-75302-5 (eBook)
DOI 10.1007/978-3-540-75302-5

Copyright © 1956 by
Springer Fachmedien Wiesbaden
Ursprünglich erschienen bei Friedr. Vieweg & Sohn, Braunschweig 1956
Gesamtherstellung: Buchdruckerei Richard Borek KG., Braunschweig

Vorwort

Die Beiträge dieses III. Bandes in der Reihe unserer „Halbleiterprobleme"
sind aus Referaten entstanden, die im September 1955 in Mainz auf der
3. Referatentagung des Halbleiterausschusses des Verbandes Deutscher Physikalischer Gesellschaften vorgetragen und diskutiert wurden. Eine wachsende
Zuhörerfrequenz und eine besonders lebhafte Diskussionsbeteiligung zeichnete
diese Tagung aus; vor allem zeigte sich, daß die Koppelung von elektronischen
und materiellen Vorgängen, die in verschiedenen der in diesem Bande ver-
einigten Beiträge eine maßgebende Rolle spielt, die Hörer fesselte und auf-
schlußreiche Diskussionsbemerkungen, auch aus Nachbargebieten, veranlaßte,
so daß ein gegenseitiges Zuspielen der Erfahrungen und Auffassungen in den
Zuhörern den Eindruck erwecken konnte, einer an Ort und Stelle gewonnenen
Förderung der Einsichten beigewohnt zu haben.

Auch der nachträgliche Meinungsaustausch über die Referat-Themen, der der
Druckfassung zugute kam, hat sich gegen früher eher noch gesteigert, ebenso
konnte in der Buchveröffentlichung die Tagungsdiskussion etwas eingehender
als bisher berücksichtigt werden.

Mit Dank gegen die in- und ausländischen Kollegen, die sich den großen und
immer etwas entsagungsvollen Mühen einer Berichterstattung über den pu-
blizistisch festgelegten Gesamtstand des jeweiligen Teilgebietes unterzogen
haben und die überdies auf die formellen und sachlichen Wünsche des Herausgebers so bereitwillig eingegangen sind, möchte der Herausgeber den Einzel-
beiträgen noch folgende Erläuterungen vorausschicken.

1. *W. Franz* und *L. Tewordt*, „Befreiung von Elektronen aus Valenzband und
   Störstellen durch Feld und Stoß". Das technische Interesse dieses Halb-
   leiterproblems liegt hauptsächlich auf der Seite der Sperrspannungsbelast-
   barkeit von p, n-Gleichrichtern und Transistoren. Theoretisch kommt hier
   die direkte Feld-Paarbildung (Zenereffekt) und die Störstellen- und Gitter-
   ionisation durch hochbeschleunigte Träger in Frage, deren relative Bedeutung
   erst in letzter Zeit geklärt werden konnte. Die Referenten, die an der theoretischen Bearbeitung dieses Gebietes wesentlich beteiligt sind, haben eine
   gedrängte, aber umfassende Darstellung gegeben, die durch die nachträgliche Lösung des Zenerproblems unter Berücksichtigung der *Coulomb*-
   schen Paarwechselwirkung (auf Grund der Mainzer Diskussion) noch eine
   erfreuliche Erweiterung erfahren hat.

2. *J. Teltow*, „Assoziation und Wechselwirkung von Störstellen in Ionenkristallen und Halbleitern". Eine Beschäftigung mit diesen Fragen ist notwendig, um einen Einblick in die Verhältnisse bei höheren Störstellenkonzentrationen zu gewinnen, die die ionische und elektronische Leitfähigkeit, die Diffusionsprozesse, das Strahlungsverhalten und die Gleichgewichtskonzentrationen gegenüber dem Fall der „unendlich verdünnten
   festen Lösung" modifizieren. Als besondere Züge dieses allgemeinver-

ständlich abgefaßten Referats sind neue Berechnungen des Referenten über
den Einfluß von Wechselwirkungsenergien zu erwähnen, die durch elastische
Gitterdeformationswirkungen der Störstellen auftreten, sowie eine ein-
gehendere Behandlung der *Debye-Hückel*-Effekte in Ionenkristallen, die
sich von denen in wässerigen Elektrolyten in charakteristischer Weise
unterscheiden. Hier konnten die ebenfalls zahlreichen Diskussionsbemerkungen z. T. in der Textfassung berücksichtigt werden.

3. *R. Wiesner*, „Der *p-n*-Photoeffekt". Dies Gebiet hat wegen der unerwartet
hohen Strom- und Leistungsausbeute von ohne Batterie benutzten *p-n*-Photo-
elementen für Meß- und Steuerzwecke große praktische Bedeutung, wenn
auch von der Energieerzeugung durch „Solarbatterien" nur in Sonderfällen
Gebrauch zu machen sein wird. Es wird hier ein begrenztes und theoretisch
durchsichtiges Teilproblem in leicht lesbarer Form behandelt und durch
einige Diskussionsbemerkungen ergänzt.

4. *H.-U. Harten* und *W. Schultz*, „Die Eigenschaften der Oberflächen von
Germanium und Silizium". Oberflächeneinflüsse auf das Verhalten von
Gleichrichtern und Transistoren sind der Kummer, ihre Beseitigung der
Stolz jedes mit dem Bau dieser Elemente befaßten Entwicklungsphysikers.
Die — neben erfolgreichen handwerklichen Maßnahmen — durchgeführten
wissenschaftlichen Untersuchungen dieser Effekte haben, bisher fast ausschließlich auf amerikanischen Arbeiten basierend, eine Fülle von interessanten Teilergebnissen über Atmosphären- und Strahlungseinflüsse auf
das Voltapotential, über Oberflächenrekombination und Oberflächenleitfähigkeit geführt; die letztere beeinflußt durch „Channel"-Bildung maßgebend das Sperrverhalten von *p-n-* und Doppel-*p-n*-Anordnungen. Die
Referenten haben über alle diese Effekte eingehend berichtet; der Herausgeber hat sich mit ihnen bemüht, die theoretischen Grundbegriffe und Ansätze klarzustellen und die Einzelheiten der *Bardeen-Brattain*schen Theorie
verständlich zu machen, die die Annahme einer oxydischen Fremdschicht
involviert, an deren Außen- und Innengrenze umladbare Störstellen
(Oberflächen-Traps) angenommen werden. Die hier wieder besonders um-
fangreiche Diskussion hat zur Formulierung einer größeren Zahl von
Diskussionsbeiträgen geführt; der Herausgeber hat diesen noch einen eigenen
Beitrag angefügt, in dem er, unvorsichtig genug, den Versuch gemacht hat,
die bisherigen Grundvorstellungen unter Berücksichtigung von Ionen-
Bildung und -Bewegungen an der Oxyd-Halbleiter-Grenzfläche und in der
Oxydschicht selbst zu modifizieren. Er hofft, damit auch einen von Herrn
Fröschle (1. Diskussionsbeitrag) erhobenen Einwand gegen die bisherige
Theorie in vernünftiger Weise berücksichtigt zu haben.

5. *L. S. Nergaard*, „Electron and Ion Motion in Oxide Cathodes". Dieses
Referat gehört, wie das vorhergehende, zu der in unserer Themenwahl
besonders bevorzugten Arbeitsrichtung, der Beschäftigung mit Vorgängen,
in denen das Zusammenspiel von materiellen und Elektronenbewegungen
das Erscheinungsbild beherrscht. Da sich keiner der deutschen Fachkollegen
für das Oxydkathodengebiet forschungsmäßig hinreichend zuständig fühlte,
schätzt sich der Herausgeber glücklich, in Herrn *Nergaard*, RCA Princeton,
einen in Front der amerikanischen Oxydkathodenforschung stehenden
Referenten gefunden zu haben und möchte Herrn Dr. *Nergaard* an dieser

Stelle für die auf das Referat und das hierfür notwendige Literaturstudium (112 Zitate!) verwendete Mühe besonders danken. Ein bei der Korrektur zugefügter VIII. Abschnitt des umfangreichen Berichts gibt, durch den Hinweis auf eine wahrscheinlich maßgebende Rolle eingebauter Wasserstoffionen, die auch in anderen Problemen (ZnO-Leitfähigkeit) zur Diskussion steht, dem Bericht eine fast dramatisch zu nennende Note. Über die Diskussion, die schon durch ihre $^5/_4$ stündige Dauer das ungewöhnliche Interesse an diesem Thema manifestierte, hat der Herausgeber anschließend berichtet und auch hier einen eigenen Beitrag angefügt, der sich, im Zusammenhang mit der in Deutschland besonders interessierenden Lebensdauerfrage der Oxydkathoden, mit den partiellen Verdampfungsvorgängen an der Oxydoberfläche befaßt, die, je nachdem, die Aktivierung verschlechtern oder regenerieren können.

6. *K. Zückler*, „Siliziumkarbid, Eigenschaften und Anwendung als Material für spannungsabhängige Widerstände". Auch hier handelt es sich um ein technisch (Überspannungsableiter) und theoretisch gleich interessantes Thema, in dem die Frage der physikalisch-chemischen Genese von Volumstörstellen sowie von Oberflächen- oder Zwischenschicht-Zuständen von der rein elektronischen Betrachtungsweise untrennbar ist. Der Referent berichtet in übersichtlicher Darstellung über die heutigen Kenntnisse des Volum- und Kontakt-Verhaltens von Siliziumkarbid, das mit den bekannten homöopolaren Reinstoff-Halbleitern eine gewisse Verwandschaft zeigt (und an dem, wie der Herausgeber hier bemerken möchte, in Arbeiten vom Anfang der 30er Jahre wohl empirisch die ersten *p-n*-Übergänge beobachtet wurden, allerdings ohne eine Deutung in diesem Sinne zu finden). Das Gebiet ist sowohl in bezug auf das Volum- wie Kontaktverhalten z. Z. noch recht problematisch; der Herausgeber hofft, daß das Referat zur künftigen weiteren Klärung beiträgt. Eine Diskussionsbemerkung unseres Mitgliedes, Herrn *G. Busch*, Zürich, dem wesentliche Beiträge zur SiC-Elektronik zu verdanken sind, beschließt das Referat.

7. *H. J. G. Meyer*, „Ionenschwingungsprobleme bei Übergängen lokalisierter Elektronen in Halbleitern". Dieses Referat unseres geschätzten holländischen Kollegen, das die (für elektronische Lebensdauern in Halbleitern und für das Verhalten der Photoleiter und Kristallphosphore maßgebenden) strahlenden und strahlungslosen Übergänge an Störstellen unter wesentlicher Mitwirkung von Gitterschwingungen umfaßt, wurde bereits in Bd. II als Ergänzung früherer Referate angekündigt. Es wendet sich mit seinen umfassenden Ansätzen und seiner einheitlichen Behandlung beider Übergangsarten allerdings, wie manche unserer früheren Referate, an einen theoretisch versierten engeren Kollegenkreis, der hier das Rüstzeug für die weitere Behandlung dieses Gebietes finden wird. Die in Anbetracht des Themas unerwartet lebhafte Mainzer Diskussion hat ihren Niederschlag in einem besonderen dem Referat angefügten Diskussionsbeitrag eines jungen Theoretikers aus der Stuttgarter Schule, Herrn *H. Stumpf*, gefunden, einem Beitrag, in dem auf die besondere Bedeutung der elektronisch bedingten Eigenfrequenzänderungen von Gitter-Ionen Wert gelegt wird. (Das Referat, das ursprünglich an 2. Stelle stand, ist nur aus drucktechnischen Gründen an den Schluß des Bandes gesetzt worden.)

Der Herausgeber bedauert, daß drei weitere in Mainz ebenfalls mit großem Interesse begrüßte und durchgesprochene Referate (*M. Schön* über Phosphoreszenzkinetik, *K. Hauffe* über Deckschichtenbildung und *J. Jaumann* über Ultrarotabsorption von Halbleitern) in Band III keine Aufnahme mehr finden konnten, da ihre Überarbeitung noch nicht abgeschlossen war. Sie sind zur Veröffentlichung im nächsten Band vorgesehen.

Wieder ist an Stelle eines Sachverzeichnisses die systematische Gesamt-Themengruppierung des Halbleitergebiets aus dem I. Band übernommen; aus den Referatnummern des I. bis III. Bandes, die für das jeweilige Teilgebiet angegeben sind, kann sich der Leser darüber orientieren, wo die betreffenden Gebiete (als Haupt- oder Nebenthemen) in unserer sich allmählich vervollständigenden Veröffentlichungsreihe bereits behandelt sind. Ein von der Kritik gewünschtes ausführliches Stichwortverzeichnis ist für den nächsten Band in Aussicht genommen, mit dem zwar kein Abschluß, aber vielleicht die Beseitigung der größten jetzt noch vorhandenen Lücken erreicht sein könnte.

Wir gedenken zum Schluß unseres durch den Tod abberufenen Mitgliedes, Prof. *Johannes Malsch*, Ulm, dessen Transistorreferat im I. Bande (gemeinsam mit Herrn *H. Salow*) und dessen anregende Diskussionsbemerkungen, zuletzt noch auf der Mainzer Tagung, uns unvergessen bleiben werden.

Erlangen, Zenkerstraße 21, Juni 1956.

W. Schottky

Inhaltsverzeichnis

1. W. FRANZ*) und L. TEWORDT*)

Befreiung von Elektronen aus Valenzband und Störstellen durch Feld und Stoß

Mit 5 Abbildungen

Inhaltsverzeichnis:

§ 1. Feldemission als wellenmechanischer Tunneleffekt

Der Vorgang der Feldemission beruht auf wellenmechanischem Tunneleffekt. Dieser besteht darin, daß Teilchen sich in einem Gebiet, welches ihnen klassisch aus energetischen Gründen nicht zugänglich ist, doch als *gedämpfte Wellen* bewegen können. Ein Potentialberg endlicher Breite wird so für ein Elektron durchdringbar, auch wenn seine Energie nicht ausreicht, den Grat zu erklimmen. Denken wir speziell an ein Metallelektron, für welches die Austrittsarbeit A eine Potentialschwelle darstellt, welche das Verlassen des Metalls

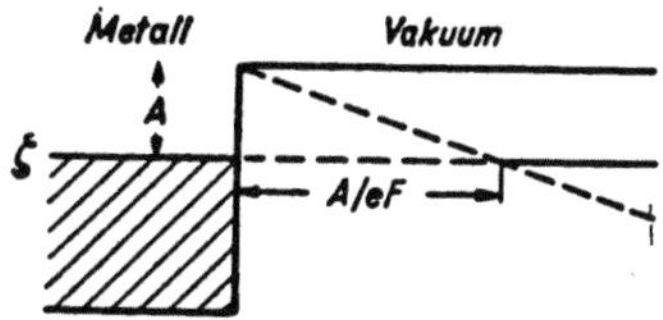

Abb. 1. Feldemission aus einer Metalloberfläche.

klassisch unmöglich macht; infolge seines Wellencharakters kann das Elektron in das Außengebiet eindringen, wird aber immer weiter abgedämpft, so daß von einem Austritt aus dem Metall, auch wellenmechanisch, nicht die Rede sein kann. Macht man jedoch das Metall zur Kathode eines elektrischen Feldes F, dann wird das Potentialplateau außerhalb des Metalls gekippt (s. Abb. 1).

Es entsteht ein Berg von der endlichen Breite A/eF, jenseits dessen eine durchgesickerte Elektronenwelle ungedämpft auslaufen kann. In dieser Weise kommt die kalte Emission aus einer Metalloberfläche zustande, welche wir als äußere Feldemission bezeichnen wollen.

Durch einen analogen Vorgang kann in einem Isolator die Befreiung von Valenz- wie auch von Störstellenelektronen ins Leitungsband erfolgen. In einem Feld $-F$ in x-Richtung erfahren die Bandgrenzen von Valenz- und

---

*) Institut für theoretische Physik der Universität Münster.

Leitungsband eine Kippung (s. Abb. 2), und ein an der oberen Kante des Valenzbandes bei $x = 0$ befindliches Valenzelektron kann nach Durchlaufen der Strecke $x = I/eF$ (I = Ionisierungslücke des Isolators) das Leitungsband erreichen. Analog kann ein in einer *Störstelle* befindliches Elektron dadurch in Freiheit gesetzt werden, daß eine gedämpfte Elektronenwelle die der Bindungsenergie ΔE entsprechende Strecke $\Delta E/eF$ überwindet.

Bei der Überwindung der Strecke von $x = 0$ bis $x = I/eF$ erleidet die Intensität der Elektronenwelle des betrachteten Valenzelektrons eine Dämpfung gemäß dem Faktor

$$D = \exp\left[-2\,\mathrm{Im}\int\limits_0^{I/eF} k\,dx\right]. \tag{1}$$

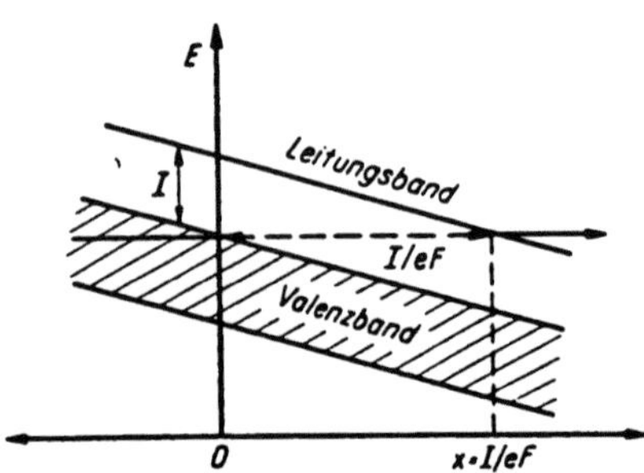

Abb. 2. Innere Feldemission aus dem Valenzband.

Die Integration wird also über das Gebiet des „Tunnels" erstreckt, wobei k die lokal veränderliche Wellenzahl ist *). Bezeichnen wir mit E die Energie des Valenzelektrons und mit T die Energiedifferenz zwischen E und der potentiellen Energie des Feldes ($= -eF\,x$), so gilt offenbar (T gibt die energetische Lage des Elektrons im Bandschema an)

$$E = T - eF\,x. \tag{2}$$

*) *Anmerkung des Herausgebers:* Gl. (1) folgt für Vakuumelektronen ($m = m_0$) allgemein aus der stationären Lösung $\bar\psi$ einer eindimensionalen Ein-Elektronen-Schrödingergleichung, indem man in Gebieten, wo die stationäre Energie E des Elektrons kleiner als die potentielle Energie U ist, k^2 durch $(E - U) \cdot 2\,m_0/\hbar$ (< 0) definiert. Insbesondere erhält man dann mit (1), indem man das Verhältnis $\bar\psi\,\bar\psi^*$ diesseits und jenseits eines Potentialberges $E < U$ bildet, die bekannte Formel für den Durchgangskoeffizienten D durch einen an einen ausgedehnten Potentialtopf anschließenden äußeren Potentialberg bei Gültigkeit von $m = m_0$ für die Innenelektronen (äußere Feldemission). Daß (1) auch, in der in § 1 weiterhin geschilderten etwas modifizierten Bedeutung, für die innere Feldemission gilt, wird von den Referenten, unabhängig von den Betrachtungen des § 1, in § 2 mittels der *Houston*schen Methode abgeleitet, die den Prozeß durch die zeitlichen Änderungen der Blochfunktionen der einzelnen Bänder darstellt; dies Ergebnis wird also in den anschaulichen Betrachtungen des § 1 vorweggenommen.
Es darf aber hier darauf hingewiesen werden, daß auch die *Houston*sche Ableitung an die Annahme gebunden ist, daß sich die Elektronen jedes Bandes wie voneinander unabhängige Elektronen in einem gemeinsamen effektiven periodischen Potentialfeld bewegen, das allerdings für die verschiedenen Bänder verschieden angesetzt werden kann (Eineelektronennäherung). Durch Überlegungen, welche die Coulombwechselwirkung zwischen dem Leitungselektron und dem gebildeten Loch (in Analogie zur Exzitonentheorie) zusätzlich berücksichtigen (vgl. die Diskussion) wird zwar eine sehr wertvolle, und vielleicht die wesentlichste Erweiterung der *Houston*schen Ansätze vermittelt. Der Herausgeber ist aber nicht sicher, ob nicht auch individuellere Eigenschaften der Valenzelektronen, wie z. B. die Art ihres Rearrangements um eine gebildete Lücke herum, doch eine besondere Rolle spielen können. Es hängt das damit zusammen, daß das Gitter mit $N-1$ Valenzelektronen keineswegs streng durch eine Determinante mit $N-1$ Blochfunktionen wiedergegeben werden kann, sondern zur Berücksichtigung von Coulombkorrelationen der Valenzelektronen immer durch eine Summe von solchen Determinanten mit angepaßten Koeffizienten darzustellen ist (vgl. den Beitrag 1a in Bd. I dieser Reihe, wie auch die Einleitung zu § 4 dieses Referats). Da derart verallgemeinerte Ansätze jedoch bisher in der inneren Feldemissionstheorie nicht durchgeführt worden sind, genüge es, an dieser Stelle auf ihre mögliche Bedeutung hinzuweisen.

Läßt man den Nullpunkt der Energieskala mit E zusammenfallen, so entsteht daraus die Beziehung

$$I = eF\,x. \tag{3}$$

Die Aufgabe besteht nun darin, die Wellenzahl k des Elektrons als Funktion von T für das „verbotene" Energieintervall von 0 bis I anzugeben, worauf dann k gemäß (3) als Funktion von x in dem Intervall von 0 bis I/eF bekannt ist. Befindet sich das Elektron unmittelbar links von $x = 0$, also noch innerhalb des Valenzbandes, aber dicht unter dessen oberem Rand, so besteht zwischen k^2 und T der Zusammenhang

$$k^2 = -\frac{2\,m_v^*}{\hbar^2}\,T \qquad (\geq 0 \ \text{für} \ T \leq 0), \tag{4}$$

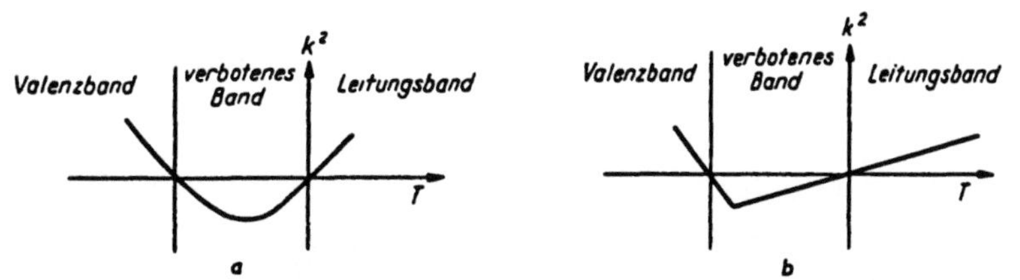

Abb. 3. Verlauf von k^2 als Funktion von T. (Abb. 3a: Interpolation durch eine Parabel im Falle gleicher effektiver Massen; Abb. 3b: Interpolation durch zwei Gerade bei ungleichen effektiven Massen.)

wenn m_v^* die effektive Masse (der Löcher) am oberen Rand des Valenzbandes ist. Entsprechend erhält man bei einer effektiven Masse m_l^* am unteren Rande des Leitungsbandes

$$k^2 = \frac{2\,m_l^*}{\hbar^2}\,(T - I) \qquad (\text{für} \ T \geq I), \tag{5}$$

wenn sich das Elektron unmittelbar rechts von $x = I/eF$, also dicht oberhalb des unteren Randes des Leitungsbandes befindet.

Im verbotenen Gebiet des Energiebandschemas, für x zwischen 0 und I/eF mit Energien T zwischen 0 und I, muß die Wellenzahl k imaginär werden, also k^2 negativ. Für den Fall, daß die beiden effektiven Massen m_l^*, m_v^* einander gleich $(= m^*)$ sind, interpoliert man am einfachsten den Verlauf der Funktion $k^2(T)$ im verbotenen Band durch eine Parabel (*Franz* [1]), die gegeben ist durch die Gleichung

$$k^2 = \frac{2\,m^*}{\hbar^2}\,T\left(\frac{T}{I} - 1\right). \tag{6}$$

Sind die beiden effektiven Massen voneinander verschieden, so erscheint es als sinnvoll, einfach die beiden Geraden (4) und (5) über $T = 0$ hinaus bzw. unter $T = I$ hinab zu ihrem Schnitt zu verlängern (s. Abb. 3a und 3b). In diesem Fall erhält man mit Hilfe von (4), (5) und (3)

$$2\,\text{Im}\int\limits_0^{I/eF} k\,dx = \frac{2\sqrt{2}}{3}\cdot\frac{\sqrt{2\,m}}{\hbar\,eF}\,I^{3/2} \quad \text{mit} \quad \frac{1}{m} = \frac{1}{2}\left(\frac{1}{m_l^*} + \frac{1}{m_v^*}\right), \tag{7}$$

während mit dem parabolischen Verlauf von k^2 nach (6) entsteht

$$2\,\text{Im}\int\limits_0^{I/eF} k\,dx = \frac{\pi}{4}\cdot\frac{\sqrt{2\,m^*}}{\hbar\,eF}\,I^{3/2} \quad \text{für} \quad m^* = m_v^* = m_l^*. \tag{8}$$

1 *

Im nächsten Abschnitt ergibt sich bei einer genaueren Rechnung für den Fall ungleicher effektiver Massen, daß an Stelle des Faktors $2\sqrt{2}/3$ in (7) der Formel (8) entsprechende Faktor $\pi/4$ zu setzen ist. Der Dämpfungsfaktor wird dann gleich

$$D = \exp\left[-\frac{\pi}{4}\cdot\frac{\sqrt{2\,m}}{\hbar\,e\,F}\cdot I^{3/2}\right]. \tag{9}$$

§ 2. Genauere Berechnung der inneren Feldemission aus dem Valenzband

Die Feldemission aus dem Valenzband soll nun genauer durchgerechnet werden. Die strenge (Einelektronen-) Schrödingergleichung des Problems ist

$$\left\{\frac{\hbar^2}{2\,m}\,\varDelta - \frac{\hbar}{i}\,\frac{\partial}{\partial t} - V(\mathfrak{r}) - e\,\mathfrak{F}\cdot\mathfrak{r}\right\}\psi = 0. \tag{10}$$

Für verschwindendes elektrisches Feld $\mathfrak{F}$ wird (10) durch die *Bloch*schen Wellenfunktionen gelöst:

$$\psi_p = u_p(\mathfrak{k},\mathfrak{r})\cdot e^{\,i\,\mathfrak{k}\cdot\mathfrak{r}\,-\,\frac{i}{\hbar}\,E(\mathfrak{k})t}$$

(p = Bandindex, $V(\mathfrak{r})$ evtl. von Band zu Band verschieden).

Vernachlässigt man in den Faktoren u_p dieser Funktionen die Abhängigkeit von $\mathfrak{k}$, so erhält man eine Lösung von (10) nach *Houston* [2] in der Gestalt

$$\psi_p(\mathfrak{k},\mathfrak{r},t) = u_p\big(\mathfrak{K}(t),\mathfrak{r}\big)\,e^{\,i\,\mathfrak{K}(t)\cdot\mathfrak{r}\,-\,\frac{i}{\hbar}\int^{t} E_p(\mathfrak{K}(\tau))\,d\tau}. \tag{11}$$

Darin ist

$$\mathfrak{K}(t) = \mathfrak{k} - \frac{e\,\mathfrak{F}}{\hbar}\,t \tag{12}$$

ein Wellenzahlvektor, der mit der Zeit in genau der Weise sich ändert, wie es die klassische Beschleunigungsgleichung für den Impuls $\hbar\,\mathfrak{K}$ verlangt. Die *Houston*sche Funktion (11) durchläuft im Laufe der Zeit sämtliche Zustände des Energiebandes Nummer p, welche auf der durch (12) gegebenen Geraden im Wellenzahlraum liegen. Wegen der $\mathfrak{k}$-Abhängigkeit von u_p löst (11) die Schrödingergleichung (10) nicht exakt. Man kann jedoch die exakte Gesamtlösung nach den Funktionen (11) der einzelnen Bänder ($\lambda = p$ und $\neq p$), entwickeln:

$$\psi(\mathfrak{r},t) = \sum_{\lambda}\sum_{\mathfrak{k}'}a_{\lambda}(\mathfrak{k}',t)\,\psi_{\lambda}(\mathfrak{k}',\mathfrak{r},t). \tag{13}$$

Geht man mit diesem Ansatz in (10) ein, multipliziert mit $\psi_p^{*}(\mathfrak{k},\mathfrak{r},t))$ und integriert über den Koordinatenraum $d\,\mathfrak{r}$, so fallen alle Beiträge von $\mathfrak{k}'\neq\mathfrak{k}$ fort und man erhält*)

$$\frac{\partial\,a_p(\mathfrak{k},t)}{\partial t} = \sum_{\lambda}a_{\lambda}(\mathfrak{k},t)\exp\left(\frac{i}{\hbar}\int^{t}\big[E_p(\mathfrak{K}(\tau)) - E_{\lambda}(\mathfrak{K}(\tau))\big]\,d\tau]\right)$$

$$\times\int u_p^{*}(\mathfrak{K}(t),\mathfrak{r})\,\frac{e\,\mathfrak{F}}{\hbar}\cdot\frac{\partial}{\partial\mathfrak{K}}\,u_{\lambda}(\mathfrak{K}(t),\mathfrak{r})\,d\,\mathfrak{r}. \tag{14}$$

---

*) *Anmerkung des Herausgebers:* Man beachte, daß in die in Gl. (14) vorkommenden Ausdrücke nur das Verhalten der Blochwellen *innerhalb* der Bänder eingeht, was damit zusammenhängt, daß die hier als Zusatzenergie auftretende Feldenergie $- eFx$ von den Gittereigenschaften unabhängig ist. Daß trotzdem bei der zur Auswertung von (14) bzw. (16) dienenden Gl. (24) eine Extrapolation des $\mathfrak{k}$-Verlaufs durch das verbotene Gebiet hindurch, analog den Betrachtungen des § 1, vorgenommen wird, erscheint in der Theorie des § 2 nur als formales Hilfsmittel zur bequemen Darstellung des maßgebenden analytischen Verhaltens von $\mathfrak{k}$ an den Bandgrenzen innerhalb der Bänder.

Wir wollen jetzt als Anfangszustand annehmen, daß sich das Elektron im Valenzbande $\lambda = v$ befindet, also

$$a_\lambda\,(\mathfrak{k},0) = \begin{cases} 1 & \text{für} \quad \lambda = v \\ 0 & \text{für} \quad \lambda = p \neq v. \end{cases} \tag{15}$$

Dann ist die Besetzungszahl der anderen Bänder für nicht zu große positive Zeiten näherungsweise gegeben durch

$$a_p\,(\mathfrak{k},t) = \int\limits_0^t dt' \exp\left(\frac{i}{\hbar}\int^{t'} \left[E_p\left(\mathfrak{K}\,(\tau)\right) - E_v\left(\mathfrak{K}(\tau)\right)\right] d\tau\right)$$

$$\times \int u_p^*\left(\mathfrak{K}(t'),\,\mathfrak{r}\right) \frac{e\,\mathfrak{F}}{\hbar}\cdot\frac{\partial}{\partial\mathfrak{K}}\,u_v\left(\mathfrak{K}(t'),\,\mathfrak{r}\right) d\mathfrak{r}. \tag{16}$$

Die Exponentialfunktion des Integranden ist sehr rasch veränderlich, und zwar durchläuft ihr Wert in schneller Folge immer wieder den Einheitskreis. Deshalb interferieren sich die Beiträge zum Integral nahezu heraus, und zwar um so vollkommener, je rascher die Phasenfunktion sich verändert, d. h. je größer die Energiedifferenz $E_p - E_v$ ist. Da die beiden Energien auf ihre Bänder beschränkt sind, kann die Differenz weder null werden noch über alle Grenzen wachsen, so daß sie als Funktion von τ gelegentlich Maxima und Minima durchläuft. Beim Durchlaufen eines Minimums ist die Phasenveränderlichkeit besonders langsam. Man hat daher Beiträge zu dem Integral vor allem aus der Umgebung dieser Minima zu erwarten. Die Stellen kleinster Phasenveränderung von (16) liegen bei den Wellenzahlen $\overline{\mathfrak{K}}$, welche der Bedingung genügen

$$\mathfrak{F}\cdot\frac{\partial}{\partial\mathfrak{K}}[E_p(\mathfrak{K}) - E_v(\mathfrak{K})] = 0 \quad \text{für} \quad \mathfrak{K} = \overline{\mathfrak{K}} = \mathfrak{K}\left(\bar{t}\right). \tag{17}$$

Zur genäherten Auswertung des Integrals (16) bedienen wir uns der Sattelpunktsmethode, indem wir den Integrationsweg in die komplexe t'-Ebene ausbiegen und dort den Punkt aufsuchen, an welchem der Exponent stationär ist, also die Energiedifferenz verschwindet:

$$E_p\left(\mathfrak{K}_s\right) - E_v\left(\mathfrak{K}_s\right) = 0; \qquad \mathfrak{K}_s = \mathfrak{K}\left(t_s\right) \quad \text{komplex.} \tag{18}$$

Wir können nunmehr den Exponenten in (16) nach dem Abstand vom Sattelpunkt entwickeln, und in dem Raumintegral für $\mathfrak{K}$ den Wert $\mathfrak{K}_s$ einsetzen. An Stelle der Zeit t führen wir die Variable ξ von der Dimension einer Wellenzahl durch die Beziehung

$$\mathfrak{K} - \overline{\mathfrak{K}} = -\frac{\mathfrak{F}}{F}\,\xi; \qquad d\xi = \frac{eF}{\hbar}\,dt \tag{19}$$

ein und führen die Integration über den Sattelpunkt. Das Quadrat von a_p, welches wir unter Weglassung des Argumentes t einfach mit $|a_p\,(\mathfrak{k})|^2$ bezeichnen wollen, gibt an, wie stark das Band p besetzt ist, wenn ein ganz im Bande v befindliches Elektron eine Stelle minimaler Energiedifferenz passiert hat. Man erhält für diesen Ausdruck, speziell für das unterste Leitungsband, $p = l$,

$$|a_l(\mathfrak{k})|^2 = \left|\frac{\mathfrak{F}}{F}\cdot\mathfrak{M}\right|^2 \left|\int d\xi' \exp\left(\frac{i}{eF}\int\limits_{\overline{\xi}}^{\xi'}(E_l - E_v)\,d\xi\right)\right|^2. \tag{20}$$

$\mathfrak{M}$ ist darin das vektorielle Matrixelement

$$\mathfrak{M} = \int d\mathfrak{r} \, u_l^*(\mathfrak{R}_s, \mathfrak{r}) \frac{\partial}{\partial \mathfrak{R}} u_v(\mathfrak{R}, \mathfrak{r}) \Big|_{\mathfrak{R} = \mathfrak{R}_s}. \tag{21}$$

Als untere Grenze der Integration des Exponenten von (20) kann man irgend-einen reellen Zeitpunkt wählen, da das Integral von *einem* reellen Zeitpunkt zu einem anderen einen rein imaginären Phasenzusatz im Exponenten liefert, welcher bei der Bildung des Absolutwertquadrats herausfällt. Bequemerweise läßt man die Integration von dem in (17) definierten Zeitpunkt $\bar{t}$ mit der minimalen Energielücke (d. h. $\xi = 0$) ausgehen.

Nach der Sattelpunktsmethode spalten wir die Exponentialfunktion auf in einen konstanten Teil, welcher das Integral von 0 nach ξ_s enthält, und einen veränderlichen Teil mit dem Integral von ξ_s nach ξ', für welches ein der Umgebung des Sattelpunkts angemessener Näherungsausdruck eingeführt wird. Der Durchlaßkoeffizient wird dann

$$D = |a_l(t)|^2 = \left| \frac{\mathfrak{F}}{F} \cdot \mathfrak{M} \right| \; \left| \int d\xi' \exp\left(\frac{i}{eF} \int_{\xi_s}^{\xi'} (E_l - E_v) \, d\xi \right) \right|^2$$

$$\cdot \exp\left(-\frac{2}{eF} Im \int_0^{\xi_s} (E_l - E_v) \, d\xi \right). \tag{22}$$

Dieser Ausdruck hängt nur über die letzte Exponentialfunktion entscheidend von der Feldstärke ab. Man kann nun zeigen, daß deren Exponent nichts anderes ist als der in § 1 benützte Dämpfungsausdruck

$$-2 \, Im \int_v^l k \, dx,$$

wobei das Integral durch das verbotene Gebiet vom Bande v bis zum Bande l zu erstrecken, und die Wellenzahl auf ihren Wert an der Bandgrenze zu beziehen ist; in unserer Variablen ξ muß das letzte Integral daher lauten:

$$-2 \, Im \int_v^l \xi \, dx. \tag{23}$$

Um die Brücke zwischen (23) und dem Exponenten von (22) zu schlagen, hat man zunächst zu beachten, daß die Funktion $E(\mathfrak{k})$ in ihrer exakten analytischen Gestalt gleichzeitig den Energieverlauf in sämtlichen Bändern darstellen muß; die einzelnen Energiebänder entsprechen den verschiedenen *Riemann*schen Blättern der Funktion. In der Nähe der minimalen Energiedifferenz zwischen zwei benachbarten Bändern liegt ein Verzweigungspunkt im Komplexen, in dessen Umgebung man stetig von dem einen Blatt zum anderen kommen kann. Am Verzweigungspunkt selbst stimmen die beiden Energiewerte überein, er ist also mit $\xi = \xi_s$ identisch, und deshalb ist

$$\int_0^{\xi_s} (E_l - E_v) \, d\xi = \int_0^{(\xi_s)} E \, d\xi.$$

Das letzte Integral ist so zu verstehen, daß man vom Punkte $\xi = 0$ in der *Riemann*schen Fläche des Leitungsbandes ausgeht, den Verzweigungspunkt umläuft und dann in dem Blatt des Valenzbandes nach $\xi = 0$ zurückintegriert. Da ξ an beiden Integrationsgrenzen $= 0$ ist, gilt:

$$\frac{1}{eF} \int\limits_0^{(\xi_s)} E\,d\xi = -\frac{1}{eF} \int\limits_l^v \xi\,dE.$$

Nach (3) ist aber (unser jetziges E ist mit dem dortigen T zu identifizieren)

$$dE = eF\,dx$$

und man erhält

$$\frac{1}{eF} \int\limits_0^{\xi_s} (E_l - E_v)\,d\xi = \int\limits_v^l \xi\,dx, \tag{24}$$

womit in der Tat gezeigt ist, daß der Exponentialfaktor von (22) mit dem früher primitiver gerechneten Dämpfungsfaktor übereinstimmt. Um (22) noch weiter explizit auszuwerten, muß die Energie als Funktion von ξ in der Umgebung der Bandgrenze analytisch dargestellt werden. Diese Aufgabe ist identisch mit dem in § 1 aufgetretenen Problem, den Energieverlauf in den beiden erlaubten Bändern durch das verbotene Band hindurch glatt zusammenzuschließen. Man kann mit wohl stets ausreichender Genauigkeit den parabolischen Verlauf (6) wählen. Löst man ihn nach der Energie auf, so folgt

$$E_l - E_v = I\sqrt{1 - \xi^2/\xi_s^2}\;;\qquad \xi_s = \frac{i}{\hbar}\sqrt{\frac{m^* I}{2}}. \tag{25}$$

Hierin bedeutet nunmehr I die Energielücke an der Stelle $\xi = 0$, also $\mathfrak{K} = \overline{\mathfrak{K}}$, und m^* die effektive Masse an dieser Stelle für eine parallel zum Feld gerichtete Bewegung; m^* kann wegen der im allgemeinen anisotropen Verhältnisse für verschiedene räumliche Richtungen verschieden sein. Sind die effektiven Massen m_l^* und m_v^* nicht einander gleich, so hat man unter $1/m^*$ den folgenden Ausdruck zu verstehen

$$\frac{1}{m^*} = \frac{1}{2}\left(\frac{1}{m_l^*} + \frac{1}{m_v^*}\right). \tag{26}$$

Mit Hilfe des Ansatzes (25) lassen sich die beiden Integrale in (22) elementar ausführen, und man erhält

$$D = \frac{4\,eF}{3\,I}\,\Gamma^2\!\left(\frac{2}{3}\right)\!\left(\frac{m^*\,eF}{2\,\hbar^2}\right)^{1/3} \left|\frac{\mathfrak{F}}{F}\cdot\mathfrak{M}\right|^2 \exp\!\left(-\frac{\pi\sqrt{2\,m^*}}{4\,\hbar\,eF}\,I^{3/2}\right). \tag{27}$$

Die Bedingung (17) wird auf einer ganzen Schar von Punkten im Wellenzahlraum erfüllt, und zwar sind diese auf einer oder mehreren Flächen angeordnet. Die gesamte zeitliche Übergangswahrscheinlichkeit pro Elektron erhält man, indem man (27) über sämtliche in einer Brillouinzone gelegenen Punkte dieser Fläche integriert und durch das Volumen der Brillouinzone $(2\pi)^3/V_0$ (V_0 = Volumen einer Elementar-Zelle des Kristalls) dividiert:

$$w = \frac{V_0}{(2\pi)^3}\,\frac{eF}{\hbar}\cdot\int d\vec{\mathfrak{S}}_l\,D(\mathfrak{k}). \tag{28}$$

$d\vec{\mathfrak{S}}_l$ ist das Oberflächenelement, und $D(\mathfrak{k})$ der Durchlaßkoeffizient an der Stelle $\overline{\mathfrak{K}} = \mathfrak{k}$. Das Integral (28) wurde von *Homilius* und *Franz* [3] für kubische

Kristalle ausgewertet unter Benützung von Eigenfunktionen, welche von den Funktionen des freien Elektrons her genähert sind. Der entgegengesetzte Grenzfall wurde von *Paula Feuer* [4] behandelt; es wurde dabei angenommen, daß das Valenzband und das Leitungsband energetisch schmal sind. Aus diesem Grunde erhält man die *Feuer*schen Formeln nicht aus (28), wenn man (27) benützt, doch sei darauf verzichtet, diese Formeln hier wiederzugeben, da die Voraussetzung eines schmalen Leitungsbandes der Wirklichkeit sehr schlecht entsprechen dürfte.

Besitzt die Funktion $I^{3/2}\sqrt{m^*}$ an ein oder mehreren Stellen des Wellenzahlraumes ein ausgeprägtes Minimum (womit wohl im Normalfall zu rechnen ist), so läßt sich (28) allgemein weiter auswerten. Zu dem Flächenintegral trägt dann nämlich nur die unmittelbare Umgebung der ausgezeichneten Stelle, welche wir $\mathfrak{K}_0$ nennen wollen, wesentlich bei. Wir verzichten hier auf die Wiedergabe der Rechnung. Die zeitliche Übergangswahrscheinlichkeit eines Elektrons durch innere Feldemission wird damit

$$w = \Gamma^2 \left(\frac{2}{3}\right) \frac{V_0}{3\,\pi^3} \cdot \frac{(eF)^{10/3}}{\sqrt{|\eta_\perp|}\,I_0^{3/2}} \left(\frac{3}{\hbar^2}\right)^{1/3} \left(\frac{2}{m_0^*}\right)^{1/6} \left|\frac{\mathfrak{F}}{F}\cdot\mathfrak{M}\right|^2 \exp\left(-\frac{\pi\sqrt{2\,m_0^*}}{4\,\hbar\,eF}\,I_0^{3/2}\right). \tag{29}$$

Hierin sind I_0 und m_0^* die an der Stelle $\mathfrak{K}_0$ genommenen Werte von I und m^*. Der Vollständigkeit halber sei die Definition von m^* angegeben:

$$\frac{1}{m^*} = \frac{1}{m}\,\mathfrak{F}\cdot\mu\,\mathfrak{F}: \tag{30}$$

mit

$$\mu \equiv \frac{m}{\hbar^2}\,\frac{\partial}{\partial\,\mathfrak{k}}\,\frac{\partial}{\partial\,\mathfrak{k}}\,[E_l(\mathfrak{k}) - E_v(\mathfrak{k})]. \tag{31}$$

Ferner ist:

$$\eta = \frac{1}{2\sqrt{m_0^*\,I_0^{3/2}}}\,\frac{\partial}{\partial\,\mathfrak{K}}\,\frac{\partial}{\partial\,\mathfrak{K}}\,(m^*\,I^{3/2})\,/\,\mathfrak{K} = \mathfrak{K}_0; \tag{32}$$

$|\eta_\perp| = \eta_x\,\eta_y =$ Determinante der zweireihigen Teilmatrix, welche in der Ebene senkrecht $\mu_0\cdot\mathfrak{F}$ liegt.

Nach Einführung der numerischen Werte für die Konstanten entsteht aus (29)

$$w = 4{,}6\cdot10^{-13}\,\mathrm{sec}^{-1}\left(\frac{m}{m_0^*}\right)^{1/6} \frac{V_0}{\sqrt{|\eta_\perp|}}\,\frac{F^{10/3}}{I_0^{5/2}} \left|\frac{\mathfrak{F}}{F}\cdot\mathfrak{M}\right|^2 \cdot 10^{-1{,}83\cdot10^7\sqrt{\frac{m_0^*}{m}\frac{I_0^{3/2}}{F}}}. \tag{33}$$

Hierin ist I in eV, F in Volt/cm, V_0 in Å³, $\sqrt{|\eta_\perp|}$ in Å² und $|\mathfrak{M}|$ in Å zu messen. In diesen Einheiten sind alle auftretenden Größen außer F von der ungefähren Größenordnung eins und w wird merklich ($\approx 10^{-8}\,\mathrm{sec}^{-1}$), wenn der Exponent in (33) ungefähr -15 ist. Dann ist nämlich F von der Größenordnung 10^6, und der Koeffizient des Exponentialgliedes wird $\approx 10^{-13}\cdot10^{6\cdot10/3} = 10^7$. (Vgl. hierzu aber auch die Diskussion zu der Bemerkung *Schottky*.)

§ 3. Feldemission aus Störstellen

Um die zeitliche Wahrscheinlichkeit der Befreiung von Elektronen aus Störstellen im Kristallgitter durch innere Feldemission zu errechnen, kann man (*Franz* [6]) vereinfachend die Störstelle als kugelförmigen Potentialtopf von geeignetem Radius R darstellen, in welchem sich ein Elektron im Grundzustand befindet, dessen Energie um den Betrag W_Ion unterhalb des Leitungsbandes liegen soll. Bezeichnen wir das Potential des Topfes mit $V(\mathfrak{r})$ und das in x-Richtung angelegte elektrische Feld mit $-F$, so lautet die Wellengleichung des Störstellenelektrons nach der *Wannier*schen Approximation der effektiven Masse, die für genügend flache Störstellen anwendbar ist:

$$\left\{ -\frac{\hbar^2}{2\,m^*}\,\varDelta + V(\mathfrak{r}) - e\,F\,x \right\}\psi = -\,W_\text{Ion}\,\psi. \tag{34}$$

Hier ist m^* die skalare effektive Masse am unteren Rand des Leitungsbandes; will man die Richtungseffekte bei der Feldemission aus Störstellen ermitteln, so hat man die im allgemeinen anisotrope effektive Masse in die Wanniergleichung einzuführen. Im Inneren und in der nächsten Umgebung des Topfes mit Radius R wird das äußere Feld vernachlässigt, da es sich erst nach einer großen Anzahl von Atomabständen bemerkbar macht. Die Wellenfunktion bestimmt sich dann nach (34) innerhalb und in der nächsten Umgebung des Potentialtopfes für den Grundzustand zu

$$\psi = \begin{cases} A_0\,\dfrac{\sin k_0\,r}{k_0\,r} & \text{für} \quad r \le R \\[2ex] A\,\dfrac{\exp(-\varkappa\,r)}{\varkappa\,r} & \text{für} \quad r \ge R \end{cases} \tag{35}$$

mit

$$A = \varkappa\,A_0 \exp(\varkappa\,R)\,/\,\sqrt{\varkappa^2 + k_0^2}.$$

z hängt mit der Bindungsenergie W_Ion zusammen vermittels

$$\hbar^2\varkappa^2 = 2\,m^*\,W_\text{Ion}, \tag{36}$$

und die Wellenzahl k_0 bestimmt sich aus dem Anschluß bei $r = R$ mittels

$$\tan k_0\,R = -\,\frac{k_0}{\varkappa}; \quad \frac{\pi}{2} < k_0\,R < \pi. \tag{37}$$

Um nun in der weiteren Umgebung des Potentialtopfes das Feld zu berücksichtigen, führen wir Zylinderkoordinaten ein mit der Achse in x-Richtung und dem Abstand ϱ von der Achse. Wir entwickeln sodann ψ nach einem System von Wellen, welche in ϱ-Richtung Besselfunktionen $I_0(k_\varrho\,\varrho)$ sind und in der x-Richtung auslaufen:

$$\psi = A \int\limits_0^\infty d\,X \sinh X\, I_0(\varkappa\,\varrho \sinh X)\, v(X, x). \tag{38}$$

Dies gibt genau

$$A \exp(-\varkappa\,r)/\varkappa\,r,$$

wenn

$$v(X, x) = \exp(-\varkappa\,|x|\cosh X)$$

ist. Setzt man (38) in die Wellengleichung (34) ein, so erhält man die folgende Differentialgleichung für die Funktion $v(X, x)$:

$$\frac{\partial^2 v}{\partial x^2} - \left(\frac{2\,m^*\,e\,F\,x}{\hbar^2} + \varkappa^2\cosh^2 X\right)v = 0. \tag{39}$$

Auf die Lösung dieser Differentialgleichung und damit die Bestimmung der Wellenfunktion ψ in der weiteren Umgebung des Potentialtopfes können wir nicht eingehen. Als Gesamtausbeute der Feldemission aus der Störstelle berechnen wir die Strömung senkrecht zu einer weit vom Potentialtopf entfernt angenommenen Ebene $x = $ const, wobei die Stromdichte j bekannterweise sich aus der Wellenfunktion bestimmt durch

$$j = \frac{\hbar}{2\,m^*\,i}\left(\psi^* \frac{\partial\,\psi}{\partial\,x} - \psi\frac{\partial\,\psi^*}{\partial\,x}\right). \tag{40}$$

Die zeitliche Wahrscheinlichkeit dafür, daß ein Störstellenelektron befreit wird, ist dann offenbar gegeben durch

$$w_t = 2\,\pi \int\limits_0^\infty j_{x\,=\,\text{const}}\,\varrho\,d\,\varrho \Big/ \int |\,\psi\,|^2 d\,\tau. \tag{41}$$

Der Nenner wird in guter Näherung aus den Funktionen (35) berechnet, während im Zähler die durch das Feld modifizierte Wellenfunktion des Störstellenelektrons in der Ebene $x = $ const zu nehmen ist. Das Ergebnis lautet für nicht zu tief liegende Störstellen:

$$w_t = \frac{e\,F}{2\,(2\,m^*\,W_\text{Ion})^{1/2}} \exp\left[- \frac{4\,(2\,m^*)^{1/2}\,W_\text{Ion}^{3/2}}{3\,e\,F\,\hbar}\right]. \tag{42}$$

w_t kann nur dann bei höchsten Feldern merklich werden (in die Größenordnung von 1/sec kommen), wenn W_Ion nicht größer als etwa 0,5 eV ist.

Interessant ist es, die Feldemission aus Donatoren im InSb zu betrachten (die allerdings nur bei tiefen Temperaturen zu beobachten wäre). Wegen der Kleinheit der effektiven Masse ($m^* \approx 0,013\,m$) wie auch der äußerst kleinen Ionisierungsenergie W_Ion (etwa 0,0007 eV) muß w_t schon bei sehr kleinen Feldern beträchtlich werden. Die Entleerung eines Donators im InSb in der Zeit von 1 sec z. B. würde bereits durch ein Feld $F \approx 5$ V/cm möglich sein, während zur Entleerung von Donatoren im Ge in der gleichen Zeit ein Feld von ungefähr $1,6 \cdot 10^3$ V/cm erforderlich wäre.

§ 4. Stoßionisation von Valenzelektronen durch Leitungselektronen

Die elektronische Stoßionisation in isolierenden Kristallen besteht darin, daß ein energiereiches Elektron des Leitungsbandes seine überschüssige Energie an ein Valenzelektron abgibt und dieses ins Leitungsband befördert. Die zugehörige Rechnung (*Tewordt* [5]) beruht darauf, daß der Zustand des Kristalls nach dem Bändermodell für die strenge *Hamilton*-Funktion des Vielelektronenproblems

$$H = \sum_{i=1}^{n}\left(- \frac{\hbar^2}{2\,m}\,\Delta_i + V\,(\mathfrak{r}_i)\right) + \frac{1}{8\,\pi\,\varepsilon_0} \sum_{i,j=1}^{n}{}' \frac{e^2}{r_{ij}} \tag{43}$$

nicht stationär ist (i, j numeriert die n Valenz- und Leitungselektronen des Isolators, V ist das Potential der Ionenrümpfe, und die Summe Σ' ist nur über $i \neq j$ zu erstrecken). Das Bändermodell benützt an Stelle der strengen Lösung zur *Hamilton*-Funktion (43) Determinanten aus Einelektronen-Wellenfunktionen, die ihrerseits in relativ „bester" Näherung als Eigenlösungen des sogenannten *Fock*-Operators H^F zu wählen sind. Dieser hat die Gestalt

$$H^F = - \frac{\hbar^2}{2\,m}\,\Delta + V + U + A. \tag{44}$$

Darin ist V das Potential der Ionenrümpfe, U das bekannte (gemittelte) *Hartree*-Potential der Elektronengesamtheit, und A der „Austausch-Operator" auf den wir hier nicht weiter eingehen können. Da die *Fock*schen Determinanten-Wellenfunktionen keine genau stationären Lösungen der Wellengleichung mit dem *Hamilton*-Operator (43) sind (Vernachlässigung aller durch Coulombkräfte bedingten Elektronenkorrelationen), gibt es spontane Übergänge zwischen zwei solchen Zuständen gleicher Energie. Diese Übergänge entsprechen den Zweielektronen-Stoßprozessen: zwei Einelektronenzustände gehen unter Wahrung von Impuls- und Energiesatz in zwei andere über infolge *Coulomb*scher Wechselwirkung, während die anderen Einelektronenzustände erhalten bleiben. Berechnet man auf diese Weise die Stoßwahrscheinlichkeiten, so hat man summarisch die *Coulomb*schen Wechselwirkungen sämtlicher Elektronen und individuell die der beiden Stoßpartner untereinander berücksichtigt, sowie wegen der Rechnung mit Determinanten-Wellenfunktionen automatisch auch alle Austauscheffekte. Bezeichnen wir mit $\mathfrak{f}_1$ und $\mathfrak{f}_2$ die Wellenzahlvektoren des stoßenden Teilchens im Leitungsband bzw. des gestoßenen Teilchens im Valenzband, mit $\mathfrak{f}'_1$, $\mathfrak{f}'_2$ die Wellenzahlvektoren der beiden Teilchen nach ihrem Zusammenstoß, wo sie sich beide im Leitungsband befinden sollen, und mit ψ_k die entsprechenden *Fock*schen Einelektronen-Wellenfunktionen (vom *Bloch*schen Typus), so lautet das Ergebnis für die Stoßwahrscheinlichkeit pro Zeiteinheit:

$$P\left(\mathfrak{f}_1, \mathfrak{f}_2; \mathfrak{f}'_1, \mathfrak{f}'_2\right) = 2\left|\left\{ |H_{\mathfrak{f}'_1 \, \mathfrak{f}'_2}|^2 + |H_{\mathfrak{f}'_2 \, \mathfrak{f}'_1}|^2 + |H_{\mathfrak{f}'_1 \, \mathfrak{f}'_2} - H_{\mathfrak{f}'_2 \, \mathfrak{f}'_1}|^2 \right\}\right| \frac{\sin \omega t}{\hbar^2 \omega}, \qquad (45)$$

mit dem Matrixelement ($\mathfrak{R}$ und $\mathfrak{r}$ sind die Koordinaten der beiden Elektronen)

$$H_{\mathfrak{f}'_1 \, \mathfrak{f}'_2} = \frac{1}{4\pi\varepsilon_0} \int \psi_{\mathfrak{f}'_1}^{*}(\mathfrak{R})\, \psi_{\mathfrak{f}'_2}^{*}(\mathfrak{r})\, \frac{e^2}{|\mathfrak{R} - \mathfrak{r}|}\, \psi_{\mathfrak{f}_1}(\mathfrak{R})\, \psi_{\mathfrak{f}_2}(\mathfrak{r})\, d\mathfrak{r}\, d\mathfrak{R} \qquad (46)$$

und der Übergangsfrequenz [$E(\mathfrak{f})$ sind die Energieeigenwerte im Bandschema, E_l für das Leitungsband, E_v für das Valenzband]

$$\omega = \frac{1}{\hbar}\left(E_l(\mathfrak{f}'_1) + E_l(\mathfrak{f}'_2) - E_l(\mathfrak{f}_1) - E_v(\mathfrak{f}_2) \right). \qquad (47)$$

Es ist dabei angenommen, daß das Valenzband praktisch gefüllt ist und dementsprechend der räumliche Valenzband-Zustand $\mathfrak{f}_2$ mit zwei Teilchen beiderlei Spinorientierung besetzt ist. (45) gibt die Summe der Stoßwahrscheinlichkeiten für den Stoß des Leitungselektrons $\mathfrak{f}_1$ mit beiden Valenzelektronen $\mathfrak{f}_2$ an. Das erste und das zweite Glied in der geschweiften Klammer von (45) gehören zum Stoß mit entgegengesetzter Spinorientierung der beiden Stoßpartner, wo die beiden Teilchen voneinander unterscheidbar sind. Das dritte Glied gehört zum Stoß mit gleicher Spinorientierung der Stoßpartner; in diesem Falle sind sie nicht voneinander unterscheidbar.

Zur Auswertung des Matrixelementes (46) entwickelt man zweckmäßig die Einelektronenfunktionen in Fouriersummen; im Leitungsband kann man sich näherungsweise auf eine einzige Fourierkomponente beschränken. Wir setzen also für das Valenzband ($\mathfrak{g}$ sind die Vektoren des reziproken Gitters, a die Fourierkoeffizienten, V ist das Volumen des Kristalls):

$$\psi_{\mathfrak{f}_2} = \frac{1}{\sqrt{V}}\, e^{i\mathfrak{f}_2 \cdot \mathfrak{r}} \sum_{\mathfrak{g}} a(\mathfrak{f}_2 + \mathfrak{g})\, e^{i\mathfrak{g} \cdot \mathfrak{r}}. \qquad (48)$$

Um die Gesamtheit der Valenzband-Zustände abzuzählen, hat man nacheinander die sämtlichen $\mathfrak{k}_2$-Vektoren eines Grundbereichs des reziproken Gitters zu nehmen. Will man gleichzeitig noch über die Indizes $\mathfrak{g}$ der Fourierentwicklung summieren, so durchläuft das Argument von a den gesamten unbegrenzten $\mathfrak{k}_2$-Wellenzahlraum. Für das Leitungsband setzen wir vereinfachend

$$\psi_\mathfrak{k} = \frac{1}{\sqrt{V}} e^{i\mathfrak{k}\mathfrak{r}}. \tag{49}$$

Dies bedeutet, daß wir die Leitungselektronen als quasi-frei betrachten. Die Wellenzahl $\mathfrak{k}$ dürfte an sich nur die erste Brillouinzone durchlaufen, wenn wir ein Band des gewöhnlichen Bändermodells darstellen wollen; man hat aber zu bedenken, daß es eine ganze Serie von Leitungsbändern gibt, deren Energiebereiche sich, im Gegensatz zum Fall Valenzband/unterstes Leitungsband, wohl stets überlappen. Da die Elektronen durch Stöße rasch von einem dieser Leitungsbänder in das andere gelangen können, hat es wenig Sinn, bei dem quasi-freien Ansatz (49) überhaupt auf die Grenzen zwischen diesen Leitungsbändern und die dort stattfindenden *Bragg*schen Reflexionen Rücksicht zu nehmen. Dies bedeutet, daß man den Vektor $\mathfrak{k}$ in (49) den gesamten Wellenzahlraum durchlaufen läßt, und auf diese Weise die sämtlichen höheren Bänder mit einem Schlage näherungsweise erfaßt.

Führt man (48) und (49) in (46) ein, so läßt sich die Integration über $\mathfrak{r}$ und $\mathfrak{R}$ ausführen mit dem Ergebnis

$$H_{\mathfrak{k}_1' \mathfrak{k}_2'} = \frac{e^2}{\varepsilon_0 V} \frac{1}{(\mathfrak{k}_1 - \mathfrak{k}_1')^2} \sum_\mathfrak{g} a(\mathfrak{k}_2 + \mathfrak{g}) \delta_{\mathfrak{k}_1' + \mathfrak{k}_2', \; \mathfrak{k}_1 + \mathfrak{k}_2 + \mathfrak{g}}. \tag{50}$$

δ ist das *Kronecker*sche Symbol. Ein von 0 verschiedenes Matrixelement ergibt sich nur, wenn der „Impulssatz" erfüllt ist:

$$\mathfrak{k}_1' + \mathfrak{k}_2' = \mathfrak{k}_1 + \mathfrak{k}_2 + \mathfrak{g} = 2\,\mathfrak{k}_0. \tag{51}$$

Überdies sind nur solche Werte von $\mathfrak{k}_1'$ und $\mathfrak{k}_2'$ interessant, die den Energiesatz ($\omega = 0$) erfüllen. Nimmt man im Leitungsband die Energie-Wellenzahlabhängigkeit gleich der des freien Elektrons an, so lautet der Energiesatz

$$\mathfrak{k}_1'^2 + \mathfrak{k}_2'^2 = \mathfrak{k}_1^2 + \frac{2\,m}{\hbar^2} E_v(\mathfrak{k}_2). \tag{52}$$

Eliminiert man aus (51) und (52) $\mathfrak{k}_2'$, so ergibt sich

$$(\mathfrak{k}_1' - \mathfrak{k}_0)^2 = K^2 \tag{53}$$

mit der Abkürzung

$$K^2 = \frac{1}{2}\left[\mathfrak{k}_1^2 + \frac{2\,m}{\hbar^2} E(\mathfrak{k}_2)\right] - \mathfrak{k}_0^2. \tag{54}$$

Die Vektoren $\mathfrak{k}_1'$, welche gleichzeitig Impuls- und Energiesatz erfüllen, liegen somit auf einer Kugel vom Radius K mit dem Mittelpunkt $\mathfrak{k}_0$.

Will man die gesamte Stoßionisations-Wahrscheinlichkeit eines Leitungselektrons im Zustand $\mathfrak{k}_1$ bestimmen, so hat man (45) zunächst über sämtliche Endzustände des (als leer gedachten) Leitungsbandes $\mathfrak{k}_1'$, $\mathfrak{k}_2'$ bei festgehaltenem Valenzbandzustand $\mathfrak{k}_2$ zu summieren (bei unabhängiger Summation ist der Faktor $\frac{1}{2}$ vor die Summe zu setzen, sonst zählt man jeden Übergang doppelt); da nach dem Impulssatz (51) $\mathfrak{k}_2'$ durch $\mathfrak{k}_1'$ festgelegt ist, bleibt eine Summation über alle Werte von $\mathfrak{f}_1'$, die in eine Integration über den gesamten $\mathfrak{f}_1'$-Raum verwandelt werden kann. Nach der Summation über die Endzustände im Leitungsband hat man über die Anfangszustände $\mathfrak{f}_2$ im Valenzband zu summieren, denn das Leitungselektron $\mathfrak{f}_1$ kann mit irgendeinem der Valenzelektronen Stoßionisation verursachen, vorausgesetzt, daß sich Energie- und Impulssatz gleichzeitig erfüllen lassen. Die Summation über $\mathfrak{f}_2$ läßt sich wieder in eine Integration verwandeln; da das Ergebnis der ersten Summation über $\mathfrak{f}_1'$ nur mehr von $(\mathfrak{f}_2 + \mathfrak{g})$ abhängt, kann man gleichzeitig die Summation über $\mathfrak{g}$ ausführen, indem man die Integration über sämtliche Zellen des $\mathfrak{f}_2' = (\mathfrak{f}_2 + \mathfrak{g})$-Raumes gehen läßt. Es sei hier auf die Durchführung der beiden Summationen verzichtet.

Für die Durchschlagstheorie ist es vor allem interessant, bei welchen k_1-Werten die Stoßionisationsvorgänge einsetzen. In [5] ist von der Veränderlichkeit der Energie E_v des Valenzbandes mit der Wellenzahl völlig abgesehen worden, indem $E_v = -I$, also ein unendlich schmales Valenzband angenommen wurde. Das Ergebnis für die Gesamt-Stoßionisations-Wahrscheinlichkeit $P(\mathfrak{f}_1)$ ist dann

$$P(\mathfrak{f}_1) = \frac{\pi\, m\, e^4}{4\, h^3\, \varepsilon_0^2}\, |a(-\mathfrak{f}_1)|^2 \left[1 - \frac{I}{(\hbar^2\, \mathfrak{f}_1^2/2\,m)}\right]^2 . \tag{55}$$

Der universelle Faktor in (55) ist numerisch gegeben durch

$$\frac{\pi\, m\, e^4}{4\, h^3\, \varepsilon_0^2} = 2{,}07 \cdot 10^{16}\, \mathrm{sec}^{-1} . \tag{56}$$

Im Falle mit der Wellenzahl veränderlicher Energie E_v zeigt sich, daß die Stoßwahrscheinlichkeit $P(\mathfrak{f}_1)$ nicht nur vom Betrag, sondern auch von der Richtung von $\mathfrak{f}_1$ wesentlich abhängt. Will man die Stoßwahrscheinlichkeit bei vorgegebener Energie des Primärelektrons wissen, so muß man über den gesamten Raumwinkelbereich von $\mathfrak{f}_1$ mitteln, der zu ionisierenden Stößen führt. Diese gemittelte Stoßwahrscheinlichkeit setzt ein mit der dritten Potenz der Überschußenergie des Primärelektrons. Dabei ist unter der Überschußenergie die Energiedifferenz $[E_1(\mathfrak{f}_1) - E_1^0(\overline{\mathfrak{f}_1})]$ zu verstehen, wo die (berechenbare) Konstante $E_1^0(\overline{\mathfrak{f}_1})$ die Energie (oberhalb der Leitungsbandkante) bedeutet, bei der die Stoßionisation tatsächlich einsetzt. Bei größeren Energiewerten wird allerdings die Formel mit einem Anwachsen der Stoßionisation in der dritten Potenz der Überschußenergie rasch unbrauchbar, sobald nämlich ein beträchtlicher Teil des ganzen Raumwinkels von $\mathfrak{f}_1$ zur Stoßionisation beiträgt. Dann geht die Abhängigkeit von der Überschußenergie allmählich in die quadratische entsprechend (55) über.

Im allgemeinen ist die Minimalenergie für Stoßionisation $E_1^0(\overline{\mathfrak{f}_1})$ größer als die Energielücke des Isolators. Die Wellenzahlvektoren $\overline{\mathfrak{f}_1}$, die zu dieser Minimalenergie gehören, lassen sich mit Hilfe von (54) bestimmen: es ist zu fordern, daß K reell, also K^2 positiv bleibt. Für die Theorie des Stoßionisationsdurchschlags ist es aber nicht wesentlich, die Energie genau zu kennen, bei welcher die Elektronen zur Stoßionisation gelangen; es kommt vielmehr darauf an, daß sie oberhalb des Einsetzens der Stoßionisation in einem verhältnismäßig kleinen Energieintervall bereits einen Stoßprozeß ausführen und dadurch aus dem Gebiet hoher Energien verschwinden. Dies ist durch die Größe des Koeffizienten (56) hinreichend garantiert.

Es ist anzunehmen, daß Gitterschwingungen bei dem Stoßionisationsprozeß mitwirken können. Dann dürfte E_i^0 doch nahe gleich dem Betrag der Energielücke werden, indem die beteiligten Gitterquanten, die absorbiert oder emittiert werden, die Erfüllung des Impulssatzes ermöglichen.

§ 5. Elektronenvermehrung in Alkalihalogeniden und in p-n-Übergängen im Si und Ge

In den vorangegangenen Paragraphen haben wir drei Arten von Prozessen, welche Elektronen ins Leitungsband befördern, kennengelernt und im einzelnen studiert: die Befreiung von Valenz- und Störstellenelektronen durch innere Feldemission sowie die Befreiung von Valenzelektronen durch Stoßionisation, hervorgerufen durch bereits im Leitungsband befindliche Teilchen. Die Stoßionisation verlangt ebenfalls das Vorhandensein genügend hoher elektrischer Felder (wenn man absieht von der Stoßionisation durch von außen in den Kristall hinein geschossene oder sonstwie ins Leitungsband gebrachte Elektronen); denn nur solche Leitungselektronen können zu Elektron-Lochpaare erzeugenden Stößen kommen, die durch das Feld gegen die bremsende Wirkung der Gitterschwingungen bis zu Energien hinauf beschleunigt worden sind, die um mindestens I (= Isolatorlücke) oberhalb des unteren Randes des Leitungsbandes liegen. Neben diesen Prozessen können aber noch andere wirksam werden, so die Stoßbefreiung von Störstellenelektronen durch Leitungselektronen und die Stoßbefreiung von Valenzelektronen durch Löcher genügend hoher Energie (die um mindestens I oberhalb der Energie eines Loches am oberen Rande des Valenzbandes liegen muß). Der erstere Prozeß wird in Analogie zu der bekannten Stoßionisation von Elektronen aus freien Atomen durch freie Elektronen zu behandeln sein; wie im Falle der Stoßionisation von Valenz- durch Leitungselektronen werden bei geringen Überschußenergien des stoßenden Teilchens die Austauscheffekte (Fall gleicher Elektronenspins) eine beträchtliche Verminderung der Ionisierungswahrscheinlichkeit zur Folge haben. Der zweite genannte Prozeß spielt eine entscheidende Rolle bei der beobachteten Ladungsträgervermehrung an nicht zu schmalen p-n-Übergängen im Si und Ge, auf welche wir weiter unten eingehen werden.

Will man die in einem hohen elektrostatischen Felde sich einstellende *stationäre Verteilung* der Leitungselektronen auf die verschiedenen durch Wellenzahl und Energie gekennzeichneten Zustände unter Berücksichtigung der Teilchenzugänge aus Valenzband und Störstellen durch Stoß und Feld ermitteln, so hat man eine Reihe von anderen Prozessen in die Rechnung einzubeziehen. Auf der einen Seite sind die Elektronenabgänge aus dem Leitungsband zu berücksichtigen, also die Rekombination mit Löchern und die Einfangung in Störstellen. Auf der anderen Seite erfahren die Teilchen eine Beschleunigung im elektrischen Felde, bis sie durch den Zusammenstoß mit akustischen oder optischen Schwingungsquanten des Gitters abgebremst werden. Erst durch die Stoßionisation, welche die Elektronen aus dem Gebiet hoher Energien verschwinden läßt, wird dabei die Ausbildung einer *stationären* Verteilung ermöglicht. Alle diese Vorgänge werden in den Theorien von *Davidov-Shmushkevitch, Heller, Franz* [7, 8, 9] statistisch erfaßt, und es wird die (als räumlich homogen angenommene) Verteilungsfunktion der Elektronen auf die Zustände des Leitungsbandes berechnet. Quasistationär läßt sich dann die Änderung der Verteilungsfunktion und damit das Anwachsen der Stromstärke sowie die

Bedingung für den elektrischen „Durchschlag" gewinnen. Durchschlag tritt ein, wenn der Strom dem Gitter eine so hohe Leistung zuführt, daß es thermisch zerstört wird.

Die Theorie [9] ist auf den Vorgang der Elektronenvermehrung durch hohe elektrische Felder in den Alkalihalogeniden angewendet worden (*Veelken* [10]). Der bestimmende Mechanismus hierfür sollte Stoßionisation von Valenzelektronen durch Leitungselektronen sein; denn innere Feldemission ist hier auszuschließen wegen der zu großen Breite der Isolatorlücke, und ebenfalls Stoßionisation durch Löcher, da die Breite des Valenzbandes kleiner als die Isolatorlücke ist. Entscheidend wichtig ist es, zu einer richtigen Erfassung der Gitterbremsung zu kommen. In den bisherigen Theorien wurde die Wechselwirkung mit den akustischen Gitterschwingungen als rein „nichtpolare Nahwirkung" angesetzt, und diejenige mit den optischen Gitterschwingungen als rein „polare Fernwirkung". *Veelken* hat die gesamte Wechselwirkung aus einem einheitlichen Modell ermittelt, das für akustische *wie* optische Gitterschwingungen *aller* Wellenlängen anwendbar ist. Dabei zeigt sich, daß die beiderlei Wechselwirkungen (nichtpolare Nahwirkung, polare Fernwirkung) sich durch Interferenzvorgänge zum Teil verstärken, zum Teil aber auch gegenseitig abschwächen können. Der Beitrag der akustischen Gitterschwingungen zur Bremsung erweist sich bei höheren Elektronenenergien als bedeutend, der Nahwirkungsanteil des Beitrages, der durch optische Schwingungen entsteht, als gering. Die von *Veelken* berechneten Durchbruchsfeldstärken für die Alkalihalogenide stimmen gut überein mit den experimentellen Werten.

Zur Deutung des Hochstromgebietes in der Strom-Spannungs-Charakteristik in Sperrichtung von *sehr schmalen* p-n-Übergängen am Si und Ge (*McAfee, Ryder, Shockley* und *Sparks* [11]) nimmt man als wirksamen Mechanismus für die Ladungsträgervermehrung innere Feldemission an. Das Feld in einem sehr schmalen p-n-Übergang kann eventuell einen so hohen Wert erreichen, daß Feldemission an der Stelle maximalen Feldes einsetzt. Der beobachtete Strom ist dann bestimmt durch das Maximalfeld im Übergang. Wird das Feld vergrößert, so vergrößert sich der Strom.

Wir wollen uns im folgenden anderen von *McKay* und *McAfee* [12, 13] durchgeführten Experimenten an in Sperrichtung belasteten *nicht zu schmalen* p-n-Übergängen im Si und Ge und ihrer theoretischen Deutung zuwenden. Man beobachtet hier eine Trägervermehrung durch in den Übergang injizierte Elektronen, die sehr ähnlich zu derjenigen Gasen unterhalb des Durchschlags verläuft. Die Trägervermehrung ist sehr klein für niedrige angelegte Spannungen, wächst aber rapide bei Vergrößerung der Spannung an und erreicht einen unendlich hohen Wert bei der Durchschlagsspannung. Zur Erklärung nimmt *McKay* Erzeugung von Elektron-Lochpaaren durch Stöße in den Gebieten hohen elektrischen Feldes an (das Feld ist aber nirgends so hoch, daß es zur inneren Feldemission kommen könnte), was zu der Ausbildung einer Ladungsträger-Lawine führt. Neben den Elektronen werden auch die Löcher als stoßionisierend angesehen; das ist wegen der genügend großen Breite des Valenzbandes im Si und Ge im Gegensatz zu den oben betrachteten Alkalihalogeniden möglich. In der Stoßionisation durch Löcher ist der enge Zusammenhang mit der Gasentladung begründet, und eine modifizierte Form der Theorie der *Townsend*-Entladung in Gasen wird auf diese Erscheinungen anwendbar.

Kennzeichnende Funktion in der *McKay*schen Rechnung [12] ist die Ionisierungsquote $\alpha\,(F)$, definiert als die Zahl von Elektron-Lochpaaren, die pro cm Weg von einem in Richtung des elektrischen Feldes F sich bewegenden Elektron erzeugt werden. Die Ionisierungswahrscheinlichkeit pro cm Weg für die Löcher wird der Einfachheit halber als gleich derjenigen für die Elektronen angenommen. Die Ergebnisse der Theorie hängen nicht sehr kritisch davon ab, ob diese Voraussetzung erfüllt ist. Das Problem bei der Bestimmung von $\alpha\,(F)$ als Funktion des Feldes aus experimentellen Daten besteht darin, daß diese an schmalen p-n-Übergängen gewonnen werden, in welchen das elektrische Feld nicht gleichförmig ist. Abb. 4 gibt eine schematische Darstellung des Übergangs

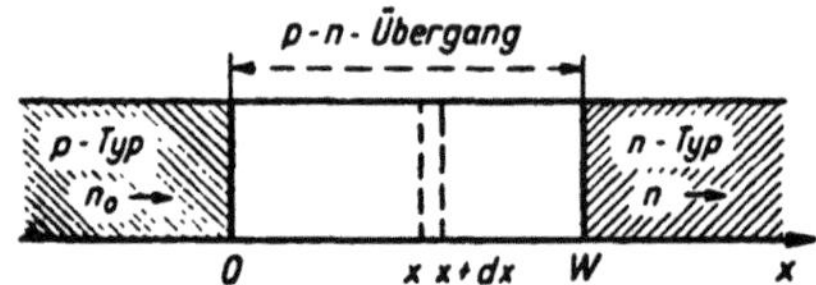

Abb. 4. Zur *McKay*schen Theorie der Lawinenbildung in einem p-n-Übergang.

mit einer Dicke W. Das Feld soll allein eine Funktion der Ortskoordinate x sein und in x-Richtung liegen. Die Anzahl der Elektronen, die bei $x = 0$ in den Übergang injiziert wird, möge n_0 sein. Diese Elektronen können zusätzliche Ladungsträger erzeugen, sowohl Elektronen wie auch Löcher. Es genügt, nur eine Sorte von Ladungsträgern zu betrachten, etwa die Elektronen. Die Anzahl der Elektronen, die durch Elektronen oder Löcher zwischen 0 und x erzeugt wird, soll mit n_1, und die Anzahl der Elektronen, die zwischen x und W erzeugt wird, mit n_2 bezeichnet werden. Dann ist die Anzahl der Elektronen, die zwischen x und $x + dx$ produziert wird, gegeben durch

$$dn_1 = (n_0 + n_1)\alpha\,dx + n_2\alpha\,dx = n\alpha\,dx, \qquad (57)$$

wo $n = n_0 + n_1 + n_2 = $ der Anzahl der Elektronen ist, die bei $x = W$ austreten. Integriert man (57) mit den Grenzbedingungen $n_1 = 0$ bei $x = 0$ und $n_1 = n - n_0$ bei $x = W$, so erhält man

$$1 - \frac{1}{M} = \int_0^W \alpha\,dx, \qquad (58)$$

wenn mit $M = n/n_0$ der Multiplikationsfaktor für die Elektronenvermehrung bezeichnet wird. Erreicht das Integral in (58) den Wert 1, so geht $M \to \infty$, d. h. es tritt Durchschlag ein. Es ist zu bemerken, daß beim Gebrauch von (58) folgende Voraussetzungen als erfüllt angesehen werden:

a) $\alpha\,(F)$ ist allein eine Funktion von F. Das bedeutet, die voraufgegangene Geschichte der Ionisierungsträger wird vernachlässigt. In sehr schmalen p-n-Übergängen darf diese Annahme wahrscheinlich nicht gemacht werden.

b) Der Verlust von Trägern durch Rekombination ist zu vernachlässigen. Das ist ohne weiteres erlaubt; denn die Zeit, um einen typischen p-n-Übergang in einem Feld zu durchqueren, das zu beträchtlicher Trägervermehrung führen kann, ist von der Größenordnung 10^{-10} sec. Das ist vernachlässigbar klein neben den Rekombinationszeiten in der Größenordnung von 10^{-6} sec.

Die Gleichung (58) läßt sich für bestimmte einfache Fälle von p-n-Übergängen lösen, so für den Stufen- oder *Schottky*-Übergang (abrupter Übergang von p nach n-Typ), wo F linear von x abhängt, sowie für den Übergang mit einem linearen Gefälle der Differenz zwischen Donator- und Akzeptordichte, für den F eine quadratische Funktion von x ist. Mit Hilfe der Beziehung (58) gewinnt *McKay* Formeln für die beiden Arten von Übergängen, die es gestatten, auf zwei Wegen von Meßdaten zu $\alpha\,(F)$ zu kommen. Auf dem ersten Wege ist in der Vordurchschlagsregion der Multiplikationsfaktor M für die Elektronenvermehrung als Funktion des Maximalfeldes im Übergang zu messen. Die Injektion von Trägern wird durch den Beschuß mit Lichtquanten oder α-Partikeln erreicht. Auf dem zweiten Wege wird das Maximalfeld im Übergang bei Eintreten von Durchschlag für eine Reihe von Übergängen in Abhängigkeit von den

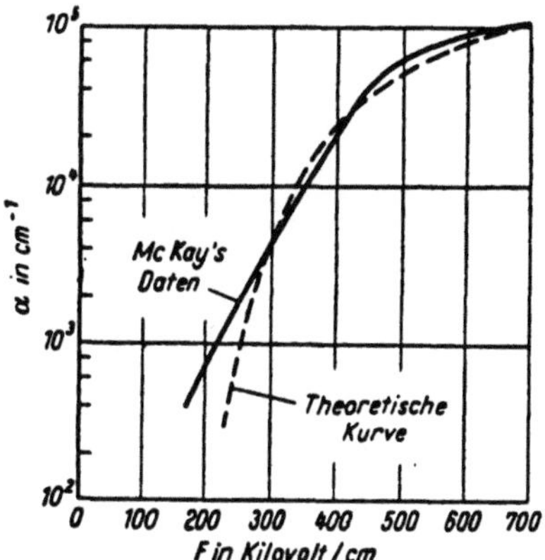

Abb. 5. Stoßionisations-Wahrscheinlichkeit pro cm Weg als Funktion des Feldes für Si. (Voll ausgezogene Kurve: experimentell nach *McKay*; gestrichelt: theoretisch nach *Wolff*.)

charakteristischen Größen des Übergangs bestimmt. Abb. 5 zeigt die auf die letztere Weise von *McKay* aus seinen Meßdaten an p-n-Übergängen im Si gewonnene Kurve $\alpha\,(F)$ (voll ausgezogen).

Von *Wolff* [14] ist die Stoßionisations-Wahrscheinlichkeit pro cm Weg, $\alpha\,(F)$, unter stark vereinfachenden Annahmen berechnet worden. Insbesondere nimmt *Wolff* an, daß die schnellen Elektronen lediglich Energie durch Zusammenstöße mit den optischen Gitterquanten verlieren, während die akustischen keine Rolle spielen sollen. Für die Zusammenstöße mit den optischen Quanten wird eine geschwindigkeitsunabhängige mittlere freie Weglänge λ eingeführt. In den Endausdrücken für $\alpha\,(F)$ erscheinen als einzige Parameter, die eine wesentliche Rolle spielen, λ und E^0, wo E^0 ungefähr gleich der Minimalenergie für den Einsatz der Stoßionisation ist. Bei einer Wahl von $E^0 \approx 2\,\mathrm{eV}$ (Energie vom unteren Rand des Leitungsbandes aus gerechnet) muß $\lambda \approx 220\,\text{Å}$ gesetzt werden, um ein möglichst gutes Zusammenfallen der theoretischen $\alpha\,(F)$-Kurve (siehe Abb. 5, gestrichelte Kurve) mit der von *McKay* experimentell gewonnenen zu erreichen. Gewisse Abweichungen zwischen theoretischer und experimenteller Kurve werden als Schwankungen in den Donator- und Akzeptordichten der zu den Experimenten verwendeten p-n-Übergänge gedeutet.

Nach den Erfahrungen bei den Alkalihalogeniden [10] ist anzunehmen, daß auch im Ge und Si die akustischen Gitterschwingungen einen starken Beitrag zur Bremsung der schnellen Elektronen liefern. Um mit Hilfe der in [9] entwickelten Theorie eine hiernach wünschenswerte Neuberechnung von α (F) vorzunehmen, hat man auszugehen von der folgenden (verbesserten) Formel für die mittlere *zeitliche* Stoßionisations-Wahrscheinlichkeit w_j, die noch durch die mittlere Driftgeschwindigkeit im Felde zu dividieren ist, um zu der Stoßionisations-Wahrscheinlichkeit pro cm Weg α zu kommen:

$$w_j = \frac{e^2\,\tau_2\,(1+H_2^2)}{3\,\pi\,m}\,\sqrt{-\frac{E_1}{E_2}\,\Phi'(E_1)\,\Phi'(E_2)} \cdot \exp\left[-\int\limits_{E_1}^{E_2}\frac{d\,E'}{E'}\,\Phi(E')\right] \tag{59}$$

mit

$$\Phi = \frac{3}{2}\left(\frac{G^2}{F^2+H^2}-1\right)\cdot$$

Hierin ist τ die Relaxationszeit, definiert durch

$$\frac{1}{\tau} = \sum_{(e)}\left(1-\frac{1}{\alpha}\right)w_e + \sum_{(a)}\left(1-\frac{1}{\alpha}\right)w_a. \tag{60}$$

w_e ist die Wahrscheinlichkeit pro Zeiteinheit dafür, daß ein Elektron ein Phonon der Energie $\hbar\,\omega$ emittiert, w_a ist die Absorptionswahrscheinlichkeit. Summiert wird über sämtliche möglichen Emissionsprozesse (e) und Absorptionsprozesse (a). $\frac{1}{\alpha}\,|\mathfrak{k}|$ ist diejenige Komponente des Elektronenwellenzahlvektors $\mathfrak{k}$, die nach dem Stoß noch die ursprüngliche Richtung hat. G (E) ist die sogenannte Gleichgewichtsfeldstärke, bei der sich Energieverlust durch Stöße und -Energiegewinn aus dem Felde die Waage halten. Sie ist gegeben durch

$$e^2 G^2 = m^*\,B\,\frac{1}{\tau}, \qquad \text{mit } B = \sum_{(e)}\hbar\,\omega\,w_e - \sum_{(a)}\hbar\,\omega\,w_a. \tag{61}$$

B (E) gibt den zeitlichen Energieverlust durch Gitterstöße an. Neben G (E) ist noch als zweite charakteristische Feldstärke H (E) eingeführt worden:

$$e^2 H^2 = \frac{3\,m^*}{4\,E\,\tau}\,D, \qquad \text{mit } D = (e)\sum(\hbar\,\omega)^2\,w_e + (a)\sum(\hbar\,\omega)^2\,w_a. \tag{62}$$

F ist das angelegte elektrische Feld, E_1 und E_2 sind die Energiewerte, bei denen $\Phi = 0$ wird. [Der Index 1 bzw. 2 in (59) bedeutet, daß die Funktionswerte an den Stellen E_1 bzw. E_2 zu nehmen sind; falls E_2 größer als die Ionisierungsenergie I ist, ist E_2 durch I zu ersetzen.] Zur Auswertung' von (59) ist es also erforderlich, die maßgebenden Funktionen $1/\tau$, G und H unter Berücksichtigung *sämtlicher* Gitterschwingungen zu berechnen. Die Durchführung derartiger Rechnungen steht allerdings noch aus.

Literatur

[1] *W. Franz*, Erg. exakt. Naturwiss. XXVII (1953), S. 14 ff.
[2] *W. V. Houston*, Phys. Rev. 57 (1940), S. 184.
[3] *J. Homilius, W. Franz*, Z. Naturf. 9a (1954), S. 5 — *J. Homilius, W. Franz*, Z. Naturf. 9a (1954), S. 205.
[4] *P. Feuer*, Phys. Rev. 88 (1952), S. 92.

[5] L. Tewordt, Z. Phys. 138 (1954), S. 499.
[6] W. Franz, Ann. Phys. 11 (1952), S. 17.
[7] B. Davidov, I. Shmushkevitch, J. of Phys. 3 (1940), S. 359.
[8] W. R. Heller, Phys. Rev. 84 (1951), S. 1130.
[9] W. Franz, Z. Phys. 132 (1952), S. 285.
[10] R. Veelken, Z. Phys. 142 (1955), S. 476 und S. 544.
[11] K. G. McKay, Ryder, Shockley, Sparks, Phys. Rev. 83 (1951), S. 560.
[12] K. G. McKay, Phys. Rev. 94 (1954), S. 877.
[13] K. G. McKay, K. B. McAfee, Phys. Rev. 91 (1953), S. 1079.
[14] P. A. Wolff, Phys. Rev. 95 (1954), S. 1415.

Summary: Valence electrons of insulating crystals can by action of a strong electric field
be transfered into the conduction band either by internal field emission (Zener effect)
or by impact ionization. The theory of the Zener emission can be given by evaluating
Houstons formula; applying complex integration methods we get essentially a formula
of *McAfee* et al. in a three dimensional generalization. Influence of Coulomb interaction
is treated in the discussion. — The theory of impact ionization shows that the energy
required is somewhat greater than the optical ionization energy. Beyond the critical
energy the ionization rate increases with the square (or cube) of the excess energy.

Herr *Malsch**) möchte eine Formel sehen, welche die Verhältnisse unterhalb der Durchschlagsfeldstärke beschreibt.

Antwort: Im rein Ohmschen Gebiet wird der Strom völlig durch die thermischen Elektronen getragen, die Stromstärke also aus der Fermiverteilung und der Beweglichkeit bestimmt. Führt reine Stoßionisation zum Durchschlag, so ergibt sich ein sprunghafter Übergang von dem Ohmschen Strom der thermischen Leitungselektronen zu einem infolge Lawinenbildung bis zum Durchschlag anwachsenden Strom. Eine Stabilisierung dieses Vorganges wäre nur durch Rekombination ins Valenzband denkbar, doch tritt diese praktisch nie in Aktion, da die Rekombinationswahrscheinlichkeiten viel zu klein sind. Anders liegen die Verhältnisse, wenn die Trägervermehrung durch innere Feldemission erfolgt. Dann treten keine Lawineneffekte auf; es werden in einem Isolator der Dicke d pro Querschnitt $w_{vl}N_v d$ Elektronen-Lochpaare pro Zeiteinheit erzeugt, wenn w_{vl} die Feldemissionswahrscheinlichkeit und N_v die Anzahl der Valenzzustände pro Volumenelement ist. Durch das Feld werden pro Zeiteinheit bFn Elektronen aus dem Querschnitt entfernt, wobei b die Beweglichkeit und n die Elektronendichte ist. Sind diese beiden Beträge gleich, so hat man, auch ohne Elektron-Loch-Rekombination, einen stationären Zustand. Die zugehörige Stromstärke bestimmt sich aus

$$j = e\, w_{vl}\, N_v d.$$

Herr *Seiler***) fragt nach der Bedeutung der Bremsung durch den akustischen Zweig der Gitterschwingungen.

Antwort: Im polaren Kristall spielt für Leitungsvorgänge unterhalb des Durchschlags nur der optische Zweig eine Rolle. Erst wenn das Verhalten von Elektronen höherer Energie (in der Größenordnung 1 eV) wichtig wird, treten die akustischen Schwingungen in Aktion. Sie müssen deshalb auch in polaren Kristallen unbedingt berücksichtigt werden, wenn man in das Gebiet des Durchschlags kommt. Bei nichtpolaren Kristallen hat man die akustischen Schwingungen bei allen Feldstärken wesentlich zu berücksichtigen.

Herr *Schottky* bemerkt, daß man bei der Berechnung der inneren Feldemission aus dem Valenzband eigentlich einen Effekt berücksichtigen müßte, der der Bildkraft beim äußeren Elektronenaustritt entspricht, da zwischen dem befreiten Elektron und dem zurückbleibenden Defektelektron Coulombsche Anziehung herrscht.

*Antwort****): Man könnte sich versucht fühlen, die Coulombwechselwirkung einfach dadurch zu berücksichtigen, daß man an dem Ort, an welchem das Elektron die obere Grenze des Valenzbandes verläßt, eine ortsfeste positive Ladung anbringt. Man muß aber bedenken, daß das emittierte Elektron aus einem unter dem Einfluß des Feldes bewegten Wellenpaket stammt, welches sich nach Entfernung des Elektrons als Loch weiterbewegt, also nicht ortsfest ist. Zu

---

*) Telefunken, Ulm, † Mai 1956.
**) S. A. F., Nürnberg.
***) Februar 1956.

einer angemessenen Berücksichtigung der Coulombwechselwirkung dürfte die folgende Überlegung führen. Nach § 2 tritt die Elektronenbefreiung ein, wenn ein Valenzelektron bei seiner beschleunigten Bewegung gemäß (12) sich einer Stelle besonders kleiner Energielücke zum Leitungsband nähert. Solange der Sprung in das Leitungsband nicht erfolgt ist, tritt keine zusätzliche Coulombkraft auf. Erfolgt dagegen ein Übergang, so fehlt im Valenzband das nach (12) sich bewegende Elektron, und das an seiner Stelle befindliche positiv geladene Loch übt eine Wechselwirkung auf das ins Leitungsband entsprungene Elektron aus. Wenn das springende Elektron die Gesamtenergie E besitzt, so gilt demnach für seine beiden konkurrierenden Zustände im Leitungs- und Valenzband

$$
\begin{aligned}
\text{(I)} \qquad E &= E_v(\mathfrak{K}) - e\,F\,x_v, \\
E &= E_l(\mathfrak{K}) - e\,F\,x_l - \frac{e^2}{4\,\pi\,\varepsilon\,(x_l - x_v)} ;
\end{aligned}
$$

x ist dabei die Koordinate des Elektrons in Richtung der Feldbeschleunigung. Zwischen dem räumlichen Sprung $x_l - x_v$, den das Elektron auszuführen hat, und der dazugehörigen Energiedifferenz ergibt sich daraus die Beziehung

$$
\text{(II)} \qquad 2\,e\,F\,(x_l - x_v) = E_l - E_v + \sqrt{(E_l - E_v)^2 - \frac{e^3 F}{\pi\,\varepsilon}},
$$

und die Lage im Leitungsband ist gegeben durch

$$
\text{(III)} \qquad 2\,e\,F\,x_l = E_l + E_v - 2\,E + \sqrt{(E_l - E_v)^2 - \frac{e^3 F}{\pi\,\varepsilon}} .
$$

Verfolgt man den Weg des Elektrons rückwärts von großen Energiewerten E_l her, so hat man offenbar, da in (I) für große x_l der Coulombterm zu vernachlässigen ist, mit dem positiven Wurzelvorzeichen in (III) zu beginnen. Man tritt bei $E_l = 0$ in die verbotene Zone ein, erreicht den bei reellen x kleinstmöglichen Wert der Energiedifferenz $E_l - E_v = \sqrt{e^3 F/\pi\,\varepsilon}$ und gelangt dann mit umgekehrtem Wurzelvorzeichen und wachsendem $E_l - E_v$ zu noch kleineren Werten von x_l, bis man bei $E_l = 0$ wieder das verbotene Gebiet verläßt. Das für die Dämpfung maßgebliche Integral (23) beginnt und endet im Leitungsband. Nach partieller Integration hat man

$$
\int \xi \, d\,x_l = -\int x_l \, d\,\xi.
$$

Setzt man x_l aus (III) ein, so liefert nur die dortige Wurzel einen Beitrag; die übrigen Summanden sind ja auf dem Integrationsweg eindeutige Funktionen von ξ. Beginnt man mit der Integration über x_l von links, so ist das Wurzelvorzeichen zunächst negativ, bis man den Punkt ξ_1 erreicht, an welchem die Wurzel verschwindet. Die Integration von ξ_1 bis null mit geändertem Wurzelvorzeichen ist dann anzuschließen. Man hat also

$$
\text{(IV)} \qquad \int \xi \, d\,x_l = \frac{1}{e\,F} \int_0^{\xi_1} \sqrt{(E_l - E_v)^2 - \frac{e^3 F}{\pi\,\varepsilon}} \, d\,\xi.
$$

Man kann zu dieser Gestalt des Dämpfungsfaktors gelangen, wenn man bereits in (16) und (22) an Stelle der Energiedifferenz $(E_l - E_v)$ die in (IV) auftretende Wurzel setzt. Dann übernimmt die Stelle ξ_1 vollständig die Rolle des damaligen Sattelpunktes ξ_s. Mit (25) ist

$$\text{(V)}\qquad \xi_1 = i\,\sqrt{\frac{m^*}{2}\left(I - \frac{e^3 F}{\pi\,\varepsilon\,I}\right)}.$$

Führt man die Integration wie früher nach der Sattelpunktsmethode aus, so ergibt sich an Stelle von (27)

$$\text{(VI)}\qquad D = \frac{4\,e\,F}{3\,I}\,\Gamma^2\!\binom{2}{3}\left(\frac{3\,m^*\,e\,F}{2\,\hbar^2}\right)^{1/3}\left(\frac{\mathfrak{F}}{F}\cdot\mathfrak{M}\right)^2\left(1 - \frac{e^3 F}{\pi\,\varepsilon\,I^2}\right)^{-1/3}$$
$$\times\exp\!\left(\frac{\sqrt{2\,m^*}}{4\,\hbar}\left[\frac{e^2}{\varepsilon\,I^{1/3}} - \frac{\pi\,I^{1/3}}{e\,F}\right]\right).$$

Der wesentliche Unterschied gegenüber (27) besteht in einem positiven Zusatz des Exponenten, der von der Feldstärke unabhängig ist. Die Integration über die Wellenzahlfläche nach (28) kann man ebenfalls ausführen wie im § 2, wenn man eine modifizierte Ionisierungsenergie

$$\text{(VII)}\qquad I_1^{3/2} = I^{3/2} - \frac{e^3 F}{\pi\,\varepsilon\,I^{1/2}}$$

einführt. Dadurch tritt auch an die Stelle von η nach (32) ein modifizierter Ausdruck. Das Ergebnis wird dann

$$\text{(VIII)}\qquad w = \Gamma^2\!\binom{2}{3}\frac{V_0}{(2\,\pi)^3}\frac{(e\,F)^{10/3}}{\sqrt{|\,\eta_{1\perp}\,|}\,(I_0 I_1)^{5/4}}\binom{3}{\hbar^2}^{1/3}\left(\frac{2}{m_0^*}\right)^{1/6}\left|\frac{\mathfrak{F}}{F}\cdot\mathfrak{M}\right|^2$$
$$\times\exp\!\left(\frac{\sqrt{2\,m_0^*}}{4\,\hbar}\left[\frac{e^2}{\varepsilon\,I_0^{1/2}} - \frac{\pi\,I_0^{3/2}}{e\,F}\right]\right).$$

Mit den numerischen Werten der universellen Konstanten erhält man schließlich (ε_0 = Dielektrizitätskonstante des Vakuums im technischen System):

$$\text{(IX)}\qquad w = 4{,}6\cdot 10^{-13}\,\sec^{-1}\!\left(\frac{m}{m_0^*}\right)^{1/6}\frac{V_0}{\sqrt{|\,\eta_{1\perp}\,|}}\frac{F^{10/3}}{I_0^{5/3}}\left|\frac{\mathfrak{F}}{F}\cdot\mathfrak{M}\right|^2$$
$$\times\left(1 - \frac{0{,}59\cdot 10^{-3}\,F\,\varepsilon_0}{I\,\varepsilon}\right)^{-5/4}\cdot 10^{\,-1{,}83\cdot 10^7\,\sqrt{\frac{m_0^*}{m}\frac{I_0^{3/2}}{F}}\,+\,10\,\sqrt{\frac{m_0^*}{m I_0}\frac{\varepsilon_0}{\varepsilon}}}.$$

Man erkennt, daß durch die hier vorgenommene Berücksichtigung der Coulombkraft sich — abhängig von den Werten von ε und I_0 — w um mehrere Zehnerpotenzen erhöht, während die Abhängigkeit von der Feldstärke nur unwesentlich geändert wird. Der Koeffizient der Exponentialfunktionen in (VI) ist nach Berücksichtigung der Coulombkraft nicht mehr — wie es bei (27) der Fall war — um einige Zehnerpotenzen kleiner als eins. Wir haben uns deswegen im Effekt dem primitiv gerechneten Resultat (9) genähert.

Herr *Groschwitz* *) macht zur Stoßionisation in Silizium und Germanium folgende Bemerkung:

---

*) Wernerwerk für Bauelemente der Siemens & Halske AG., München.

In hohen elektrischen Feldern verhalten sich die freien Ladungsträger eines elektronischen Halbleiters, wie *W. Shockley* und *E. J. Ryder*[1]) gezeigt haben, ähnlich wie in einem Gasentladungsplasma[2]). Im Rahmen der sich hierbei ergebenden Analogie wurde deshalb nach einem Vorschlag von *K. Siebertz* und in gemeinsamer Diskussion mit *Winrich v. Siemens* diese Betrachtungsweise auch auf das Problem der Elektronenmultiplikation in Halbleitern angewandt und mit den Meßergebnissen von *K. G. McKay* und *K. B. McAfee*[3]) verglichen. Von *P. A. Wolff*[4]) wurde die Ionisierungszahl unter der Voraussetzung berechnet, daß die Elektronen an den optischen Phononen gestreut werden. Wir gehen näherungsweise von der Annahme aus, daß die Wechselwirkung der Elektronen vorwiegend mit den akustischen Schallquanten stattfindet. Der Halbleiter wird hierbei als ein Gasgemisch aus Phononen und Elektronen bzw. Defektelektronen betrachtet und es wird die stark vereinfachende Voraussetzung gemacht, daß der Energieaustausch beim Zusammenstoß eines Elektrons mit einem Phonon im Vergleich zur mittleren Elektronenenergie klein und die Streuung der Elektronen an den Schallquanten angenähert isotrop ist (d. h. die Phononenmasse M ist groß gegenüber der Elektronenmasse m). Berechnet man unter diesen Voraussetzungen die Ionisierungszahl α als Funktion der Feldstärke F aus der von *S. Chapman* und *T. G. Cowling*[5]) angegebenen Geschwindigkeitsverteilung der Elektronen bei hoher elektrischer Feldstärke, wobei die Ionisierungsfunktion wie in Gasen als proportional zum Energieüberschuß des Elektrons über die Ionisierungsenergie angesetzt wird, so ergibt sich[6])

$$\alpha = \frac{C}{2} \frac{M}{m} e F \left(1 - \Phi \left[\sqrt{\frac{3\,m}{M}} \frac{F_i}{F} \right] \right).$$

Hierin bedeutet $F_i = U_i/l$ die Ionisierungsfeldstärke (l freie Weglänge, e Elementarladung) und Φ das Fehlerintegral; C ist eine Konstante, die man zweckmäßig dadurch bestimmt, daß man die theoretische Kurve für Si bei $F_i \approx 6 \cdot 10^5$ V/cm mit den empirischen Daten von *McKay* und *McAfee* zur Übereinstimmung bringt. Für Germanium darf man vielleicht nach Maßgabe der Breite des verbotenen Bandes im Vergleich zu Silicium einen Wert von ungefähr $F_i \approx 4 \cdot 10^5$ V/cm erwarten. Die Größe M/m ist ein Maß für die Wechselwirkung zwischen den Leitungselektronen und Phononen, was aus der mittleren Energie eines Elektrons $\bar{\varepsilon} \sim F l \sqrt{M/m}$ zu ersehen ist, d. h. mit abnehmenden Werten von M/m nimmt die Energieübertragung der Elektronen an das Gitter bei einer über der freien Weglänge l liegenden festgehaltenen Spannung $F l$ zu. Man erhält mit dem berechneten analytisch einfachen Ausdruck näherungsweise Übereinstimmung mit dem von *McKay* und *McAfee* gemessenen Verlauf der Ionisierungszahl α (F), wenn M/m größenordnungsmäßig den relativ kleinen Wert 10 besitzt, was bedeutet, daß die Wechselwirkung der Elektronen mit den Phononen schon verhältnismäßig wirksam ist. Setzt man nach *Shockley*[1]) für M näherungsweise $k\,T/c^2$ (c mittlere Schallgeschwindigkeit),

---

[1]) *W. Shockley*, Bell Syst. Techn. J. 4 I (1951), S. 990. — *E. J. Ryder* u. *W. Shockley*, Phys. Rev. 81 (1951), S. 139.
[2]) *B. Davydov*, Phys. Z. Sowjet. 8 (1935), S. 59 u. a.
[3]) *K. G. McKay* u. *K. B. McAfee*, Phys. Rev. 91 (1953), S. 1079.
[4]) *P. A. Wolff*, Phys. Rev. 95 (1954), S. 1415.
[5]) *S. Chapman* u. *T. G. Cowling*, The Mathematical Theory of Non-Uniform Gases, Cambridge, University Press 1953, S. 350.
[6]) *E. Groschwitz*, Z. Phys. 143 (1956), S. 632.

so erhält man bei Zimmertemperatur für $c \approx 2 \cdot 10^6$ cm/s. Dieser Sachverhalt legt die Vermutung nahe, daß für die Stoßionisation in elektronischen Halbleitern wahrscheinlich sowohl akustische als auch optische Schallquanten maßgebend sind. Die von uns angegebene einfache Formel für α liefert somit eine angenäherte phänomenologische Beschreibung der Ionisierungszahl als Funktion der elektrischen Feldstärke, wenn die Ionisierungsfeldstärke der Substanz relativ niedrig ist und wenn innerhalb der sich einstellenden Geschwindigkeitsverteilung der Elektronen für $F < F_i$ die Wechselwirkung mit den akustischen Schallquanten noch eine wesentliche Rolle spielt.

Bemerkung der Referenten zum Beitrag Groschwitz: Die Formel von Herrn *Groschwitz* stimmt für hohe Felder (bei denen die Stoßionisationsrate beträchtlich wird) in ihrer äußeren Gestalt näherungsweise mit der Formel überein, welche man aus der genaueren Durchrechnung des Stoßionisationsvorganges im Festkörper nach Gleichung (59) erhält. Macht man die (im allgemeinen unzutreffende Voraussetzung), daß im wesentlichen nur Phononen einer einheitlichen Energie zur Bremsung beitragen, so erhält man aus (59) näherungsweise

$$w_j = \frac{2\,e^2\,\tau\,F_i^2}{\pi\,m\,(E_2 - E_1)} \cdot \exp\left[-\frac{2\,(E_2 - E_1)}{(E_1 + E_2)} \cdot \frac{F_i^2}{F^2}\right].$$

Aus der Formel von Herrn *Groschwitz* andererseits ergibt sich für praktisch in Frage kommende Felder [$\leq$ Durchschlagsfeldstärke]:

$$\alpha = \frac{2\,C}{\sqrt{3\,\pi}} \left(\frac{M}{m}\right)^{3/2} \frac{e\,F^2}{F_i} \exp\left(-\frac{3\,m}{M} \frac{F_i^2}{F^2}\right).$$

F_i ist nichts anderes als die *von Hippel*sche Gleichgewichtsfeldstärke, und die exponentielle Abhängigkeit von dem Quadrat des Verhältnisses (F_i/F) ist beiden Formeln gemeinsam. Man muß aber bedenken, daß für quantitative Rechnungen beide Formeln nicht ausreichen, daß man dafür vielmehr das Integral im Exponenten der Formel (59) numerisch auszuwerten hat.

Eine weitere Diskussionsbemerkung von Herrn *Schottky* betraf die Frage, ob neben der direkten Band—Band-Paarbildung durch Zenereffekt vielleicht auch eine Feldbegünstigung der zweistufigen thermischen Paarbildung an Rekombinationszentren mittlerer Energielage eine Rolle spielen könnte. Herr *Schottky* war der Ansicht, daß hier die Verhältnisse ähnlich liegen wie bei der äußeren Feldemission, wo ja auch neben dem temperaturunabhängigen Tunneleffekt eine Begünstigung der *thermischen* Feldemission durch Erniedrigung des (Bildkraft-)Potentialberges Bedeutung haben kann. Ein solcher Effekt würde dann zu berücksichtigen sein, wenn die feldfreie, thermische Emission bzw. hier: die innere thermische Paarbildung, einen solchen Betrag besitzt, daß sie bei einer mäßigen relativen Feldvergrößerung, wo der viel stärker feldabhängige Tunneleffekt noch unwesentlich ist, bereits zu deutlichen Stromvergrößerungen führt. Das ist für die innere Feldemission, bei nicht zu kleiner Bandbreite, zwar nicht für den direkten Band—Band-Übergang, wohl aber u. U. für den mit wesentlich kleineren Aktivierungsenergien ablaufenden zweistufigen Paarbildungseffekt an Rekombinationszentren zu erwarten. Es wäre also bei p-n-Übergängen mit schmaler Raumladungsbreite (wo der Feld-Paarbildungseffekt nicht durch den Feld-Ionisationseffekt überdeckt wird) nach etwaigen

Einflüssen der Trap-Konzentrationen auf die Sperrkennlinie zu suchen, die sich u. a. in einem Temperaturanstieg der relativen Sperrstromvergrößerung äußern müßten.

In einem gewissen Zusammenhang hiermit stand schließlich die von Herrn *Jaumann**) gestellte Frage, welche Rolle die von *Schottky* bei Raumladungs-randschichten 1942 diskutierten „Paßleitungs"-Effekte bei der inneren Feld-Paarbildung spielen könnten: Herr *Schottky* bemerkt hierzu nachträglich, daß solche Effekte nur dann als beobachtbar zu erwarten sind, wenn innerhalb der Übergangsbreite I/eF (Abb. 2) geladene Störstellen in mittleren Abständen $\lesssim I/eF$ vorhanden sind, was diese Effekte auf nicht zu hohe Felder und auf hohe Konzentrationen an (geladenen) Störstellen beschränken würde. Unter diesen Voraussetzungen wäre aber wohl mit der Möglichkeit zu rechnen, daß sowohl bei Band—Band-Übergängen wie z. B. bei Ablösung eines Elektrons von einem Trap mittlerer Lage der zu überwindende Potentialberg durch Ein-bettung von Coulombzentren geeigneter Ladung in den Übergangsweg eine merkliche Erniedrigung erführe. Vielleicht könnten die schlechten Eigen-schaften der Channel-Sperrkennlinien (Referat *Harten-Schultz* dieses Bandes) z. T. mit solchen Effekten in Verbindung gebracht werden.

---

*) II. Physik. Inst. d. Univ. Köln.

2.   **J. TELTOW***)

Assoziation und Wechselwirkung von Störstellen
in Ionenkristallen und Halbleitern**)

Mit 2 Abbildungen

Inhaltsverzeichnis:

1. Einleitung

Sehr bald nach Begründung der Theorie der thermischen Fehlordnung von Kristallen durch *Frenkel* [1], *Schottky* und *Wagner* [2] begann man sich für die Wechselwirkung der Fehlstellen untereinander zu interessieren, da nicht alle durch die Fehlordnung bewirkten Phänomene sich befriedigend durch ein „ideales Fehlstellengas" deuten ließen. So nahmen *Schottky* und *Waibel* sowie *Dünwald* und *Wagner* [3] zur Deutung der elektrischen Leitfähigkeit des Cu_2O eine Assoziation zwischen Cu^+-Lücken und Defektelektronen an. *Wagner* und *Hammen* [4] diskutierten am gleichen Beispiel auch die Korrektur der idealen Massenwirkungsgesetze durch die *Debye-Hückel*-Theorie der starken Elektrolyte. Auf ähnliche Weise versuchten *Nagel* und *Wagner* [5] Unstimmigkeiten zwischen Theorie und Experiment am CuJ zu klären. In Metallen wurde eine Assoziation zwischen Fremdatomen und Leerstellen durch die in einigen Fällen beobachteten anomal hohen Diffusionskoeffizienten der Fremdatome nahegelegt [6]. *Schottky* [7] gab im Rahmen einer allgemeinen ionisch-elektronischen Fehlordnungstheorie auch die Grundlagen für eine quantitative Behandlung der Störstellenassoziation.

Es ist die Aufgabe des vorliegenden Referates, die Weiterentwicklung der genannten Grundgedanken und Ansätze bis in die Gegenwart zu skizzieren, und zwar sowohl unter theoretischem wie experimentellem Gesichtswinkel. Mit „Fehlstellen" oder allgemeiner „Störstellen" seien dabei stets materielle

---

*) Deutsche Akademie der Wissenschaften zu Berlin, Institut für Kristallphysik, Berlin-Adlershof.
**) Bemerkungen des Herausgebers in Kleindruck.

Gitterdefekte gemeint, entstanden durch Herausnahme von Gitteratomen, durch Einbau von Gitter- oder Fremdatomen auf Zwischengitterplätzen, oder durch gewöhnliche Substitution von Fremdatomen [8]. Je nach ihrer Donator- oder Akzeptoreigenschaft können diese Störstellen in zweiter Linie zu Elektronenfehlordnung Anlaß geben; ihre Beweglichkeit liegt stets um Größenordnungen unter derjenigen freier Elektronen.

Dem theoretischen Bestreben, die Fehlordnung als kleine Störung des Idealgitters beschreiben zu können, und der experimentellen Forderung nach definierten, reinen Versuchsbedingungen entspricht die Beschränkung auf geringe Fehlstellenkonzentrationen in einem einheitlichen Grundgitter. Deshalb fallen die kooperativen Ordnungseffekte der Metallegierungen aus dem Rahmen des Berichtes.

Die Aneinanderlagerung von zwei oder mehr Störstellen ist häufig eine Vorstufe zur Bildung größerer Aggregate kolloidaler Größe. Bekannte Beispiele sind kolloidales Alkalimetall, entstanden aus F-Zentren in Alkalihalogeniden, print-out-Effekt bei Silberhalogeniden, Entmischung übersättigter fester Lösungen usw. Für die Behandlung derartiger Erscheinungen, die als Bildung neuer Phasen aufzufassen sind, sei auf die genannten zusammenfassenden Artikel verwiesen. Das gleiche gilt für die Entstehung, Kondensation und Anreicherung von gittereigenen Fehlstellen an Versetzungen, Korngrenzen und anderen Grenzflächen [9, 10]. In diesen Zusammenhang gehören auch die neuerdings diskutierten beweglichen „premelting clusters" submikroskopischer Größe, die, aus quasi-flüssigen Anhäufungen von Leerstellen und Gitterbausteinen bestehend, zu Anomalien der Leitfähigkeit und der Diffusion kurz vor dem Schmelzpunkt führen können [11, 12].

Aus Raumgründen empfiehlt sich in unserem Referat im wesentlichen eine Beschränkung auf einfache heteropolare Gitter, also Ionenkristalle, die auch das weitaus größte und wertvollste experimentelle Material beisteuern, da sie die vielseitigste, vor allem optische und elektrische Untersuchungsmethodik ermöglichen.

2. Zwischen Störstellen wirkende Kräfte

Zunächst erhebt sich die Frage nach der physikalischen Natur der Kräfte, die zwischen Störstellen wirken können und eine Abweichung von der idealen Statistik zur Folge haben (vgl. den Unterschied zwischen realem und idealem Gas). Damit gleichbedeutend ist die Frage nach der Wechselwirkungsenergie W_{AB}, d. h. der Abweichung der gesamten (elementaren) freien Energie W zweier Störstellen A und B von der Additivität der Einzelenergien W_A und W_B:

$$W_{AB} = W - W_A - W_B.$$

W_{AB} ist eine Funktion des Lagenvektors $\mathfrak{r}_{AB}$ im Kristallgitter. Falls, wie besonders in kubischen Kristallen, eine Schematisierung des die Störstellen umgebenden Wirtsgitters durch ein isotropes Kontinuum zulässig ist (Kontinuumsmodell), resultiert eine einfache Abhängigkeit vom Abstandsbetrag r_{AB} der Störstellen. Der kleinste strukturell mögliche Abstand liefert dann die Bindungsenergie $-W_b$ ($W_b > 0$) des aus den beiden Störstellen entstandenen Moleküls oder Komplexes. Voraussetzung dafür ist, daß es sich nicht um ein komplementäres Fehlstellenpaar (wie z. B. Ag○· und Ag□′ [13] in AgBr) handelt, bei dem die wechselseitige Anziehung schließlich zur Vernichtung führt.

21. Elektrostatische Kräfte

211. Coulombkräfte

Diese treten zwischen geladenen Störstellen auf. Darunter sind Störstellen zu verstehen, die, ohne Anlagerung kompensierender elektronischer Träger, gegenüber dem Idealgitter eine Überschußladung tragen, z. B. Leerstellen, Zwischengitterionen oder Fremdionen anderer Wertigkeit in Ionengittern, anderswertige Substituenten in Atom- und Molekülgittern. Durch Einfang und Emission von Elektronen wird die Überschußladung kompensiert bzw. geändert.

Das Kontinuumsmodell ersetzt die geladenen Störstellen durch Punktladungen und schematisiert die Polarisation des umgebenden Gitters durch eine einheitliche Dielektrizitätskonstante ε — eine für kleine Abstände r_{AB} nicht unbedenkliche Vereinfachung. Die Wechselwirkungsenergie der Überschuß-ladungen $z_A e$ und $z_B e$ beträgt dann

$$W_{AB} = \frac{z_A\, z_B\, e_{\text{elst}}^2}{\varepsilon\, r_{AB}}\ [\text{erg}] = \frac{1}{4\,\pi\,\varepsilon_0}\ \frac{z_A\, z_B\, e_{\text{Clb}}^2}{\varepsilon\, r_{AB}}\ [\text{Wattsec}], \tag{1}$$

mit $\varepsilon_0 = 8{,}855 \cdot 10^{-14}$ Farad cm^{-1}. Als Beispiel sei die Bindungsenergie zweier entgegengesetzt einfach geladener ($z_A z_B = -1$) Störstellen auf Kationen-plätzen (z. B. Na $\square'$ und Sr$\bullet\,\dot{}$ (Na) = Sr$_G\cdot$ [13]) im NaCl-Gitter ($\varepsilon = 6$) betrachtet, die sich mit $r_{AB}^{\min} = a/\sqrt{2}$ ($a = 5{,}6$ Å Gitterkonstante) zu

$$-W_{AB} = W_b = \frac{\sqrt{2}\, e_{\text{elst}}^2}{\varepsilon\, a}\ [\text{erg}] = \frac{\sqrt{2}\, e_{\text{Clb}}^2}{4\,\pi\,\varepsilon_0\,\varepsilon\, a}\ [\text{Wattsec}]$$
$$= 0{,}6\,[\text{Volt}] \cdot e_{\text{Clb}} \triangleq 0{,}6\,\text{eV} \tag{1a}$$

ergibt.

212. Polarisierbarkeitskräfte

Elektrostatischer Natur sind auch die Kräfte, die zwischen — geladenen oder ungeladenen — Störstellen erhöhter Polarisierbarkeit und anderen, geladenen Störstellen des Gitters, z. B. Lücken, wirken [7]. Dies bedingt, infolge besserer Abschirmung des Coulombfeldes der Lücke nach außen, einen Energiegewinn, wenn die Lücke neben dem Fremdion liegt. Analog würden Fremdionen kleinerer Polarisierbarkeit (als die der Grundgitterionen) Abstoßungskräfte auf geladene Störstellen ausüben.

Ein Realbeispiel für diesen Fall ist anscheinend noch nicht diskutiert worden; jedenfalls müssen die Wirkungen bei nicht unmittelbarer Nachbarschaft größenordnungsmäßig kleiner als die polaren Coulombwirkungen sein. Zu den Nahkräften (Abschn. 23) können jedoch *elektronische* Polarisationseffekte einen maßgebenden Beitrag liefern.

22. Elastische Kräfte

Diese beruhen auf der Tatsache, daß jede Störstelle das umgebende Gitter deformiert, und zwar in erster Linie entsprechend dem anomalen Platzbedarf der Störstelle, aber ohne spezifische Volumänderung des umgebenden Gitters (s. w. u.) aufweitet oder zusammenzieht. Die Deformationen durch viele Störstellen summieren sich zu einer z. B. röntgenographisch nachweisbaren mittleren Aufweitung des ganzen Gitters. Man möchte zunächst erwarten, daß die enge Nachbarschaft zweier verschiedenartiger Störstellen mit entgegengesetzter Dilatation zu einem teilweisen Ausgleich der Gitterverzerrungen und damit zu einer Abnahme an freier Energie führt, d. h. daß zwischen solchen Störstellen Attraktionskräfte [7] bestehen. Umgekehrt würden sich Störstellen mit gleichem Sinn der Dilatation abstoßen.

Im Kontinuumsmodell läßt sich eine solche Störstelle (insbesondere Substitutionsstelle) darstellen durch eine starre Kugel vom Radius r_1, die eine Hohlkugel (Radius vorher r_0) in einem elastischen Kontinuum lückenlos ausfüllt. Für $r_1 > r_0$ haben wir dann Dilatation, für $r_1 < r_0$ Kontraktion. Nach *Frenkel* [11] findet keine Dichteänderung des umgebenden Kontinuums statt; die elastische Verzerrungsenergie ist, da die Summe der Hauptdilatationen verschwindet, nur durch Scherungskräfte bedingt und beträgt

$$W_{\text{elast}} = 8\,\pi\,S\,r_0\,(r_1 - r_0)^2, \quad S \text{ Scherungsmodul.} \tag{2}$$

Ein mittleres Zahlenbeispiel: $S = 0{,}3 \cdot 10^6$ kp cm^{-2}, $r_0 = 1$ Å, $r_1 - r_0 = 0{,}1\,r_0$, $W_{\text{elast}} \triangleq 0{,}046$ eV. Bei $r_1 - r_0 = 0{,}3\,r_0$ und $S = 1 \cdot 10^6$ kp cm^{-2} — was durchaus vorkommen kann —, wären sogar 30 mal größere Werte ≈ 1 eV möglich.

W_{elast} hat auf die Energie (bzw. die elementare freie Energie) der einzelnen (Substitutions-) Störstelle im Gitter einen Einfluß, der den Einbau zu großer oder zu kleiner Substitutionspartner erschwert. Bei (anomal) geladenen Störstellen superponiert sich dieser Einfluß dem durch die reine Ionenpolarisation der Umgebung hervorgerufenen. Allerdings ist bei beiden Wirkungen die Kontinuumsbetrachtung nebst der Annahme ungestörter Superposition insofern anfechtbar, als die größten Energiebeträge durch die Verschiebung der nächsten Nachbarn hervorgerufen werden, die man wohl besser durch die *gemeinsame* Berücksichtigung der Coulombkräfte und der (*Born*schen) Abstoßungskräfte, die auf die nächsten Nachbarn wirken, erfassen wird. Das wird insbesondere für Lückenstörstellen zutreffen, bei denen ja auch der r_1-Wert nicht von vornherein gegeben ist [15], und für Zwischengittereinbau, wo der r_0-Wert zweifelhaft sein würde. Endlich sind auf die Gleichgewichtslage der umgebenden Ionen auch deren Elektronenpolarisationen von wesentlichem Einfluß; die Möglichkeit homöopolarer Bindungsanteile zwischen Fremdionen und ihren nächsten Nachbarn kann als Ausweitung derartiger elektronischer Polarisationseffekte aufgefaßt werden, die nun aber von den individuellen Valenzeigenschaften der beteiligten Partner abhängen (vgl. Abschn. 23). Die Beziehung (2) wird also wesentlich auf elektrisch und chemisch inaktive Substitutionsteilchen anwendbar sein, wobei für $r_1 < r_0$ noch das zwangsweise Hereinziehen der nächsten Nachbarn auf einen verkleinerten Radius vorausgesetzt wäre.

Die Berechnung der elastischen *Wechselwirkungs*energie zweier derartiger Störkugeln ist bisher unseres Wissens auch im Rahmen der elastischen Kontinuumstheorie (nach *Frenkel*) noch nicht exakt durchgeführt worden. Einer unveröffentlichten Rechnung des Referenten liegt der einfachste hier mögliche Ansatz zugrunde: Einführung zweier starrer Kugeln A und B (Radien r_{1A} und r_{1B}) an Stelle von unter sich gleichgroßen Hohlkugeln A_0 und B_0 (Radius r_0, Mittelpunktsabstand r_{AB}) des Kontinuums, Superposition der A- und B-Verrückungen. Die Rechnung, die — schon wegen der Prämissen der linearen Elastomechanik — nur Näherungswert hat, ergibt das Verschwinden der eigentlichen Wechselwirkungsenergie (Integral der Energiedichte über das umgebende Kontinuum), unabhängig von den Werten r_{1A} und r_{1B} der Störkugelradien. Qualitativ wird das aus einer Betrachtung der beiden überlagerten Spannungsfelder verständlich; Gebieten mit sich verstärkenden Spannungen stehen dabei stets Gebiete gegenüber, in denen die von A und B herrührenden Zug- und Druckspannungen sich teilweise kompensieren. — Lediglich das

Ausfallen z. B. der Hohlkugel B_0 aus dem Spannungsfeld von A ergibt eine Restenergie von ingesamt

$$(W^*_{AB})_{\text{elast}} = -8\pi\, Sr_0 \left\{ \left((r_{1A}-r_0)^2+(r_{1B}-r_0)^2\right) \left(\frac{1}{\varrho^2-1}\right)^3 \right\} \qquad (3)$$

$$\text{mit } \varrho = r_{AB}/r_0 \geqq 2.$$

Unabhängig von r_{1A}, $r_{1B} \geqq r_0$ findet also stets Anziehung statt, in teilweisem Gegensatz zu der oben ausgesprochenen Erwartung.

Für $\varrho = 2$, also kürzeste Entfernung beider Störstellen, hat aber der ϱ-Faktor den Wert 1/27. Für $r_{1A} = r_{1B}$ zeigt also der Vergleich mit (2), daß die maximale Restenergie nur 1/13,5 der elastischen Eigenenergie einer Störstelle ist. Damit würde aber $(W^*_{AB})_{\text{elast}}$ praktisch in allen Fällen $< kT$ werden. Für größere r_{AB}-Werte ergibt sich überdies aus (3) ein Gang von $(W^*_{AB})_{\text{elast}}$ mit $1/r^6_{AB}$, also ein wesentlich rascheres Abklingen als bei der mit $1/r_{AB}$ proportionalen Coulombenergie.

Eine verfeinerte Modellrechnung würde die in (3) vorausgesetzte Starrheit der Einbaukugeln fallen lassen und vermutlich zu noch kleineren Werten von $(W^*_{AB})_{\text{elast}}$ führen. Auch dies rechtfertigt die Außerachtlassung der elastischen Kräfte in dem häufigsten Fall, wo gleichzeitig andere Wechselwirkungskräfte zwischen den Störstellen wirken. Beim Fehlen solcher Kräfte bleiben die elastischen Kräfte trotz ihrer Kleinheit von Bedeutung für die Gleichgewichte mit äußeren Phasen.

23. Chemische (Nah-) Kräfte*)

Mathematisch spielen in der Wechselwirkungstheorie der Störstellen Nahkräfte zwischen zwei (oder mehreren) Partnern insofern eine besondere Rolle, als beim Überwiegen von Nahkräften eine Behandlungsweise (vgl. Abschn. 31) möglich wird, bei der, wie im Falle der Assoziation und Dissoziation neutraler Gasteilchen, nur zwei Möglichkeiten als maßgebend betrachtet zu werden brauchen: entweder sind die Teilchen völlig voneinander getrennt und besitzen dabei eine von den Konzentrationen unabhängige elementare freie Energie als getrennte Teilchen, oder sie sind vollkommen assoziiert, und das gebildete „Molekül" besitzt einen wiederum von den Konzentrationen unabhängigen Wert der elementaren freien Energie im assoziierten Zustand. Als maßgebende Dissoziationsenergie tritt dann die Differenz der elementaren freien Energie im assoziierten und dissoziierten Zustand auf; bei großer Dissoziationsenergie kann man hierbei sogar meist die Temperaturabhängigkeit der elementaren freien Energien vernachlässigen und sich mit den Energien der tiefsten Zustände (gegebenenfalls unter Berücksichtigung des statistischen Gewichts dieser tiefsten Zustände, vgl. Abschn. 31) begnügen.

Sicher scheint, daß eine solche Behandlungsweise bei den bisher vorzugsweise behandelten *Coulomb*schen Anziehungskräften zwischen Störstellen entgegengesetzter Ladung wegen der mit r_{AB} nur reziproken Wechselwirkungsenergie mindestens bei höheren Temperaturen nicht möglich ist, da die Zustände mit größerem r_{AB}-Wert durch ihre erhöhte Zahl den zu ihrer Erreichung notwendigen Energieaufwand mit wachsendem T in steigendem Maße kompensieren und deshalb mit den Zuständen kleinster r_{AB}-Werte zunehmend in

---

*) Gemeinsam mit dem Herausgeber.

Konkurrenz treten. Soweit hier r_{AB}-Werte, bei denen die Teilchen noch nicht als energetisch unbeeinflußt gelten können, auftreten, die mit den Abständen von weiteren Teilchen C vergleichbar sind, ist auch mit der Berücksichtigung reiner r_{AB}-Anregungszustände noch nicht alles erfaßt, das ganze Problem wird ziemlich kompliziert (vgl. Abschnitt 32 und 33).

Die Aufmerksamkeit richtet sich also auf weitere besondere Wechselenergien, die einen stärkeren Gang als $1/r_{AB}$ mit der Entfernung beider Teilchen zeigen, und die hier unter der Sammelbezeichnung „chemische Kräfte" zusammengefaßt werden. Geht man über den speziellen Fall einer A^+B^--Assoziation hinaus, so hat man allgemein nach den Energien — und zahlenmäßigen Realisierungsmöglichkeiten — von Zuständen zu fragen, in denen ein aus mehreren trennbaren Partnern bestehendes, neutrales oder eine Überschußladung tragendes Störstellenmolekül auftreten kann, wenn es seinen energetisch tiefsten Grundzustand verläßt. Hierbei sind im allgemeinen Fall nicht nur r_{AB}-Vergrößerungen unter Beibehaltung der elektronischen Quantenzustände, sondern auch (nicht adiabatische) Änderungen der elektronischen Quantenzahlen im Rahmen der Anregungszustände zu berücksichtigen; so könnte z. B. im Zwischengebiet eine Dissoziation in neutrale Komponenten mit der in geladene Bestandteile in Konkurrenz treten und wäre auch beim Studium der heteropolaren Dissoziation mit zu berücksichtigen.

Das ganze Problem der „Nahkräfte" ist also recht komplexer Natur, und es läßt sich im Rahmen des vorliegenden Referates nur ein allgemeiner Überblick über die auftretenden Möglichkeiten geben, wobei das Hauptaugenmerk auf die Effekte gerichtet sein wird, die sich beim Übergang vom tiefsten zum nächsthöheren Zustand besonders stark ändern.

1. Sterische Effekte. Bei Lückenbeteiligung oder anomalem Ionenradius eines oder mehrerer Störionen kann aus sterischen Gründen eine besondere Bevorzugung des Zustandes unmittelbarer Nachbarschaft gegeben sein: anomale Annäherungen der Partner oder anomale Verschiebungen der Nachbarionen des Gitters (Beispiel: LiF-Assoziation in NaCl, Strukturanomalien bei der Bindungsenergie von $Na\square'\ Cl\square^{\cdot}$-Molekülen in NaCl). Hierher gehört ferner der Energiegewinn beim Einspringen eines fremden Zwischengitterteilchens in eine Lücke, da die gebildete Substitutionsstörstelle als Assoziationsprodukt dieser beiden Einzelteilchen angesehen werden kann.

2. „Valenzkräfte" durch besondere innere Elektronengruppierungen im tiefsten Energiezustand. Außer homöopolaren Bindungsanteilen, wie sie z. B. bei der Assoziation von $Ca^{2+}\bullet^{\cdot}\ (Na^+)$ und $S^{2-}\bullet'\ (Cl^-)$ zwischen direkt benachbarten Ca^{2+} und S^{2-} auftreten (und auch als Wirkung der starken Polarisierbarkeit des S^{2-}-Ions aufgefaßt werden könnten)*), sind hier anscheinend u. a. metallische Elektronenbindungen von Interesse, wie sie z. B. in AgBr beim Zusammentreffen mehrerer Br-Lücken [insbesondere in der Nachbarschaft von $S\bullet'\ (Br)$] dadurch auftreten können, daß sich die überschüssigen Ag-Ionen im Raum des Lückengebietes stark nähern und damit die Möglichkeit tiefer Energiezustände für zusätzliche Elektronen schaffen. (Silberkeimbildung in AgBr.) Die Möglichkeit solcher metallischer Bindungen darf auch z. B. in Gittern mit großem Anionen- und kleinem Kationenradius bei Lückenbildung von Anionen nicht außer acht gelassen werden; von *W. Schottky* wurde, im Zusammenhang mit Anomalien des Leitfähigkeitsganges mit dem p_{O_2}-Druck bei Cu_2O bei kleinen O_2-Drucken, die Möglichkeit diskutiert, daß eine $O\square^{\cdot\cdot}$-

---

*) Wegen dieser Bezeichnungen vgl. Bd. I, S. 97.

Lücke durch 2 Cu^+-Ionen ausgefüllt wird, die durch metallische Bindung dreier zusätzlicher Elektronen eine $Cu_2 \bullet^{\cdot}$ (O^{2-})-Störstelle und damit einen potentiellen Elektronendonator erzeugen (unveröffentlicht).

3. Mitwirkung von äußeren Elektronen oder Defektelektronen. Im Gegensatz zu dem unter 2. diskutierten, in Bd. I, S. 100, als „elektronische Innenbindung" bezeichneten Fall können auch Elektronen oder Defektelektronen, die sich zum überwiegenden Teil in der Gitterumgebung der Störstelle aufhalten, für die Energie des tiefsten Zustandes einer assoziierten Störstelle wesentlich sein *). Konkrete Fälle dieser Art sind anscheinend noch nicht diskutiert worden, doch könnte man sich z. B. vorstellen, daß beim Zusammentreffen zweier neutraler Farbzentren $Cl\square^{\times}$ in NaCl die wasserstoffähnliche Fixatronbindung der kompensierenden Einzelelektronen einer heliumartigen Bindung beider Elektronen am Lückenpaar Platz machte. Das gleiche könnte übrigens auch in homöopolaren Gittern bei der Assoziation zweier gleichartiger neutraler Störstellen, z. B. $P\bullet^{\times}$ (Si), eine Rolle spielen. In heteropolaren Gittern gehen die Fixatronbahnen nicht wesentlich über atomare Abstände hinaus, so daß hier in der Tat von Nahkräften gesprochen werden kann. Dagegen wird in Gittern hoher Dielektrizitätskonstante mit „Valenz"-Energien dieser Art auch dann schon zu rechnen sein, wenn die Partner noch in Größenordnung der Radien der Einzelbahnen, die eine größere Zahl von Atomabständen enthalten, voneinander entfernt sind. Eine Art Übergang zwischen elektronischer Innenbindung und Fixatronbindung scheinen die Fälle darzustellen, in denen ein Elektron oder Defektelektron, unter der Wirkung des abstoßenden Partners einer Lücke, auf das energetisch günstige Gebiet der unmittelbaren Lückenumgebung beschränkt wird (vgl. Referat *Stasiw* in Bd. II [61]). Durch Entfernung oder Zufügung eines solchen stark lokalisierten Fixatrons werden die Bindungskräfte zwischen den Störstellenpartnern besonders stark geändert. Es sei noch bemerkt, daß man bei Lückenbildung in homöopolaren Gittern (z. B. $Ge\square$) anscheinend sowohl mit der inneren Umladung unmittelbar benachbarter Atome wie mit dem Auftreten und Verschwinden fixatronartiger Zusatzteilchen zu rechnen hat, Bd. I, S. 102ff. Das spielt natürlich auch bei Reaktionen der Lücken mit weiteren Störstellenpartnern eine Rolle.

4. Der Vollständigkeit halber seien hier schließlich auch noch die *„phasenbildenden Kräfte"* genannt, die dem Sprung des elementaren Anteils des chemischen Potentials beim Durchgang einer Störstelle durch die Grenzfläche zwischen zwei elektroneutralen Phasen entsprechen, und die gleichfalls eine kleine Reichweite besitzen.

24. Durch Gitterschwingungen bedingte Kräfte

Die bisherigen drei Grundtypen von Kräften dürften die wesentlichen Wechselwirkungen von Störstellen umfassen, wenigstens bei niedrigeren Temperaturen. Mit zunehmender Temperatur enthält die freie Energie des Kristalls einen wachsenden Anteil an Schwingungstermen, deren Einfluß auf die statistische Ableitung der Gleichgewichte (s. u.) man gewöhnlich vernachlässigt. Daß dies nicht ganz richtig ist, haben *Stripp* und *Kirkwood* [14] an einem einfachen Modell gezeigt. Aus ihrer Rechnung ergibt sich u. a., daß die Leerstellenkon-

---

*) Da diese Träger in Gittern mit kleinerer Dielektrizitätskonstante nicht mehr die Eigenschaften freier Träger zu besitzen brauchen, wurde für sie a. a. O. eine besondere Bezeichnung als „Fixatron" f' oder $f^{\cdot}$ vorgeschlagen.

zentration höher ist als im statischen (schwingungsfreien) Modell und daß sich zwei weit entfernte Leerstellen asymptotisch mit einer Kraft r_{AB}^{-6} anziehen. Die sich näherungsweise ergebenden Bindungsenergien von der Größenordnung $0{,}1\,kT$ zwischen einer Leerstelle und einem nächstbenachbarten Gitteratom bzw. einer zweiten Leerstelle lassen diese Kräfte jedoch vernachlässigbar klein erscheinen. Allerdings wird von *Montroll* und *Potts* [14a] gegen diese Berechnung der Einwand erhoben, daß die Möglichkeit des Auftretens neuer Normalschwingungen in der Umgebung der Störstellen nicht berücksichtigt ist. Es bleibt also hier die weitere Entwicklung abzuwarten.

25. Berechnung der Bindungsenergie

Die hinreichende Kenntnis der wesentlichen Kräfte zwischen Störstellen führt zu einem theoretischen Wert für die Bindungsenergie W_b, insbesondere von Lücken untereinander sowie Lücken und Substitutionsstörstellen, der durch Vergleich mit experimentellen W_b-Werten geprüft werden kann. Die ersten derartigen Rechnungen von *Reitz* und *Gammel* [15] für NaCl wurden kürzlich von *Bassani* und *Fumi* [16] auf andere Alkalihalogenide erweitert und verbessert. Neben der Coulombattraktion der Störstellenladungen werden dabei das Abstoßungspotential zwischen nächsten Nachbarn nach *Born* und *Mayer*, die Polarisation und die Verschiebung der Gitternachbarn durch die Überschußladungen berücksichtigt. Die Ergebnisse dieser Rechnungen sind in Tab. 1 enthalten, sie liegen etwa 10 bis 40% unter den Coulombwerten. („Coul." bedeutet in Tab. 1 die mit der statischen Dielektrizitätskonstante des Grundgitters bei kürzestem Gitterabstand beider Störstellen berechnete Coulombenergie, „theor." das Ergebnis der verfeinerten Berechnung.)

Tabelle 1. Assoziationsenergien in e-Volt.

Grundgitter	Störstelle	Berechnet	Aus experimentellen Daten
NaCl	[Na□′ Cl□·]	0,98 Coul. [27]; 0,89 u. 0,66 theor. [15, 16]	—
NaCl	[Cd$_G$· Na□′]	0,6 Coul. [19]; 0,44 u. 0,38 theor. [15, 16]	0,3 u. 0,34 Leitf. [38, 19]
NaCl	[Ca$_G$· Na□′]	0,38 theor. [16]	<0,08 Leitf. [39]
NaCl	[Sr$_G$· Na□′]	0,45 theor. [16]	—
KCl	[K□′ Cl□·]	0,93 Coul. [41]; 0,85 theor. [16]	—
KCl	[Cd$_G$· K□′]	0,32 theor. [16]	—
KCl	[Ca$_G$· K□′]	0,32 theor. [16]	—
KCl	[Sr$_G$· K□′]	0,39 theor. [16]	0,3 Photochemie [81]
AgBr	[Cd$_G$· Ag□′]	0,22 Coul. [22]	0,16 Leitf. [22];
AgCl	[Cd$_G$· Ag□′]	0,22 Coul. [35]	0,18 Leitf. [35]
Cu	[Cu□ Cu□]	∼ 0,59 theor. [17]	—

Bei anderen Gittern ist man bisher nicht über grobe Abschätzungen hinausgekommen, z. B. bei Metallen [17] auf der Basis einer Aufteilung der Kohäsionsenergie auf Valenzbindungen zwischen nächsten Nachbarn (s. aber S. 55).

3. Ansätze zur Berechnung des Gleichgewichts

Nach diesem kurzen Überblick über die zwischen den Störstellen wirkenden Kräfte fragen wir jetzt nach ihrem Einfluß auf das thermodynamisch-statistische Gleichgewicht der Störstellen im Kristall, d. h. auf die Konzentrationen der einzelnen Störstellen und Störstellenaggregate. Als Quantitätsparameter stellen diese Konzentrationen die Verbindung zwischen der Fehlordnung und den makroskopisch meßbaren Effekten dar. Bei der Gleichgewichtseinstellung (Minimum der freien Energie) treten die aggregationsfördernden Anziehungskräfte in Wettbewerb mit der Entropie der Lagenmannigfaltigkeit, die eine starke Aggregatbildung wegen ihrer geringeren Zahl von Realisierungsmöglichkeiten erschwert. Für die Einstellung des jeweiligen temperaturabhängigen Gleichgewichts ist eine ausreichende Beweglichkeit der Störstellen notwendig.

31. Assoziation

Unter Assoziation oder genauer Assoziationsstatistik verstehen wir eine vereinfachte Behandlung der Störstellenwechselwirkung, bei der unmittelbar benachbarte Störstellen A und B als neue $[AB]$-Molekeln oder -Komplexe gezählt werden, während für weiter voneinander entfernte Störstellen die gewöhnliche, wechselwirkungsfreie Statistik in Geltung bleibt. Die damit ermöglichte einfache Berechnung des Gleichgewichts wird erkauft durch eine u. U. mangelhafte Rücksichtnahme auf den Fernkraftcharakter der häufigsten Wechselwirkungen, der noch gesondert in Rechnung zu stellen ist (s. w. u.).

Als einfaches und instruktives Beispiel behandeln wir die Assoziation zwischen Lücken und zweiwertigen Fremdionen in einem Ionenkristall verschwindender Eigenfehlordnung [$K\square'$ und $Sr^{2+}\bullet\,{}^{\cdot}(K^+) = Sr_{G}\cdot$ in KCl].
Zwischen den Reaktionspartnern $K\square'$, $Sr_{G}\cdot$ und [$K\square'\,Sr_{G}\cdot$] besteht Konzentrationsgleichgewicht für die Reaktion:

$$K\square' + Sr_{G}\cdot \rightleftharpoons [K\square'\,Sr_{G}\cdot].$$

Bedeutet A_λ die Änderung der elementaren freien Energie beim Ablauf dieser Reaktion von links nach rechts, $x_\square$, $x_{G}\cdot$ und x_k die Gitterkonzentration der drei Partner, so ist in dem allgemeinen für kleine Konzentrationen gültigen Massenwirkungsgesetz zwischen Gitterstörstellen *),

$$\prod_{J} x_J^{\nu_J} = e^{-\frac{A_\lambda}{kT}}, \tag{4}$$

$\nu_\square = -1$, $\nu_{G}\cdot = -1$, $\nu_k = +1$ zu setzen; ferner gilt bei Abwesenheit weiterer geladener Störstellen die Neutralitätsbedingung $x_\square = x_{G}\cdot$, so daß aus (4) folgt:

$$\frac{x_k}{x_\square^2} = e^{-\frac{A_\lambda}{kT}}. \tag{4a}$$

Hier ist A_λ bei Beschränkung auf die Energiebeträge des tiefsten Energiezustandes der Reaktionspartner gleich $W_{AB} = -W_b$ zu setzen, wobei W_b die im 2. Abschnitt angeführte elementare Assoziationsenergie (positiv gerechnet)

---

*) Vgl. z. B. Bd. I dieser Reihe, S. 213, Gl. (116), wo bei reinen Störstellenreaktionen nur das x_J-Produkt zu berücksichtigen ist. (Diese Gl.-Nummer ist dort zwischen (115) und (117) zu ergänzen, ferner ist den x_J der Exponent ν_J zuzufügen.)

Es ist anzunehmen, daß Gitterschwingungen bei dem Stoßionisationsprozeß mitwirken können. Dann dürfte E_1^0 doch nahe gleich dem Betrag der Energielücke werden, indem die beteiligten Gitterquanten, die absorbiert oder emittiert werden, die Erfüllung des Impulssatzes ermöglichen.

§ 5. Elektronenvermehrung in Alkalihalogeniden und in p-n-Übergängen im Si und Ge

In den vorangegangenen Paragraphen haben wir drei Arten von Prozessen, welche Elektronen ins Leitungsband befördern, kennengelernt und im einzelnen studiert: die Befreiung von Valenz- und Störstellenelektronen durch innere Feldemission sowie die Befreiung von Valenzelektronen durch Stoßionisation, hervorgerufen durch bereits im Leitungsband befindliche Teilchen. Die Stoßionisation verlangt ebenfalls das Vorhandensein genügend hoher elektrischer Felder (wenn man absieht von der Stoßionisation durch von außen in den Kristall hinein geschossene oder sonstwie ins Leitungsband gebrachte Elektronen); denn nur solche Leitungselektronen können zu Elektron-Lochpaare erzeugenden Stößen kommen, die durch das Feld gegen die bremsende Wirkung der Gitterschwingungen bis zu Energien hinauf beschleunigt worden sind, die um mindestens I (= Isolatorlücke) oberhalb des unteren Randes des Leitungsbandes liegen. Neben diesen Prozessen können aber noch andere wirksam werden, so die Stoßbefreiung von Störstellenelektronen durch Leitungselektronen und die Stoßbefreiung von Valenzelektronen durch Löcher genügend hoher Energie (die um mindestens I oberhalb der Energie eines Loches am oberen Rande des Valenzbandes liegen muß). Der erstere Prozeß wird in Analogie zu der bekannten Stoßionisation von Elektronen aus freien Atomen durch freie Elektronen zu behandeln sein; wie im Falle der Stoßionisation von Valenz- durch Leitungselektronen werden bei geringen Überschußenergien des stoßenden Teilchens die Austauscheffekte (Fall gleicher Elektronenspins) eine beträchtliche Verminderung der Ionisierungswahrscheinlichkeit zur Folge haben. Der zweite genannte Prozeß spielt eine entscheidende Rolle bei der beobachteten Ladungsträgervermehrung an nicht zu schmalen p-n-Übergängen im Si und Ge, auf welche wir weiter unten eingehen werden.

Will man die in einem hohen elektrostatischen Felde sich einstellende *stationäre Verteilung* der Leitungselektronen auf die verschiedenen durch Wellenzahl und Energie gekennzeichneten Zustände unter Berücksichtigung der Teilchenzugänge aus Valenzband und Störstellen durch Stoß und Feld ermitteln, so hat man eine Reihe von anderen Prozessen in die Rechnung einzubeziehen. Auf der einen Seite sind die Elektronenabgänge aus dem Leitungsband zu berücksichtigen, also die Rekombination mit Löchern und die Einfangung in Störstellen. Auf der anderen Seite erfahren die Teilchen eine Beschleunigung im elektrischen Felde, bis sie durch den Zusammenstoß mit akustischen oder optischen Schwingungsquanten des Gitters abgebremst werden. Erst durch die Stoßionisation, welche die Elektronen aus dem Gebiet hoher Energien verschwinden läßt, wird dabei die Ausbildung einer *stationären* Verteilung ermöglicht. Alle diese Vorgänge werden in den Theorien von *Davidov-Shmushkevitch, Heller, Franz* [7, 8, 9] statistisch erfaßt, und es wird die (als räumlich homogen angenommene) Verteilungsfunktion der Elektronen auf die Zustände des Leitungsbandes berechnet. Quasistationär läßt sich dann die Änderung der Verteilungsfunktion und damit das Anwachsen der Stromstärke sowie die

über alle Werte von $\mathfrak{f}_1'$, die in eine Integration über den gesamten $\mathfrak{f}_1'$-Raum verwandelt werden kann. Nach der Summation über die Endzustände im Leitungsband hat man über die Anfangszustände $\mathfrak{f}_2$ im Valenzband zu summieren, denn das Leitungselektron $\mathfrak{f}_1$ kann mit irgendeinem der Valenzelektronen Stoßionisation verursachen, vorausgesetzt, daß sich Energie- und Impulssatz gleichzeitig erfüllen lassen. Die Summation über $\mathfrak{f}_2$ läßt sich wieder in eine Integration verwandeln; da das Ergebnis der ersten Summation über $\mathfrak{f}_1'$ nur mehr von $(\mathfrak{f}_2 + \mathfrak{g})$ abhängt, kann man gleichzeitig die Summation über $\mathfrak{g}$ ausführen, indem man die Integration über sämtliche Zellen des $\mathfrak{f}_2' = (\mathfrak{f}_2 + \mathfrak{g})$-Raumes gehen läßt. Es sei hier auf die Durchführung der beiden Summationen verzichtet.

Für die Durchschlagstheorie ist es vor allem interessant, bei welchen k_1-Werten die Stoßionisationsvorgänge einsetzen. In [5] ist von der Veränderlichkeit der Energie E_v des Valenzbandes mit der Wellenzahl völlig abgesehen worden, indem $E_v = -I$, also ein unendlich schmales Valenzband angenommen wurde. Das Ergebnis für die Gesamt-Stoßionisations-Wahrscheinlichkeit $P(\mathfrak{f}_1)$ ist dann

$$P(\mathfrak{f}_1) = \frac{\pi\, m\, e^4}{4\, h^3\, \varepsilon_0^2}\, |\, a\, (-\mathfrak{f}_1)\, |^2 \left[1 - \frac{I}{(\hbar^2\, \mathfrak{f}_1^2/2\, m)}\right]^2. \tag{55}$$

Der universelle Faktor in (55) ist numerisch gegeben durch

$$\frac{\pi\, m\, e^4}{4\, h^3\, \varepsilon_0^2} = 2{,}07 \cdot 10^{16}\,\mathrm{sec}^{-1}. \tag{56}$$

Im Falle mit der Wellenzahl veränderlicher Energie E_v zeigt sich, daß die Stoßwahrscheinlichkeit $P(\mathfrak{f}_1)$ nicht nur vom Betrag, sondern auch von der Richtung von $\mathfrak{f}_1$ wesentlich abhängt. Will man die Stoßwahrscheinlichkeit bei vorgegebener Energie des Primärelektrons wissen, so muß man über den gesamten Raumwinkelbereich von $\mathfrak{f}_1$ mitteln, der zu ionisierenden Stößen führt. Diese gemittelte Stoßwahrscheinlichkeit setzt ein mit der dritten Potenz der Überschußenergie des Primärelektrons. Dabei ist unter der Überschußenergie die Energiedifferenz $[E_1(\mathfrak{f}_1) - E_1^0(\overline{\mathfrak{f}_1})]$ zu verstehen, wo die (berechenbare) Konstante $E_1^0(\overline{\mathfrak{f}_1})$ die Energie (oberhalb der Leitungsbandkante) bedeutet, bei der die Stoßionisation tatsächlich einsetzt. Bei größeren Energiewerten wird allerdings die Formel mit einem Anwachsen der Stoßionisation in der dritten Potenz der Überschußenergie rasch unbrauchbar, sobald nämlich ein beträchtlicher Teil des ganzen Raumwinkels von $\mathfrak{f}_1$ zur Stoßionisation beiträgt. Dann geht die Abhängigkeit von der Überschußenergie allmählich in die quadratische entsprechend (55) über.

Im allgemeinen ist die Minimalenergie für Stoßionisation $E_1^0(\overline{\mathfrak{f}_1})$ größer als die Energielücke des Isolators. Die Wellenzahlvektoren $\overline{\mathfrak{f}_1}$, die zu dieser Minimalenergie gehören, lassen sich mit Hilfe von (54) bestimmen: es ist zu fordern, daß K reell, also K^2 positiv bleibt. Für die Theorie des Stoßionisationsdurchschlags ist es aber nicht wesentlich, die Energie genau zu kennen, bei welcher die Elektronen zur Stoßionisation gelangen; es kommt vielmehr darauf an, daß sie oberhalb des Einsetzens der Stoßionisation in einem verhältnismäßig kleinen Energieintervall bereits einen Stoßprozeß ausführen und dadurch aus dem Gebiet hoher Energien verschwinden. Dies ist durch die Größe des Koeffizienten (56) hinreichend garantiert.

bedeutet. Berücksichtigt man in nächster Näherung noch die statistischen Gewichte der Nullzustände, $g_\square = 1$, $g_{G^\cdot} = 1$, $g_k = p$ (Zahl der gleichwertigen Nachbarpositionen der Lücke am Fremdion C bei Assoziation), so ist in A_λ ein Zusatzglied $- kT \ln\{\underset{J}{\Pi}\, g_J^{\nu_J}\} = - kT \ln p$ mitzuführen, und (4a) geht über in:

$$\frac{x_k}{x_\square^2} = p \cdot e^{\frac{W_b}{kT}}, \tag{5}$$

was bei gegebener Fremdionen-Gesamtkonzentration $x_C = x_\square + x_k$ zur Bestimmung der x_k-Konzentration in Abhängigkeit von x_C führt.

Gl. (5) versagt, wenn x_C nicht mehr groß gegen die Eigen-Fehlordnungskonzentration $(x_{K\square'})_0 = (x_{Cl\square^\cdot})_0$ ist. Es ist dann die allgemeinere Neutralitätsbedingung $x_{\square'} = x_\square \cdot + x_{G^\cdot}$ zu benutzen und für das Gleichgewicht zwischen $x_{\square'}$ und $x_{\square^\cdot}$ die Eigen-Fehlordnungsgleichung hinzuzuziehen. Man erhält so die gegenüber (5) verallgemeinerte Formel mit $(x_C - x_k)\, x_\square$ an Stelle von $x_\square^2$, die (5) als Grenzfall enthält [18].

Für $W_b = 0$ erhalten wir bei $x_C \gg (x_\square)_0$ die Beziehung $x_k = p x_\square^2$; dies ist aber gerade die Konzentration der zufälligen Aggregate, da die reine Wahrscheinlichkeit, die Nachbarschaft (p Plätze) eines Fremdions mit einer Lücke zu besetzen, $p x_\square$ ist. Dies entspricht dem wechselwirkungsfreien Idealfall.

Für $W_b < 0$ ist die Konzentration der Aggregate noch kleiner, wie bei Abstoßungskräften zu erwarten. Als obere Gültigkeitsgrenze wird man bei vorliegenden chemischen Nahkräften etwa eine Gitterkonzentration $x_C = 1\%$ ansehen können. Zwei Fremdionen sind dann durchschnittlich durch 4 bis 5 normal besetzte Gitterplätze getrennt, und Überlappungen von Nachbarschaften kommen selten vor. Bei Fernkräften dagegen tritt die Möglichkeit einer Wechselwirkung der nicht assoziierten Teilchen desto mehr in den Vordergrund, je geringer ihre mittleren Abstände sind; bei höheren Konzentrationen sind also die Zwischenzustände zwischen dem freien und dem tiefsten assoziierten Zustand desto weniger zu vernachlässigen, je weniger sich der tiefste Bindungszustand (energetisch) von den Zwischenzuständen unterscheidet.

Zur Veranschaulichung von (5) [19] führt man zweckmäßig den Assoziationsgrad $\beta = x_k/x_C$ ein; die linke Seite von (5) wird dann $x_k/(x_C - x_k)^2 = \beta/((1 - \beta)^2\, x_C)$. In Abb. 1 ist β als Funktion von kT/W_b

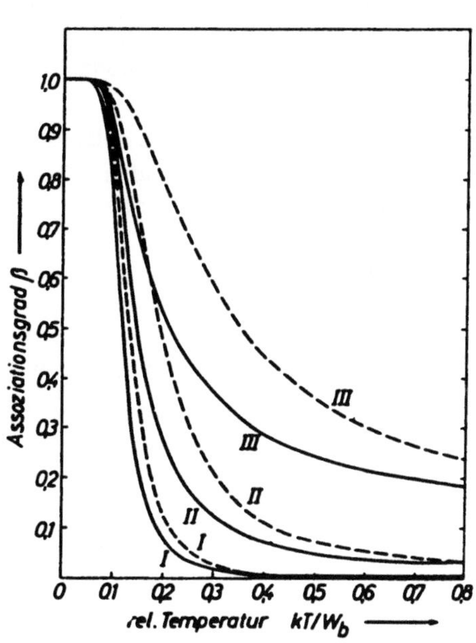

Abb. 1.

Assoziationsgrad $\beta = \dfrac{x_k}{x_C}$ für 2 Arten Kationen-Störstellen im Steinsalzgitter bei vernachlässigter Eigenfehlordnung. Kurven I, II, III entsprechen den Gitterkonzentrationen $x_C = 0{,}01$, $0{,}1$ und 1%. Gestrichelt: Gl. (5), Assoziationsstatistik. Ausgezogen: Gl. (10), Assoziationsstatistik mit Debye-Korrektur für NaCl. Nach *A. B. Lidiard*, Phys. Rev. **94** (1954), S. 29.

für drei verschiedene Konzentrationen x_C aufgetragen (gestrichelt); $p = 12$. Für $T < 0.1\,W_b/k$ herrscht praktisch bei allen Konzentrationen vollständige Assoziation, d. h. für einen Überschlagswert $W_b \triangleq 0.5$ eV unterhalb $T = 580\,^0$K. Die Abnahme von β bei zunehmender Temperatur ist bei höheren Konzentrationen x_C verlangsamt. (Wegen der Bedeutung der ausgezogenen Kurven vgl. Abschn. 33.)

Zur rohen Orientierung kann der Wert (1a) für W_b dienen, doch ist in jedem Falle anzustreben, W_b aus dem Experiment zu entnehmen, da die Gültigkeit von (1) für so kleine Abstände sehr fraglich ist.

32. Debye-Hückel-Theorie

Hierbei handelt es sich um die Übertragung der Theorie der starken flüssigen Elektrolyte [20, 21] auf Ionenkristalle mit geladenen Störstellen, um den weitreichenden elektrostatischen Kräften wenigstens in grober Näherung gerecht zu werden. Nach dieser Vorstellung umgibt sich jede Störstelle mit einer statistischen „Störstellenwolke" des anderen Ladungsvorzeichens, deren Radius $1/\varkappa$ sich aus

$$\frac{1}{\varkappa^2} = \frac{\varepsilon\,\mathfrak{B}}{4\,\pi\,e\,\sum z_i^2 n_i} = \frac{\varepsilon\,\varepsilon_0\,\mathfrak{B}_{\mathrm{Volt}}}{e_{\mathrm{Clb}}\,\sum z_i^2\,n_i} \tag{6}$$

ergibt. Hier ist $\mathfrak{B} = kT/e$ gesetzt und e (und damit $\mathfrak{B}$) in elst. Einheiten gerechnet, während $\mathfrak{B}_{\mathrm{Volt}} = 300\,\mathfrak{B}$ das bekannte Temperaturäquivalent in Volt ist; n_i bedeutet die Volumkonzentration *) der Störstellenart i mit $\pm$ Überschußladung z_i.

Für (6) wie für die weiteren Gleichungen der Theorie ist charakteristisch, daß in sie außer dem Sammelausdruck $\sum z_i^2 n_i$ („Ionenstärke") keinerlei individuelle Störstelleneigenschaften eingehen. $\varkappa$ ist für den Potentialverlauf

$$V_0 = \frac{e_0}{\varepsilon}\,\mathrm{e}^{-\varkappa r}/r \tag{7}$$

bzw.

$$(V_0)_{\mathrm{Volt}} = \mathrm{e}^{-\varkappa r}/r \cdot \frac{(e_0)_{\mathrm{Clb}}}{4\,\pi\,\varepsilon\,\varepsilon_0}$$

sowie für das Abklingen der Ladungsdichte

$$\varrho_0 = -\,e_0 \cdot \varkappa^2/4\,\pi \cdot \mathrm{e}^{-\varkappa r}/r \tag{7a}$$

in der Umgebung von e_0 maßgebend, wobei der Index 0 eine bestimmte herausgegriffene Störstellenart mit der Ladung $z_0 e = e_0$, r den Abstand vom Zentrum

---

*) Mit der obigen Einführung der Teilchenzahlen n_i pro Raumeinheit, die in der Tat primär für die Raumladungsdichte und damit für $\varkappa$ maßgebend sind, läßt sich $1/\varkappa^2$ am einfachsten darstellen, außerdem ist der Gebrauch der n_i in der Halbleitertheorie üblich. Ist primär die „Gitterkonzentration" $x_i = n_i/\mathfrak{N}$ gegeben ($\mathfrak{N} =$ Zahl der „Gittermoleküle" pro Raumeinheit), die wegen $\sum n_i \ll \mathfrak{N}$ praktisch mit dem „Molenbruch" der chemischen Thermodynamik übereinstimmt, so ist in (6) $\mathfrak{N} \cdot \sum z_i^2 x_i$ statt $\sum z_i^2 n_i$ zu setzen. $\mathfrak{N}$ ist hierbei aus dem Verhältnis des spezifischen Gewichtes s des Gitters und dem Molekulargewicht M des Gittermoleküls, multipliziert mit der *Loschmidt*schen Zahl, zu ermitteln. Die letztere kann man dann, insbesondere in der zweiten Form von (6), noch mit e_{Clb} zu dem in Clb gemessenen *Faraday*-Äquivalent $\mathfrak{F}$ zusammenfassen. D. H.

dieser Störstelle, und ϱ_0 die von e_0 in ihrer Umgebung induzierte Gegenladungsdichte bedeutet.

Der Potentialbeitrag $d\psi_0$, der hierbei im Mittelpunkt von der Raumladung $dP = 4\pi r^2 dr \varrho_0$ einer Kugelschicht hervorgerufen wird, ist (in elst. Maß) gleich $dP/\varepsilon r$, also nach (7a):

$$d\psi_0 = -\frac{e_0}{\varepsilon}\varkappa e^{-\varkappa r}d(\varkappa r). \tag{7 b}$$

Wenn $\varkappa r$ für den kürzest möglichen Abstand $r = r_{\min}$ vom Zentrum klein gegen 1 ist, wird also:

$$\psi_0 = -\frac{e_0}{\varepsilon}\cdot\varkappa \tag{7 c}$$

und damit ebenso groß, als ob eine Gegenladung vom elementaren Betrag $-e_0$ in der Entfernung des Debye-Radius $1/\varkappa$ wirksam wäre.

Der „Debye-Radius" $1/\varkappa$ wird mit der in der Raumladungstheorie der Randschichten auftretenden Debye-Länge x_0 [Wiss. Veröff. Siemenswerke XVIII, 225, Gl. (5,05)] identisch, wenn statt $\sum z_i^2 n_i$ die Volumkonzentration n_{St} der Störstellen eingesetzt wird. In der Tat besteht zwischen der statischen Raumladungstheorie der Verarmungsrandschichten und der Betrachtung, die auf (6) führt, eine enge Verwandschaft; in beiden Fällen wird die Verteilung beweglicher elektrischer Ladungen in einem von außen bestimmten Felde ermittelt, das durch die Ladungsverschiebungen des Mediums innerhalb einer temperaturabhängigen Abklingstrecke kompensiert wird. Der Unterschied besteht nur darin, daß es sich in der Randschichttheorie bei der von außen wirkenden Ladung um eine homogene in der Grenzfläche angeordnete Ladungsdichte handelt, in der Debye-Theorie dagegen um eine einzelne Elementarladung e_0, die radial nach allen Seiten wirkt. (Ferner ist in der Randschichttheorie, wo nur die einfach geladenen elektronischen Träger beweglich sind, $|z_i| = 1$, und es wird die kompensierende Ladung der Störstellen als ruhend und konstant verteilt angenommen, deshalb tritt nur *ein* n_i-Anteil von $\sum z_i^2 n_i$ auf.) Das Verfahren besteht in beiden Fällen darin, daß man für die beweglichen Teilchen eine Boltzmann-Verteilung in einem Felde annimmt, das sich aus dem äußeren Felde und dem von der Raumladung der beweglichen, nach dem Boltzmann-Gesetz verteilten Ladungen herrührenden mittleren Felde zusammensetzt. Das mittlere Gesamtfeld wird hierbei durch die *Poisson*sche Gleichung und die äußeren Grenzbedingungen bestimmt.

Eine wesentliche Bedingung im Rahmen der zu (6) und (7) führenden quantitativen Debye-Hückel-Theorie ist hierbei noch die, daß ein merklicher Beitrag zum Gesamt-Potentialwert ψ_0 im Mittelpunkt nur von solchen Kugelschichten geliefert wird, in denen $z_i(V - V_\infty) < \mathfrak{B}$ ist. Die Ableitung von (6) und (7) beruht nämlich auf der Voraussetzung, daß der Ausdruck $\exp\{z_i \cdot (V - V_\infty)/\mathfrak{B}\}$ durch $1 + z_i(V - V_\infty)/\mathfrak{B}$ darstellbar ist und höhere Glieder keine Rolle spielen. Nur dann tritt die Ladungs-Konzentrations-Kombination $\sum z_i^2 n_i$ als einziger konzentrationsabhängiger Parameter in der Potentialverteilung auf. Wird noch der Grenzfall $z_i(V - V_\infty) = \mathfrak{B}$ zugelassen, so gilt also für diejenigen dr-Schichten, die wesentliche Beiträge zu ψ_0 liefern, nach (7) die Forderung:

$$\frac{z_i e_0}{\varepsilon}\frac{e^{-\varkappa r}}{r} \leq \mathfrak{B}. \tag{7 d}$$

Soll außerhalb eines Radius R, für den (7d) noch gerade erfüllt ist, der wesentliche Teil von ψ_0 seinen Ursprung haben, so darf dieser Relativanteil, der nach (7b) und (7c) gleich $e^{-\varkappa R}$ ist, nicht wesentlich kleiner als 1 sein. Lassen wir als äußersten Fall noch $^1/_2$ zu, so ist zu fordern:

$$e^{-\varkappa R} = {}^1/_2; \quad \varkappa R = \ln 2. \tag{7 e}$$

Wird das in (7 d) eingesetzt, so folgt, mit $e_0 = z_0 e$:

$$\frac{e^{-\varkappa R}}{\varkappa R} = \frac{1}{\ln 4} \leq \frac{\varepsilon \mathfrak{B}}{e} \cdot \frac{1}{z_i z_0} \cdot \frac{1}{\varkappa}$$

oder:

$$\frac{1}{\varkappa} \geq \frac{z_i z_0}{\ln 4} \cdot \frac{e}{\varepsilon \mathfrak{B}} \cdot \tag{7 f}$$

Mit Einführung des „thermischen Radius" $r_{\text{th}} = \dfrac{e}{\varepsilon \mathfrak{B}}$, bis zu dem sich ein einwertiges Teilchen durch seine mittlere thermische Geschwindigkeit einer abstoßenden einwertigen Elementarladung nähern kann, führt das zu:

$$\frac{1}{\varkappa} \geq \frac{z_i z_0}{(\ln 4 = 1{,}38)} \cdot r_{\text{th}}, \tag{7 g}$$

eine Forderung, die also für jedes Teilchenpaar i und „0" erfüllt sein muß. Drückt man hier noch $\varkappa$ in (6) durch den mittleren Abstand $d_0 = n_0^{-1/3}$ der hervorgehobenen Zentralteilchen aus, setzt also:

$$\frac{1}{\varkappa} = \left\{ \frac{1}{4\pi} \; \frac{1}{\sum z_i^2 n_i/n_0} \cdot \frac{d_0^3}{r_{\text{th}}} \right\}^{1/3}, \tag{7 h}$$

so geht (7 g) über in:

$$\left(\frac{r_{\text{th}}}{d_0} \right)^3 \leq \frac{[(\ln 4)^2/4\pi = 0{,}15]}{z_i^2 z_0^2 \sum z_i^2 n_i/n_0}. \tag{7 i}$$

Hier ist die rechte Seite für zwei $\pm$ einwertige Störstellenarten ($z_i^2 = z_0^2 = 1$, $n_i = n_0$) gleich $0{,}15/2 = 0{,}075$, für zwei $\pm$ zweiwertige Störstellen gleich $0{,}15/16 \cong 0{,}01$, liegt also etwa 1 bzw. 3 Zehnerpotenzen unter 1. Die Debye-Hückel-Theorie ist also an die Forderung gebunden, daß der mittlere Abstand gleicher Ionen ein Mehrfaches des nur von T und ε abhängigen „thermischen Radius" eines einwertigen Elementarteilchens ist. Setzt man für r_{th} seinen numerischen Wert

$$r_{\text{th}} = 5{,}5 \cdot 10^{-7} \cdot \frac{10}{\varepsilon} \cdot \frac{300}{T} \text{ cm} \tag{7 k}$$

ein und drückt d_0^{-3} wieder durch n_0 aus, so folgt schließlich als Debye-Bedingung:

$$n_0 \lesssim 8{,}9 \cdot 10^{17} \cdot \left(\frac{\varepsilon}{10} \right)^3 \cdot \left(\frac{T}{300} \right)^3 \cdot \frac{1}{z_i^2 z_0^2 \sum z_i^2 n_i/n_0}. \tag{7 l}$$

Für zwei einwertige Störstellenarten muß also (bei Zimmertemperatur und $\varepsilon = 10$) n_0 für beide Arten $\leq 4{,}5 \cdot 10^{17}$ cm^{-3}, oder, mit $\mathfrak{N} \approx 4 \cdot 10^{22}$ cm^{-3}, $x_0 \cong n_0/\mathfrak{N} <$ ca. 10^{-5} $= 1/1000$ % sein. Diese Konzentrationsgrenze kann allerdings infolge der starken ε- und T-Abhängigkeit von n_0 in (7 l) von Fall zu Fall variieren, so liegt sie z. B. in Silberhalogeniden im Schmelzpunktgebiet 1 bis 2 Zehnerpotenzen höher.

Die Anwendung der Theorie auf Störstellengleichgewichte zeigt, daß die Forderung der minimalen freien Energie die aus der idealen Statistik gefolgerten Massenwirkungsgesetze gültig läßt mit der Maßgabe, daß alle Konzentrationen x_i geladener Störstellen durch Multiplizieren mit Aktivitätskoeffizienten f_i korrigiert werden müssen, die sich im Rahmen der Debye-Hückel-Theorie und für $\varkappa r_{\text{min}} \ll 1$ zu:

$$f_i = \exp\left(-\frac{\varkappa e z_i^2}{2 \varepsilon \mathfrak{B}} \right) = \exp\left(-\frac{\varkappa e_{\text{Clb}} z_i^2}{8\pi \varepsilon \varepsilon_0 \mathfrak{B}_{\text{Volt}}} \right) \tag{8}$$

ergeben.

Mit Einführung von r_{th} geht (8) über in:

$$f_i = \exp\left(-\varkappa r_{th} \cdot z_i^2/2\right), \tag{8a}$$

wobei das Argument bei Erfüllung der Debye-Bedingung (7g) $\leq \ln 2$ wird ($z_i = z_0$). Im Debye-Grenzfall (7l) kann also f_i immerhin bis $\approx {}^1/_2$ absinken. Allgemein kann die von ε und T unabhängige Bedingung, daß der berechnete f_i-Wert $< {}^1/_2$ ist, ebenfalls als Kriterium für die Zulässigkeit der Debye-Hückel-Rechnung in numerisch gegebenen Fällen benutzt werden. (Vgl. hierzu die Diskussion von Abb. 1 in Abschn. 33.)

Die Ableitung von (8) und (8a) beruht darauf, daß bei $f_i \neq 1$ zum normalen chemischen Potential, z. B. der Teilchenart 0, noch ein Glied $\varDelta \mu_0 = kT\ln f_0$ hinzutritt, das andererseits aus der elementaren freien Zusatzenergie bestimmt werden kann, die durch die elektrostatische Wechselwirkung der um 0 ausgebildeten Raumladungswolke mit dem Zentralteilchen bedingt ist. Soweit die Kontinuumstheorie verwendet und von einer Selbstbeeinflussung der maßgebenden Dielektrizitätskonstante durch die geladenen Störstellen abgesehen werden kann, ist dieses Zusatzglied aus der Arbeit zu berechnen, die mit der sukzessiven Zuführung unendlich kleiner Elemente de_0 der Zentralladung in der allmählich anwachsenden Raumladungswolke verbunden ist; der Betrag ergibt sich dann zu $\psi_0 e_0/2$, was mit (7c) zu $- e^2 z_0^2 \varkappa/2\,\varepsilon$ führt. Damit wird $f_0 \equiv \exp\left(\varDelta \mu_0/kT\right)$, wegen $\mathfrak{B} = kT/e$, mit (8) für,,i" = ,,0" identisch; für andere Störstellenarten gilt die gleiche Beziehung mit dem entsprechenden z_i. Es ist wichtig, hervorzuheben, daß dabei, entsprechend (7c), $\varkappa r_{min} \ll 1$ angenommen ist.

Werden auf die geladenen Teilchen bei der Bestimmung ihrer Gleichgewichtskonzentrationen mit Nachbarphasen oder mit ihren (als definierte Moleküle zu betrachtenden) Assoziaten die Massenwirkungsgesetze angewendet, so hat das Auftreten von f_i die Wirkung, daß in den Bestimmungsgleichungen für die n_i primär überall die Aktivitäten $a_i = f_i n_i$ an Stelle von n_i selbst auftreten. Die Gleichgewichtskonzentrationen im Gleichgewicht mit chemischen Potentialwerten μ_i von Nachbarphasen werden also im Verhältnis $1/f_i > 1$ größer als ohne Wechselwirkung. Soweit innere Gleichgewichte betrachtet werden und die Neutralitätsbedingung zur Gleichgewichtsbestimmung herangezogen wird, sind in dieser primär nicht die a_i, sondern die n_i einzusetzen; bei gleichen $|z_i|$-Werten der in der Neutralitätsbedingung auftretenden Partner läßt sich diese jedoch mit f_i erweitern, also auf die a_i umschreiben, und es gelten für die a_i^2-Produkte dieselben Aussagen, wie sie ohne Wechselwirkung für die n_i^2 gelten. Die Gleichgewichtskonzentrationen a_i/f_i werden also hier ebenfalls im Verhältnis $1/f_i$ vergrößert.

Es sei noch erwähnt, daß die Elektrolyttheorie sich auch auf die für Transporteffekte wichtigen Beweglichkeiten der Störstellen verkleinernd auswirkt, entsprechend der Relaxation der Ladungswolke gegenüber ihrem Zentralion [22]. Allerdings bleibt auch hier die Tatsache kritisch, daß im Gültigkeitsbereich der Theorie nur relativ schwache Effekte erfaßt werden.

33. Verbesserte Ansätze

Die strenge, für beliebig hohe Konzentrationen gültige Formulierung des Wechselwirkungsproblems mit Coulombkräften bereitet in Kristallen prinzipiell keine Schwierigkeiten, da statistisch infolge der diskreten Atomlagen wesentlich einfachere Verhältnisse vorliegen als bei Flüssigkeiten [7]. Im einfachsten Fall handelt es sich in Neutralgebieten um die Verteilung von je N_C positiven und negativen Einheitsladungen (= Störstellen) auf N ($> 2\,N_C$) Gitterplätze. Die freie Energie dieses Systems ist dann

$$F = -\,k\,T \ln Z = -\,k\,T \ln \sum_s \exp\left(-\,E_s/k\,T\right), \qquad (9)$$

wobei E_s die Energie einer beliebigen Verteilung [bei zulässiger Einführung eines mittleren ε-Wertes gleich Summe von Ausdrücken der Form (1)] ist und man über sämtliche möglichen unterscheidbaren Verteilungen zu summieren hat*). Gefragt wird nach der Abhängigkeit von F/N bzw. $\mu_C = \dfrac{\partial F}{\partial N_C}$ von der Konzentration $x = N_C/N$, insbesondere im Grenzfall $N \to \infty$ bei festgehaltenem x.

Dieses Problem harrt noch der Lösung. Der für hohe T naheliegende Weg, die Exponentialfunktionen der Summenglieder nach $E_s/k\,T$ zu entwickeln [23], führte wegen Divergenzschwierigkeiten bei $N \to \infty$ zu keinem Ergebnis. Auch der Versuch [24], die Summenglieder mit gleichem E_s zusammenzufassen, ergab keine willkürfreien Resultate. Vorläufig läßt sich nur behaupten, daß (bei konzentrationsunabhängigem ε) die Differenz $\varDelta F$ mit und ohne elektrostatische Wechselwirkung der Bedingung genügt, daß $\lim\limits_{N \to \infty} \dfrac{\varDelta F}{N k T}$ eine Funktion von $e^2/a\,\varepsilon\,k\,T$ (a = Gitterkonstante prop $\mathfrak{N}^{-1/3}$) und x sein muß [25]. In der *Debye*schen Näherung ist dieser Grenzwert, wie aus (8) und (6) folgt, proportional zu $(e^2/a\,\varepsilon\,k\,T)^{3/2} \cdot x^{1/2}$. Sollte in Zukunft die Verfolgung der in [21] genannten Ansätze auf statistisch korrekte Weise zu einer Erweiterung der Debye-Hückel-Theorie für höhere Konzentrationen führen, so wäre das auch für Kristalle von großer Bedeutung.

Vorerst bleibt zunächst nichts weiter übrig, als sich mit den vorhandenen Ansätzen Abschn. 31 und 32 zu behelfen. Den Vorschlag [22], zwecks noch besserer Annäherung an die Wirklichkeit beide Ansätze miteinander zu kombinieren, hat kürzlich *Lidiard* [19] für den in Abschn. 31 behandelten eigenfehlordnungsfreien Sonderfall durchgeführt, indem er die assoziierten Störstellen besonders berücksichtigt und nur, in Analogie zu einer frühen Arbeit von *Bjerrum* (Abschn. 34), die unassoziierten Störstellen (hier $\mathrm{Na}_\square{}'$ und $\mathrm{Cd}_{G}{}^{\cdot}$ in NaCl) als Ionen in einem Debye-Hückel-Elektrolyten ansieht. Es kommen dann als Debye-Hückel-Teilchen nur diejenigen in Frage, die sich in größerem als dem kürzesten atomaren Abstand voneinander befinden; da unter den hierbei ausgeschlossenen Teilchen die gleichnamigen Paare aus energetischen Gründen keine Rolle spielen, und da atomare Kombinationen von mehr als zwei Teilchen energetisch nicht begünstigt sind und statistisch nur eine geringe Wahrscheinlichkeit haben, besteht die Einteilung darin, daß neben atomar assoziierten ungleichnamigen Paaren (n_k), für die die W_b-For-

---

*) Sind g_s unterscheidbare Zustände mit der Energie E_s vorhanden (g_s = „Gewicht" des E_s-Zustandes), so kann man in (9) den Faktor g_s im Summenglied vorsetzen und hat dann nur noch über verschiedene E_s zu summieren. Der entsprechende Ausdruck für die „Zustandssumme" Z ist der in der Formulierung der obigen Beziehung in Bd. I dieser Reihe, S. 200 ff., verwendete. In (9) ist zu beachten, daß durch die Vertauschbarkeit gleichartiger Teilchen eine Division jedes E_s-Gliedes mit $1/N_{C+}! \cdot 1/N_{C-}!$ hereinkommt; dadurch ergibt sich im Grenzfall verschwindender Wechselwirkung, $E_s = 0$, die bekannte Konzentrationsabhängigkeit von $-\,F/k\,T$ mit $-\,(N_C \ln N_C - N_C)$. ($N_{C+} = N_{C-}$; *Stirling*sche Formel.)

mel (1a) mit $r_{AB}^{\min} = a/\sqrt{2}$ einzusetzen wäre, nur nicht assoziierte Teilchen ($n_{\mathrm{Na}\square'} = n_{\mathrm{Cd}_{\mathcal{G}}'} \equiv n_\square$) in Frage kommen, für die die Debye-Hückel-Vielfachwechselwirkung angenommen wird, die sich aber dem jeweiligen Zentralteilchen nur auf den kleinsten „überatomaren" Abstand, im NaCl-Gitter $= a$, nähern können. Es tritt also hier in der Debye-Hückel-Theorie ein Minimalabstand $r_{\min} = a$ auf. Unter der (allerdings im NaCl-Gitter nach Abschn. 3.4 kaum sehr wesentlichen) Annahme, daß $\varkappa r_{\min} = \varkappa a$ nicht gegen 1 zu vernachlässigen ist, ist dann f_i in Formel (8), wie sich durch entsprechende Abänderung der Beziehungen (7) bis (7c) ergibt, in der Weise abzuändern, daß statt $\varkappa$ in (8) der Ausdruck $\varkappa/(1 + \varkappa r_{\min})$ einzusetzen ist.

Es ergibt sich dann im *Lidiard*schen Beispiel, indem auf der rechten Seite von (5) $x_\square^2$ durch das Produkt von $x_\square^2$ mit dem abgeänderten f_i^2-Faktor ersetzt wird ($\sum z_i^2 n_i = 2\,n_\square$) und in dem $\varkappa$-Hauptglied $\varkappa$ durch (6) ausgedrückt wird:

$$\frac{x_k}{x_\square^2} = p\exp\frac{1}{kT}\left(W_b - \frac{e^2}{\varepsilon}\left(\frac{4\,\pi\,e\,\mathfrak{N}}{\varepsilon\,\mathfrak{B}}\right)^{1/2}\frac{(2\,x_\square)^{1/2}}{1 + \varkappa\,r_{\min}}\right)$$

$$= p\exp\frac{1}{kT}\left(W_b - \frac{e_{\mathrm{Clb}}^2}{4\,\pi\,\varepsilon\,\varepsilon_0}\left(\frac{e_{\mathrm{Clb}}\,\mathfrak{N}}{\varepsilon\,\varepsilon_0\,\mathfrak{B}_{\mathrm{Volt}}}\right)^{1/2}\frac{(2\,x_\square)^{1/2}}{1 + \varkappa\,r_{\min}}\right) \qquad (10)$$

(p = Zahl der nächsten gleichnamigen Nachbarn, in NaCl = 12, vergl. Abschn. 31; n_i durch $\mathfrak{N}\,x_i$ ersetzt).

Nimmt man (10) in dem ganzen $x_\square$ = Konzentrationsbereich der in Fig.1 auftretenden Konzentrationen der dissoziierten Teilchen als gültig an, so ergeben sich daraus die in Fig. 1 ausgezogen dargestellten Kurven für den Dissoziationsgrad $\beta = x_k/x_C$. Man sieht, daß besonders bei der höchsten Konzentration $x_C = 1\%$ der Assoziationsgrad — der in allen Fällen für $kT < \frac{1}{10}\,W_b$ praktisch gleich 1 ist — bei höheren kT-Werten beträchtlich herabgesetzt wird, was mit der durch den Debye-Hückel-Effekt verminderten Aktivität der dissoziierten Teilchen zusammenhängt.

Von *Lidiard* [26, 27] wurde die Möglichkeit diskutiert, daß chemische „Nahe"-Wirkungskräfte auch noch zwischen übernächsten und weiter entfernten Nachbarn wirksam sein können. Dies erfordert eine Erweiterung der Assoziationsstatistik Abschn. 31 mittels „angeregter Komplexe", deren Partner sich in Abständen zwischen $a/\sqrt{2}$ und einem größeren Wert Za befinden, wobei Z mehrfach größer als 1 sein kann, und deren Anzahlen relativ zu den „Komplexen im Grundzustand" durch Boltzmann-Faktoren festgelegt werden [28]. Bei diesem Vorgehen, das im Gegensatz zur Debye-Hückel-Theorie, im Abstandsgebiet $a/\sqrt{2} \leqq r \leqq Za$ zwischen Zentralladung und Gegen-Ion die Ladungseinwirkungen anderer Störstellen („Ionenwolke") unberücksichtigt läßt, besteht auch die Möglichkeit, individuelle Anregungsenergien (an Stelle der mittleren Coulombwerte) zuzulassen und so durch zusätzliche Konstanten eine noch bessere Anpassung an die Experimente zu erreichen. Auch wird so dem mutmaßlichen Versagen von (1) bei kleinen Entfernungen Rechnung getragen.

Allerdings: je mehr Teilchen aus der Debye-Hückel-Behandlung herausgenommen und als assoziiert betrachtet werden, desto geringer wird die Konzentration $x_\square$ der

Debye-Teilchen, und desto kleiner wird die *Debye*sche f_i-Korrektur bei gegebenem x_C. Die Frage ist, ob in Halbleitern, wenn man sich hier für Fälle starker Wechselwirkung mit $x_\square/x_C \ll 1$ interessiert — was, wie wir in Abschnitt 34 sehen werden, bei „starken" wässerigen Elektrolyten nicht der Fall ist — die Debye-Hückel-Korrektur gegenüber dem Assoziationseffekt überhaupt noch eine merkliche Rolle spielt. Man kann diese Frage durch die Einführung eines Aktivitätskoeffizienten f_C beantworten, der angibt, wie die Aktivität, z. B. der $\square$-Teilchen, gegenüber dem wechselwirkungsfreien Fall geändert ist, wo sie $= x_C$ zu setzen ist. Da mit Wechselwirkung die Aktivität durch $f_i\, x_\square$ gegeben ist, wird

$$f_C = f_i \frac{x_\square}{x_C}.$$

Ist nun $x_\square/x_C \ll 1$, so hat der 2. Faktor einen größenordnungsmäßig stärkeren Einfluß auf f_C als der Debye-Koeffizient, der ja nach Abschn. 32 im Rahmen der Gültigkeitsgrenzen dieser Theorie nur etwa bis $^1/_2$ heruntergehen kann. Es werden dann durch relativ geringe Unsicherheiten im Wert von W_b (bzw. dem statistisch verallgemeinerten Wert dieser Größe) erheblichere Änderungen von f_C (durch Variation von $x_\square/x_C$) hervorgerufen als durch die ganze Debye-Korrektur.

Diese Tatsache wird durch die Darstellung der Abb. 1 insofern verdeckt, als in Gebieten starker Assoziation einer relativ großer Änderung von $x_\square/x_C$ nur kleine Relativänderungen von $x_k/x_C = 1 - x_\square/x_C$ entsprechen.

Die Frage, wie weit in den Beispielen dieser Abbildung das Gebiet $f_i \gtrsim {}^1/_2$ in den ausgezogenen Kurven unterschritten wird, ließ sich rechnerisch ebenfalls beantworten; bei I und II ist diese Bedingung durchweg hinreichend erfüllt, während bei III, wo die stärksten Relativunterschiede von $x_\square/x_C$ gegenüber der gestrichelten Kurve auftreten, gerade im Gebiet dieser stärksten Unterschiede ($kT/W_b < 0{,}25$) f_i unter $^1/_2$ absinkt und damit aus dem Gültigkeitsbereich der Debye-Hückel-Theorie ausscheidet.

Endlich möge hier noch auf die in der Literatur mehrfach hervorgehobene Tatsache hingewiesen werden, daß bei kleinen x_C sich f_C wie $1 - {}^1/_2\, x_\square\, p \exp\left(W_b/kT\right)$ verändert, während f_i nach (8) bei kleinen $x_\square$ einen Gang mit $1 - \text{const}\, x_\square^{1/2}$ zeigt.

34. Vergleich mit der Theorie der starken Elektrolyte *)

Den soeben gemachten Einwänden gegen die Tragweite der Debye-Hückel-Theorie in Halbleitern und Ionenkristallen steht die maßgebende Bedeutung gegenüber, die dieser Theorie bei den wässerigen „starken Elektrolyten" zukommt. Da in diesem Fall auf die Diskussion aller in Betracht kommenden Effekte von zahlreichen Autoren ein hohes Maß von Gedankenarbeit verwendet worden ist, das die Bedeutung dieser Theorie bestätigt, scheint es notwendig, auf die Unterschiede der beiden Fälle hinzuweisen, wobei wir uns einer sehr dankenswerten Diskussionsbeteiligung von Prof. *E. Hückel*, Marburg, erfreuen konnten.

In wässerigen Elektrolyten kann eine Dielektrizitätskonstante $\varepsilon \approx 80$ angenommen werden, während für Halbleiter und Ionenkristalle $\varepsilon \gtrsim 10$ anzunehmen ist. Da die für die Theorie zulässigen n_0-Werte nach (7l) wie $(\varepsilon T)^3$ variieren, werden also bei gleichem T diese Werte etwa 3 Zehnerpotenzen größer und entsprechen Relativkonzentrationen von etwa 1% statt $10^{-3}\%$ bei $T \approx 300\,^\circ K$.

Diese Änderungen sind aber auf den von der Theorie erfaßten f_i-Bereich ohne Einfluß, da in f_i nach (8) das Verhältnis $\varkappa/\varepsilon$ auftritt, das durch (7f) einer konzentrationsunabhängigen Beschränkung unterworfen ist.

---

*) Gemeinsam mit dem Herausgeber.

Als wesentlicher Effekt erscheint vielmehr bei den starken Elektrolyten die Tatsache, daß hier der kleinstmögliche Abstand entgegengesetzt geladener Ionen ($\approx 3{,}5 \cdot 10^{-8}$ cm) von derselben Größenordnung ist wie der — mit ε reziproke — r_{th}-Wert, der in Wasser bei $T = 300$, $z_i = z_0 = 1$ etwa $= 7 \cdot 10^{-8}$ cm ist. Die entgegengesetzt geladenen Ionen können sich also nur bis auf Abstände $\approx r_{\text{th}}/2$ nähern und würden hierbei, in erster Näherung, nur eine Bindungsenergie $\approx 2\,kT$ besitzen können. Da dies der W_b-Betrag von Abschn. 33 wäre, zeichnen sich hiernach die starken Elektrolyte durch relativ kleine W_b-Werte aus, während in Halbleitern $W_b \approx 10$ bis $20\,kT$ wäre. Es ist klar, daß unter diesen Umständen die in Abschn. 33 geschilderte Kaschierung des Debye-Hückel-Effektes durch den Assoziationseffekt nicht entfernt in ähnlichem Maße zu erwarten ist wie in Halbleitern.

Trotzdem sind, wie Herr *Hückel* hervorhebt, in der Theorie der starken Elektrolyte schon frühzeitig Ansätze gemacht worden, die den bei $|V_0| \gtrsim \mathfrak{B}$ zu erwartenden Abweichungen von den Voraussetzungen der Debye-Hückel-Theorie in ähnlicher Weise wie in den geschilderten Ansätzen von *Lidiard* Rechnung tragen. Diese von *N. Bjerrum* [25a] in den Jahren 1926/27 aufgestellte Theorie, die für wässerige starke Elektrolyte nur eine Korrekturbedeutung hatte, scheint sich heute als grundlegend für eine angemessene Theorie der elektrostatischen Störstellenwechselwirkungen in Halbleitern und Ionenkristallen zu erweisen.

Bjerrum geht davon aus, daß bei Abständen $r > r_{\text{krit}} \approx r_{\text{th}}/2$ die Boltzmann-Verteilung der anderen i- und 0-Ionen um ein Zentralion 0 und die Berechenbarkeit von $V_0(r)$ aus einer mittleren Raumladung dieser Ionen noch relativ gut erfüllt ist, sofern $\varkappa$ einer (7g) entsprechenden Bedingung genügt. [In der Tat wäre in diesem Fall nach (7) und (7g) $(V_0/\mathfrak{B})_{r\,=\,r_{\text{th}}/2} = 1$, sofern $r_{\min} \ll r_{\text{th}}$ gesetzt werden könnte; für den Höchstwert $r_{\min} = r_{\text{th}}/2$ der Theorie wässeriger Elektrolyte ergibt eine entsprechende genauere Rechnung den Wert $2/(1 + \ln 2) = 1{,}24$).] Für Werte $r < r_{\text{th}}/2$ (die allerdings nach dem Obigen in den starken wässerigen Elektrolyten höchstens bei Ionen von besonders kleinem Radius oder mehrfacher Ladung vorkommen können) wird $V_0/\mathfrak{B}$ bei $r_{\min} \ll r_{\text{th}}$ groß gegen 1; hier ist also bei Boltzmann-Verteilung der i und 0 um das Zentralion 0 das Verhältnis der Dichten $n_i : n_0 \gg e : 1/e \approx 8$, d. h. die gleichnamigen Ionen treten in diesem Bereich praktisch nicht mehr auf. Andererseits wird hier die — in der dargestellten Form der Debye-Hückel-Theorie vernachlässigte — atomare Struktur der Gegenladungen ausschlaggebend; durch die Anwesenheit eines einzigen Gegenteilchens wird die Zentralladung bereits weitgehend nach außen abgeschirmt, die Wirkung einer äußeren (dipolbedingten) Raumladungswolke ist mit recht guter Näherung zu vernachlässigen, und die relative Häufigkeit von 0, i-Paaren mit dem Abstand $r < r_{\text{krit}}$ ist aus der einfachen Coulomb-Wechselwirkung beider Teilchen, also unter den Voraussetzungen der normalen Assoziationstheorie, zu berechnen. Hierbei ergibt sich für Abstände zwischen r und $r + dr$ im Rahmen der Kontinuumstheorie eine Wahrscheinlichkeit $\sim \exp(r_{\text{th}}/r)\, r^2\, d\,r$, die gerade bei $r = r_{\text{th}}/2$ ein Minimum hat, so daß das Übergangsgebiet $r \approx r_{\text{th}}/2$ in die Rechnung nur schwach eingeht. Wendet man also in einer kombinierten Theorie den Assoziationsansatz für $r < r_{\text{krit}}$ und die Debye-Hückel-Theorie für $r > r_{\text{krit}}$ an, so variiert der errechnete $(f_i)_{\text{total}}$-Wert nur wenig, wenn r_{krit} von $r_{\text{th}}/2$ nach oben oder unten merklich abweicht.

Diese Theorie dürfte, wie erwähnt, die in zweiter Näherung für die Halbleitertheorie wichtigste sein, da bei Halbleitern, im Gegensatz zu den wässerigen Elektrolyten, $r_{min} \ll r_{th}/2$ ist und somit hier Werte $r < r_{th}/2$ eine bedeutsame Rolle spielen. Die in Abschn. 33 besprochene (durch Anregungszustände ergänzte) Berechnungsweise von *Lidiard* unterscheidet sich von ihr nur dadurch, daß bei *Lidiard* r_{krit} temperaturunabhängig angenommen wird. Das bedeutet keine Verbesserung, aber bei $r_{krit} \approx (r_{th}/2)_{T\,mittel}$, wie wir sahen, auch keine merkliche Verschlechterung. Bei der weiteren rechnerischen Durchbildung der Theorie wird man aber wohl doch zu $r_{krit} = r_{th}/2$ zurückkehren, jedoch, in Anpassung an den Fall des Kristallgitters, unterhalb r_{krit} mit diskreten Assoziationszuständen rechnen und hier auch deren durch besondere „Valenz"-Effekte bedingten Sondereigenschaften berücksichtigen können [28a].

Die in einer solchen Theorie zulässige Höchstkonzentration $(n_i)_{total} = (n_0)_{total}$ (entsprechend n_C in Abschn. 33) wird dabei im Verhältnis $(n_0)_{diss} : (n_0)_{total}$, also bei starker Assoziation sehr erheblich, über den Grenzwert (7g) hinausgeschoben. Auch die kombinierte Theorie wird allerdings sicher dann versagen, wenn $(n_0)_{total}$ nicht mehr klein gegen $(r_{th}/2)^{-3}$, also $(r_{th}/d_0)^3$ im Sinne von (7i) nicht mehr klein gegen $2^3 = 8$ [anstatt 0,075 nach (7i)] wird; das bedeutet eine maximale Erhöhung um etwa 2 Zehnerpotenzen für das zulässige $(n_0)_{total}$. Nähert man sich allerdings diesem neuen Grenzwert, so wird das für i_{diss} noch zur Verfügung stehende Volum immer mehr zurückgedrängt und schließlich beginnen die $r_{th}/2$-Sphären sich zu überlappen, was die Notwendigkeit der Berücksichtigung korpuskularer Drei- und Mehr-Wechselwirkungen schon für $r < r_{krit}$ bedeutet. Immerhin dürfte die auf Kristallgitter übertragene *Bjerrum*sche Theorie den tatsächlichen Bedürfnissen der Halbleiterphysik im wesentlichen entsprechen.

Andersartige neuere Methoden zur Verallgemeinerung der Debye-Hückel-Theorie, in denen bessere Mittelungsverfahren als in der ursprünglichen Theorie verwendet werden und insbesondere die korpuskulare Struktur der Raumladungsteilchen durch Schwankungseffekte berücksichtigt wird [21, 21a], scheinen vorzugsweise im höchsten der Theorie noch zugestandenen Konzentrationsgebiet [Gl. (71)] von Bedeutung (vgl. w. u.).

Es darf jedoch hier vielleicht noch eine größenordnungsmäßige Betrachtung zur Wirkung der korpuskularen Struktur der Ladungsteilchen erwähnt werden, die anschaulich ist, sich aber in der bisherigen Literatur anscheinend noch nicht in dieser Form findet. Bei dieser Betrachtung wird davon ausgegangen, daß die gesamte Gegenladung des Zentralions 0, die in dessen Raumladungswolke investiert ist, ja, bei gleichwertigen 0 und i, nur die einer einzigen Störstelle i ist. Eine Mittelwertbehandlung ist also nur sinnvoll, wenn beim Aufbau der Raumladungswolke viele Teilchen i und 0 zusammenwirken, deren Ladungen sich fast kompensieren. Das heißt aber, das man in demjenigen Teil der Raumladungswolke, der den wesentlichen Betrag an ψ_0 liefert, noch viele 0-Teilchen annehmen muß. Die quantitative Formulierung dieser Bedingung zeigt, daß diese Forderung durch (7i) noch nicht erfüllt ist; bei Gültigkeit des Gleichheitszeichens in (7i) befindet sich erst etwa ein 0-Teilchen im wesentlichen Gebiet der Raumladungswolke. Dadurch scheint die nach der gewöhnlichen Debye-Hückel-Theorie zulässige Grenzkonzentration der (im Bjerrum-Fall: dissoziierten) 0- und i-Teilchen noch um einen Faktor, der ein Vielfaches von 1 ist, zurückgedrängt zu werden. In dem Konzentrationsgebiet, das zwischen diesem kleineren und dem durch (71) gegebenen alten Grenzwert liegt, scheinen die erwähnten neueren Arbeiten besondere Bedeutung zu gewinnen — sofern nicht wegen zu großer W_b-Werte die ganze Debye-Hückel-Korrektur unwesentlich wird. — Im reinen Assoziationsansatz ist der korpuskulare Charakter der Teilchen natürlich schon voll berücksichtigt, hier bedeutet also unsere Zusatzbetrachtung keinerlei weitere Einschränkung.

Auch bei der *elektrostatischen Wechselwirkung elektronischer Träger* mit Störstellen und untereinander dürfte neben der Debye-Hückel-Theorie die — quantenmäßig modifizierte — Bjerrum-Theorie Bedeutung haben. Wegen der z. T. recht kleinen Assoziationsenergien (etwa $\approx k\,T_{300}$ bei Ge) werden jedoch u. U. ähnliche Bedingungen wie in starken Elektrolyten zu erwarten sein.

4. Nichtgleichgewichtszustände

Bei Einwirkungen, die die Bruttokonzentration der Störstelle verändern, setzt die Einstellung des jeweiligen Gleichgewichts in absehbarer Zeit eine ausreichende Diffusion der einzelnen Störstellen voraus [7]. Da ihre Bewegung in jedem Fall über Energieschwellen erfolgt, bewirkt der entsprechende Boltzmann-Faktor ein Einfrieren der Diffusion unterhalb einer gewissen Temperatur, die für die betreffende Störstellenart im Gitter charakteristisch ist. Z. B. kann man in AgBr bei 20 °C die (Fremd-) Anionen, bei — 180 °C sämtliche anderen Ionen und Fehlstellen, ausgenommen die Ag$\cdot$,als eingefroren ansehen [29], denn der Diffusionskoeffizient wird kleiner als 10^{-20} cm^2 sec^{-1}. Bei anderen Gittern liegen die Einfriertemperaturen noch wesentlich höher.

Die Existenz von Nichtgleichgewichtszuständen schafft die experimentelle Möglichkeit, viel höhere Konzentrationen von Störstellen in einem Gitter herzustellen, als thermodynamisch-statistisch bei der Versuchstemperatur zu erwarten sind. Dies ist von großer Bedeutung für den experimentellen Nachweis der Wechselwirkung.

Die einfachste Methode zur Herstellung so hoher Konzentrationen besteht im Abschrecken des Kristalls von Temperaturen in der Nähe des Schmelzpunktes. Derartige ganz oder teilweise eingefrorenen Gleichgewichte lassen sich in der Weise analytisch behandeln, daß man für die Konstanten der Massenwirkungsgesetze die bei der Einfriertemperatur gültigen Werte einsetzt [30] (vgl. hierzu auch Abschn. 52 und *A. Seeger* [8], S. 453).

Hilsch und Mitarbeiter [31] haben die Wirksamkeit dieses Verfahrens noch gesteigert, indem sie bei der „abschreckenden Kondensation" die Komponenten des zu untersuchenden Stoffes in Form von Molekularstrahlen variabler Zusammensetzung auf einer tiefgekühlten Auffangfläche kondensieren.

Eine weitere Möglichkeit zur Schaffung hoher Störstellenkonzentrationen ist im Beschuß mit energiereichen Strahlen (γ-Strahlen, Neutronen usw.) gegeben (radiation damage, z. B. [32]).

Die beiden letztgenannten Methoden haben allerdings oft eine mehr oder weniger starke Gitterzerstörung zur Folge, die man formal als eine extreme Aggregation von Störstellen verschiedener Arten auffassen kann. Der Eindringlichkeit der experimentellen Befunde steht dann die Schwierigkeit entgegen, sie quantitativ an Hand eines einfachen theoretischen Modells zu beschreiben.

5. Experimentelle Nachweismethoden

Bei der Besprechung der Nachweismethoden kann — schon aus Raumgründen — Vollständigkeit nicht angestrebt werden. Vielmehr beschränken wir uns auf Methoden, die nach Art und Genauigkeit einigermaßen zuverlässige Aufschlüsse entweder über die Zahl der nichtassoziierten Störstellen (Transporterscheinungen) oder über die entstandenen Aggregate (durch neue Effekte, die den freien Störstellen nicht zukommen) versprechen oder gegeben haben. In vielen anderen Fällen, wie z. B. bei Phasengleichgewichten [33] äußert sich die Wechselwirkung in deutlichen Abweichungen von den Gesetzen der idealen Statistik, ohne jedoch bisher quantitative Aussagen zu ermöglichen. Die direkte kalorimetrische Bestimmung der Assoziationsenergie ist infolge der Kleinheit des Effekts und seiner Erstreckung über ein breites Temperaturintervall nahezu hoffnungslos [19].

Das Kristallmaterial weist in den meisten Fällen eine — auch von der Theorie gewünschte — sehr geringe Störstellenkonzentration auf; dies zwingt zu äußerster Steigerung der Meßgenauigkeit und zur Verwendung reinsten Kristallmaterials definierter Vorgeschichte. Aus diesem Grunde ist es nicht verwunderlich, wenn die Ergebnisse verschiedener Autoren sich manchmal teilweise widersprechen.

51. Leitfähigkeit

Die Ionenleitfähigkeit ist unmittelbar durch die Konzentrationen und Beweglichkeiten der freien geladenen Störstellen gegeben. Dank guter erzielbarer Meßgenauigkeit wird also die durch die Störstellenwechselwirkung bewirkte Abnahme der Leitfähigkeit erfaßbar, sofern man (da der wechselwirkungsfreie Zustand nicht realisierbar ist) die Konzentrationen unabhängig von der Temperatur durch weitere Parameter variiert. Dies gelingt durch Zugabe höherwertiger Fremddionen [34], oder durch Änderung des Druckes. Der Vergleich der experimentellen Leitfähigkeitsisothermen mit den berechneten führt dann zu Aussagen über die Wechselwirkung.

An AgBr und AgCl mit Zusätzen der Cd- und Pb-Halogenide zeigten *Ebert* und der Referent [22, 35], daß man entsprechend einem Vorschlag von *Schottky* die Isothermenabweichungen in erster Näherung als Folge einer feinen Assoziation mit dem Wert (1a) der Assoziationsenergie verstehen kann. Aber auch die Deutung nach *Debye-Hückel* konnte im Groben als zutreffend angesehen werden, da die universelle Konstante dieser Theorie, wohl als Folge relativ kleiner W_b-Werte im Sinne von Abschn. 33, in der richtigen Größenordnung aus den experimentellen Daten herauskam. Infolge der hohen Fehlordnungskonzentrationen (0,1 bis 1%) in diesen Salzen und der hierdurch wahrscheinlich bewirkten Änderungen der Fehlordnungsenergien und Beweglichkeiten ist die strenge Anwendbarkeit der Theorien fraglich. Die genannten Einflüsse wurden an Hand von Messungen mit einwertigen Fremddionen, wie Na^+, Li^+, J^-, diskutiert [36], bei denen die Coulomb-Wechselwirkung durch Überschußladungen fortfällt, sofern sie normale (d. h. in AgBr und AgCl ebenfalls einwertige) Gitterionen substituieren. Beobachtet wurde hier z. B. eine mit der Fremdkonzentration proportionale temperaturunabhängige Leitfähigkeitsänderung der reinen Kristalle, die bei 1 Gitterprozent Na-Zusatz — 7%, bei dem entsprechenden J-Zusatz + 17% betrug und die nach neueren unveröffentlichten Messungen mit einer Verschiebung der Absorptionskante, also einer Beeinflussung des Grundgitters, Hand in Hand geht. Bei Zusatz von Cu-Ionen werden derartige Effekte durch das Auftreten anomaler Störladungen (wohl $Cu\square^{\cdot}$) überdeckt.

Messungen der Druckabhängigkeit [37] ergaben noch keine zwingenden Hinweise auf Wechselwirkungsbeeinflussungen.

An Alkalihalogeniden mit zweiwertigen Zusätzen, speziell $NaCl + CdCl_2$, haben *Etzel* und *Maurer* [38] die Leitfähigkeit unter Annahme einer reinen Assoziation gedeutet. *Lidiard* [19] analysierte ihre Ergebnisse von neuem mit Hilfe der kombinierten Theorie [Gl. (10)]. Dabei ergab sich, daß der experimentelleWert von W_b nur etwa halb so groß ist, wie nach *Coulomb* [Gl. (1a)] zu erwarten (Tab. 1). Durch die genauere Berücksichtigung von Strukturwirkungen [15, 16] wird diese Diskrepanz allerdings erheblich gemildert.

Dagegen sprechen die Leitfähigkeitsmessungen von *Bean* [39, 27] an NaCl mit $CaCl_2$-Zusatz überhaupt gegen eine Assoziation. *Lidiard* [40] hält trotzdem eine schwache Assoziation auch in diesem System für wahrscheinlich, indem er darauf hinweist, daß in diesem Falle die verhältnismäßig häufigen Dissoziations- und Assoziationssprünge zu einem Zusatzterm in der Leitfähigkeit führen.

52. Diffusion

Im Gegensatz zur Leitfähigkeit kann die Diffusion im Festkörper auch durch neutrale*) Teilchen stattfinden. Beide Vorgänge beruhen nach neueren Vorstellungen wesentlich auf dem gleichen Mechanismus des Platzwechsels von Störstellen. Ergibt sich experimentell ein größerer Diffusionskoeffizient D, als mittels der *Einstein*schen Gleichung aus der Leitfähigkeit berechnet, so wird man die Differenz aus einer Bildung diffusionsfähiger, neutraler Störstellenaggregate erklären. Zur Kritik an der *Einstein*-Gl. s. [40a].

Nach diesem Effekt ist besonders in Alkalihalogeniden gesucht worden, da hier die infolge Schottky-Fehlordnung im Sinne von Abschn. 2 nichtkomplementären (d. h. nicht, wie etwa $Na\circ^{\cdot}$ und $Na\square'$, sich gegenseitig annullierenden) gittereigenen Störstellen (z. B. $Na\square'$ und $Cl\square^{\cdot}$) sich zu neutralen Doppellücken (oder höheren Aggregaten) vereinigen können [41]. Eine gittertheoretische Berechnung der Schwellenenergie für die Wanderung solcher Doppellücken [42] in KCl ergab einen deutlichen niedrigeren Wert (0,38 eV) als für isolierte Lücken (0,56 eV für $Cl\square^{\cdot}$) [43], die Bindungsenergie ergab sich theoretisch zu 0,9 eV [15].

Jedoch steht eine experimentelle Bestätigung für die hiernach zu erwartende Zahl von Doppellücken in Ionensalzen noch aus. Selbstdiffusionsmessungen für Na^+ in NaCl und NaBr [44] ergaben Gültigkeit der Einstein-Gleichung oberhalb 550 bzw. 425 ^oC, während die bei tieferen Temperaturen beobachteten Abweichungen sich nicht durch Doppellücken, wohl aber durch eine zufällige Verunreinigung an mehrwertigen Ionen deuten ließen, die mit assoziierten Lücken sehr diffusionsfähige Komplexe bilden (s. u.). *Seitz* [27] hat die Ergebnisse dieser und neuerer Diffusionsmessungen kritisch besprochen. Eine noch bleibende Diskrepanz zwischen Experiment und Theorie ließe sich hier durch die Annahme überbrücken, daß die Doppellücken nach ihrer Entstehung rasch zu

*) Anm. d. Herausgebers. Es sind hier assoziierte „Fixatron" - freie Störstellen, z. B. $Na\square' Cl\square^{\cdot}$ Lücken gemeint; ob Fixatron-kompensierte atomare Störstellen eine mit „nackten" Störstellen vergleichbare Beweglichkeit besitzen können, ist wohl noch unentschieden. Vgl. hierzu Referat *Nergaard* in diesem Bande.

höheren, schlecht diffusionsfähigen Aggregaten zusammentreten, so daß die Anzahl der Doppellücken im Gleichgewicht vernachlässigbar klein bleibt [45].

Für die Diskussion der Ergebnisse scheint die Frage wesentlich, ob der relative Assoziationsgrad $x_{\square\square}/x_\square$ im thermischen Gleichgewicht mit abnehmender Temperatur zunimmt oder abnimmt. Aus der Anwendung der Massenwirkungsgesetze folgt, daß, bei Abwesenheit von Fremdstörstellen, $x_\square^2 = \exp(-E_1/\mathfrak{B})$ und $x_{\square\square} = \exp(+E_2/\mathfrak{B})\,x_\square^2$ ist, wobei E_1 die (zugleich mit $\mathfrak{B}$ in eV gemessene) Energie zur Bildung eines freien Lückenpaares unter Vermehrung der Gittermolekülzahl, E_2 die Dissoziationsenergie $\square\square \to \square' + \square{}^{\cdot}$ bedeutet. Es ist also $x_{\square\square} = \exp(-(E_1 - E_2)/\mathfrak{B})$, $x_\square = \exp(-E_1/2\,\mathfrak{B})$, demnach $x_{\square\square}/x_\square = \exp(-(E_1/2 - E_2)/\mathfrak{B})$. Es kommt also darauf an, ob $E_2 \gtrless E_1/2$ ist, d. h. ob durch Lückenassoziation mehr oder weniger als die halbe Fehlordnungsenergie wiedergewonnen wird.

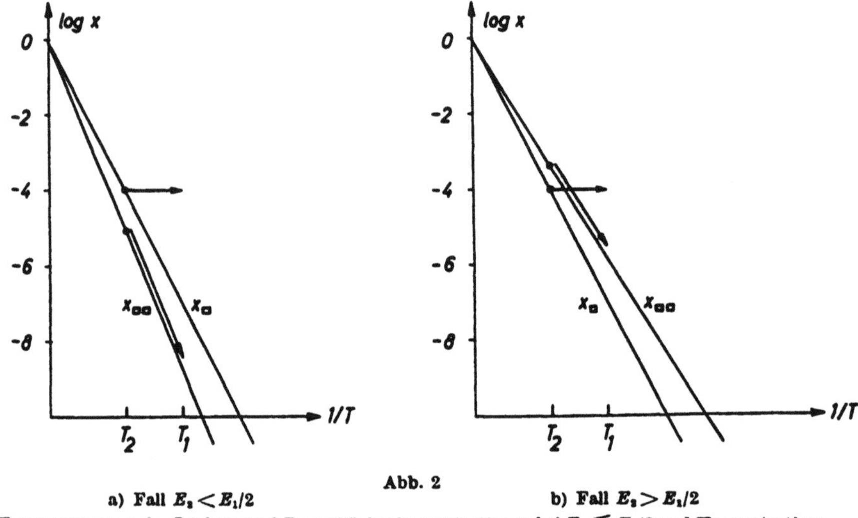

Abb. 2

a) Fall $E_2 < E_1/2$　　　　b) Fall $E_2 > E_1/2$

Temperaturgang der Lücken- und Doppellückenkonzentrationen bei $E_2 \lessgtr E_1/2$ und Konzentrationsänderungen beim Abschrecken von T_2 auf T_1.

Die Verhältnisse sind in Abb. 2a und 2b dargestellt, wobei allerdings das (ohnehin nur extrapolatorisch gültige) genaue Zusammenlaufen der $x_\square$- und $x_{\square\square}$-Geraden bei $T \to \infty$ sowie die Geradlinigkeit der Kurven an die Voraussetzung der Temperaturkonstanz · der Assoziationsenergie und die Vernachlässigung von Gewichtseffekten (p in Abschn. 31) gebunden ist. Man erkennt aber, daß im wesentlichen ein mit abnehmender Temperatur zunehmender Assoziationsgrad an den Fall b geknüpft ist und daß hierbei im Gleichgewicht durchweg $x_{\square\square} > x_\square$ sein muß, während die Gültigkeit von $x_{\square\square} \ll x_\square$, sofern sie bei hohen Temperaturen festgestellt wird, eine Zunahme des $x_{\square\square}/x_\square$-Verhältnisses mit abnehmender Temperatur verbietet.

Die bei $T = T_2$ markierten Punkte und die bis $T_1 < T_2$ erstreckten Pfeile geben ferner die Wirkung von Abschreckvorgängen wieder, die die $\square$ vollständig einfrieren lassen, während die $\square\square$ sich, wegen ihrer höheren Beweglichkeit, auf den Gleichgewichtswert der kombinierten Reaktion:

$$0 \rightleftharpoons \square\square + M$$

(M Gittermolekül, das bei der thermischen Bildung einer Doppellücke angebaut wird) einstellen sollen, die den $x_{\square\square}$-Geraden der Fig. 2 entspricht. Man sieht, daß im Fall a das Überwiegen der $\square$-Konzentration hierdurch nur verstärkt wird, während im Fall b die bei hoher Temperatur überwiegende $\square\square$-Konzentration sehr wohl erheblich unter die (eingefrorene) $\square$-Konzentration sinken kann.

Es scheint, daß die im Text zuletzt diskutierten Möglichkeiten des Zurücktretens von $\square\square$-Zuständen durch Bildung höherer Aggregate, Ausscheidung an Versetzungen usw. sich auf die Fälle beschränken, wo auch der Gleichgewichtswert $x_{\square\square}$ (im allgemeinen thermischen Gleichgewicht oder bei eingefrorenen $\square$) wesentlich unterhalb der (thermischen bzw. abgeschreckten) $\square$-Konzentration liegt, da auch bei Berücksichtigung beliebiger Aggregationen der $x_{\square\square}$ - Gleichgewichtswert mit dem Gitter (obige Reaktionsgleichung) nicht unterschritten werden kann. Vgl. hierzu auch *A. Seeger* in [8], S. 400 u. 418.

Für den Temperaturgang der $\square\square$- und $\square$-Diffusion und der $\square$-Leitfähigkeit sind natürlich noch die Absolutwerte und Temperaturgänge der betreffenden Sprungwahrscheinlichkeiten maßgebend. Falls aber das Verschwinden der $\square\square$-Diffusion im Gebiet hoher Temperaturen bei NaCl und NaBr als reell angesehen werden kann, würde man hier auf das Vorliegen von Fall a, und damit, da E_1 bei NaCl experimentell zu $\approx 2,1$ eV bestimmt ist, darauf schließen müssen, daß $E_2 \left(= \dfrac{W_b}{e} \text{ der Assoziation} \right)$ wesentlich kleiner als 1,05 eV und wahrscheinlich auch kleiner als der in Tab. 1 angegebene theoretische W_b-Wert $\approx 0,9$ eV sein muß.

Auch in Metallen wurden Doppellücken zur Deutung von ausgleichenden Tempervorgängen nach Kaltbearbeitung herangezogen [9], da die Beweglichkeit isolierter Leerstellen dazu nicht ausreichte. Theoretisch ergab sich die Bindungsenergie in Cu zu 0,59 eV und die Schwellenenergie für die Wanderung nur etwa halb so groß wie für isolierte Lücken [17] (s. Nachtrag S. 55).

Einen zweiten wichtigen Beitrag zur Klärung der Wechselwirkung leistet die Diffusion von *Fremd*ionen oder -atomen. In vielen Fällen ist sie aus Raumgründen nur nach dem Leerstellenmechanismus möglich, d. h. ein Platzwechsel des Fremdatoms geschieht nur mit einer gerade benachbarten Lücke des Wirtsgitters. Eine (über die zufälligen Begegnungen hinaus vorhandene) Assoziation zwischen Fremdatom und Lücke wird die Diffusion also sehr begünstigen; nur so werden die in einigen Fällen beobachteten hohen D-Werte überhaupt verständlich (z. B. Au in Pb) [6]. Dem gleichen Verhalten begegnen wir bei Ionensalzen mit höherwertigen Substituenten, wie AgBr mit $CdBr_2$-Zusatz. Hier wird die Assoziation zwischen $Cd_{G}\cdot$ und $Ag_{\square}{}'$ durch elektrostatische Kräfte besonders begünstigt. Da aus Neutralitätsgründen die Lückenkonzentration mit der Cd-Konzentration ansteigt, zeigt D das gleiche Verhalten. Bei verschwindender Eigenfehlordnung ist D nahezu proportional zur Cd-Konzentration.

Die genaue Analyse [46] der Diffusions-Isothermen von Fremdzusätzen liefert Werte für die Assoziationsenergie und die Schwellenenergie, d. h. die Sprungwahrscheinlichkeit w, die ihrerseits theoretisch gemäß $w = w_1 w_2/(w_1 + w_2)$ von den Sprungwahrscheinlichkeiten w_1 der Lücke auf die Nachbarplätze und w_2 des Fremdions abhängen sollte [47]. Bei schwach gebundenen Komplexen hat man [40] auch den Beitrag der zur Dissoziation der Komplexe führenden Sprünge zur Diffusion gitterkinetisch zu berücksichtigen; dies führt zu erheblich komplizierteren Formeln.

Derartige Diffusionsmessungen sind in jedem Fall eine wichtige Ergänzung und Kontrolle für andere Methoden, doch ist es oft nicht leicht, die entstandene Konzentrationsverteilung mit der gewünschten Genauigkeit zu bestimmen.

An Stelle einfacher Diffusion lassen sich auch Anlaufvorgänge [Wanderung von (Defekt-)Elektronen mit Phasengrenzreaktion] zur Ermittlung der Assoziation heranziehen, wie für AgBr mit Ag_2S-Indikator und $CdBr_2$-Zusatz [48] ($Cd_G\cdot Ag\square'$-Komplexe) sowie mit AgJ-Zusatz [49] (Jod-Ionen-Aggregate) gezeigt wurde.

53. Verlustfaktor

Rein meßtechnisch gesehen, ermöglicht der Verlustfaktor zunächst den Zugang zu sehr kleinen, nicht direkt meßbaren Werten der Leitfähigkeit, wie sie an festen Ionenleitern bei genügend tiefen Temperaturen auftreten. Hierbei werden die Sprungwahrscheinlichkeiten der Störstellen so klein, daß sie mit der Meßfrequenz $\omega/2\pi$ (z. B. 1000 Hz) vergleichbar werden. Die gewöhnliche, in Abschn. 51 behandelte Ionenleitung gibt Anlaß zu einem $1/\omega$-proportionalen Verlustfaktor. Für die Frage der Assoziation ist aber ein Zusatzterm viel wichtiger, der proportional zu $\omega\tau/(1 + \omega^2\,\tau^2)$ ist, also ähnlich den von *Debye* untersuchten Dipolflüssigkeiten eine charakteristische Frequenzabhängigkeit mit einem Maximum bei $\omega = 1/\tau$ zeigt, so daß man τ als Relaxationszeit ansehen kann. Derartige „peaks" des Verlustfaktors fand erstmalig *Breckenridge* [50, 51] an Alkalihalogeniden und AgCl, TlCl und TlBr ohne und mit zweiwertigen Zusätzen und deutete sie durch den Orientierungswechsel von Störstellendipolen (Doppellücken und Komplexen aus zweiwertigen Fremdionen und Lücke) im angelegten Wechselfeld, der gerade für $\omega\tau = 1$ um 90° in der Phase hinterherhinkt, also maximale Verluste liefert. Da $1/\tau$ nach Art eines Boltzmann-Faktors sehr stark mit der Temperatur anwächst, liefert die Messung der Temperaturabhängigkeit des Verlustfaktors ein sehr steiles Maximum.

Spätere Untersuchungen [52] haben diese Auffassung (nicht dagegen sämtliche experimentellen Ergebnisse von *Breckenridge*) im wesentlichen bestätigt und insbesondere erwiesen, daß die stärksten „peaks" nur in Salzen mit höherwertigen Zusätzen (z. B. AgBr mit $CdBr_2$) auftreten, wobei die Höhe des Maximums annähernd proportional zur Zusatzkonzentration ist — ein deutlicher Beweis für vorwiegende Assoziation der eingebauten $Cd_G\cdot$ mit den $Ag\square'$ bei den relativ tiefen Meßtemperaturen. Aus der Höhe des peak ist im Prinzip die Zahl der Dipole, d. h. der Assoziationsgrad, errechenbar, vorläufig bestehen aber noch Unklarheiten über die anzusetzende Stärke des auf den Dipol wirkenden elektrischen Feldes.

Die Theorie des Effekts wurde kürzlich von *Lidiard* [26] verbessert. Dieser Autor zeigte, daß — im Gegensatz zur ursprünglichen Annahme von *Breckenridge* — die beiden i. a. verschiedenen Sprungwahrscheinlichkeiten w_1 und w_2 nur eine einzige Relaxationszeit $\tau = 1/\big(2\,(w_1 + w_2)\big)$ liefern. In Kombination mit Diffusionsmessungen ergibt sich damit die Möglichkeit, w_1 und w_2 einzeln zu bestimmen. *Lidiard* hat weiter versucht, noch bestehende Unstimmigkeiten zwischen theoretischem und experimentellem Kurvenverlauf (zu breite gemessene peaks an NaCl $+$ $CaCl_2$) durch Berücksichtigung angeregter Komplexe zu klären.

Die Methode des Verlustfaktors erscheint ganz besonders geeignet, in Zukunft wertvolle Aufschlüsse über die Assoziation von Störstellen zu geben, und sollte daher experimentell wie theoretisch weiter entwickelt werden. Parallelmessungen der Verluste an mechanischer Schwingungsenergie (Schallabsorption) [51] an den gleichen Untersuchungskristallen ergeben vielleicht eine interessante Vergleichsmöglichkeit.

54. Optische Absorption

Bei geringer Störstellenkonzentration verbleiben zwischen den Störstellen relativ große Gebiete des kaum beeinflußten Grundgitters. Die optische Elektronenanregung in diesen Gebieten (Grundgitterabsorption) wird daher durch die Anwesenheit der Störstellen kaum geändert. Absorbiert hingegen die Störstelle selbst selektiv, oder ist ihr Spektrum wenigstens einigermaßen vom Grundgitterspektrum trennbar (langwelliger Ausläufer), so ist ein starker Einfluß der Nachbarschaft, also insbesondere etwa angelagerter anderer Störstellen, zu erwarten. Um solche Einflüsse sicherzustellen, ist es notwendig, den Assoziationsgrad unter sonst gleichen Bedingungen zu ändern, was z. B. durch verschiedene thermische Vorbehandlung, durch Verschiebung der Gleichgewichte durch Zugabe nichtabsorbierender Fremdatome usw. geschehen kann.

Im folgenden seien — ohne Anspruch auf Vollständigkeit — einige Beispiele aus der Literatur angeführt, in denen vermutlich ein Zusammenhang zwischen Absorptionsspektrum und Störstellenassoziation vorliegt. Vielfach handelt es sich um Ausscheidungsvorgänge einer übersättigten festen Lösung. Durch ein geeignetes Temperaturprogramm lassen sich oft molekulare Vorstufen der kolloidalen Ausscheidungsphase erfassen.

Ein Beispiel bildet die rein thermische Koagulation der F-Zentren zu „R-Zentren" in Alkalihalogeniden (vgl. [27], dort weitere Literatur). In NaCl ergibt der Einbau von Schwermetallen, z. B. Cu [53] und Pb [54] charakteristische neue Absorptionsbanden, deren Form von der Wärmevorbehandlung abhängt. Dies läßt sich [55] als Assoziation der Fremdionen, evtl. mit Leerstellen des Gitters, zu größeren Komplexen verstehen. Im Fall KJ mit Tl-Zusatz läßt die quadratische Konzentrationsabhängigkeit einiger Banden direkt auf ihre Zugehörigkeit zu Tl_2-Molekülen im Gitter schließen [56], das gleiche wurde für NaCl mit Ag gefunden [57].

In AgBr ändert sich die durch Ag_2S (und ähnliche, durch Abschrecken atomdispers verteilte Beimengungen) bedingte Zusatzabsorption schon nach kurzer Aufbewahrung bei 20 °C in charakteristischer Weise [58]. Dies kann als Assoziation der wenig beweglichen S_G, mit den wegen der Neutralität gleichzeitig vorhandenen $Ag_O{}^{\cdot}$ und $Br_\square{}'$ gedeutet werden. Bei höheren Temperaturen, entspricht die einsetzende starke Verschiebung der Zusatzabsorption nach längeren Wellen [59] der Bildung kleinster Aggregate von S^{2-}-Ionen als Vorstufe der Ausscheidung.

Die selektiven Absorptionsspektra der Ionen von Übergangselementen sprechen besonders empfindlich auf Störstellen in der unmittelbaren Nachbarschaft an. Ein Beispiel bildet Al_2O_3 mit Cr_2O_3-Zusatz (Rubin), dessen Spektrum sich ab 1 Mol% Cr_2O_3 infolge Elektronentermresonanz benachbarter Cr-Ionen wesentlich ändert [60].

55. Folgephänomene der optischen Absorption

Hier handelt es sich um das weitere Schicksal der Anregungsenergie bzw. des Photoelektrons im Gitter, insbesondere seinen Wiedereinfang im Grundgitter oder an einer „ionisierten" Störstelle unter Lichtemission (Lumineszenz) bzw. um seine strahlungslose Anlagerung an eine andersartige Störstelle mit nachfolgender Ionenreaktion (Photochemie). In beiden Fällen ist das Bändermodell

imstande, formal eine unbegrenzte Mannigfaltigkeit von Zwischenbandtermen zu liefern und damit sehr komplizierte Phänomene zu beschreiben;
doch ist die Zuordnung der Störterme zu den konkreten Gitterdefekten der
Störstellentheorie bisher nur in ganz wenigen Fällen mit einigem Erfolg versucht worden, da optische Methoden hierzu allein meist nicht ausreichen, und
da andererseits die korpuskulare Deutung, wenn man beliebig große
Aggregate der verschiedenen atomaren Störstellenarten zuläßt, zuviel Kombinationsmöglichkeiten ergibt, die der eindeutigen Zuordnung entgegenstehen.
Hinzu kommt, daß die Versuche meist bei niedrigen Temperaturen ausgeführt
werden, wo vom Gleichgewicht sämtlicher Störstellenarten keine Rede sein
kann. Wir begnügen uns deshalb mit einigen Hinweisen.

Die Photochemie der AgCl- und AgBr-Kristalle mit Ag_2S und ähnlichen Zusätzen ist von *Stasiw* und Mitarbeitern in einer Reihe von Arbeiten eingehend
untersucht worden (zuletzt [58], dort weitere Literatur). Es gelang, den Verlauf der Reaktion unter verschiedenen Temperatur- und Bestrahlungsbedingungen einschließlich der Zwischenstufen befriedigend durch ein Modell zu
beschreiben, das im wesentlichen auf den stark temperaturabhängigen Gleichgewichten zwischen den Störstellen $S_{G'}$, $Ag\circ^{\cdot}$, $Br\square^{\cdot}$, $[Ag\circ^{\cdot} S_{G'}]$ und $[S_{G'} Br\square^{\cdot}]$
beruht. Der angenommene Zerfall der $[Ag\circ^{\cdot} S_{G'}]$-Komplexe nach Photoemission eines Elektrons ist ein Beispiel für die Änderung der Bindungsenergie
durch Umladung. Höhere Aggregate, entstanden durch Einfang von Elektronen und $Ag\circ^{\cdot}$, entsprechen dem latenten Bild der photographischen Emulsionen und leiten über zu den kolloiden Ag-Abscheidungen des print-out-
Effekts. Für Einzelheiten sei auf das vorjährige Referat von *O. Stasiw* verwiesen [61].

In diesem Referat wurden auch die analogen photochemischen Prozesse in
Alkalihalogeniden behandelt. Das Grundphänomen ist hier die photochemische
Bildung der *F*-Zentren (vgl. [62]). Im Falle der Anwesenheit von Erdalkalizusätzen können photochemisch weitere Banden erzeugt werden [63], die
Komplexen aus Erdalkaliion, Doppellücken und 1 bis 2 Elektronen zugeordnet
wurden [64]. Zusammenfassend diskutiert *Seitz* [41, 27] den Einfang von Elektronen durch Leerstellenpaare und höhere Leerstellenaggregate als Grundmechanismus der *F*- und *M*-Zentren-Bildung durch Röntgenbestrahlung,
sowie deren wechselseitige Umwandlung und Umwandlung in *R*-Zentren durch
Licht [65]. Umgekehrt entstehen in Alkalihalogeniden durch Behandlung mit
Halogendampf [66] oder (zusammen mit *F*-Zentren) durch andauernde
Röntgenbestrahlung [67] die sogenannten *V*-Zentren, die wahrscheinlich aus zwei
assoziierten *Kationen*lücken mit 1 bis 2 eingefangenen Defektelektronen bestehen [68, 27], vgl. aber [69]. Dafür spricht u. a. die Proportionalität ihrer
Konzentration mit dem Außendampfdruck der Halogenmolekeln.

Viel sporadischer sind Fingerzeige auf eine Assoziation zwischen korpuskular
definierten Störstellen in der umfangreichen Literatur über die Lumineszenz
der Kristalle verstreut. Auf die häufige Assoziation von Aktivatoren mit
Fängern wurde auf Grund von Versuchen mit Mischphosphoren hingewiesen
[70]. In ZnS-Cu-Phosphoren lassen sich die verschiedenen Emissionsbanden
durch eingebaute assoziierte Fremddionen deuten. Die Fluoreszenzspektren von
ZnS-Pr-Phosphoren werden von zugesetzten einwertigen Schwermetallionen,
wie Ag, Cu und Au, deutlich beeinflußt, wahrscheinlich infolge einer Assoziation dieser drei- und einwertigen Fremdkationen in dem zweiwertigen

Grundgitter [72]. *Schulman* [73] behandelt die Assoziation von Mn- und Pb-Zusätzen in $CaSiO_3$-Phosphoren, die zu neuen optischen Eigenschaften führt, *Kröger* und *Botden* [74] die Energieübertragung von Sensibilisatoren auf einen benachbarten Aktivator. Das Nachlassen der Erregbarkeit durch Temperung bei niedrigen Temperaturen kann in manchen Fällen, z. B. NaCl-Pb, als Aggregation der Aktivatoratome gedeutet werden [75]. *Runciman* [76] entwickelt für eine Reihe von Ionenkristall-Phosphoren spezielle Modelle für Komplexe aus Aktivatorionen mit Überschußladung und Leerstellen und versucht, Feinheiten der Fluoreszenzspektren mit Hilfe innerer Schwingungen der Komplexe zü deuten.

Bei der Lumineszenz der AgBr-Kristalle mit geringem Ag_2S-Zusatz [77] wirken trotz Untersuchungstemperaturen $< -100\ {}^{0}C$ Ionenprozesse entscheidend mit, dank der großen Beweglichkeit der Ago˙. Auch hier reichen die isolierten Störstellen (einschließlich $S_{G'}$ und S_G) als Grundlage für die Deutung nicht aus, und es werden die aus $S_{G'}$, S_G und Ago˙ zusammengesetzten einfachsten Komplexe [SAg], $[S_2Ag]'$, $[S_2Ag_2]$, $[S_3Ag_2]'$ und $[S_3Ag_3]$ eingeführt, da Ago′ und Bro˙ für die Lumineszenz anscheinend ohne Bedeutung sind. Mit diesem Modell gelingt zumindest eine befriedigende Beschreibung der recht komplizierten experimentellen Befunde, da für das Bändermodell in diesem Fall fünf assoziierte Störstellen zur Verfügung stehen müssen.

56. Magnetische Methoden

Die statische Messung des paramagnetischen Moments bleibt hinsichtlich ihrer Verwertbarkeit für die Frage der Störstellenassoziation auf die Fälle beschränkt, wo mindestens eine der reagierenden Störstellenarten ein unkompensiertes elektronisches Bahn- oder Spinmoment besitzt, was z. B. für Mott-Gurney-Störstellen zutrifft. Ein Beispiel bildet die Umwandlung von *F*- in *R*-Zentren [78]. Ähnliches gilt von der paramagnetischen Resonanz, bei der Umpolungsenergien von Bahn- oder Spinmomenten der Elektronen im äußeren statischen Magnetfeld und Kristallfeld durch Absorptionseffekte bei cm-Wellen gemessen werden.

Breitere Anwendungsmöglichkeiten bietet die magnetische Kernresonanz, mit der wir ein besonders erfolgversprechendes Mittel zur experimentellen Erforschung von Wechselwirkungen zwischen Störstellen der verschiedensten Art in die Hand bekommen haben. Auch hier wird ein starkes quasistatisches Magnetfeld H dazu benutzt, um entsprechend den verschiedenen diskreten Möglichkeiten der Kernspineinstellung im Magnetfeld (+ lokalem Kristallfeld) Zustände etwas verschiedener Energie für die Kernspins des Grundgitters zu erzeugen; solche Zustände sind in anderen Fällen (Kernquadrupol-Resonanz [78a]) schon ohne Magnetfeld H, allein durch die verschiedenen Einstellungen des Kernquadrupolmoments im inhomogenen Kristallfeld gegeben. Übergänge zwischen diesen Zuständen werden durch ein hochfrequentes schwaches magnetisches Wechselfeld (Frequenz $\omega_0 \sim 10$ MHz) hervorgerufen und finden merklich nur dann statt, wenn ω_0 mit der durch die Energiedifferenz der verschiedenen Zustände bestimmten Frequenz übereinstimmt. Diese ist im Fall der magnetischen Kernresonanz gleich der Larmor-Frequenz $\omega_L = \gamma H$ (γ gyromagnetisches Verhältnis). Die Messung von ω_L erfolgt im Oszillographen durch eine langsame (z. B. 60 Hz, zugleich Frequenz der Abszissenablenkung) Variation von H

bei konstantem ω_0; beim Durchgang von ω_L durch ω_0 schreibt hierbei der ordinatenablenkende Strom im Meßkreis (infolge Absorption von Hochfrequenzenergie in der Probe oder Induktion in einer weiteren, vom primären Wechselfeld nicht beeinflußten Spule) ein deutliches „Signal". Die Form des Signals wird dabei weitgehend vom magnetischen und (falls der Kern ein elektrisches Quadrupolmoment besitzt) elektrischen Feld abhängen, das im Grundgitter herrscht, und daher stark von etwaigen paramagnetischen oder effektiv geladenen Störatomen beeinflußt werden. Es ist hier nicht der Ort, alle möglichen derartigen Effekte zu erörtern; dies hat bereits *Bloembergen* [79] unter Einbezug sämtlicher Gitterstörungen, z. B. auch der Versetzungen, getan. Es sei nur noch erwähnt, daß auch die im Abschn. 52 und 53 definierte Sprungfrequenz der Störstelle beim Platzwechsel sich durch ein Schmalerwerden des Signals verrät, sobald sie bei genügend hoher Temperatur den Wert $\omega_0/2\pi$ überschreitet, da dann der entsprechende Störfeldanteil nur noch während eines Bruchteils der Larmor-Periode auf die von der Messung erfaßten Kernspins wirkt.

Für die vorliegende Fragestellung ist das Experiment von *Cohen* und *Reif* [80] von Bedeutung. Hier wurde unter anderem die Intensität des Signals der Br79- und Br81-Resonanzen an AgBr untersucht und gefunden, daß bei 20 °C ein Zusatz von 0,1 % $CdBr_2$ diese Intensität auf $1/_{10}$ des Wertes von reinem AgBr herabsetzt. Bei Temperaturerhöhung bleibt die Intensität zunächst konstant, zeigt aber oberhalb 150⁰ einen weiteren Abfall, der bei etwa 270 °C beendet ist. Beim zusatzfreien AgBr sinkt die Intensität vom Relativwert 1 bei 20 °C dauernd ab und unterschreitet oberhalb 300⁰ schließlich den Sättigungs-Schwächungswert des $CdBr_2$-Zusatzes. Dies deuten *Cohen* und *Reif* durch die über die Quadrupolmomente der Br-Kerne wirksamen elektrostatischen Felder der Störstellen, also der *Frenkel*schen Defekte $Ag_O{}^{\cdot}$ und $Ag_\square{}'$ (Konzentration mit T exponentiell ansteigend) bzw. der $Cd_O{}^{\cdot}$. Im letzteren Fall treten unterhalb 270⁰ an die Stelle der Coulomb-Felder isolierter Ladungen infolge der unterhalb 270 °C stark einsetzenden Assoziation in ihrer Wirkung viel schwächere Dipolfelder, die zu einem wegen der nunmehr konstanten Dipolkonzentration temperaturunabhängigen Effekt führen, der allerdings doch so stark ist, daß er die Wirkung aller dissoziierten $Ag_\square{}'$, $Cd_O{}^{\cdot}$ und $Ag_O{}^{\cdot}$ überdeckt. Eine kritischere zweite Arbeit [80a] berichtet über erweiterte Messungen auch im Gebiet tiefer Temperaturen und räumt, im Gegensatz zur ersten, die entscheidende Mitwirkung der auf dem Br-Quadrupolmoment beruhenden Effekte ein, insbesondere das Herabmindern der Kern-Relaxationszeit durch die Feldschwankungen der bei mittleren und höheren Temperaturen rasch vorbeidiffundierenden Störstellen, das einer Abnahme der Signal-Intensität gleichkommt. Sichere Hinweise auf eine Assoziation ergeben sich dann nur noch bei − 70 °C und darunter. — Weitere Ergebnisse der kernmagnetischen Durchforschung der Störstellenassoziation bleiben abzuwarten.

6. Schlußbemerkung

Es wurde im vorhergehenden versucht, einen Überblick über ein Teilgebiet der Physik der Kristallgitterstörungen zu geben, das noch in den Anfängen steckt. Dies äußert sich vor allem in dem mehr qualitativen Charakter vieler Überlegungen und Experimente. Quantitative Zahlenangaben sind meist mit erheblicher Unsicherheit behaftet; am zuverlässigsten sind noch die in Tabelle 1 zusammengetragenen Werte für die Assoziationsenergie. Trotzdem dürfte deutlich geworden sein, daß die Wechselwirkung und Assoziation von Störstellen ein universelles und nicht nur auf Ionenkristalle beschränktes Phänomen darstellt, das längst das Stadium der Hypothese verlassen hat und in vielen Fällen bei der Deutung von Experimenten an Realkristallen nicht zu umgehen ist. Zur weiteren Klärung bedarf es fortgesetzter vielseitiger, experimenteller und theoretischer Bemühungen.

Den Herren Prof. *H. Falkenhagen*, Dr. *H. Haken* und Dr. *F. A. Kröger* danke ich für freundliche Literaturhinweise. Mein besonderer Dank gilt dem Herausgeber für seine kritische Textdurchsicht und für eine ausgedehnte mündliche Diskussion, die zu zahlreichen erläuternden und klärenden Erweiterungen des Manuskripts gegenüber seiner Urform geführt hat.

Nachtrag Juli 1956. Es kann hier noch auf eine inzwischen erschienene Arbeit: „Chemical Interactions Among Defects in Germanium and Silicon" von *H. Reiss, C. S. Fuller* und *F. J. Morin* hingewiesen werden [Bell Syst. Techn. Journ. 35 (1956). S. 535], in der hauptsächlich Wechselwirkungen in Ge und Si behandelt werden, an denen im Zwischengitter eingebaute Ionen (Li, Zn) beteiligt sind. Auch zur allgemeinen Statistik und Kinetik der Störstellenwechselwirkung finden sich jedoch in dieser Arbeit schätzenswerte Beiträge.

In Metallen haben *A. Seeger* und *H. Bross* [Z. f. Physik 145 (1956), S. 161] bei der Berechnung der Assoziationsenergie zweier Lücken gegenüber [17] einen methodischen Fortschritt erzielt, indem sie vor allem die Änderung der Energie des Elektronengases bei der Assoziation in einem idealisierten Modell berücksichtigten. Für einwertige Metalle ergibt sich W_b allgemein gleich der 0,06fachen Fermienergie, und speziell als Nachtrag in Tabelle 1:

$$\text{Cu} \quad 0,29 \qquad \text{Ag} \quad 0,33 \qquad \text{Au} \quad 0,28 \text{ eVolt.}$$

Literatur und Ergänzungen

[1] *J. Frenkel*, Z. f. Physik 35 (1926), S. 652.
[2] *W. Schottky* und *C. Wagner*, Z. phys. Chem. (B) 11 (1930), S. 163.
[3] *H. Dünwald* und *C. Wagner*, Z. phys. Chem. (B) 22 (1933), S. 212, 222.
  W. Schottky und *F. Waibel*, Phys. Z. 34 (1933), S. 858.
[4] *C. Wagner* und *H. Hammen*, Z. phys. Chem. (B) 40 (1938), S. 197.
[5] *K. Nagel* und *C. Wagner*, Z. phys. Chem. (B) 25 (1934), S. 41.
[6] *C. Wagner*, Z. phys. Chem. (B) 38 (1937), S. 325. — *R. P. Johnson*, Phys. Rev. 56 (1939), S. 814.
[7] *W. Schottky*, Z. Elektrochem. 45 (1939), S. 33.
[8] Für andere Arten von Gitterstörungen vgl. *F. Seitz*, in: Imperfections in Nearly Perfect Crystals, New York (Wiley) 1952, S. 3, und, besonders in Metallen: *A. Seeger*, in: Handb. d. Physik, Bd. VII, Teil I, Berlin (Springer) 1955, S. 383.
[9] *F. Seitz*, Phil. Mag. Suppl. 1 (1952), S. 43.
[10] *K. Lehovec*, Journ. Chem. Phys. 21 (1953), S. 1123.
[11] *J. Frenkel*, Kinetic Theory of Liquids, Oxford 1946.
[12] *N. H. Nachtrieb* und *G. S. Handler*, Journ. Chem. Phys. 23 (1955), S. 1187.
[13] In der hier vom Referenten benutzten, vereinfachten Störstellenbezeichnung gibt der letzte Index (z. B. · oder ′) die Überschußladung der Störstelle gegenüber dem ungestörten Gitter an, das vorhergehende Symbol beschreibt die Platzbesetzung (o auf Zwischengitterplatz, □ durch Entfernung des betreffenden Bausteins entstandene Leerstelle, G auf normalem Gitterplatz, z. B. bei Substitution eines Gitterkations durch ein Fremdkation).
[14] *K. F. Stripp* und *J. G. Kirkwood*, Journ. Chem. Phys. 22 (1954), S. 1579.
[14a] *E. W. Montroll* und *R. B. Potts*, Phys. Rev. 100 (1955), S. 525.
[15] *J. R. Reitz* und *J. L. Gammel*, Journ. Chem. Phys. 19 (1951), S. 894.
[16] *F. Bassani* und *F. G. Fumi*, Phil. Mag. 45 (1954), S. 228. — Il Nuovo Cimento 11 (1954), S. 274. — Suppl. Nuovo Cimento 1 (1955), S. 114.
[17] *J. H. Bartlett* und *G. J. Dienes*, Phys. Rev. 89 (1953), S. 848.

[18] *O. Stasiw* und *J. Teltow*, Ann. d. Physik (6) 1 (1947), S. 261.
[19] *A. B. Lidiard*, Phys. Rev. 94 (1954), S. 29. Dem Verfasser sei auch an dieser
Stelle für die Zusendung von Vorabdrucken dieser und folgender Arbeiten gedankt.
[20] *H. Falkenhagen*, Elektrolyte, 2. Aufl. Leipzig 1953.
[21] In neuerer Zeit wurde versucht, die Gleichungen der D.-H.-Theorie für Gase und
Flüssigkeiten in korrekterer Weise aus allgemeinen statistischen Ansätzen her-
zuleiten. Vgl. z. B. *E. A. Strelzowa*, Shurn. exp. teoret. fisiki 26 (1954), S. 173;
D. N. Subarew, Doklad. Akad. Nauk SSSR XCV (1954), S. 757; *S. Ono*, Progr.
theor. physics 6 (1951), S. 447. Die in diesen Arbeiten zwecks Durchführbarkeit
der Rechnung stets notwendige näherungsweise Entwicklung entspricht dem
Grenzgesetz-Charakter der D.-H.-Gleichungen.
[21a] Für eine ausführliche Behandlung der Rolle der „Schwankungseffekte" im Ansatz
der D.-H.-Theorie vgl. *J. G. Kirkwood*, Journ. Chem. Phys. 2 (1934), S. 778 und,
darauf aufbauend, *E. Hückel* und *G. Krafft*, Z. phys. Chem. N. F. 3 (1955), S. 135;
ferner *J. G. Kirkwood* und *J. C. Poirier*, Journ. Phys. Chem. 58 (1954), S. 591.
[22] *J. Teltow*, Ann. d. Phys. (6) 5 (1949), S. 63, 71.
[23] Vgl. *F. C. Nix* und *W. Shockley*, Rev. Mod. Phys. 10 (1938), S. 65.
[24] *P. Möbius*, Diplomarbeit T. H. Dresden, 1953.
[25] *R. H. Fowler* und *E. A. Guggenheim*, Statistical Thermodynamics, Cambridge 1952,
S. 384.
[25a] *N. Bjerrum*, Kgl. Danske Vidensk. Selsk. Skr. Naturv. Math.-Fysiks Afdel. 7
(1926/27) S. 3; Ergebn. ex. Naturw. 6 (1926), S. 125. Zitat [25], S. 409. ·
[26] *A. B. Lidiard*, in: Rep. Conf. on Defects in Crystalline Solids, London (The Physical
Society) 1955, S. 283.
[27] *F. Seitz*, Rev. Mod. Phys. 26 (1954), S. 7.
[28] Ähnliche, nicht veröffentlichte Überlegungen zur Erweiterung der einfachen
Assoziationshypothese hat *W. Schottky* 1948 angestellt. Private Mitteilung.
[28a] Derselbe Ansatz liegt einer Arbeit von *E. Spicar* zugrunde. Vgl. *A. Seeger*, Zitat
[8], S. 401; *E. Spicar*, Diss. Stuttgart 1956.
[29] *J. Teltow*, Z. Elektrochem. 56 (1952), S. 767.
[30] *O. Stasiw*, Z. f. Physik 127 (1950), S. 522.
[31] *W. Buckel* und *R. Hilsch*, Z. f. Physik 131 (1952), S. 420. — *R. Kaiser*, Z. f. Physik 132
(1952), S. 482. — *W. Kaiser*, ebenda S. 497.
[32] *J. S. Koehler* und *F. Seitz*, Z. f. Physik 138 (1954), S. 238. — *A. Seeger*, Z. f. Naturforschung 10a (1955), S. 251. Zusammenfassende Darstellungen:
K. Lintner und *E. Schmid*, Ergebn. ex. Naturw. 28 (1955), S. 302. — *J. W. Glen*, Adv.
in Physics 4 (1955), S. 381.
[33] *C. Wagner* und *K. E. Zimens*, Acta chem. scand. 1 (1947), S. 539. — *C. Wagner*,
Journ. Chem. Phys. 18 (1950), S. 62.
[34] *E. Koch* und *C. Wagner*, Z. phys. Chem. (B) 38 (1938), S. 295.
[35] *I. Ebert* und *J. Teltow*, Ann. d. Physik (6) 15 (1955), S. 268.
[36] *J. Teltow*, Z. phys. Chem. 195 (1950), S. 197.
[37] *W. Jost* und *S. Mennenöh*, Z. phys. Chem. 196 (1950), S. 188. — *S. W. Kurnick*,
Journ. Chem. Phys. 20 (1952), S. 218.
[38] *H. Etzel* und *R. J. Maurer*, Journ. Chem. Phys. 18 (1950), S. 1003.
[39] *C. Bean*, thesis 1952, Univ. of Illinois.
[40] *A. B. Lidiard*, Phil. Mag. 46 (1955), S. 1218.
[40a] Die Identität des mittleren, auf die wandernde geladene Störstelle wirkenden
elektrischen Feldes mit dem Makrofeld der *Maxwell*schen Theorie ist eine
Voraussetzung für die Gültigkeit der Einstein-Gleichung im Festkörper. Sie
wurde neuerdings, aber wohl mit Unrecht, bezweifelt, denn sonst wäre ja die
Möglichkeit zu verschieden großem Arbeitsgewinn aus dem Feld gegeben, je nachdem ob das Teilchen auf seinem wirklichen Wege durch den Kristall oder über
dieselbe Strecke durch eine materiefreie Röhre bewegt wird. Vgl. *R. H. Fowler*,
Statistical Mechanics, Cambridge 1936, S. 440 ff.
Dagegen führt bei der Selbstdiffusion geladener Gitterteilchen ein schon früher
[34, 22] beschriebener spezieller Platzwechselmechanismus zu einer wirklichen
Abweichung von der Einstein-Gl. Hierbei verdrängt ein Zwischengitterion (z. B.
Ag○ in AgCl) einen seiner gleichartigen Gitternachbarn auf den nächsten, in der
Verlängerung liegenden Zwischengitterplatz hin, um selbst den leeren Gitterplatz
einzunehmen. Dies ergibt, im Gegensatz zu dem im Text beschriebenen Effekt
neutraler Teilchen, einen kleineren (nämlich den halben) Selbstdiffusionskoeffizienten für Ag, als die Einstein-Gl. verlangt. Vgl. *W. D. Compton*, Phys. Rev. 101

(1956), S. 1208. — *C. W. McCombie* und *A. B. Lidiard*, ebenda S. 1210. — *J. E. Hove*, Phys. Rev. 102 (1956), S. 915.
Von allgemeinerer Bedeutung ist der „Korrelationseffekt" für die mittels Radioisotopen gemessenen Selbstdiffusionskoeffizienten. Z. B. besteht im Falle der Diffusion über Leerstellen für ein markiertes Gitteratom, das gerade auf eine benachbarte Leerstelle gesprungen ist, eine erhöhte Rücksprung-Wahrscheinlichkeit; d. h. seine aufeinanderfolgenden Diffusionssprünge sind nicht mehr statistisch unabhängig, wohl aber die der als Stromträger anzusehenden Lücken. Dies ergibt wiederum einen (um etwa 20%) kleineren Selbstdiffusionskoeffizienten der Gitteratome, als nach *Einstein* aus der Leitfähigkeit berechnet. Näheres und weitere Beispiele s. *J. Bardeen* und *C. Herring*, Zitat [8] (1952), S. 261. — *A. D. Le Claire* und *A. B. Lidiard*, im Druck.
Beide Korrekturen können, da temperaturunabhängig, die Mitwirkung neutraler Teilchen (s. Text) bei der Diffusion nicht bei allen Temperaturen überdecken.

[41] *F. Seitz*, Rev. Mod. Phys. 18 (1946), S. 384.
[42] *G. J. Dienes*, Journ. Chem. Phys. 16 (1948), S. 620.
[43] *N. F. Mott* und *M. J. Littleton*, Trans. Far. Soc. 34 (1938), S. 485.
[44] *D. Mapother, H. N. Crooks* und *R. J. Maurer*, Journ. Chem. Phys. 18 (1950), S. 1231.
[45] Diese Ansicht wurde in einer Diskussion von Herrn Prof. *H. Pick* vertreten.
[46] *E. Schöne, O. Stasiw* und *J. Teltow*, Z. phys. Chem. 197 (1951), S. 145. — *A. B. Lidiard*, Phil. Mag. 46 (1955), S. 815. — *J. Teltow*, ebenda S. 1026.
[47] *W. Schottky*, Forschg. Fortschr. 26 (1950), 3. Sonderheft, S. 3.
[48] *L. Jung, O. Stasiw* und *J. Teltow*, Z. phys. Chem. 198 (1951), S. 186.
[49] *J. Teltow*, in: Fundamental Mechanismus of Photographic Sensitivity, London (Butterworth) 1951, S. 33.
[50] *R. G. Breckenridge*, Journ. Chem. Phys. 16 (1948), S. 959; 18 (1950), S. 913.
[51] *R. G. Breckenridge*, in: Zitat [8] (1952), S. 219.
[52] *Y. Haven*, Journ. Chem. Phys. 21 (1953), S. 171. Zitat [26], S. 261. — *G. Wilke* und *J. Teltow*, Naturwiss. 41 (1954), S. 423.
[53] *A. M. Mac Mahon*, Z. f. Physik 52 (1928), S. 336.
[54] *R. Hilsch*, Z. f. Physik 44 (1927), S. 860.
[55] *E. Burstein, J. J. Oberly, B. W. Henvis* und *J. W. Davisson*, Phys. Rev. 81 (1951), S. 459.
[56] *P. H. Yuster* und *C. J. Delbecq*, Journ. Chem. Phys. 21 (1953), S. 892.
[57] *A. Smakula*, Z. f. Physik 45 (1927), S. 1. — *H. W. Etzel, J. H. Schulman, R. J. Ginther* und *E. W. Claffy*, Phys. Rev. 85 (1952), S. 1063. — *H. W. Etzel* und *J. H. Schulman*, Journ. Chem. Phys. 22 (1954), S. 1549. — *P. Dobrinski* und *H. Hinrichs*, Z. f. Naturforschung 10a (1955), S. 620.
[58] *G. Seifert* und *O. Stasiw*, Z. f. Physik 140 (1955), S. 97.
[59] *O. Stasiw* und *J. Teltow*, Ann. d. Phys. (5) 40 (1941), S. 181.
[60] *G. Joos* und *K. Schnetzler*, Z. phys. Chem. (B) 24 (1934), S. 389. — *R. Ritschl* und *R. Müller*, Z. f. Physik 133 (1952), S. 237.
[61] *O. Stasiw*, in: Halbleiterprobleme Band II, Braunschweig (Vieweg) 1955, S. 184.
[62] Vgl. *R. W. Pohl*, Phys. Z. 39 (1938), S. 36.
[63] *H. Pick*, Ann. d. Physik 35 (1939), S. 73. — Z. f. Physik 114 (1939), S. 127.
[64] *F. Seitz*, Phys. Rev. 83 (1951), S. 134.
[65] *E. Burstein* und *J. J. Oberly*, Phys. Rev. 76 (1949), S. 1254. — *S. Petroff*, Z. f. Physik 127 (1950), S. 443. — *A. B. Scott* und *L. P. Bupp*, Phys. Rev. 79 (1950), S. 341. — Photoleitung: *G. W. Neilson* und *A. B. Scott*, Zitat [26], S. 297. — Versuch einer theoretischen Berechnung der Bandenlage in Abhängigkeit von der Aggregation: *T. Nagamiya* und Mitarb., J. phys. Soc. Japan 9 (1954), S. 307, 310.
[66] *E. Mollwo*, Ann. d. Phys. (5) 29 (1937), S. 394.
[67] *J. Alexander* und *E. E. Schneider*, Nature 164 (1949), S. 653. — *R. Casler, P. Pringsheim* und *P. Yuster*, Journ. Chem. Phys. 18 (1950), S. 889, 1564; 19 (1951), S. 574.
[68] *E. Burstein* und *J. J. Oberly*, Phys. Rev. 79 (1950), S. 903. — *F. Seitz*, ebenda S. 529.
[69] *J. H. O. Varley*, Journ. Nucl. Energy 1 (1954), S. 130.
[70] *G. F. Garlick*, in: Preparation and Characteristics of Solid Luminescent Materials, New York (Wiley) 1948, S. 109.
[71] *F. A. Kröger, J. E. Hellingman* und *N. W. Smit*, Physica 15 (1949), S. 990.
[72] *F. A. Kröger*, in: Luminescence (Brit. J. Appl. Phys., Suppl. 4) London 1955, S. 58. Dort weitere Literatur.

[73] *J. B. Merrill* und *J. H. Schulman*, Journ. Opt. Soc. Am. 38 (1948), S. 471. — Weitere
     Beispiele bei *J. H. Schulman*, Zitat [72], S. 64.
[74] *F. A. Kröger*, Physica 15 (1949), S. 801.   —   *T. P. J. Botden*, Philips Res. Rep. 6
     (1951), S. 425.
[75] *J. H. Schulman, R. J. Ginther* und *C. C. Klick*, Journ. Opt. Soc. Am. 40 (1950),
     S. 854.
[76] *W. A. Runciman*, Zitat [72], S. 78.
[77] *K. R. Dorfner*, Ann d. Physik (6) 16 (1955), S. 331.
[78] *A. B. Scott, H. J. Hrostowski* und *L. P. Bupp*, Phys. Rev. 79 (1950), S. 346.
[78a] *H. Kopfermann*, Kernmomente, II. Aufl., Frankfurt/M. Akad. Verlagsges. (1956),
     S. 314.
[79] *N. Bloembergen*, Zitat [26], S. 1.
[80] *M. H. Cohen* und *F. Reif*, Zitat [26], S. 44.
[80a] *F. Reif*, Phys. Rev. 100 (1955), S. 1597.
[81] *P. Camagni* und *G. Chiarotti*, Il Nuovo Cimento 11 (1954), S. 1.

Summary: In this paper, the mutual interactions, leading to additional attractive or
repulsive forces, between material lattice defects in (preferentially ionic) crystals are
reviewed from the point of view of the theory of thermal disorder founded by *Frenkel,
Schottky* and *Wagner*.

At first the physical nature of the possible forces and their types of force law (wide or
low range) are discussed. Of these, Coulomb and chemical (valence) interactions seem
to be of much higher importance than those created by different polarizabilities, by
elastic distortion of the lattice or by lattice vibrations. Values of binding energies
known from detailed calculations or experimental data are reported.

Then the methods of calculating the thermal equilibrium of the defects are critically
studied. Starting from the well-known concepts of association (especially adapted to
low range forces) and of the *Debye-Hückel* ionic cloud (successful in the theory of strong
liquid electrolytes), it is shown that a combination of both will approximate best the
real equilibrium of interacting defects in ionic crystals and semiconductors, an exact
description lacking until now for higher than ,,infinitely small'' concentrations of defects.
This combined theory is essentially identical with one advanced by Bjerrum for aqueous
electrolytes. Also in crystals, the Bjerrum critical radius will reasonably separate between
associated defects and those belonging to the ionic cloud. Owing to the comparatively
small dielectric constant in most of the crystals, the second region here generally is of
small importance. To extend the validity of the calculations towards higher defect
concentrations seems still highly desirable.

After outlining the non-equilibrium states of defects, the methods of experimental
detection of defect interactions are briefly described, summarizing the most important
results. These methods include ionic conductivity, self diffusion and diffusion of foreign
ions, dielectric loss, optical absorption and its successive phenomena (luminescence,
photochemical reactions), and magnetic methods (nuclear resonance).

3.   R. WIESNER*)

Der p-n-Photoeffekt

Mit 17 Abbildungen

Inhaltsverzeichnis:

Unter Sperrschicht-Photoeffekt im allgemeinen versteht man die photo-elektrischen Erscheinungen an Sperrschichten jeglicher Art, also an Metall-Halbleiter-Kontakten, an Kontakten zwischen verschiedenen Halbleitern und schließlich an *p-n*-Übergängen innerhalb eines Halbleitereinkristalles. Den Photoeffekt an letzteren bezeichnet man kurz als *p-n*-Photoeffekt. Im folgenden werden zunächst die physikalischen Grundlagen dieses Effektes kurz erörtert. Es folgt die Ableitung einer elementaren Theorie, aus deren Diskussion sich Gesichtspunkte für die Konstruktion von *p-n*-Photozellen ergeben. Schließlich wird auf den gegenwärtigen Stand der Entwicklung auf diesem Gebiet einge-gangen.

Problemstellung

Zwei Grundphänomene bestimmen den *p-n*-Photoeffekt: ein optisches, die Strahlungsabsorption und die damit verbundene Bildung freier Ladungsträger und ein elektrisches, die Bewegung der freien Ladungsträger unter den be-sonderen Feld- und Raumladungsverhältnissen am *p-n*-Übergang. Aus letzterem ergeben sich meßbare Wirkungen an einem äußeren Schließungskreis. Es soll hier in erster Linie von dem zweiten Fragenkomplex gesprochen werden. Das erste Teilproblem sei nur kurz gestreift, da es keine besonderen neuen Gesichts-punkte gegenüber der lichtelektrischen Trägerbildung im homogenen Kristall bietet.

Im einfachsten Fall, wie z. B. bei Germanium oder Silizium mit den üblichen Dotierungssubstanzen für Störleitung (B, Al, Ga, In für *p*-Leitung, P, As, Sb für *n*-Leitung), beruht die Trägerbildung auf einer Photonenabsorption im Grundgitter. Hierzu benötigt man Photonen von einer bestimmten Mindest-energie, die ausreichen muß, um Elektronen aus dem Valenzband in das Leitungsband zu befördern (bei Ge 0,72 eV entsprechend $\lambda = 1,85\ \mu$, bei Si 1,1 eV entsprechend $\lambda = 1,1\ \mu$). Dabei entsteht jeweils ein Elektron-Loch-Paar. Grundsätzlich können auch Ladungsträger aus Störatomen durch Photonenabsorption freigemacht werden, jedoch ist dieser Effekt in den ge-nannten Beispielen im allgemeinen ohne Bedeutung; denn bei Raumtemperatur

---

*) Siemens & Halske AG., Wernerwerk für Bauelemente, München.

sind die die Störleitung bewirkenden Atome thermisch vollkommen ionisiert, da ihre Energieniveaus im Abstand von einigen hundertstel eV von den Bandkanten entfernt gelegen sind. Erst bei sehr tiefen Temperaturen, in der Gegend des flüssigen Heliums, ist diese Ionisation nicht mehr vollständig. Dann kann tatsächlich ein schwacher Photoeffekt im fernen Infrarot beobachtet werden [1]. Bei Störatomen, deren Energie tiefer im Inneren des verbotenen Bandes gelegen ist (z. B. Gold), ist dies bereits bei der Temperatur des flüssigen Stickstoffs möglich [2]. Die Trägerbildung an Störatomen ist jedoch für den Sperrschichtphotoeffekt, der die Bildung von jeweils zwei frei beweglichen Trägerarten verlangt, nicht maßgebend. Sie wirkt sich wie eine Veränderung der Majoritätsträger-Konzentrationen aus, die sich in einer gewissen Änderung der inneren Potentialverteilung äußert (siehe unten*), vgl. auch [3]). Damit ist für den p-n-Photoeffekt nur die Gitterabsorption von Interesse, die von der

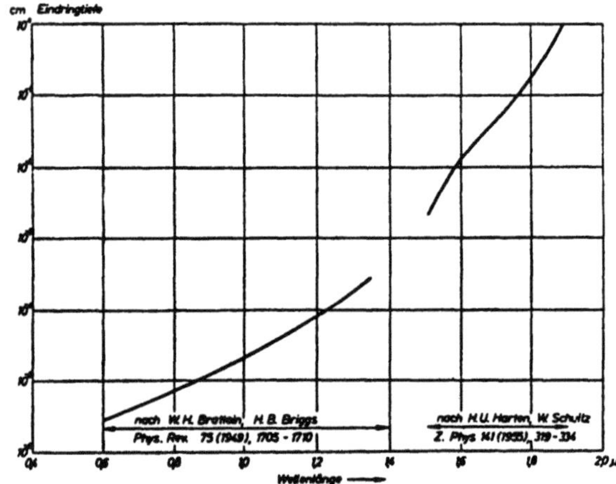

Abb. 1. Eindringtiefe des Lichtes bei Germanium.

Dotierung unabhängig ist und wie im homogenen Kristall verläuft. Eine Absorptionskurve für Ge im interessierenden Wellenlängenbereich gibt Abb. 1 wieder. Wie *Goucher* [4] nachgewiesen hat, beträgt hierbei das Quantenäquivalent 1, d. h. jedes absorbierte Photon erzeugt ein Elektron-Loch-Paar.

---

*) Anmerkung des Herausgebers: Durch die obigen Bemerkungen des Referenten wird die auch historisch interessante Frage aufgeworfen, unter welchen Bedingungen durch bloße *Photoabsorption an Störstellen* ein „Kristallphotoeffekt", also ein Photostrom ohne angelegte Zusatzspannung, entstehen kann. Es ist ohne weiteres einzusehen, daß bei nur einer beweglichen Trägerart ein solcher Effekt nicht entstehen kann; es wird dann zwar an jedem Ort des Halbleiters, in Abhängigkeit von der Lichtintensität und Störstellenkonzentration, die stationäre Trägerdichte irgendwie geändert, aber die Trägerbewegungen kommen zum Stillstand, sobald sich ein neues Potentialprofil eingestellt hat, das die örtlichen Trägerkonzentrationen mit dem örtlichen Potentialwert durch die Boltzmannbeziehung verbindet, also für räumliche Konstanz des Fermipotentials der betreffenden Träger sorgt. Stationäre Photoströme oder Photospannungen sind also hier nicht denkbar.
Eine schwierigere Frage ist die nach den Bedingungen, unter welchen in einem 2-Trägerleiter durch Störstelleneinstrahlung stationäre Photoströme oder Photospannungen entstehen können. Die Frage ist so zu beantworten, daß keine solchen Wirkungen entstehen können, wenn die Störstellen, von denen Träger in eines der beiden Leitungs

Physikalische Erläuterung des p-n-Photoeffektes

Wir wenden uns der zweiten Frage zu, wie sich die durch Grundgitterabsorption gebildeten freien Ladungsträger im Bereich der p-n-Struktur verhalten. Der vom n- nach dem p-Material verlaufende Konzentrationsgradient führt ohne Lichteinwirkung zur Ausbildung einer inneren Diffusionsspannung V_D, und zwar mit dem positiven Pol auf der n-Seite, dem negativen auf der p-Seite (Abb. 2). Diese ist an den Enden des Kristalls nicht feststellbar, da zwischen den zur Messung notwendigen Elektroden und dem Kristall entsprechende Berührungsspannungen auftreten, die aus Gleichgewichtsgründen die Diffusionsspannung des p-n-Überganges gerade kompensieren. Die bei Lichteinstrahlung zusätzlich gebildeten Ladungsträger werden durch die Diffusionsspannung nach ihrem Vorzeichen getrennt, wobei die Elektronen aus der p-Zone in die n-Zone und die Defektelektronen aus der n-Zone in die

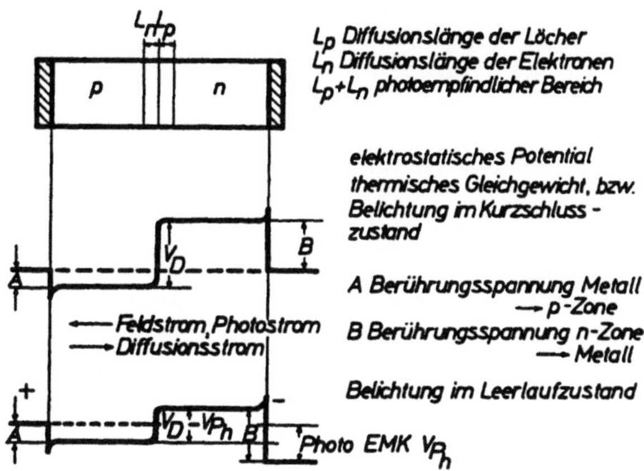

Abb. 2. Schema eines belichteten p-n-Überganges.

bänder emittiert werden, mit dem anderen Leitungsband so wenig in Wechselwirkung stehen, daß ihre Umladungen durch „Fremdbandprozesse" zu vernachlässigen sind gegenüber den Reaktionen mit Trägern des „Eigenbandes". Man kann dann durch Überprüfung der allgemeinen Reaktionsgleichungen (vgl. Bd. II, S. 95ff.) zeigen, daß sich, z. B. bei n-Photoionisation, das p-Band und die nicht von der Photoionisation betroffenen Störstellen mit der durch die Lichteinstrahlung veränderten n-Konzentrationen wieder ins thermische Gleichgewicht setzen, so daß insbesondere die thermische Gleichgewichtsbeziehung $n\,p = n_i^2$ sowie die Gleichheit des n- und p-Fermipotentials erhalten bleibt; infolgedessen ist auch in diesem Fall eine Einstellung des elektrostatischen Potentials in der Weise möglich, daß sowohl für die n wie für die p Boltzmanngleichgewicht besteht und das Fermipotential für beide Trägerarten räumlich konstant wird. Auch hier können also bei konstanter Belichtung keine stationären Ströme fließen.

Greift dagegen die Photoionisation an Störstellen an, die mit beiden Bändern in ähnlicher Größenordnung reagieren (Störterme in Medial-Lage = Traps der Paar-Rekombinationstheorie), so bleibt die Beziehung $n\,p = n_i^2$ nicht mehr erhalten, es kann durch Änderung des Potentialprofils nicht mehr für beide Träger Gleichgewicht geschaffen werden, vielmehr werden stationäre Ströme fließen. Die Suche nach solchen Vorgängen, die zu besonderen Spontan-Photoeffekten diesseits der Gitter-Absorptionskante führen würden und maßgebend durch die Trap-Konzentration und Trap-Lage bestimmt wären, dürfte sicher Interesse besitzen. [Vgl. hierzu auch Beobachtungen von *Reynolds* und *Szysak* an Cd S, Phys. Rev. **96** (1954), S. 1705.]

p-Zone gelangen. Im Leerlauf bewirken die in den beiden Zonen auftretenden Zusatzladungen eine Absenkung der Diffusionsspannung. Die Gegenspannung tritt als Photo-EMK an den Elektroden der p-n-Photozelle in Erscheinung. Ist die Lichteinstrahlung und Paarbildung sehr groß, kann im Grenzfall die Diffusionsspannung nahezu ganz abgebaut werden, so daß sich die Photo-EMK asymptotisch dem Wert der Diffusionsspannung nähert. Im Kurzschlußfall bleiben die Potentialverhältnisse wie im Dunkelzustand, da die gebildeten Ladungsträger laufend durch die Diffusionsspannung abgesaugt und über den Außenkreis neutralisiert werden *). Der dabei auftretende Photostrom ist bereits bei den normalen (Dunkel-)Diffusionsspannungen von einigen 100 mV praktisch gesättigt und (bei Vernachlässigung der Rekombination vor Erreichung der p-n-Zone) durch die pro Sekunde erzeugten Paare gegeben. Demzufolge bleibt er auch unverändert, wenn man der Diffusionsspannung von außen eine zusätzliche Spannung U in der gleichen Richtung (Sperrichtung) oder eine Spannung in Flußrichtung, die noch hinreichend kleiner als V_D ist, überlagert. Es kommt lediglich der (bei $U_{\mathrm{sp}} > \mathfrak{B}$ spannungsunabhängige) Dunkelstrom hinzu, der von den thermisch spontan erzeugten Ladungsträgern gebildet wird.

Elementare Theorie des p-n-Photoeffektes

Um zu einer handlichen Theorie zu gelangen, die diesen Sachverhalt wenigstens unter gewissen Bedingungen qualitativ und quantitativ beschreibt und die letzten Endes eine Grundlage zur Konstruktion wirksamer p-n-Anordnungen liefern kann, bedarf es gewisser einschränkender Annahmen (vgl. z. B. [5], [6]), wobei wir, ohne von der Wirklichkeit zu stark abzuweichen, das eindimensionale Problem betrachten können.

1. Die Inversionszone soll klein gegen die Diffusionslängen der Ladungsträger sein, so daß in ihr die Paarbildung und Rekombination vernachlässigt werden kann, eine Annahme, die zugleich die Güte der Gleichrichtung des p-n-Überganges gewährleistet. Unter diesen Voraussetzungen kann man nicht nur im thermischen Gleichgewicht sondern (bei Flußspannungen und nicht zu hohen Sperrspannungen) auch im Nichtgleichgewichtsfall innerhalb der Inversionszone eine Boltzmann-Verteilung der Ladungsträgerkonzentrationen annehmen (annähernde Gleichheit der gegen den Gesamtstrom sehr großen Diffusions- und Feldströme).

2. Die Ladungsträgerdichten sowohl der spontan vorhandenen wie der durch Strahlung gebildeten, seien so klein, daß von einer Entartung des Elektronen- bzw. Defektelektronengases abgesehen werden kann.

3. Die Bestrahlung soll so schwach sein, daß die zusätzlich gebildete Trägerdichte klein gegen die Majoritätsträgerdichte ist, so daß beiderseits außerhalb der Inversionszone diese Größe als konstant betrachtet werden kann.

4. Der Spannungsabfall im homogenen Halbleiter sei vernachlässigbar gegen den Spannungsabfall an der Sperrschicht. Unter dieser Bedingung findet die Ladungsträgerbewegung außerhalb der Inversionszone lediglich durch Diffusion statt und dieser Diffusionsstrom wird in der Inversionszone vom Übergangsfeld ergriffen und vollständig abgeführt.

---

*) Etwaige Änderungen des Potentialprofils durch die Raumladungen der freien Träger können bei normalen Photostromdichten vernachlässigt werden.

Demnach sind gemäß Abb. 3 die Konzentrationen rechts und links des p-n-Überganges im Dunkelzustand ohne äußere Spannung (therm. Gleichgewicht) durch die Beziehungen $p_n = p_p\,\mathrm{e}^{-\frac{V_D}{\mathfrak{B}}}$, $n_n = n_p\,\mathrm{e}^{\frac{V_D}{\mathfrak{B}}}$ verknüpft. Liegt hingegen eine zusätzliche Spannung U z. B. in Flußrichtung (positiv gerechnet) am p-n-Übergang, dann gilt unter den gemachten Voraussetzungen

$$\mathfrak{B} = \frac{kT}{e} \qquad \begin{aligned} p\,|_{x_r\,=\,0} &= p_p\,\mathrm{e}^{-\frac{V_D-U}{\mathfrak{B}}} = p_n\,\mathrm{e}^{\frac{U}{\mathfrak{B}}}\\[2ex] n\,|_{x_l\,=\,0} &= \phantom{p_p\,\mathrm{e}^{-\frac{V_D-U}{\mathfrak{B}}}} = n_p\,\mathrm{e}^{\frac{U}{\mathfrak{B}}} \end{aligned} \tag{2}$$

(x_r, $x_l =$ Abstand von der Inversionszone auf der rechten und linken Seite.) Das sind die Randbedingungen an den Sperrschichträndern*).

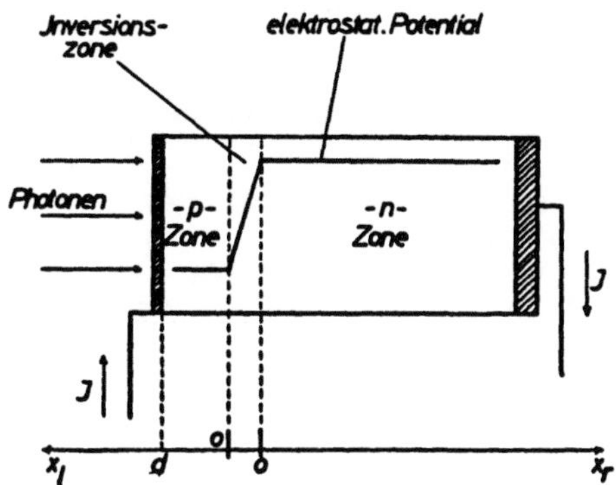

Abb. 3. Schema zur Berechnung des Photostromes in einem p-n-Übergang.

Die weiteren Randbedingungen passen wir den Verhältnissen eines realen p-n-Elementes an. Wir nehmen an, daß sich auf der Lichteintrittsseite beispielsweise eine p-Schicht der Dicke d (größer als die Diffusionslänge L_n) befinde, während die Ausdehung der dahinterliegenden n-Schicht als unendlich groß angesehen werden kann. Außerdem nehmen wir an, daß an der Lichteintrittsfläche Oberflächenrekombinationen (Rekombinationsgeschwindigkeit s [5]) stattfindet**) und berücksichtigen die endliche Eindringtiefe L_λ des Lichtes (vgl. [6]). Demnach gilt an der freien p-Oberfläche die Randbedingung

$$\left[s\,(n - n_p) = -D_n\,\frac{dn}{dx}\right]_{x_l\,=\,d} \tag{3}$$

und in großer Entfernung von der Sperrschicht im n-Material

$$x_r \to \infty \qquad p = p_n \qquad \text{oder} \qquad \frac{\partial p}{\partial x} = 0. \tag{4}$$

---

*) Bei größeren Sperrspannungen sind Abweichungen von (2) zu berücksichtigen, die uns aber hier nicht interessieren.

**) Die Stromzuführung wird allgemein seitlich angenommen, so daß es sich um die freie Oberfläche handelt.

Innerhalb der so abgegrenzten Gebiete gilt*) die Kontinuitätsgleichung, wobei für die Ströme I_p, I_n reine Diffusionsströme anzusetzen sind.

$$I_p = -eD_p \frac{dp}{dx}, \qquad I_n = eD_n \frac{dn}{dx}. \tag{5}$$

$$
\begin{aligned}
D_p \frac{d^2 p}{dx^2} + \frac{p_n - p}{\tau_p} + g(x) &= 0 \qquad n\text{-Zone,}\\[2mm]
D_n \frac{d^2 n}{dx^2} + \frac{n_p - n}{\tau_n} + g(x) &= 0 \qquad p\text{-Zone.}
\end{aligned}
\tag{6}
$$

$$g(x) = g_0\, \mathrm{e}^{-\frac{x}{L_\lambda}} \tag{7}$$

ist die durch die Strahlungsabsorption hervorgerufene ortsabhängige Trägergeneration (Paare/cm³ s). g_0 bedeutet demnach die Generation unmittelbar unter der Oberfläche, die mit der pro cm² und Sekunde in den Halbleiter eindringenden Photonenzahl P_λ verknüpft ist durch

$$P_\lambda = g_0 L_\lambda. \tag{8}$$

Die Durchführung der Rechnung führt zu dem Ergebnis:

$$I = I_S\,(\mathrm{e}^{\frac{U}{\mathfrak{B}}} - 1) - I_G \tag{9 **}$$

mit

$$I_S = Fe\left(\frac{p_n}{\tau_p}\,L_p + \frac{n_p}{\tau_n}\,L_n\;
\frac{\dfrac{L_n}{\tau_n}\,\mathfrak{Sin}\,\dfrac{d}{L_n} + s\cdot\mathfrak{Cof}\,\dfrac{d}{L_n}}{\dfrac{L_n}{\tau_n}\,\mathfrak{Cof}\,\dfrac{d}{L_n} + s\cdot\mathfrak{Sin}\,\dfrac{d}{L_n}}\right) \tag{10}$$

und

$$
I_G = Fe\,g_0\,\mathrm{e}^{-\frac{d}{L_\lambda}}
\cdot\left\{\frac{1}{\dfrac{1}{L_\lambda}+\dfrac{1}{L_p}} + \frac{1}{\dfrac{1}{L_\lambda^2}-\dfrac{1}{L_n^2}}\left[\frac{\mathrm{e}^{\frac{d}{L_\lambda}}\left(\dfrac{D_n}{L_\lambda}+s\right) - \dfrac{L_n}{\tau_n}\,\mathfrak{Sin}\,\dfrac{d}{L_n} - s\cdot\mathfrak{Cof}\,\dfrac{d}{L_n}}{L_n\left(\dfrac{L_n}{\tau_n}\,\mathfrak{Cof}\,\dfrac{d}{L_n} + s\cdot\mathfrak{Sin}\,\dfrac{d}{L_n}\right)} - \frac{1}{L_\lambda}\right]\right\} = Fe\,g_0\,\mathfrak{L}. \tag{11}
$$

$$
\begin{aligned}
e \quad&= \text{Elektronenladung,}\\
k \quad&= \text{Boltzmannkonstante,}\\
T \quad&= \text{abs. Temperatur,}\\
p_n \quad&= \text{thermische Defektelektronenkonzentration in der } n\text{-Zone,}\\
n_p \quad&= \text{thermische Elektronenkonzentration in der } p\text{-Zone,}\\
L_p,\,D_p,\,\tau_p \quad&= \text{Diffusionslänge, Diffusionskonstante, Lebensdauer der Defekt-}\\
&\quad\ \text{elektronen,}\\
L_n,\,D_n,\,\tau_n \quad&= \text{Diffusionslänge, Diffusionskonstante, Lebensdauer der Elek-}\\
&\quad\ \text{tronen,}\\
\mathfrak{L} \quad&= \text{intensitätsunabhängiger }\{\}\text{-Ausdruck in (11).}
\end{aligned}
$$

---

*) Über die Geltungsbereiche der Beziehungen (5) und (6) und speziell der Rekombinationsansätze prop $(p - p_n)/\tau_p$ usw. vgl. das Referat *A. Hoffmann*, Bd. II, S. 106 ff. dieser Reihe.

**) Bei einem Metall-Halbleiter-Kontakt ergibt sich dieselbe Charakteristik (9), jedoch mit anderen Beziehungen für I_S und I_G.

Es gilt
$$L_p = \sqrt{D_p\,\tau_p}, \qquad L_n = \sqrt{D_n\,\tau_n}, \tag{11a}$$

F = Fläche des Elementes,

$-I_S$ bedeutet den Sperrsättigungsstrom der unbelichteten p-n-Anordnung,

$-I_G$ den — von U unabhängigen — Generatorstrom, der durch die Belichtung hervorgerufen wird.

I ist der im Außenkreis fließende Gesamtstrom bei der Oberflächengeneration g_0 und der Spannung U.

U ist die am p-n-Übergang auftretende Zusatzspannung, die wegen der Vernachlässigung der Bahnwiderstände mit der zwischen beiden Elektroden auftretenden Spannung identisch ist. Bei Leerlauf ist sie gleich der durch die Lichteinstrahlung eingeprägten EMK.

Aüs (9) ergibt sich ein Kennlinienfeld gemäß Abb. 4.

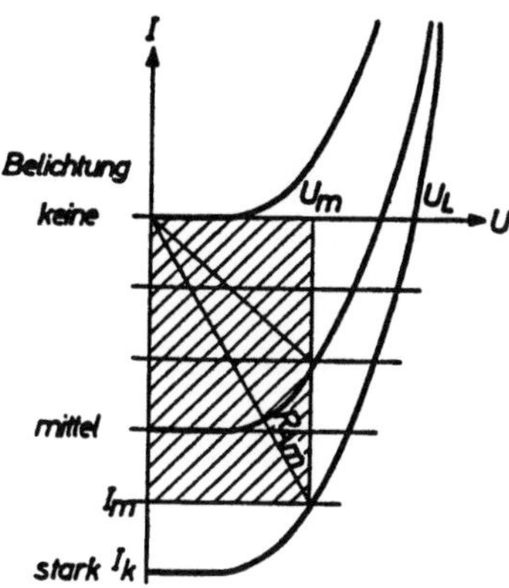

Abb. 4.
Charakteristik eines p-n-Photoelementes.

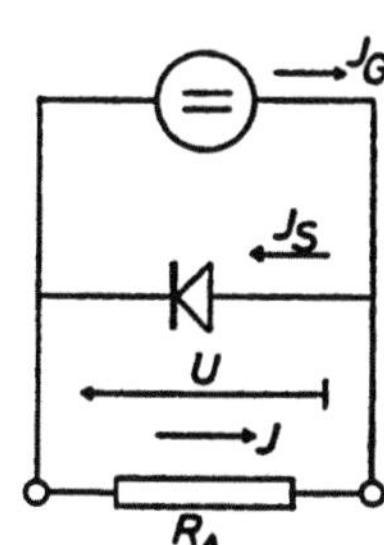

Abb. 5.
Ersatzschaltbild eines p-n-Elementes.

Im oberen dargestellten Quadranten liegen die Kennlinien, bei denen der Strom in Richtung der angelegten Spannung verläuft (und bei konstantem U durch Belichtung verkleinert wird), im unteren Quadranten verläuft der Strom in Gegenrichtung zur angelegten Spannung (und wird bei konstantem U durch Belichtung vergrößert); die Photozelle wirkt hier als Element.

Für $U = 0$ erhält man
$$I = -I_G = -I_K \tag{12}$$

den Kurzschlußstrom, der in Sperrichtung fließt, für $I = 0$ nach (9) die Leerlaufspannung
$$U = U_L = \mathfrak{B}\ln\left(1 + \frac{I_K}{I_S}\right), \tag{13}$$

die in Flußrichtung orientiert ist.

Das aus (9) abzuleitende Ersatzschaltbild ist in Abb. 5 dargestellt. Der Generatorstrom $-I_G$ verteilt sich auf den spannungsabhängigen Innenwiderstand und den Lastwiderstand R_A.

Neben Kurzschlußstrom und Leerlaufspannung interessieren die maximal abgebbare Leistung des p-n-Elementes bzw. die optimalen Bedingungen für den Lastwiderstand. Allgemein gilt, daß die Gleichstromleistung $R_A J^2 = U J$ ein Maximum hat, wenn

$$\frac{\partial}{\partial J}\left(U J\right) = 0,$$

also

$$R_A \equiv \frac{U}{J} = -\frac{dU}{dJ}$$

wird, d. h. wenn im Schnittpunkt der R_A-Geraden mit der Kennlinie (Abb. 4) die Steigungen dieser beiden Linien entgegengesetzt gleich sind. Aus der Gleichheit des zweiten und dritten Ausdruckes folgt bei gegebener Kennlinienform $J = f(U)$ ein ganz bestimmter Optimalwert U_m für U, der sich im Spezialfall der Beziehung (9) errechnet aus:

$$\left(\frac{U_m}{\mathfrak{B}} + 1\right) e^{\frac{U_m}{\mathfrak{B}}} = \left(1 + \frac{I_K}{I_S}\right) = e^{\frac{U_L}{\mathfrak{B}}}, \tag{14}$$

wobei die letzte Beziehung aus (13) folgt.

Das dazugehörige optimale $R_A = R_{Am}$ folgt in Abhängigkeit von U_m aus $-\left(\frac{dJ}{dU}\right)^{-1}_{U_m}$ ebenfalls aus Gl. (9):

$$R_{Am} = \frac{\mathfrak{B}}{I_S} e^{-\frac{U_m}{\mathfrak{B}}}. \tag{15}$$

Endlich ergibt sich die maximale Leistung $U_m^2/R_{Am} = N_m$ aus (15) und (14) zu:

$$N_m = \frac{U_m^2}{\mathfrak{B}} \frac{I_K + I_S}{1 + \frac{U_m}{\mathfrak{B}}}; \tag{16}$$

bei nicht zu kleiner Einstrahlung gilt

$$N_m \approx U_m (I_K + I_S). \tag{16a}$$

Da U_m mit U_L zunimmt, steigt auch N_m um so mehr an, je größere Werte I_K und U_L erreichen.

Diskussion

Zur Erläuterung der erhaltenen Ergebnisse betrachten wir zunächst ein vereinfachtes Beispiel. Wir nehmen die Eindringtiefe des Lichtes L_λ sehr groß an, so daß eine homogene Generation zustande kommt. Außerdem sei d groß gegen die Diffusionslänge L_n, so daß die Oberflächenwirkungen vernachlässigt werden können. Dann wird (10) zu

$$I_S = F e \left(\frac{p_n}{\tau_p} L_p + \frac{n_p}{\tau_n} L_n\right) \tag{10a}$$

und (11) zu

$$I_G = F e g_0 (L_p + L_n). \tag{11a}$$

Aus (10a) und (11a) ersieht man die Analogie zwischen dem Photostrom und dem Sättigungsstrom; $\frac{p_n}{\tau_p}$ bedeutet nämlich g_p und $\frac{n_p}{\tau_n} = g_n$ (Definition bei

[5]), die thermische Generation der Minoritätsträger in n- und p-Zone. Man kann daher für (10a) auch schreiben

$$I_S = Fe\,(g_p\,L_p + g_n\,L_n).\tag{10b}$$

Sowohl Sättigungsstrom als auch Photostrom werden durch die Minoritätsträger, die innerhalb eines Bereiches von der durchschnittlichen Größe der jeweiligen Diffusionslänge entstehen, gebildet. Im Falle des Sättigungsstromes sind es die thermisch, im Falle des Photostromes die lichtelektrisch gebildeten Minoritätsträger. Was außerhalb dieser Bereiche entsteht, kann zum Strom keinen Beitrag liefern, da zufolge der Feldfreiheit und Konstanz der Trägerkonzentrationen in diesen Bereichen die entstehenden Minoritätsträger im Mittel nach allen Richtungen gleich verteilt werden.

Aus (11a) ersieht man, daß I_K mit g_0 und den Diffusionslängen ansteigt. Während g_0 bei gegebener Einstrahlung (Intensität und spektrale Zusammensetzung) als eine Materialkonstante des Halbleiters zu betrachten ist, lassen sich die Diffusionslängen durch Störstellen beeinflussen. Man muß also für möglichst geringen Gehalt an unerwünschten Störstellen (Traps oder Fangstellen) sorgen.

Bei hinreichend großem I_K läßt sich Formel (13) durch

$$U_L = \mathfrak{B}\,\ln\frac{I_K}{I_S}\tag{13a}$$

annähern. Unter Zuhilfenahme bekannter Beziehungen (Massenwirkungsgesetze), welche die Fermi-Dirac-Statistik ergibt:

$$n_n\,p_n = n_p\,p_p = 4\left(\frac{2\,\pi\,\sqrt{m_n\,m_p}\,kT}{h^2}\right)^3 e^{-\frac{E_G}{kT}}\tag{17}$$

n_n $\quad$ = thermische Elektronenkonzentration in n-Zone,

p_p $\quad$ = thermische Defektelektronenkonzentration in p-Zone,

$m_n,\ m_p$ = effektive Masse der Elektronen und Defektelektronen,

h $\quad$ = *Planck*sche Konstante,

E_G $\quad$ = Breite des verbotenen Bandes,

(wegen der vollständigen Ionisation der Donatoren und Akzeptoren bei Raumtemperatur kann man

$$n_n = N_D, \quad p_p = N_A$$

setzen) und mit Hilfe der mit der Einsteinbeziehung umgeformten Gleichungen (11a):

$$L_p = \sqrt{\mu_p\,\mathfrak{B}\,\tau_p}, \quad L_n = \sqrt{\mu_n\,\mathfrak{B}\,\tau_n}\tag{18}$$

($\mu_p,\ \mu_n$ = Beweglichkeiten der Defektelektronen und Elektronen) kann man statt (10a) schreiben:

$$I_S = F\sqrt{e}\,kT\,4\cdot\left(\frac{2\,\pi\,\sqrt{m_n\,m_p}\,kT}{h^2}\right)^3 e^{-\frac{E_G}{kT}}\left(\frac{1}{n_n}\sqrt{\frac{\mu_p}{\tau_p}} + \frac{1}{p_p}\sqrt{\frac{\mu_n}{\tau_n}}\right).\tag{10c}$$

Damit wird aus (13a):

$$U_L = \frac{E_G}{e} - \mathfrak{B}\ln\left\{\sqrt{e}\,kT\,\frac{4}{I_K}\left(\frac{2\,\pi\,\sqrt{m_n\,m_p}\,kT}{h^2}\right)^3\left(\frac{1}{n_n}\sqrt{\frac{\mu_p}{\tau_p}} + \frac{1}{p_p}\sqrt{\frac{\mu_n}{\tau_n}}\right)\right\}.\tag{13b}$$

Nach (13a) wird U_L um so größer, je größer I_K und je kleiner I_S ist. I_S kann bei gegebenem Halbleiter nach (10c) durch hohe Dotierung (n_n, p_p) und große Trägerlebensdauer klein gemacht werden. Wie aus (10c) und (13b) ersichtlich, ist andererseits die Breite der verbotenen Zone E_G von entscheidendem Einfluß, so daß man geneigt ist, einen Halbleiter mit möglichst breiter verbotener Zone zu verwenden. Andererseits bestimmt E_G die Lage des Gitterabsorptionsbereiches und damit die Größe von g_0 und I_K bei vorgegebener Lichtwellenlänge; E_G muß demnach soweit als möglich der zu registrierenden Strahlung angepaßt werden.

Wie man sieht, liefern bereits die vereinfachten Formeln wesentliche Anhaltspunkte zur Konstruktion wirksamer p-n-Lichtelemente. Zur Klärung der Abhängigkeit des Kurzschlußstromes vom Bandabstand E_G muß man jedoch auf die exakte Formel (11) zurückgreifen. Diese enthält in der Lichtabsorptionskonstante $\dfrac{1}{L_\lambda}$ den Zusammenhang mit E_G. Zur Erläuterung betrachten wir die Extremfälle:

1. L_λ sei groß gegen die Diffusionslängen L_n und L_p und gegen d. Dann gilt

$$I_K \approx F e \, g_0 \left\{ L_p + L_n \left(1 - \frac{s}{\mathfrak{Cof}\,\dfrac{d}{L_n} \cdot \left(\dfrac{L_n}{\tau_n} + s \right)} \right) \right\}. \qquad (11\,\text{b})$$

Unter Berücksichtigung von (8) ergibt sich I_K prop. $g_0 = \dfrac{P_\lambda}{L_\lambda}$.

Der Strom sinkt bei gegebener Einfallsintensität P_λ mit zunehmender Eindringtiefe ab. Außerdem wird das empfindliche Volumen wie bei $L_\lambda \to \infty$ im wesentlichen durch die Diffusionslängen bestimmt. Zunehmende Oberflächenrekombination setzt den Strom herab.

2. L_λ sei klein gegen die Diffusionslängen. Dann gilt bei nicht zu großer Oberflächenrekombination die Näherung

$$I_K \approx F e \, g_0 \, L_\lambda \; \frac{1 + \left(s \cdot \dfrac{L_\lambda}{D_n} \right)}{\mathfrak{Cof}\,\dfrac{d}{L_n} + s \cdot \dfrac{\tau_n}{L_n}\,\mathfrak{Sin}\,\dfrac{d}{L_n}}. \qquad (11\,\text{c})$$

I_K wird also unter Berücksichtigung von (8) bei kleinem s unabhängig von L_λ und sinkt ebenfalls mit zunehmendem s ab. Das wirksame Volumen wird nun nicht mehr durch die Diffusionslängen, sondern durch L_λ bestimmt. Bei großer Oberflächenrekombination kommt ein mit abnehmender Eindringtiefe abnehmendes Glied hinzu.

Die genaueren Zusammenhänge von I_K mit L_λ, d und s sind in den Abb. 6, 7, 8 dargestellt. Unter Mithilfe der Absorptionskurve (Abb. 1) kann man aus diesen die Abhängigkeit des Kurzschlußstromes von der Lichtwellenlänge mit der Dicke der p-Schicht und mit der Oberflächenrekombination s als Parameter

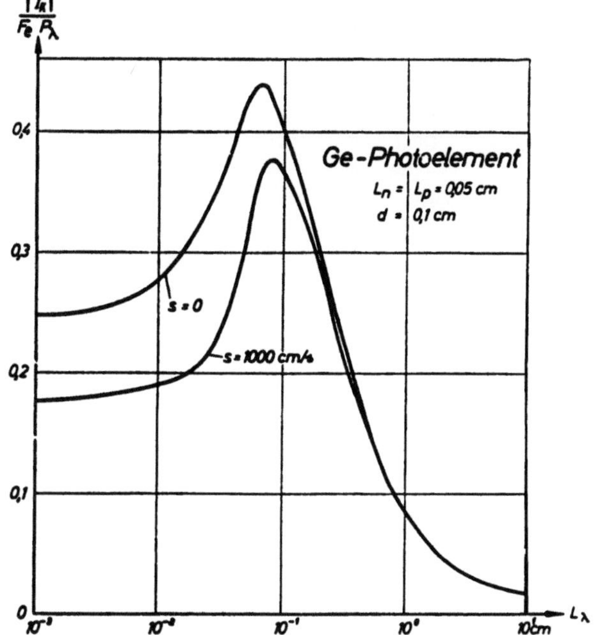

Abb. 6. Kurzschlußstrom als Funktion der Eindringtiefe des Lichtes L_λ.

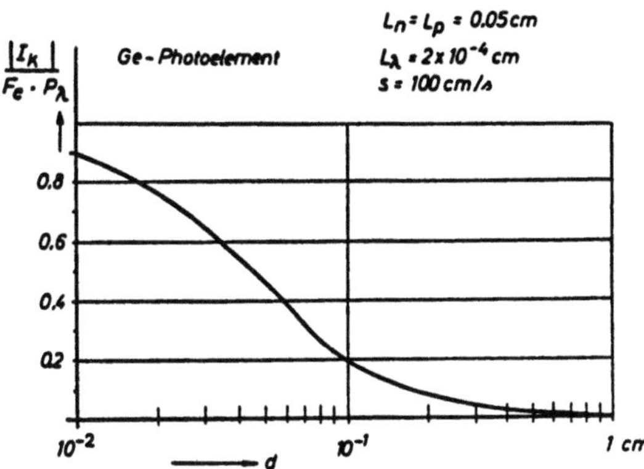

Abb. 7. Kurzschlußstrom als Funktion der Dicke der *p*-Schicht.

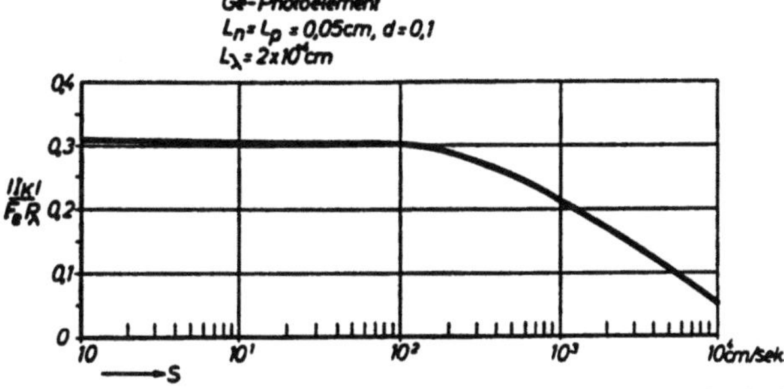

Abb. 8. Kurzschlußstrom als Funktion der Oberflächenrekombinations-Geschwindigkeit.

ermitteln. In Abb. 9 sind diese Zusammenhänge am Germanium gezeigt, entnommen einer Arbeit von *Harten-Schultz* [8]. (Diese Messungen beziehen sich allerdings auf Sperrschichten zwischen Halbleiter und einer Metallauflage, sie behalten jedoch auch für p-n-Elemente prinzipielle Gültigkeit.) Man sieht deutlich, wie die nahe der Oberfläche absorbierte kurzwellige Strahlung durch Vergrößerung von s stärker geschwächt wird als die tief eindringende langwellige. In Abb. 10 ist gezeigt, in welcher Weise infolge der Auswirkung der Oberflächenrekombination die Geometrie der p-n-Anordnung eingeht [8], [9].

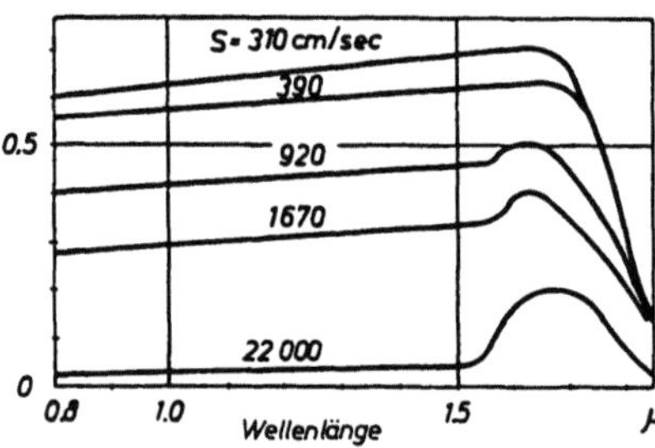

Abb. 9.
Empfindlichkeit eines Ge-Photoelementes bei verschiedener Oberflächenrekombination.

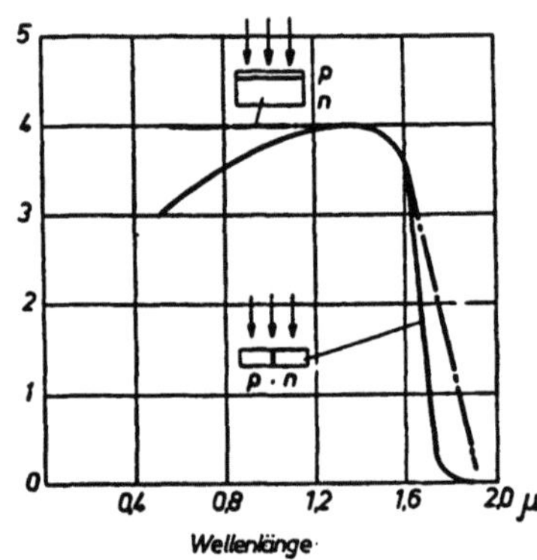

Abb. 10.
Empfindlichkeit zweier Ge-Photoelemente bei verschiedener Einstrahlungsrichtung.

Von praktischem Interesse ist die Ermittlung des optimalen Wirkungsgrades der Umsetzung der Strahlungsleistung in elektrische Leistung. Ist N_{St} die eingestrahlte monochromatische Strahlungsleistung $N_{St} = P_\lambda \frac{hc}{\lambda} \cdot 10^{-7}$ Watt/cm², P_λ = Photonenzahl/cm² sec, so ergibt sich mit Hilfe von (16) der Wirkungsgrad zu

$$\eta = \frac{N_m}{N_{St}} \cdot \tag{19}$$

Zur Ermittlung von η muß man (14) numerisch auswerten. Für kleine Einstrahlungen P_λ erhält man daraus durch Reihenentwicklung

$$\eta \approx \frac{1}{4} e k T \frac{g_0}{I_s} \frac{\mathfrak{L}^2}{L_\lambda \frac{hc}{\lambda}} 10^7 \text{ prop. } g_0 \tag{19a}$$

[$\mathfrak{L}$ = {}-Ausdruck in (11)], also einen linearen Zusammenhang mit der eingestrahlten Lichtleistung. Bei hoher Einstrahlung gilt die Näherung

$$\eta \approx \text{ prop. } \ln g_0 + \text{Konst.}$$

In Abb. 11 ist eine typische Gesamtkurve dargestellt.

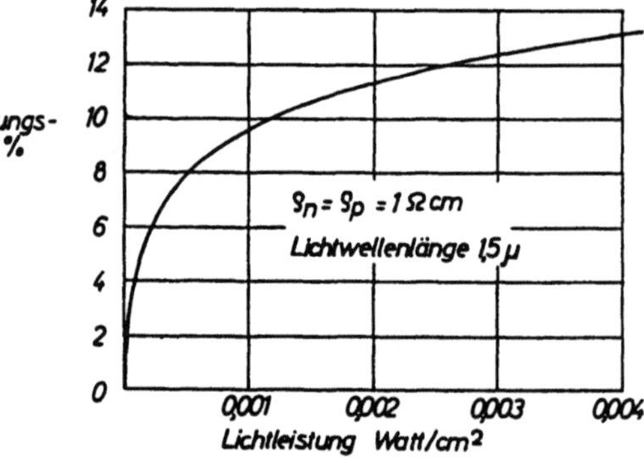

Abb. 11.
Wirkungsgrad eines Ge-Photoelementes.

Realen Photoelementen haften gewisse, in unsere Überlegungen noch nicht
einbezogene, unvermeidbare Verluste an. Diese sind Serienwiderstände zum
Element, die durch den Bahnwiderstand des Halbleiters und durch Übergangswiderstände an den Kontaktstellen gebildet werden, und Nebenschlüsse zum
p-n-Übergang, die von oberflächlichen Störungen herrühren. Das Ersatzschaltbild ist demnach zu modifizieren (Abb. 12) und dementsprechend auch Gleichung (9). Der Generatorstrom I_G verzweigt sich nun in $I_S + I_N - I$ und die

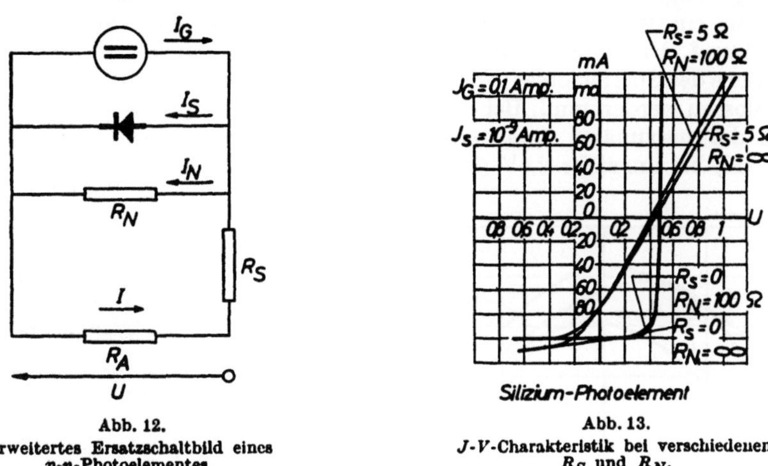

<table>
<tr><td>

Abb. 12.
Erweitertes Ersatzschaltbild eines
p-n-Photoelementes.

</td><td>

Abb. 13.
J-V-Charakteristik bei verschiedenen
R_S und R_N.

</td></tr>
</table>

Spannung am Innenwiderstand und am Nebenschluß R_N beträgt $U - I R_S$.
Es gilt daher

$$I_G = I_S \left(e^{\frac{U - I R_S}{\mathfrak{V}}} - 1 \right) + \frac{U - I R_S}{R_N} - I. \tag{20}$$

Man erkennt daraus den großen Einfluß des Serienwiderstandes und den relativ
geringen des Nebenschlusses bei den in Betracht kommenden R_N-Werten
(Abb. 13) [10]. Im Zuge der Entwicklung von wirksamen Lichtelementen hat
sich die Verringerung des Serienwiderstandes (Kontaktierung, Bahnwiderstand)
als entscheidendes Problem erwiesen. Während Serienwiderstände in erster
Linie den Kurzschlußstrom beeinflussen und die Leerlaufspannung nur wenig
verändern, wirkt sich ein Nebenschluß vornehmlich auf die Höhe der Leerlaufspannung aus.

Anwendungsbeispiele und experimentelles Tatsachenmaterial

Von besonderem praktischem Interesse ist die Umsetzung der Strahlung eines
thermische Strahlung emittierenden Körpers (Glühlampe, Sonnenlicht). Man
hat dann an Stelle von Gl. (11) ein Integral über das Wellenlängenspektrum
von 0 bis zur Grenzwellenlänge (Absorptionskante) λ_G anzusetzen.

$$I_G = F_e \int\limits_0^{\lambda_G} \frac{P_\lambda}{L_\lambda} \mathfrak{L}(\lambda)\, d\lambda = F_e \frac{H}{\pi r^2} \int\limits_0^{\lambda_G} \frac{N_\lambda}{L_\lambda} \mathfrak{L}(\lambda)\, d\lambda. \tag{21}$$

N_λ ist die vom schwarzen Strahler der Fläche H pro cm² s emittierte Photonenzahl der Wellenlänge λ. r ist der Abstand zwischen Photoelement und Strahler. In diesem Fall wäre vom Standpunkt der Strahlungsausnützung ein Halbleiter mit einer möglichst weit ins Infrarot verschobenen Absorptionskante, also möglichst großem λ_G, d. h. kleinem E_G, anzustreben. Z. B. würde Sonnenlicht bei voller Ausnutzung aller auftreffenden Photonen einen Strom von 80 mA bei 1 cm² Empfängerfläche geben. Davon verbleibt wegen der Unwirksamkeit der zu langwelligen, nicht zur Paarbildung führenden Strahlung $\lambda > \lambda_G$ bei Germanium ein wirksamer Anteil entsprechend 68 mA/cm², bei Silizium nur 44 mA/cm². Mit diesem Vorteil kleiner E_G-Werte steht der Nachteil des Anwachsens des Sperrstromes [Formel (10 c)] in Konkurrenz, so daß ein Kompromiß geschlossen werden muß. Bei einem Bandabstand entsprechend der spektralen Lage der maximalen Quantenemission der Sonne (schwarzer Strahler von 5760 °K) bei ungefähr 2 eV (0,6 µ Lichtwellenlänge) hätte ein großer Teil intensiver Wellenlängen bei $E_G \lesssim 1$ eV eine nur verschwindend geringe Absorption. Man muß deshalb die Absorptionskante gegen längere Wellen hin verschoben wählen, so daß die intensivsten Wellenlängen im Bereich günstiger Eindringtiefe liegen, d. h. im p-n-Bereich noch hinreichend absorbiert werden. Nun hängt die günstigste Eindringtiefe nach (11) und Abb. 6 bis 8 außerdem von der Lage des p-n-Überganges unterhalb der Halb-

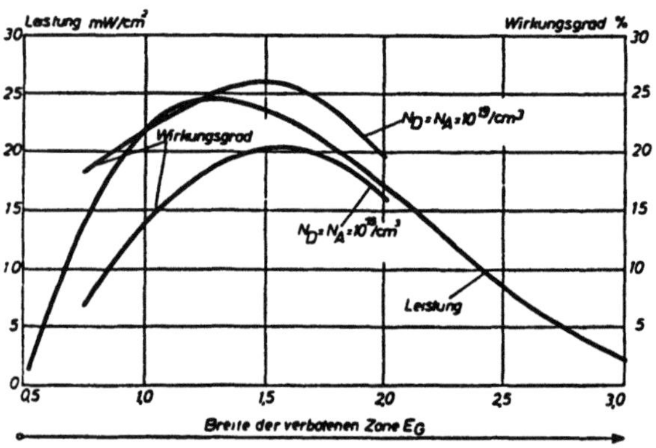

Abb. 14.
Maximale Leistung (bzw. Wirkungsgrad) als Funktion von E_G.

leiteroberfläche, von der Oberflächenbeschaffenheit (s) und von den Diffusionslängen ab. Es ist daher nicht verwunderlich, daß die Angaben verschiedener Autoren für den günstigsten Bandabstand merklich streuen. *E. S. Rittner* [11] gibt an: $E_G = 1,5$ eV, *M. B. Prince* [10] 1,3 eV. Jedenfalls erkennt man, daß Silizium für einen Solarkonverter günstiger gelegen ist als Germanium (Abb. 14). *Rittner* schlägt als geeignetsten Halbleiter AlSb ($E_G = 1,6$ eV) vor. Praktisch erprobt ist neben Silizium bisher nur GaAs ($E_G = 1,38$ eV), bei dem man tatsächlich zu beträchtlich höheren Leerlaufspannungen (wenn auch zu kleineren Wirkungsgraden) gekommen ist als bei Silizium mit $E_G = 1,1$ eV [12].

In der nachstehenden Tabelle sind vorläufige Werte einander gegenübergestellt:

	$U_L{}^*)$	$I_K{}^*)$	N_m	η_m
	Volt	mA/cm²	mW/cm²	%
Si-Element	$0,42 \rightarrow 0,5$	$16 \rightarrow 25$	$6 \rightarrow 11$	$6 \rightarrow 11$
GaAs-Element .	0,75	8	4	4

*) Bezogen auf eine Sonneneinstrahlung von 0,1 W/cm².

Die Temperaturabhängigkeit des Wirkungsgrades ergibt sich in erster Linie
durch den starken Temperaturgang des Sperrstromes bzw. der Leerlaufspan-

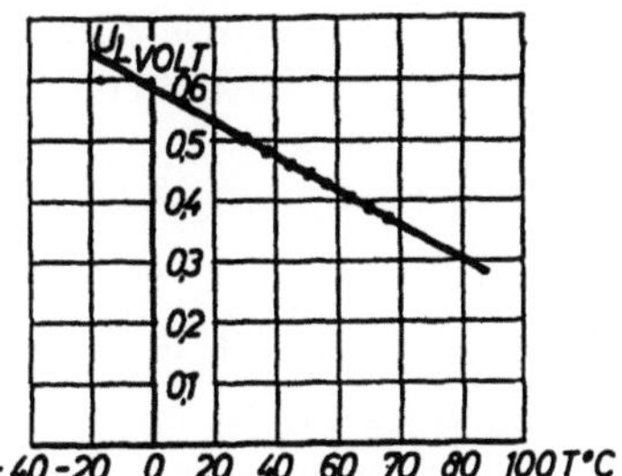

Abb. 15. Leerlaufspannung als Funktion der Temperatur.

nung, der aus Gl. (10c) und (13b) ersichtlich ist, wogegen der Kurzschlußstrom
nur eine geringfügige Temperaturabhängigkeit zeigt. In Abb. 15 ist der Zusammenhang von U_L mit der Temperatur dargestellt.

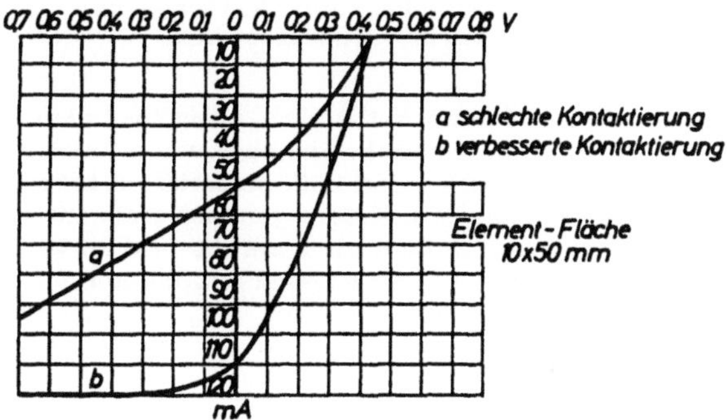

Abb. 16. J-V-Charakteristik zweier Silizium-Solarelemente.

Abb. 16 stellt die Charakteristik von Silizium-Solarelementen mit unterschied-
lichen Übergangswiderständen an den Kontaktstellen dar. Der Einfluß der

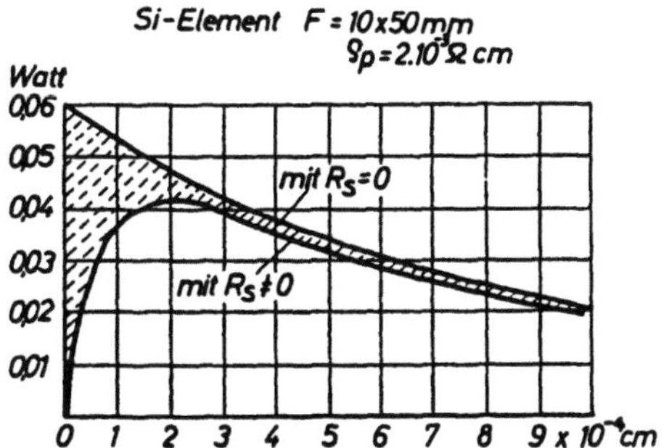

Abb. 17. Maximale Leistung als Funktion der Dicke der p-Schicht.

Übergangswiderstände auf die Leistungsfähigkeit der Elemente ist augenfällig. Hierbei ist auch der Bahnwiderstand, den die zwar niederohmige, aber sehr dünne p-Schicht bildet, von Einfluß. Da nämlich die Kontaktierung an dieser seitlich angebracht werden muß, darf die Schichtdicke nicht zu klein gewählt werden. Abb. 17 gibt den Zusammenhang zwischen optimaler Leistung und p-Schicht-Dicke unter Berücksichtigung des durch sie gebildeten Bahnwiderstandes R_S wieder. Der schraffierte Bereich ist ein Maß für die in der p-Schicht vernichtete Leistung.

Literatur

[1] *E. Burstein, J. W. Davisson, E. E. Bell, W. J. Turner, H. S. Lipson*, Phys. Rev. **93** (1954), S. 65—68.
[2] *R. Newman*, Phys. Rev. **94** (1954), S. 278—285.
[3] *K. Lehovec*, Zeitschr. f. Naturforschung **1a** (1946), S. 258—261.
[4] *F. S. Goucher*, Phys. Rev. **78** (1950), S. 816.
[5] *W. Shockley*, Bell System Tech. J. **28** (1949), S. 435—489.
      Vgl. auch *A. Hoffmann*, Halbleiterprobleme II (1955), S. 106—143.
[6] *R. L. Cummerow*, Phys. Rev. **95** (1954), S. 16—21.
[7] *W. G. Pfann, W. v. Roosbroeck*, J. appl. Phys. **25** (1954), S. 1422—1434.
[8] *H. O. Harten, W. Schultz*, Zeitschr. f. Phys. **141** (1955), S. 319—334.
[9] *J. N. Shive*, J. opt. Soc. Am. **43** (1953), S. 239—244.
[10] *M. B. Prince*, J. appl. Phys. **26** (1955), S. 534—540.
[11] *E. S. Rittner*, Phys. Rev. **96** (1954), S. 1708—1709.
[12] *R. Gremmelmaier*, Zeitschr. f. Naturforschung **10a** (1955), S. 501—502.

Summary: A theoretical treatment is given along the lines of *Shockley's* p-n-theory for a realistic model of a p-n-photocell. The photocurrent and the photovoltage are correlated to a) the optical and electrical bulk properties of the semiconductor in the p- and the n-region, b) the distance of the p-n-junction from the semiconductor surface, and c) the surface recombination. Thus, rules are obtained for the optimal design of a photocell matched to the light of a given spectral distribution, for example sunlight. Experimental results are pointed out.

Diskussion zu Referat 3

Herr *Schottky:* Solarelemente für Großkraftwerke stehen wohl auch in fernerer Zukunft nicht zur Diskussion, vor allem wegen der zu erwartenden hohen Installationskosten.

Antwort: Für Einrichtungen mit kleinem Energiebedarf dürften sie jedoch in Kombination mit Pufferakkumulatoren eine gewisse Bedeutung erlangen. So haben z. B. die Bell-Laboratorien eine Trägerfrequenzstrecke in Betrieb genommen, deren Transistorverstärker mit Solarelementen betrieben werden. Verstärker und Solarbatterie sind hierbei direkt auf Telephonmasten befestigt.

Herr *Gaulé:* Bei welchen Wellenlängen erhält man die größte Leistung?

Antwort: Die größte Leistung bzw. den größten Wirkungsgrad der Energieumwandlung erhält man bei Germanium bei Wellenlängen zwischen 1,5 und 1,7μ (vgl. Abb. 6, 9 und 10). Der Wert streut nach dem oben Gesagten mit der Lage d des p-n-Überganges unter der Kristalloberfläche und mit der Oberflächenrekombination s. Unter optimalen Bedingungen kann man bei monochromatischer Strahlung mit Wirkungsgraden bis zu 40% rechnen. Bei Silizium liegt der günstige Wellenlängenbereich zwischen 0,8 und 1 μ.

Herr *Seiler:* Wie ist die Temperaturabhängigkeit der Leerlaufspannung?

Antwort: Die Temperaturabhängigkeit der Leerlaufspannung ist gegeben durch Formel (13b), wobei $\mathfrak{B} = \dfrac{kT}{e}$ zu setzen ist. Es besteht ein annähernd linearer Zusammenhang, wie dies auch aus Abb. 15 ersichtlich ist.

4.

H.-U. HARTEN und W. SCHULTZ*)**)

Die Eigenschaften der Oberfläche von Germanium und Silizium

Mit 22 Abbildungen

§ 1. Abgrenzung

Germanium und Silizium sind die am häufigsten untersuchten und daher am besten bekannten Halbleiter. Das folgende Referat befaßt sich deshalb nur mit diesen Substanzen; die an ihnen gewonnenen Ergebnisse lassen sich jedoch sinngemäß auch auf andere Materialien übertragen. Weiterhin sollen von den Eigenschaften der Oberfläche nur solche behandelt werden, die von der umgebenden Atmosphäre beeinflußt werden können, also durch Adsorption von Fremdatomen. [Oberflächenterme der fremdstofffreien Kristalloberfläche bleiben hierbei, gestützt auf das allgemeine Beobachtungsmaterial, praktisch außer Betracht; zu ihrer Theorie vgl. § 3. a)]. Nicht berücksichtigt bleiben ferner Vorgänge, die das Kristallgefüge unter der Oberfläche in einer Schicht überatomarer Dicke verändern, wie etwa Nukleonenbeschuß, Diffusion oder thermische Behandlung („Formierung" von Punktkontakten).

Unter „Adsorption" soll eine Anlagerung von fremden Atomen oder Molekülen verstanden werden ohne Rücksicht darauf, ob ein Elektronenaustausch

---

*) AEG-Laboratorium Belecke, Belecke/Möhne (H.-U. Harten seit 1. 4. 56: Valvo-G.m.b.H., Hamburg-Lockstedt).
**) Teilweise in Zusammenarbeit mit dem Herausgeber.

stattfindet oder nicht. Der Vorgang der Adsorption wird als gegeben hinge-
nommen, sein Mechanismus also nicht erörtert (siehe hierzu z. B. [36]). Um-
setzungen von Gasmolekülen an der Halbleiteroberfläche (heterogene Katalyse)
bleiben ebenfalls außer Betracht. Schließlich sollen nicht behandelt werden
Vorgänge an Grenzflächen gegen Elektrolyte (siehe hierzu z. B. [17]) sowie der
Einfluß der Oberfläche auf das elektrische Rauschen von homogenen Kristallen
oder p-n-Übergängen (siehe hierzu z. B. [88]). Alle diese Fälle müssen späteren
Darstellungen vorbehalten bleiben.

§ 2. Historische Übersicht und Grundbegriffe

In den letzten zehn Jahren hat man bei Silizium und insbesondere Germanium
die Eigenschaften des Kristallinnern recht gut kennen und beherrschen ge-
lernt. Man weiß heute, welche Substanzen, als Verunreinigungen in den Kristall
eingebracht, Elektronen oder Defektelektronen abspalten; man kennt die hierzu
notwendige Abtrennarbeit; man kann auf Grund der Elektronenkonfiguration
der beteiligten Atome in vielen Fällen verständliche Modelle vom Mechanismus
der Elektronenübergänge entwerfen; man kennt die Diffusionskonstanten der
Fremdatome und die für ihren Einbau bei der Kristallisation aus der Schmelze
wichtigen Segregationskonstanten; man kennt die Beweglichkeiten der Ladungsträger beiderlei Vorzeichens; man weiß einiges über ihre „Lebensdauer",
also diejenige Zeit, die im Mittel vergeht, bis überschüssig vorhandene Elektronen und Löcher miteinander rekombinieren; man kennt einige Elemente,
die als Störstellen im Kristall diese Rekombination beschleunigen; und man
hat vor allem zahlreiche experimentelle Methoden entwickelt, nach denen man
Kristalle mit gewünschten Eigenschaften herstellen kann.

Demgegenüber sind unsere Kenntnisse von den Oberflächen der Kristalle verhältnismäßig gering. Das ist verständlich, denn wenn schon die Volumen-
eigenschaften der Halbleiter durch sehr kleine Fremdbeimengungen bestimmt
werden, so genügen zur Beeinflussung der Oberfläche bereits Substanzmengen,
die chemisch in vielen Fällen nicht mehr erfaßt werden können. Es ist deshalb
nur schwer möglich, experimentell reproduzierbare Verhältnisse zu schaffen.

Der große Einfluß der Oberfläche auf das Verhalten von Germanium- und
Siliziumkristallen wurde schon frühzeitig erkannt; er machte sich allerdings
zunächst nicht durch das Auftreten unerwarteter, sondern lediglich durch das
Fehlen erwarteter Effekte bemerkbar. Zum Beispiel wird für die Gleichrichter-
wirkung am Kontakt Metall—Halbleiter von allen Theorien die Differenz der
Austrittsarbeiten verantwortlich gemacht [11, 79, 89]: Sie fordern eine Verarmungsrandschicht, die etwa bei einem n-Halbleiter nur auftreten kann, wenn
seine Austrittsarbeit kleiner ist als die des Metalls*). Entsprechende Beobachtungen konnten an Selengleichrichtern auch tatsächlich gemacht werden
[84, 94]. Punktkontakte auf Germanium und Silizium zeigten jedoch einen
Sperreffekt, der praktisch unabhängig vom Material der Kontaktspitze war,
dafür aber in hohem Maße durch die umgebende Atmosphäre beeinflußt werden konnte[1] [10, 123].

---

*) Eine Präzisierung dieser Aussage und, wenn beide Austrittsarbeiten auf das Vakuum
   bezogen werden, auch gewisse Vorbehalte, müssen einem späteren Referat, das die
   Grenze Metall/Halbleiter behandelt, überlassen bleiben. Der Herausgeber.

[1] Anscheinend ist der Sperreffekt an die Existenz einer Oxydschicht auf dem Kristall
   gebunden [5, 37, 38]; dies wird jedoch nicht von allen Beobachtern bestätigt [2,
   3, 13].

Voltaspannungs-Messungen der (thermodynamischen) Austrittsarbeit Halbleiter—Vakuum (vgl. § 4; dort auch eine Bemerkung über die lichtelektrische
Austrittsarbeit) führten zu ähnlichen unerwarteten Ergebnissen. Wie beim
Metall ist auch beim Halbleiter die thermodynamische Austrittsarbeit Ψ
definiert als die Differenz zwischen der rein elektrostatischen Energie V_0 eines
ruhenden Elektrons dicht außerhalb der Oberfläche und der Fermienergie η
des Halbleiters. Solange nun jegliche Oberflächeneffekte fehlen, ist zwar die
Differenz zwischen V_0 und einer charakteristischen Kristallenergie (etwa der
Unterkante E_c des Leitungsbandes) eine von kleinen Änderungen der Kristall-
zusammensetzung praktisch unabhängige Größe. Aber nur bei Metallen besitzt
auch die Fermienergie die Eigenschaft einer „charakteristischen Kristallenergie"
in diesem Sinne; deshalb ist hier auch $V_0 - \eta$, d. h. die Austrittsarbeit,
praktisch unabhängig von kleinen Fremdgehalten. Beim Halbleiter ist jedoch
die Lage des Ferminiveaus im Energieschema in entscheidendem Maße vom
Störstellengehalt abhängig: sie kann sich in dem ganzen Bereich zwischen
Leitungs- und Valenzband befinden und bei hohen Dotierungen sogar in den
Bändern selbst. Solange man also nicht mit Oberflächeneffekten rechnete,
konnte man eine Abhängigkeit der Vakuumaustrittsarbeit eines Halbleiters
von seiner Dotierung erwarten, und zwar um Beträge bis in die Größe seines
Bandabstandes — für n-Silizium also z. B. einen bis zu 1,2 eV kleineren Wert
als für p-Silizium (Abb. 1). Gerade diese Erwartung konnte aber experimentell
nicht bestätigt werden; statt dessen fand man einen deutlichen Einfluß der
umgebenden Atmosphäre [18, 71, 100].

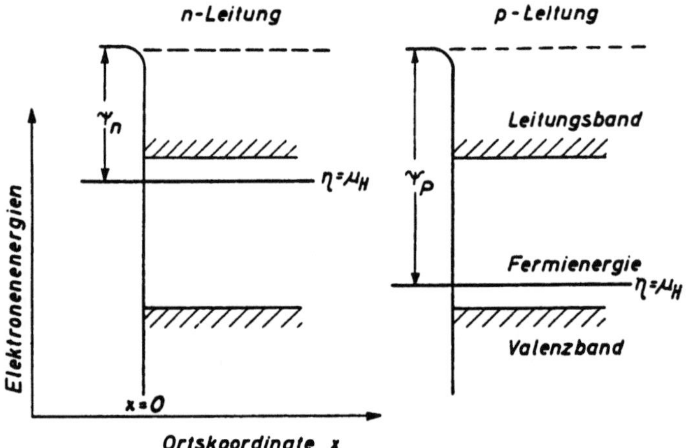

Abb. 1. Vergleich von Ψ_*-Werten bei verschiedener Dotierung. $\Psi_n - \Psi_*$ bei n-Dotierung,
$\Psi_p - \Psi_*$ bei p-Dotierung; Ψ_* = Ψ-Wert ohne Oberflächeneffekte.

Einfügung des Herausgebers. Um den zu schildernden Widerspruch zwischen Beobachtung
und Erwartung verständlich zu machen, muß allerdings schon hier auf die genaue Bedeutung von η eingegangen werden. Unter der Fermienergie η der Elektronen an einem
bestimmten Ort des Halbleiters versteht man bekanntlich die thermodynamische Arbeitsleistung (zunächst in erg pro Teilchen), die für die reversible Überführung eines ruhenden
Elektrons aus dem Vakuum nach der betrachteten Stelle des Halbleiters notwendig ist.
Voraussetzung ist dabei, daß das Elektron am betrachteten Halbleiterort sich „quasi-
thermisch" verhält; das kann für n- und p-Elektronen einzeln gelten, ohne daß $\eta_n = \eta_p$

ist; hier wird aber zunächst nur der Fall $\eta_n = \eta_p = \eta$ betrachtet. Allgemein setzt sich η zusammen (vgl. z. B. den Beitrag „Statistische Halbleiterprobleme" in Bd. I dieser Reihe) aus einem nur von den energetischen und statistischen Eigenschaften der unmittelbaren Umgebung der Halbleiterelektronen abhängigen Anteil („natürliches" chemisches Potential μ) und einem elektrostatischen Anteil $- eV$, wobei V das elektrostatische Potential am betrachteten Halbleiterort, bezogen auf ein zunächst beliebig zu wählendes Nullpotential V_{00} bedeutet. Ist V_0 das auf denselben Nullwert V_{00} bezogene Potential unmittelbar über der Halbleiteroberfläche, so ist die Arbeitsleistung für die Überführung eines Elektrons von dort nach dem betreffenden Halbleiterort durch $(\mu - eV) - (- eV_0)$ gegeben, oder wenn die elektrostatische Elektronenenergie $- eV$, abgekürzt durch ein steiles V bezeichnet, eingeführt wird*), durch $(\mu + V) - V_0 = \eta - V_0$.

Der negative Wert dieser Arbeitsleistung ist definitionsgemäß gleich der Austrittsarbeit; da die Einführung eines Elektrons von außen nach innen stets einen Energieverlust des Systems bedeutet, ist die Austrittsarbeit $\Psi \equiv V_0 - \eta$ eine positive Größe, die natürlich, wegen der gleichsinnigen Änderung von V_0 und η mit dem gewählten V_{00}-Wert, unabhängig von dessen Festlegung ist**). Da überdies η innerhalb des Halbleiters (auch bei inhomogener Dotierung und bei Auftreten von Randschichten) konstant ist und V_0, wie auch V_{00} gewählt sei, eine ebenfalls vom inneren Halbleiterort unabhängige Größe ist, wird damit auch (im thermischen Gleichgewicht) Ψ eine den Halbleiter als Ganzes charakterisierende Größe; es wird sich zeigen (§ 4a), daß sie, wenn auch nicht ihrem Absolutbetrage nach, so doch in ihren durch Dotierungs- und Atmosphärenänderung bedingten Variationen, aus Voltaspannungsmessungen gegen eine unveränderlich angenommene Bezugselektrode, mit der der Halbleiter im Elektronengleichgewicht ist, gemessen werden kann.

Zur *theoretischen Berechnung* von Ψ ist aber die Aufteilung von η in $\mu + V$ notwendig, da nur μ und $V_0 - V$ physikalisch wohldefinierte Größen darstellen. Damit geht nun doch in die Berechnung wieder der Halbleiterort ein, für den man μ und $V_0 - V$, die ja einzeln keineswegs konstant sind, bestimmen will. μ ist durch die (von der Dotierung unabhängig anzugebende) Energie E_c ($=$ „natürlicher" Anteil der (stets negativen) Eintrittsarbeit, die bei Überführung eines ruhenden Elektrons von außen in den Ruhezustand im Leitungsband geleistet wird) und durch einen nur von der Elektronenkonzentration n (oder p) abhängigen statistischen Anteil (häufig mit ζ bezeichnet) gegeben, der bekanntlich bei nicht zu großen n- (oder p-) Werten durch $kT \ln n/N_c$ (N_c Entartungskonzentration) gegeben ist. Die Bestimmung von Ψ in Abhängigkeit von Atmosphäre und Dotierung läßt sich also nur ausführen, wenn für irgendeinen, zunächst willkürlichen, Punkt im Halbleiterinnern n und $V_0 - V$ in Abhängigkeit von den physikalisch-chemischen Bedingungen einzeln bestimmbar ist. Das ist z. B. bei sehr dünnen Halbleiterschichten, die auf einer Metall- oder anderen Halbleiterunterlage aufsitzen, oder auch als freie Lamellen auftreten, nicht ohne physikalische Untersuchung der gesamten n- und V-Verteilung möglich; im folgenden soll aber nur auf dicke Halbleiterschichten Bezug genommen werden, in denen sich in einer Entfernung von der Oberfläche, die klein gegen die Gesamtdicke ist, ein *Neutral*gebiet ausgebildet hat. Das setzt natürlich auch eine hinreichende Homogenität der Dotierung unterhalb der Oberfläche voraus; es darf sich z. B. nicht in unmittelbarer Nähe der Oberfläche ein dotierungsbedingter p, n-Übergang befinden, innerhalb dessen ja die Neutralitätsforderung durchbrochen ist. Werden solche Fälle ausgeschlossen, so wird n durch etwaige weiter inner-

---

*) Statt die Energiegröße $V = - eV$ einzuführen, kann man auch V beibehalten und „μ" $= \mu/e$ sowie „η" $= \eta/e$ als im Spannungsmaß gerechnete chemische Potentiale einführen, was der üblichen eV-Angabe für diese Potentiale entspricht. Es wird dann „η" $=$ „μ" $- V$ und statt kT tritt überall $kT/e = \mathfrak{B}$ auf. Diese Bezeichnungswahl ist in dem genannten früheren Artikel zugrunde gelegt.

**) Würde man V_{00} so wählen, daß $V_0 = 0$ ist — diese Wahl ist z. B. im Referat 1 dieses Bandes getroffen —, so wäre direkt $\Psi = - \eta$; im vorliegenden Referat ist jedoch V_H (s. w. u.) $= 0$ gesetzt. Das hat zweifellos Vorteile, kompliziert aber doch, wie man sieht, die maßgebenden Grundbeziehungen in gewissem Grade.

halb auftretende Dotierungshomogenitäten nicht mehr beeinflußt; die einfachsten Verhältnisse erreicht man, wenn man den inneren Aufpunkt an der äußeren Grenze der an eine etwaige Außenrandschicht angrenzenden Neutralzone wählt. Die Dotierung dieses Grenzbereichs bestimmt dann, unabhängig von den Verhältnissen weiter innen, die Größe n. Den Wert von n in einem solchen Neutralgebiet bezeichnen wir mit n_H, den μ-Wert mit μ_H. Da die Neutralitätsbedingung auch im allgemeinsten Fall verschiedener Störstellenarten ausreicht, um, zusammen mit den Gleichgewichtsbedingungen (Massenwirkungsgesetze) für die Umladung der Störstellen, n und p im Gleichgewicht eindeutig zu bestimmen, ist damit die Dotierungsabhängigkeit von μ_H gegeben; eine Atmosphärenabhängigkeit könnte nur über einen Einfluß auf die Dotierung des H-Gebietes eintreten und ist somit bei tieferen Temperaturen ausgeschlossen, wäre allerdings bei höheren Temperaturen stets nachzuprüfen. Bei homogener Dotierung — dem theoretisch zunächst wichtigsten Fall — ist überdies μ im ganzen Halbleiterinnern konstant $= \mu_H$, und damit auch V konstant $= V_H$; die Beziehung $\Psi = -\mu_H + (V_0 - V_H)$ gilt dann mit konstantem μ_H und V_H für jeden im neutralen Halbleiterinnern gewählten Aufpunkt.

Bei der Bestimmung von $V_0 - V_H$ spielt die im weiteren Haupttext entwickelte Annahme von *Bardeen*, wonach von dem H-Gebiet zur Oberfläche hin ein *stetiger* Potentialanstieg stattfindet, dessen Randfeldstärke durch Oberflächenladungen kompensiert (bzw. von ihnen erzeugt) wird, eine maßgebende Rolle. Hierbei wird noch die Voraussetzung gemacht, daß zwischen der äußersten Oberflächenschicht des Halbleiters und dem unmittelbar angrenzenden Vakuum entweder überhaupt kein oder nur ein von der Dotierung und Atmosphäre unabhängiger elektrischer Potential*sprung* auftritt; im letzteren Fall läßt sich dieser Potentialsprung formal in μ_H einbeziehen, das dadurch in seinem Absolutbetrag gegenüber einem ohne Potentialsprung theoretisch berechneten Wert etwas verändert wird. Da aber die theoretische Berechnung der Absolutwerte von μ_H ohnehin nicht genauer durchgeführt werden kann, hat das auf die ganze Betrachtung keinen Einfluß. Dann ist aber $V_0 - V_H$ gleich der im folgenden mit V_D („äußeres Diffusionspotential" im Elektronenenergiemaß, $= -eV_D$) bezeichneten elektrostatischen Energiedifferenz zwischen der äußersten Halbleitergrenze und dem Neutralgebiet zu setzen, und es wird $\Psi = -\mu_H + V_D$.

Die Verhältnisse sind in den Abbildungen 2a und 2b erläutert, wo als Abszisse der Abstand x von der Halbleitergrenze ($= 0$ für die Grenze selbst) aufgetragen ist, und als Ordinate die für die Berechnung von Ψ maßgebenden Energien. In Abb. 2a ist $V_D = 0$ angenommen; es hat dann die Energie der ·Leitungsbandkante einen festen Absolut-

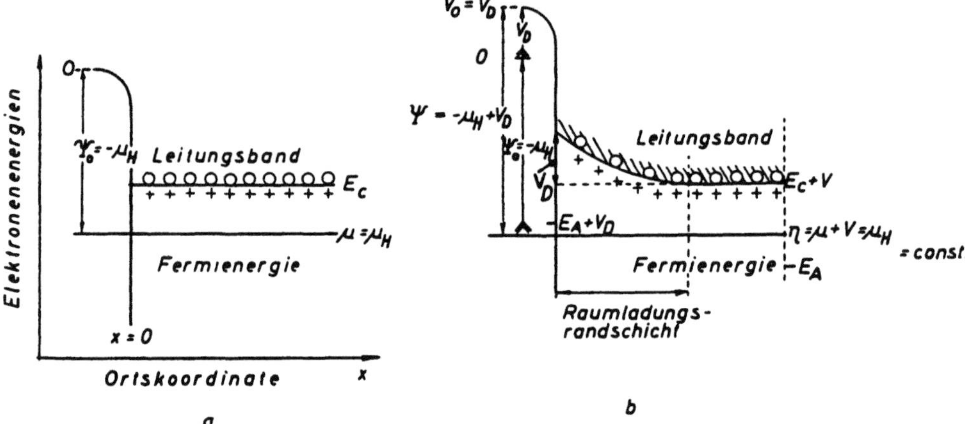

Abb. 2. Energieschema eines Halbleiters, ohne (2a) und mit (2b) Bandaufwölbung an der Oberfläche. Die Austrittsarbeit ist ohne Bandaufwölbung eine (durch die Dotierung eindeutig bestimmte) Größe $\Phi_0 = -\mu_H$; mit Bandaufwölbung wird $\Phi (= V_0 - \eta) = (V_0 - V_H) - \mu_H = (-\mu_H) + V_D$.

wert E_c (< 0 für $x > 0$), der Abstand $E_c - \mu_H$ und damit die Absolutlage von μ_H ist durch die Dotierung festgelegt; außen ist die Elektronenenergie gemäß der Definition von E_c und μ_H gleich 0. (Die Valenzbandkante ist in dem Beispiel Abb. 2 wesentlich unterhalb μ_H angenommen und nicht eingezeichnet.)

In Abb. 2b ist dagegen ein positiver Wert von V_D angenommen, von dessen Ursache im folgenden ausführlich die Rede sein soll (die eingezeichneten Niveaus E_A und $E_A + V_D$ beziehen sich auf diese späteren Betrachtungen, die ausführlich im § 7 diskutiert werden). Hier spielen im Energieschema die Absolutwerte und Variationen der elektrostatischen Energie V eine maßgebende Rolle; der Absolutbetrag der Energie ist hier und im folgenden so festgelegt, daß $V_H = 0$ gesetzt wird. Man sieht, daß jetzt das resultierende Energieniveau der Leitungsbandkante nach $x = 0$ hin zunehmend ansteigt und an der Grenze um den Betrag V_D oberhalb E_c ($+ V_H$) liegt; im gleichen Maße wird das äußere Niveau V_0 angehoben, so daß die Austrittsarbeit $V_0 - \eta$ nunmehr auf den Wert $-\mu_H + V_D = \Psi_0 + V_D$ ansteigt. (Das Niveau, das ein Elektron außen besitzen würde, wenn es auf dem elektrostatischen Potential V_H wäre, liegt um $-\mu_H = \Psi_0$ über der Fermienergie; bei $V_H = 0$ ist es das Nullniveau des ganzen Schemas, vgl. Abb. 2b.)

Um die weitgehende Unabhängigkeit der Austrittsarbeit von der Dotierung, die man beobachtet hatte, deuten zu können, kann und muß man nach dem Vorangehenden also annehmen, daß eine selbst dotierungsabhängige elektrostatische Energiedifferenz V_D zwischen der äußersten Grenze des Halbleiters und seinem Innern besteht, die eine Verschiebung des Ferminiveaus (also eine μ_H-Variation) als Folge unterschiedlicher Dotierung weitgehend kompensiert. Um das Auftreten eines solchen V_D-Wertes zu erklären, zog 1947 *Bardeen**) folgende Vorstellung heran [6].

Entsprechend den Störstellen im Innern des Halbleiters sollen auch an der Oberfläche Energieniveaus existieren, die für Elektronen erlaubt sind, obwohl sie im Bereich der verbotenen Zone liegen. Grundsätzlich können derartige „Oberflächenzustände" allein deshalb entstehen, weil die Periodizität des Kristalls an der Oberfläche unterbrochen ist. Darauf hat bereits 1932 *I. Tamm* [114] hingewiesen. Seither sind diese „*Tamm*schen Niveaus" theoretisch mehrfach behandelt worden (vgl. z. B. [101], dort auch weitere Literatur), experimentell konnte ihre Existenz allerdings noch nicht sicher nachgewiesen werden [36][1]. Elektrisch den gleichen Effekt haben jedoch auch Fremdatome, die sich an der Oberfläche anlagern. Z. B. wird ein adsorbiertes neutrales Sauerstoffatom die Neigung haben, ein Elektron recht fest zu binden, um so zum negativen Ion zu werden. Das heißt in der Sprache des Bändermodells, daß an der Oberfläche des Halbleiters, und zwar am Ort des adsorbierten Atoms, ein neues, für Elektronen erlaubtes, aber zunächst unbesetztes Akzeptoren-

---

*) Frühere Betrachtungen von *P. Brauer* 1935/36 [18a, 18b], die sich auf die Beobachtung eines Wasserdampfeinflusses auf die elektronische Leitfähigkeit und Hallkonstante von Cu_2O stützten (ähnliche Beobachtungen gleichzeitig bei *L. Dubar* [34a]), haben mit den *Bardeen*schen Vorstellungen das gemein, daß sie ebenfalls Oberflächentraps [„Steuerung der (Defekt-) Elektronenkonzentration des ganzen Kristalls durch stark elektronenbindende bzw. ablösende Vorgänge an der Oberfläche"] als Ursache für eine rein elektronische Leitfähigkeitsänderung des Kristalls in Erwägung ziehen. Es fehlt aber bei *Brauer* noch die Vorstellung, daß mit solchen Bindungsvorgängen eine Oberflächen-Umladung des Kristalls und damit eine in den Halbleiter eingreifende Feldstärkenänderung verbunden ist, und daß diese Feldstärke innerhalb einer gewissen Raumladungsschicht abgefangen und so die Konzentrationsänderung auf eine Randschicht beschränkt wird. D. H.

[1]) Nachgewiesen werden konnte dahingegen, daß Gitterfehlstellen, die durch plastische Verformung erzeugt worden sind, zur Bildung von Akzeptoren führen [82], und daß sich Korngrenzen wie eine Ansammlung von Akzeptoren verhalten (z. B. [69]).

niveau A entstanden ist, dessen V-unabhängiger Anteil mit E_A (< 0) bezeichnet wird. Hierbei wird E_A von der Gesamtdichte N_A und dem Ladungszustand der übrigen A-Niveaus unabhängig angenommen*), es wird jedoch sowohl von dem betreffenden Fremdatom wie von dessen Beeinflussung durch die Nahewirkung des angrenzenden Halbleitergitters (vgl. § 4a) abhängen. Es bedeutet den elementaren Energieaufwand (< 0), um ein Elektron aus einem äußeren mit A potentialgleichen Gebiet an den Ort eines unbesetzten A-Niveaus zu bringen. E_A hat also, ebenso wie E_c, E_v und μ_H, einen von elektrostatischen Potentialunterschieden unabhängigen Absolutwert und damit eine feste Lage gegenüber dem μ_H- ($= \eta$-)Wert und den Bandkanten im Halbleiterinnern (Abb. 2b rechts).

Liegt nun E_A unterhalb $\eta = \mu_H$ (V_H wird im folgenden immer gleich Null gesetzt) und ist zunächst $V_D = 0$, so liegt auch an der Oberfläche, wo A das Niveau $E_A + V_D$ hat, das A-Niveau unterhalb η. Infolgedessen werden die A-Stellen mit Elektronen besetzt, die Oberfläche lädt sich negativ auf, V_D wird > 0, und es tritt zur Oberfläche eine Bänderaufwölbung (Raumladungsrandschicht) auf, die dort zu einer Elektronenverarmung führt (Einfluß auf die Längsleitfähigkeit an der Oberfläche s. w. u.). Gleichzeitig wird aber auch die Austrittsarbeit $\Psi = - \mu_H + V_D$ gegenüber dem A-freien Fall erhöht. Solange nur wenige Atome adsorbiert sind, werden (bei $\mu_H > E_A$) alle Atome vollständig umgeladen; dann bestimmt ihre Zahl im wesentlichen die Höhe der Potentialaufwölbung. Ist ihre Flächendichte N_A jedoch so hoch (etwa 10^{12} Atome/cm²), daß ihre vollständige Umladung das A-Niveau an der Oberfläche über das Fermi-Niveau heben würde, so werden sie nur teilweise umgeladen. Dann schiebt sich ihr Energieniveau praktisch auf das Ferminiveau, unabhängig von dessen Lage. Damit wird aber auch die Austrittsarbeit des Halbleiters unabhängig von seiner Dotierung und allein durch die Lage von E_A zwischen den Bandkanten E_c und E_v bestimmt. Damit wird, mit geeigneten Annahmen über E_A und N_A, die Dotierungsunabhängigkeit von Ψ bei gleichzeitiger Atmosphärenabhängigkeit (Variation von E_A) verständlich. (Näheres zu diesen Überlegungen s. § 7b.)

An diesen Verhältnissen wird auch ein aufgesetzter Metallkontakt nichts Wesentliches ändern, solange er die Adsorptionsschicht nicht durchstößt. Ein an ihm beobachteter Sperreffekt rührt dann aber her von einer Sperrschicht, die schon vor Aufbringen des Metalls von den Oberflächenzuständen erzeugt worden war und darum von dessen Austrittsarbeit unabhängig ist.

Einen unmittelbaren Hinweis auf die Existenz von nur teilweise umgeladenen Oberflächenzuständen hoher Flächendichte gaben *Shockley* und *Pearson* 1948 durch folgenden Versuch [98]: sie influenzierten durch ein äußeres elektrisches Feld zusätzliche Defektelektronen in eine dünne, im Vakuum aufgedampfte, p-leitende Schicht Germanium hinein und beobachteten dabei die Änderung des Schichtwiderstandes in Längsrichtung. Sie war wesentlich kleiner, als die Zahl der aus dem Außenfeld berechneten zusätzlichen Ladungsträger erwarten ließ; die meisten von ihnen waren also in Oberflächenzuständen festgelegt worden und fielen deshalb für den Stromtransport aus.
Bei den weiteren Untersuchungen an der Germaniumoberfläche wurde 1948 der Transistor entdeckt. Es ist verständlich, daß in der nächsten Zeit diesem

---

*) Sonst könnte man nicht mit einer festen Lage dieses Niveaus rechnen. D. H.

technisch so wichtigen Effekt mehr Aufmerksamkeit gewidmet wurde als der Oberfläche selbst. Man war jetzt in der Lage, die Konzentration der beweglichen Ladungsträger durch „Injektion" erheblich über den (p, n)-Gleichgewichtswert zu steigern und anschließend genau zu beobachten, wie sich das thermische Gleichgewicht durch „Rekombination" von Löchern und Elektronen wieder einstellt. 1949 erkannten *Suhl* und *Shockley*, daß eine solche Wiedervereinigung bevorzugt an der Oberfläche erfolgen kann [112]. Es liegt nahe, für diese „Oberflächenrekombination" die adsorbierten Fremdatome als Rekombinationszentren verantwortlich zu machen.

Endlich muß bei einer hinreichend dünnen Probe die an der Oberfläche auftretende Änderung der Längsleitfähigkeit (s. oben) den gesamten elektrischen Längsleitwert wesentlich beeinflussen. Tatsächlich beobachtete Morrison 1953 [77], und kurz darauf *Clarke* [27, 28], daß sich der Leitwert eines Ge-Stäbchens durch Tempern in verschiedenen Atmosphären reversibel verändern läßt*). Schließlich kann die Potentialaufwölbung sogar zu einem Wechsel des Leitungstyps in der Randschicht führen („Inversionsschicht"). Das bedeutet dann, daß sich z. B. auf der p-leitenden Basis eines n-p-n-Transistors ein n-leitender „Channel" befindet, der für den n-p-n-Übergang einen n-n-n-Nebenschluß hervorruft (*Brown* 1953 [19]). Aber auch bei einfachen p-n-Übergängen bedeuten Channels eine unwillkommene Erhöhung des Sperrstromes.

Einen wesentlichen Fortschritt brachten die zu Beginn des Jahres 1953 veröffentlichten Messungen von *Brattain* und *Bardeen* [16]. Ihnen gelang es, die Austrittsarbeit des Germaniums durch einfachen Wechsel der umgebenden Atmosphäre reproduzierbar zwischen zwei Extremwerten zu verändern. Diese wurden erreicht durch ozonhaltigen Sauerstoff einerseits und durch feuchten Sauerstoff andererseits. Die Oberflächenrekombination änderte ihren Wert bei diesen Versuchen jedoch nicht (allerdings im Gegensatz zu späteren Beobachtungen anderer Autoren). Diese Konstanz führte *Brattain* und *Bardeen* zu einem neuen Modell der Oberfläche: auf dem Halbleiter soll eine dünne, isolierende Zwischenschicht (z. B. eine Oxydschicht) liegen. Durch die Adsorption selbst werden nur Elektronenniveaus an der *Außen*seite dieser Schicht erzeugt. Weitere Niveaus liegen aber an der Grenze zwischen Halbleiter und Oberflächenschicht und diese wirken insbesondere als Rekombinationszentren. Ihre Zahl wird durch die Adsorption nicht beeinflußt, die Oberflächenrekombination kann also konstant bleiben (vgl. § 8 b).

In mancher Beziehung ähnlich wie freie Oberflächen verhalten sich Korngrenzen, also „innere" Kristalloberflächen [69, 97]: Sie zeigen eine erhöhte Rekombination [35, 51, 118], eine „Oberflächenleitung" [116] und auch Sperreigenschaften [70, 80], sofern sie sich in n-Germanium befinden. Der Sperreffekt verschwindet, wenn man den Kristall — etwa durch Nukleonenbeschuß — zum Defektleiter macht [81, 115]. Man kann eine Korngrenze deshalb beschreiben als eine flächenhafte Ansammlung von Akzeptoren.

In der letzten Zeit ist eine große Zahl weiterer Arbeiten erschienen, die z. T. verbesserte Meßverfahren entwickeln, verschiedene Meßmethoden miteinander kombinieren oder die theoretischen Vorstellungen und Rechenverfahren verfeinern. Gemeinsames Ziel aller Untersuchungen muß zunächst einmal sein,

---

*) An Cu_2O waren solche durch Oberflächenterme gedeuteten Effekte schon seit längerer Zeit bekannt. Vgl. Anm. zu S. 81. D. H.

quantitative Aussagen über die Oberflächenzustände zu machen, nämlich über ihre Flächendichte, ihre energetische Lage, ihre Wechselwirkung mit Leitungs- und Valenzband und ihre chemische Natur. Zahlenmäßig auswertbare Ergebnisse liegen allerdings bisher nur in Einzelfällen vor [15, 21, 68, 77, 103]. Die wichtigsten Erkenntnisse sind gewonnen worden aus Messungen

> der Oberflächenrekombination,
> der Austrittsarbeit (ohne und mit Bestrahlung),
> der Oberflächenleitung.

Für jede dieser drei Größen sollen in einem der folgenden Paragraphen (§§ 3 bis 5) Meßergebnisse und Deutungen besprochen werden, soweit das ohne Rechnung möglich ist. Dabei wird die Oberflächenrekombination etwas ausführlicher behandelt, weil sie eine für den Halbleiter typische Erscheinung ist. Zu den beiden anderen Effekten finden sich Analogien auch bei den Metallen [113]. Die §§ 6 bis 11 befassen sich dann mit den exakten theoretischen Vorstellungen.

§ 3. Oberflächenrekombination

a) Definition

Die Auswirkung der Oberflächenrekombination soll hier an Hand eines Gedankenexperimentes erläutert werden, das mit nur geringen Änderungen auch tatsächlich zur Messung dienen kann. Läßt man auf ein n-leitendes Germaniumscheibchen Licht geringer Eindringtiefe fallen (sichtbares Licht), so werden unmittelbar unter der Oberfläche Elektronen und Defektelektronen optisch erzeugt und diffundieren, dem Konzentrationsgefälle folgend, ins Innere des Kristalls. (Photodiffusion, z. B. [78].) Der elektrische Gesamtstrom ist Null, weil beide Ladungsträger in gleicher Zahl wandern; zum Nachweis muß man sie also voneinander trennen. Das kann z. B. durch einen p-n-Übergang geschehen, der parallel zur belichteten Oberfläche quer durch den Kristall verläuft; während die Defektelektronen ungehindert in die p-Zone eindringen, werden die Elektronen von der Raumladung aufgehalten und können durch einen äußeren Stromkreis abgeführt werden, in dem ein Meßinstrument liegt (Abb. 3, oberes Teilbild). Es handelt sich also um den üblichen Sperrschichtphotoeffekt, jedoch ausgeführt mit Ladungsträgern, die nicht im Bereich

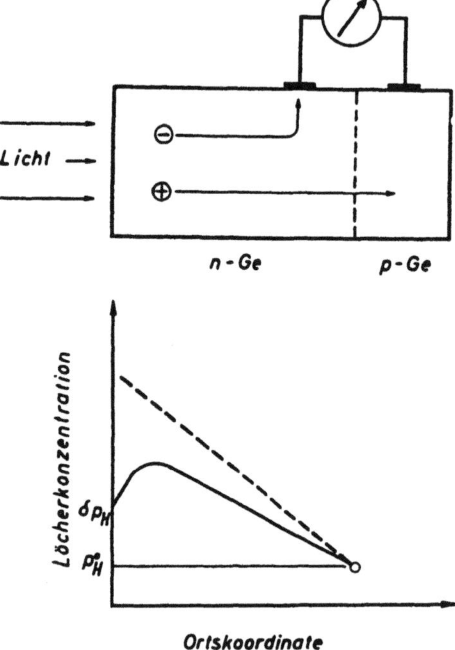

Abb. 3.
Nachweis der Oberflächenrekombination durch Photoeffekt. Oberes Teilbild: Meßanordnung, schematisch. Unteres Teilbild: Verlauf der Löcherkonzentration ohne Rekombination (gestrichelt), mit Oberflächenrekombination (ausgezogen). p_H^0 Gleichgewichtskonzentration im Dunkeln.

der p-n-Übergangsschicht erzeugt werden, sondern erst durch feldfreie *) Diffusion zu ihr gelangen. Die stationäre Löcherverteilung (p-Verteilung) und damit der beobachtete p-Strom zur n-p-Grenze werden dabei durch eine etwa vorhandene Oberflächen- und Volumenrekombination maßgebend beeinflußt. Lediglich die Löcherdichte an der n-Seite der Sperrschicht kann praktisch unverändert auf ihrem Dunkelwert p_H^0 bleiben, wenn nämlich der Photostrom so klein ist, daß der „Kurzschluß" durch das Meßinstrument keine wesentliche Spannung über der Sperrschicht auftreten läßt (diese Bedingung war bei den weiter unten erwähnten Experimenten erfüllt). Ist nun weder Volumen- noch Oberflächen-rekombination vorhanden, so tritt bei der gewählten kleinen Licht-Eindring-tiefe ein konstantes p-Konzentrationsgefälle zwischen Oberfläche und p_H^0-Ge-biet auf (gestrichelte Gerade im unteren Teilbild der Abb. 3). In diesem Fall werden also alle optisch erzeugten Ladungsträger von der Messung erfaßt, indem die stationäre p-Konzentration an der Oberfläche gerade so weit ansteigt, daß alle p durch Diffusion weggeschafft werden. Wesentlich anders verläuft die Löcherdichte, wenn durch Oberflächenrekombination — die Volumenre-kombination werde der Einfachheit halber auch hier $= 0$ angenommen — Ladungsträger in der Oberfläche verloren gehen. Da das Licht die Ladungsträger nicht *in* der Oberfläche erzeugt, sondern in einer dünnen Schicht *unter* ihr, können sie durch einen (entgegengesetzten) Diffusionsstrom zur Oberfläche gebracht werden und dort rekombinieren. Stationär wird sich also ein Kon-zentrationsgefälle auch zur Oberfläche hin ausbilden und damit ein Dichte-maximum, wie es das untere Teilbild der Abb. 3 schematisch zeigt. Die Folge ist ein rückwärtsgerichteter Teilchen-Diffusionsstrom

$$ j_p \left(= \frac{i_p}{e} \right) = \delta p_H \cdot s $$

($e = $ Elementarladung, $\delta p_H = $ resultierende Konzentrationserhöhung der Löcher im Neutralgebiet unmittelbar unter der Oberfläche), in dem die Löcher in einer durch den Koeffizienten s gegebenen Anzahl zur Oberfläche wandern. s hat hierbei die Bedeutung einer mittleren Geschwindigkeit, mit der sich sämtliche δp_H zur Oberfläche zu bewegen scheinen; sie bekommt den Namen „Oberflächenrekombinationsgeschwindigkeit".

Freilich läßt sich weder s noch j_p unmittelbar messen, die zur Oberfläche abge-wanderten Löcher fehlen aber dem Diffusionsstrom j_p nach innen. Durch die Oberflächenrekombination wird also i_p (und damit die „Empfindlichkeit" des Photoelementes) herabgesetzt; daraus läßt sich wiederum s bestimmen (siehe [43]).

Abb. 4 zeigt die spektrale Verteilung der Empfindlichkeit eines nach diesem Prinzip arbeitenden Germanium-Photoelementes[1]) mit sehr hoher Ober-flächenrekombination. Dementsprechend ist auch die Empfindlichkeit bei kurzen Wellen (kleine Eindringtiefe) sehr gering. Steigert man jetzt die Ein-dringtiefe dadurch, daß man zu längeren Wellen übergeht (der spektrale Be-reich liegt diesseits und jenseits der Eigenabsorptionskante), so werden die La-dungsträger in größerer Entfernung von der freien Oberfläche und in kleinerer

---

*) Die n-Majorität sorgt unabhängig von Rekombinationseffekten dafür, daß im Diffusionsgebiet nahezu keine elektrischen Felder auftreten.
[1]) Es war lediglich der p-n-Übergang durch einen Gold-Kontakt ersetzt worden.

von der Sperrschicht erzeugt. Es erreichen also mehr Löcher das Raumladungsgebiet, die Empfindlichkeit steigt an. Sie fällt erst wieder ab, wenn bei noch
größerer Eindringtiefe ein wesentlicher Teil des Lichtes auf der Rückseite des
Photoelementes wieder austritt. Die ausgezogene Kurve der Abb. 4 wurde
mit $s = 6 \cdot 10^5$ cm/sec berechnet [43].

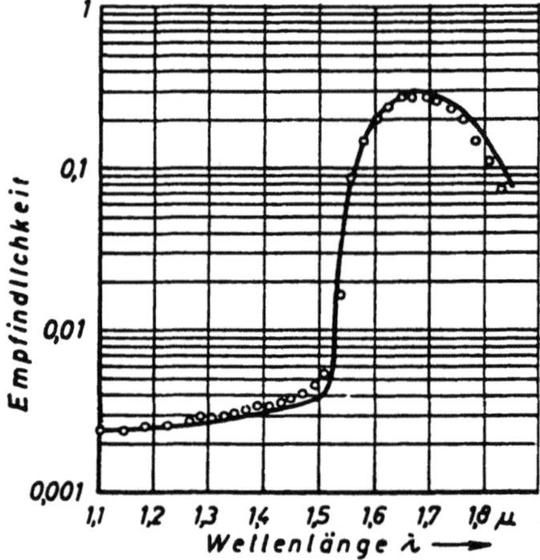

Abb. 4. Spektrale Verteilung des Photoeffektes nach Abb. 3.

$$\text{Empfindlichkeit} = \frac{\text{Zahl der gemessenen Ladungsträgerpaare}}{\text{Zahl der eingestrahlten Lichtquanten}}$$

Ihren größtmöglichen Wert erreicht die Oberflächenrekombinationsgeschwindigkeit dann, wenn jedes überschüssige Elektron, das durch seine thermische
Bewegung an die Grenze des Neutralgebietes*) unter der Oberfläche des
Kristalls gebracht wird (Konzentration $p_H^0 + \delta p_H$), an der Oberfläche re-
kombiniert. s entspricht dann der thermischen Geschwindigkeit s_{th} (bei Zimmertemperatur etwa 10^7 cm/sec). Tatsächlich wird jedoch der weitaus größte
Teil der aus dem Neutralgebiet gegen die Oberfläche bewegten Ladungsträger wieder zurück in das Kristallinnere reflektiert; zwischen der effektiven Wahrscheinlichkeit R einer solchen Reflexion und der Oberflächenrekombinationsgeschwindigkeit besteht definitionsgemäß der Zusammenhang
$s = s_{th} (1 - R)$ [50].

---

*) Der Herausgeber muß hier die Verantwortung dafür übernehmen, daß bei der
Definition von s ausdrücklich Bezug auf die (Zusatz-) Konzentration an der Rand-
schichtgrenze des *Neutralgebietes* genommen wurde; nach Ansicht von Herrn *Harten*
kann bei einer allgemeinen Definition von s unter δp_H einfacher und allgemein die
Zusatzkonzentration „unmittelbar unter der Oberfläche" verstanden werden. Gegen
diese Konzeption spricht aber, daß beim Auftreten von Randschichten (allgemeiner
Fall!) δn und δp unmittelbar unter der Oberfläche nicht mehr gleich und außerdem
nicht direkt aus Beobachtungen bestimmbar sind. Da nun die Bestimmung von s
(z. B. $= j/\delta p$) nicht nur die Ermittlung von j, sondern auch von δp (bzw. δn) voraussetzt, verliert damit der so aufgefaßte s-Begriff die ihm zuerkannte Schlüsselbe-
deutung. Die Bezugnahme auf $\delta n_H = \delta p_H$ (Zusatzkonzentration am Außenrande des
Neutralgebietes) scheint also auch im allgemeinen Fall kaum entbehrlich. Weiteres
siehe unter § 7f.

b) Meßverfahren

Viele Verfahren, die ursprünglich zur Messung der „Lebensdauer", also der Volumenrekombination, entwickelt wurden (Zusammenstellung bei *A. Hoffmann* [47], ferner [44, 62, 92, 102]), sind inzwischen auch zur Messung der Oberflächenrekombination herangezogen worden [44, 48, 50, 58, 61, 64, 92, 109]. Das ist aus folgendem Grunde möglich: Bei allen Meßverfahren wird zunächst die Ladungsträgerkonzentration gegenüber dem Gleichgewichtswert verschoben, sei es durch Injektion oder Extraktion von Trägern oder durch Lichteinstrahlung, stationär oder impulsmäßig. Es wird dann ihr zeitliches Ab- oder Anklingen oder ihr örtlicher Abfall bestimmt und daraus die „Lebensdauer τ_w" berechnet. Hierbei mittelt die Messung stets über einen kleineren oder größeren Bereich der Probe, und nur, wenn dieser Bereich hinreichend weit von den Oberflächen des Meßobjektes entfernt ist, wird τ_w mit der „Volumenlebensdauer τ_v" übereinstimmen. Andernfalls hat auch die Oberflächenrekombination einen Einfluß auf den Abfall der Konzentration und damit auf das Meßergebnis. Sofern nun aus den Messungen ein einheitlicher Wert für τ_w entnommen werden kann (vgl. [96], S. 319ff.), solange sie also formal gedeutet werden können durch die Annahme, daß in dem interessierenden zeitlichen und räumlichen Bereich die Ladungsträger nach einer einfachen Exponentialfunktion rekombinieren, solange läßt sich auch die Oberflächenrekombination durch eine additive Größe berücksichtigen [96]:

$$\frac{1}{\tau_w} = \frac{1}{\tau_v} + \frac{1}{\tau_0} \cdot$$

Die Größe τ_0 hängt hier außer von der Oberflächenrekombinationsgeschwindigkeit s auch von der Geometrie der Probe ab, z. B. ist für eine unendliche Scheibe der Dicke X bei kleinem s

$$\tau_0 = \frac{X}{2\,s} \cdot$$

Umgekehrt ist es nun aber auch möglich, aus der gemessenen „wirksamen" Lebensdauer τ_w die Oberflächenrekombinationsgeschwindigkeit zu bestimmen, wenn man die Geometrie der Probe und die Volumenlebensdauer τ_v des Materials kennt.

Zum ersten Male gemessen wurde die Oberflächenrekombination mit Hilfe des Suhleffektes [112] (siehe auch [7, 49, 85, 96]). Abb. 5 zeigt schematisch die Meßanordnung: Der Emitter E injiziert in einen Fadentransistor Defektelektronen, die der Hilfsstrom I_c erfaßt und zu den Kollektoren P_1 und P_2

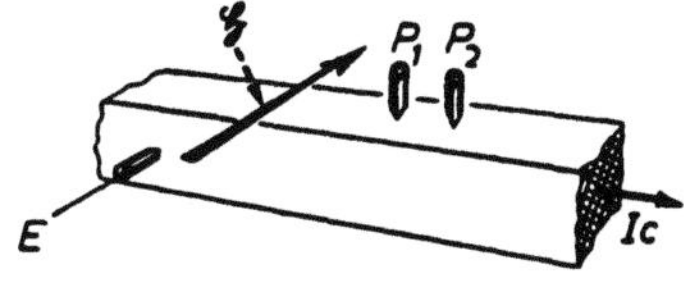

Abb. 5.

Meßanordnung zum Suhleffekt. E = Emitter, P_1, P_2 = Kollektoren, I_c = Hilfsstrom, ̫ = Magnetfeld (nach *Shockley* [96]).

hinübertreibt. In Abb. 6 sind die Bahnen dieser Ladungsträger schematisch eingetragen worden. Es ist nun möglich, durch ein Magnetfeld diese Bahnen auf die eine Seite des Transistorfadens abzudrängen, die Kollektoren P_1 und P_2 registrieren dann eine Erhöhung der Löcherdichte, P_3 und P_4 dahingegen eine Erniedrigung. Gleichzeitig gewinnt aber auch die Oberflächenrekombination einen größeren Einfluß: ein Teil der Löcherbahnen endet auf der Oberfläche,

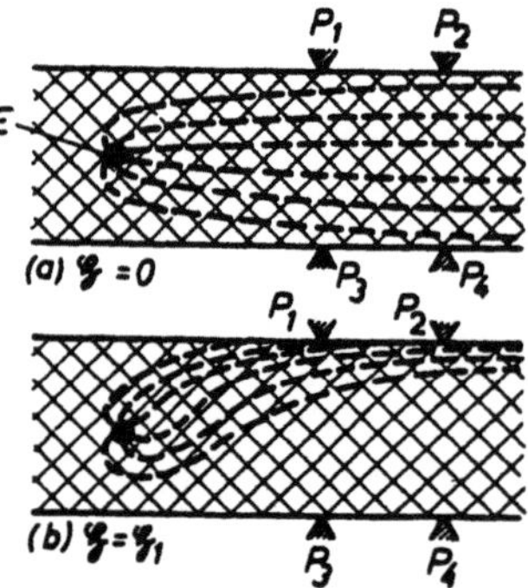

Abb. 6.
Bahnen der Löcher beim Suhleffekt
(nach *Shockley* [96]).

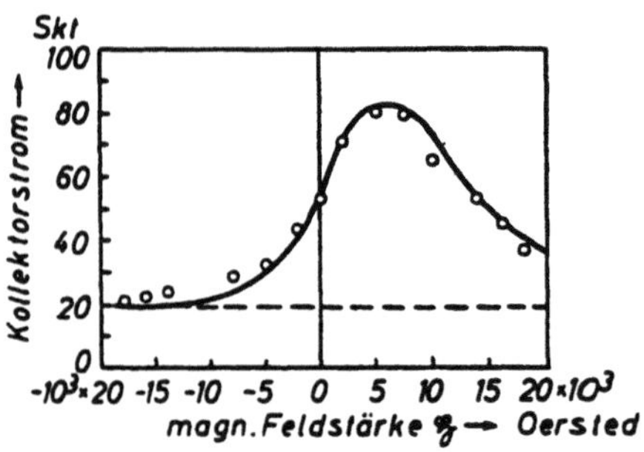

Abb. 7.
Kollektorstrom beim Suhleffekt in Abhängigkeit
vom Magnetfeld. Die ausgezogene Kurve ist gerechnet mit $s = 1500$ cm/sec (nach *Shockley* [96]).

und zwar um so früher, je stärker das Magnetfeld ist. Infolgedessen nimmt die Löcherkonzentration mit wachsendem Magnetfeld zunächst bei P_2 und dann auch bei P_1 wieder ab. In Abb. 7 ist der Strom eines solchen Kollektors in Abhängigkeit vom Magnetfeld aufgetragen worden, Emitterstrom und Hilfsstrom I_c blieben bei der Messung konstant. Die ausgezogene Kurve wurde mit $s = 1500$ cm/sec berechnet [96].

Daß an Korngrenzen die Rekombination erhöht ist, läßt sich leicht mit dem von *Morton* und *Haynes* angegebenen Verfahren zur Messung der Lebensdauer [117] zeigen. Bei ihm wird auf die ebene Oberfläche der Probe ein Punktkontakt aufgesetzt und der von ihm aufge-

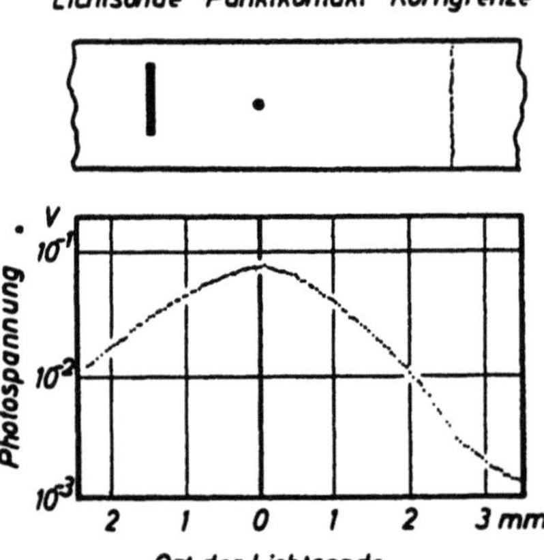

Abb. 8. Wegen der erhöhten Rekombination in der
Korngrenze fällt der von dem festen Punktkontakt
registrierte Photostrom rascher ab, wenn sich die
bewegliche Lichtsonde im Bereich der Korngrenze befindet (nach *Vogel, Read* und *Lovell* [118]).

sammelte Löcherstrom gemessen, den eine schmale Lichtsonde erzeugt (Abb. 8, [118]). Dabei läßt sich der Abstand zwischen Punktkontakt und Licht-sonde kontinuierlich verändern. Normalerweise fällt nun der Photostrom mit steigendem Abstand nach einer Hankel-Funktion ab, und zwar um so rascher, je höher die Volumen-Rekombination ist*). Befindet sich jedoch senkrecht

---

*) Diese Aussage gilt nicht nur bei reiner Volumrekombination, sondern auch bei zu-
sätzlicher Oberflächenrekombination, sofern nur ein τ_w-Wert im eingangs angegebenen Sinne definierbar ist.

zur Oberfläche der Probe eine Korngrenze, so bekommt der Verlauf des Photostromes einen Knick, sobald die Lichtsonde über die Korngrenze hinweggleitet: durch die erhöhte Rekombination in der Korngrenze wird ein Teil der vom Licht erzeugten Ladungsträger abgefangen. Demgegenüber hat eine Zwillingsgrenze keinen Einfluß auf die Rekombination [12].

c) Meßergebnisse

Tabelle 1. Oberflächenrekombination an n-leitendem Germanium

Oberflächenbehandlung	Rekombinationsgeschwindigkeit in cm/sec	Beobachter
Ätzen mit WAg[1]	15— 77	[50]
CP 4[2]	50— 220	[50]
CP 4[2]	250— 310	[43]
NaOH[3]	120— 960	[50]
NaOH[3]	200— 280	[74]
Cu[4]	210—1000	[50]
Cu[4]	7400 [6]	[74]
H_3PO_3[5]	10^4	[50]
Reiben mit Watte nach CP_4-Ätzen ..	1700	[43]
Sandstrahlen	$10^4 - 10^5$	[50]
Schleifen	$2 \cdot 10^4$	[64]
Polieren	$10^5 - 6 \cdot 10^5$	[43]
Läppen	$5 \cdot 10^5 - 10^6$	[9]

Beobachter: [9] *H. M. Bath* u. *M. Cutler.*
　　　　　　　[43] *H.-U. Harten* u. *W. Schultz.*
　　　　　　　[50] *J. P. McKelvey* u. *R. L. Longini.*
　　　　　　　[64] *D. Navon, R. Bray* u. *H. Y. Fan.*
　　　　　　　[74] *A. R. Moore* u. *J. I. Pankove.*

[1] „Westinghouse-Silver-Etch",
　　4 cm³ HF + 2 cm³ HNO_3 + 200 mg $AgNO_3$ in 4 cm³ H_2O.
[2] „Chemical Polish Nr. 4",
　　15 cm³ CH_3COOH + 25 cm³ HNO_3 + 15 cm³ HF + 0,3 cm³ Br_2.
[3] Elektrolytisch, Ge als Anode in 10 prozentiger NaOH-Lösung.
[4] „Purdue Etch",
　　4 cm³ HF + 2 cm³ HNO_3 + 200 mg $Cu(NO_3)_2$ in 2 cm³ H_2O.
[5] Elektrolytisch, Ge als Anode in 10 prozentiger H_3PO_3-Lösung.
[6] Dieser hohe Wert wird von den Beobachtern durch eine Ablagerung von Cu gedeutet.

In Tabelle 1 sind einige Meßergebnisse zusammengestellt worden, die verschiedene Beobachter an überschußleitendem Germanium gefunden haben; p-Germanium zeigt im allgemeinen etwas höhere Werte. Wie man sieht, erstrecken sich die gemessenen Rekombinationsgeschwindigkeiten über fast fünf Zehnerpotenzen. Die für die meisten Zwecke günstigen geringen Werte hat man bisher nur durch sorgfältiges Ätzen erreichen können; einige Ätzrezepte sind unter der Tabelle angegeben (s. auch [50]). Überaus empfindlich reagiert die Rekombination auf geringe mechanische Verletzungen der Oberfläche (Reiben mit Watte). Das läßt sich auch für einen einzelnen Kratzer nachweisen [42]. Dementsprechend erhält man extrem hohe Rekombinationsgeschwindigkeiten, wenn man die Oberfläche poliert oder läppt. Hierbei wird man allerdings auf dem Einkristall eine Polierschicht von einigen μ Dicke erzeugen, in der das Material zu Mikrokristallen zermahlen ist. Man hat es dann nicht mehr mit einer echten Oberflächenrekombination zu tun, sondern mit einer Volumenrekombination in dünner Oberflächenschicht. Unter diesen Umständen können sich bei einigen Meßverfahren Werte der Rekombinationsgeschwindigkeit ergeben, die über der thermischen Geschwindigkeit liegen.

Diese chemischen und mechanischen Methoden verändern unmittelbar die Struktur der Oberfläche und werden sich deshalb u. a. auch auf die Zahl der Zentren auswirken, an denen die Wiedervereinigung von Elektronen und Löchern bevorzugt erfolgt. Das dürfte auch noch für eine Rekombinationserhöhung gelten, die beobachtet wurde, nachdem auf der Probe eine Gasentladung in Wasserstoff gebrannt hatte [48]. Aber auch weit weniger einschneidende Vorgänge beeinflussen die Oberflächenrekombination. Bisher liegen folgende Beobachtungen vor: die Rekombination sinkt, wenn man die Temperatur erhöht (Bereich der Störstellenleitung [49, 85]). Hieraus läßt sich die Lage der Rekombinationszentren im Energieschema bestimmen. Die Rekombination steigt, wenn man die Zahl der Ladungsträger im Grundmaterial durch Fremdzusätze erhöht; sie ist also am kleinsten bei eigenleitendem Material [91]. Sie steigt ferner, wenn man durch Influenz zusätzliche Elektronen in die Oberfläche bringt, und zwar unabhängig vom Leitungstyp des Kristalls [45, 46]. Weiterhin haben *Brattain* und *Bardeen* beobachtet, daß die Oberflächenrekombination unabhängig sein kann von der Feuchtigkeit der umgebenden Atmosphäre [16]; im Gegensatz dazu finden *Stevenson* und *Keyes* auf *n*-Germanium eine höhere Rekombination in trockenem Sauerstoff, auf *p*-Germanium jedoch in feuchtem [108] (siehe auch [61, 107]). Diese Beobachtungen lassen sich alle zwanglos deuten mit einem Modell, das eine Änderung der Flächendichte der Rekombinationszentren nicht erfordert. Das soll in § 8b näher ausgeführt werden.

d) Einfluß auf Gleichrichter und Transistoren

Belastet man einen *p-n*-Übergang in Sperrichtung, so wird die Konzentration der Minoritätsladungsträger an beiden Rändern der Raumladungszone wesentlich herabgesetzt. Die Folge ist auf jeder Seite ein Diffusionsstrom, der Minoritätsladungsträger an die Sperrschicht heranführt; diese Diffusion bestimmt den Sperrstrom. Sie ist natürlich um so größer, je steiler das Konzentrationsgefälle außerhalb der Sperrschicht ist; und dieses ist wieder um so steiler, je kleiner die Lebensdauer der Ladungsträger ist; denn um so weniger weit dehnt sich die Abweichung vom Gleichgewichtszustand in den Kristall hinein aus. Für einen guten Gleichrichter muß man deshalb verlangen, daß die Rekombination der Elektronen und Löcher gering ist, nicht nur im Innern des Kristalls, sondern auch dort, wo die Sperrschicht an die Oberfläche kommt [95, 119].

Für den Stromverstärkungsfaktor eines Transistors ist wesentlich, daß Ladungsträger, die vom Emitter injiziert worden sind, nicht durch Rekombination verlorengehen. Hier kann man sich jedoch weitgehend durch eine geschickte Wahl der Geometrie der Anordnung helfen: die Volumenrekombination schaltet man dadurch aus, daß man den Abstand zwischen Emitter und Kollektor sehr klein macht — den Einfluß der Oberflächenrekombination setzt man herab, indem man dem Emitter einen kleineren Durchmesser gibt als dem Kollektor

(Abb. 9). Ein solcher Transistor kann allerdings nicht mit vertauschten Anschlüssen betrieben werden, weil dann ein sehr wesentlicher Teil der injizierten Ladungsträger auf der gegenüberliegenden Oberfläche durch Rekombination verlorengeht. Dieser Effekt ist von *Moore* und *Pankove* zur Messung der Oberflächenrekombinationsgeschwindigkeit herangezogen worden [74] (siehe auch [59, 86, 111]).

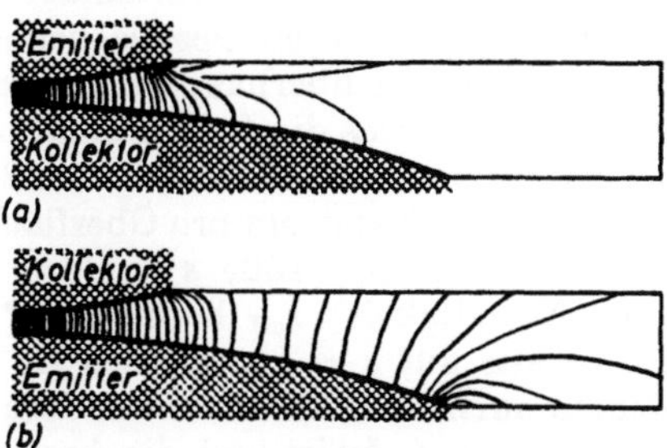

Abb. 9. Stromfädenverlauf beim Transistor mit Oberflächenrekombination. Modellversuch im elektrolytischen Trog; die Oberflächenrekombination wurde folgendermaßen nachgeahmt: die Oberfläche des Troges war mit schmalen, elektrisch leitenden, aber voneinander isolierten Streifen belegt worden; jeder dieser Streifen über einen Widerstand mit der Erdleitung verbunden; kleine Widerstände entsprechen hoher Rekombinationsgeschwindigkeit (nach *Moore* und *Pankove* [74]).

e) *Ausnutzung der Oberflächenrekombination beim „magnetischen Sperreffekt"* [122]

Wie der Suhleffekt zeigt, ist es im Fadentransistor möglich, injizierte Ladungsträger mit Hilfe eines Magnetfeldes unter der einen Oberfläche anzusammeln. Je nach deren Beschaffenheit rekombinieren sie dort mehr oder weniger schnell. Das gilt auch für die im gegenseitigen thermischen Gleichgewicht vorhandenen Elektronen und Löcher, die bei Stromfluß beide vom Magnetfeld zu der gleichen Seite abgelenkt werden, weil sie im elektrischen Feld entgegengesetzte Bewegungsrichtungen haben. Infolgedessen sinken beide Ladungsträgerkonzentrationen an der gegenüberliegenden Seite ab; dort werden also thermisch Elektronen und Löcher nachgebildet, und zwar um so rascher, je höher die Rekombinationsgeschwindigkeit dieser Oberfläche ist (im thermischen Gleichgewicht müssen sich ja Rekombination und Paarbildung die Waage halten).

Dieser Vorgang macht den „magnetischen Sperreffekt" besonders wirkungsvoll, den *Welker* und Mitarbeiter eingehend untersucht haben [65, 66, 67, 120, 121, 122]. Da dieser Effekt in einem früheren Referat ([65], Bd. II dieser Reihe, S. 89—94 sowie Abb. 4 und 5 ebendort, 1955) eingehend beschrieben ist, kann hier auf die genauere Diskussion verzichtet werden.

f) *„Effektive Oberflächenrekombination"* *) [75, 76]

Die Oberflächenrekombinationsgeschwindigkeit ist in § 3a definiert worden als diejenige Geschwindigkeit, mit der überschüssige Ladungsträgerpaare aus dem unterhalb der Oberfläche vorhandenen Neutralgebiet zur Oberfläche

---

*) Z. T. gemeinsam mit dem Herausgeber.

wandern. Diese Geschwindigkeit konnte nicht unmittelbar gemessen, aber aus dem Unterschied der im Innern des Kristalls auftretenden Diffusionsströme gegenüber dem Fall ohne Oberflächenrekombination ermittelt werden. Dabei läßt sich aber nicht entscheiden, ob der Strom zur Oberfläche hin überwiegend durch die unvollkommene Rekombination (teilweise Reflexion) der *an der Oberfläche ankommenden* Elektronenpaare begrenzt ist oder ob von den im H-Gebiet unter der Oberfläche zusätzlich vorhandenen n- und p-Zusatzteilchen $\delta n_H = \delta p_H$ eine Trägerart durch Oberflächenladungen und die entsprechende Raumladungsrandschicht überhaupt am Erreichen der Oberfläche mehr oder weniger gehindert wird, was die Rekombination zusätzlich erschweren würde. Nach dem Vorhergehenden werden wir den 2. Fall als Regelfall zu betrachten haben (§ 8a); ist j der Paarstrom pro Oberflächeneinheit, so können wir die entsprechend § 3a definierte Größe $s = j/\delta n_H$ als „effektive Oberflächenrekombinationsgeschwindigkeit" s_{eff} bezeichnen*). Die Aussagen von § 3a beziehen sich also bereits auf $s = s_{\text{eff}}$, und es ist bei Anwesenheit von Raumladungsrandschichten auch wohl kaum eine andere s-Definition möglich, da innerhalb der Randschicht $\delta n \neq \delta p$ ist (vgl. die Anm.). Nur im randschichtfreien Fall gilt $\delta n = \delta p$ bis zur letzten Kristall-Netzebene unter der Oberfläche (Index s); hier könnte man vielleicht den Begriff der „unmittelbaren Oberflächenrekombinationsgeschwindigkeit" $s_u = j/\delta n_s = j/\delta p_s$ einführen. der ja berechnungsmäßig wesentlich einfacher wäre.

Um uns von den Rekombinationsbedingungen beim Auftreten einer Randschicht einen ersten Begriff zu machen, wollen wir annehmen, daß sich direkt unter der Oberfläche eines Kristalls aus n-leitendem Germanium eine p-leitende Schicht befindet. Überschüssige Defektelektronen, im n-Gebiet etwa durch Lichteinstrahlung erzeugt, werden von dem Feld der p-n-Schicht der Oberfläche aufgesammelt. Dadurch lädt sie sich positiver auf, so daß den Elektronen das Eindringen erleichtert, den Defektelektronen aber erschwert (s. auch § 10. b). Stationär gelangen schließlich Ladungsträger beider Arten in gleicher Zahl in die p-Schicht; diese Trägerpaare rekombinieren dann vollständig — ob im Volumen der Schicht oder wirklich in der Oberfläche des Kristalls, ist nicht wesentlich — und ihre Zahl bestimmt die „effektive Oberflächenrekombinationsgeschwindigkeit". Diese hängt also weitgehend von den Raumladungsverhältnissen ab und kann klein sein, auch wenn der „unmittelbaren" Rekombination an der fraglichen Oberfläche an sich eine hohe Geschwindigkeit zuzuordnen wäre[1]). (Näheres siehe unter 8b.)

---

*) Die obige Definition von s setzt das Auftreten eines Neutralgebietes in geringer Entfernung von der Oberfläche voraus, das auch bei Abweichungen vom n, p-Gleichgewicht die Bedingung $\delta n = \delta p$ garantiert, wobei allerdings auch noch die Voraussetzung zu beachten ist, daß als Folge der δ-Änderung keine Störstellenumladungen in mit δn und δp vergleichbarer Zahl angenommen werden sollen (völlige Donatoren- bzw. Akzeptorenionisation, wenig Terme nahe Bandmitte). Die Betrachtung ist also auf die Rekombination an der Oberfläche von ausgesprochenen Majoritätsgebieten (kleine Randschichtdicken) zugeschnitten. Ist die Neutralität auch in größerer Entfernung von der Oberfläche nicht gesichert (Oberflächenrekombination bei Eigenhalbleitung oder im p-n-Übergangsgebiet), so verliert die Bezugnahme von j auf bestimmte δn- oder δp-Werte ihren Sinn und damit auch der Begriff der effektiven Oberflächenrekombinations-*Geschwindigkeit*. Es ist dann die Größe j selbst in Abhängigkeit von den Bedingungen des Gesamtproblems zu bestimmen. D. H.

[1]) Bei Oberflächen, welche von Metallschichten bedeckt sind, wo also die unmittelbare Oberflächenrekombination beliebig groß angenommen werden kann, sind diese Effekte in besonders ausgeprägtem Maße zu erwarten [75, 76].

In diesem Zusammenhang ist noch die folgende Überlegung von besonderem Interesse: hat die Oberfläche eine hinreichend gut leitende Inversionsschicht (z. B. einen „Channel", vgl. § 5) und befindet sich in ihr ein lokal begrenztes Gebiet, in dem Elektronen aus irgendwelchen Gründen der Zugang in das p-Gebiet anomal erleichtert ist, so kann diese „Leckstelle" eine viel größere Wirkung auf die Rekombination ausüben, als nach ihren geometrischen Abmessungen zu erwarten wäre. Die Deutung ist grundsätzlich die, daß nunmehr in der näheren Umgebung der Leckstelle die bei homogenen Oberflächenverhältnissen zu stellende Forderung der ambipolaren Oberflächendiffusion nicht mehr erhoben zu werden braucht; die Defektelektronen können hier, ohne die sonst zum Nachziehen der Elektronen verlangte zusätzliche Oberflächenladung aufzubauen, aus dem H-Gebiet in die oberflächliche p-Zone abfließen und längs dieser gut leitenden Zone an der Leckstelle zusammenströmen, während die kompensierenden Elektronen ausschließlich die Leckstelle benutzen und sich dort an der Oberfläche auch mit den seitlich zugeströmten Defektelektronen vereinigen.

Solche Leckstellen sind im Modellversuch durch einen äußeren Nebenschluß nachgeahmt worden, der von einem sperrfreien Kontakt am Grundkörper des Halbleiters zu einer künstlich (nämlich durch Aufdampfen einer dünnen Metallschicht) erzeugten Inversionsschicht mit hoher Leitfähigkeit an der Oberfläche führte. Wie erwartet entsprach ein hoher Leitwert des Nebenschlusses auch einer hohen „effektiven Rekombinationsgeschwindigkeit" [42]. Wahrscheinlich muß mit diesem Effekt wenigstens zum Teil der hohe Einfluß erklärt werden, den selbst geringfügige Kratzer auf die Oberflächenrekombination haben können; man würde die Kratzer als Leckstellen in einer oberflächlichen Inversionsschicht zu betrachten haben.

Zum Schluß sei hier noch darauf hingewiesen, daß die effektive Oberflächenrekombination unter Umständen von den Rekombinationsbedingungen an der eigentlichen Halbleitergrenze unabhängig werden kann, wenn nämlich die Elektronen in der p-Schicht aus irgendwelchen Gründen extrem kleine Lebensdauern haben und deshalb gar nicht bis zur Oberfläche selbst gelangen. Dann handelt es sich in Wirklichkeit um eine Volumenrekombination in dünner Oberflächenschicht. Auf solche Möglichkeiten ist vielleicht im Fall polierter Oberflächen besonders zu achten; diese Fälle bedürfen aber einer besonderen Betrachtung.

§ 4. Austrittsarbeit und Voltaspannung (Kontaktpotential)

a) Meßverfahren*)

Bei Metallen kann die Austrittsarbeit der Elektronen aus der langwelligen Grenze des äußeren Photoeffektes bestimmt werden. Entsprechende Messungen an Germanium — 1948 von *Apker, Taft* und *Dickey* ausgeführt [4] — machen die Existenz von Oberflächenzuständen wahrscheinlich; ihre Deutung wird jedoch dadurch erschwert, daß im Gegensatz zum Metall beim Halbleiter die lichtelektrische Abtrennarbeit nicht mit der thermodynamischen Austrittsarbeit übereinstimmt, weil sich keine Elektronen auf dem Ferminiveau befinden. Dagegen konnten durch Messungen der *Voltaspannung* zwischen der

---

*) Z. T. gemeinsam mit dem Herausgeber.

Halbleiteroberfläche und der Oberfläche einer mit dem Halbleiter im Kontakt stehenden Vergleichselektrode E (z. B. Pt-Elektrode) zwar nicht die Austrittsarbeit Ψ selbst, wohl aber ihre Änderungen mit der Atmosphäre gemessen werden.

Definiert ist die Voltaspannung (einschließlich Vorzeichen) durch die — im folgenden mit U_V bezeichneten — Differenz $V_0 - V_{E_s}$ der elektrostatischen Außenpotentiale beider Vergleichselektroden. Da durch diese im Vakuum oder Gasraum auftretende Potentialdifferenz eine äußere Feldstärke sowie eine mit U_V proportionale, zum äußeren Abstand reziproke Oberflächenladung aufgebaut wird, kann U_V direkt gemessen werden.

Andererseits ist die Austrittsarbeit Ψ des Halbleiters nach § 2 durch $-\eta + V_0 = -\eta - eV_0$, und die Austrittsarbeit Ψ_E der Vergleichselektrode durch $-\eta_E - eV_{E_s}$ gegeben. Im thermischen Gleichgewicht ist $\eta = \eta_E$, also:

$$-e\,(V_0 - V_{E_s}) \equiv -e\,U_V = \Psi - \Psi_E.$$

Man sieht also, daß bei unbeeinflußbarem Ψ_E (s. w. u.) die Änderung von Ψ mit der Dotierung und Atmosphäre direkt aus $\triangle \Psi = -e \triangle U_V$ experimentell zu bestimmen ist. Da andererseits Ψ speziell $= -\mu_H + V_0 - V_H$ zu setzen war (H = neutrales Halbleitergebiet zunächst der Oberflächenrandschicht; die Mitführung von V_H ($\neq 0$) ist hier aus Klarheitsgründen zweckmäßig), gewinnt man aus der $\triangle U_V$-Messung eine direkte Bestimmung von $e \triangle U_V = \triangle \mu_H - \triangle (V_0 - V_H)$. Die Änderung $\triangle$ kann hierbei entweder durch bloße Atmosphärenänderung bedingt sein; dann ist μ_H = Const, es wird die Änderung von $V_0 - V_H$ mit der Atmosphäre bei konstanter Dotierung gemessen. Die $\triangle$-Änderung kann sich aber auch auf Fälle verschiedener Dotierung bei gleicher Atmosphäre beziehen; dann wird durch $\triangle U_V$ nur die Differenz zwischen $\triangle \mu_H$ und $\triangle (V_0 - V_H)$ geliefert, und zur gesonderten Bestimmung von $\triangle (V_0 - V_H)$ ist noch die Bestimmung der Dotierungsänderung notwendig, die durch Leitfähigkeitsmessungen (oder besser: Halleffektmessungen) erbracht werden kann, die sich bei homogener Dotierung auf den ganzen Halbleiter beziehen könnte, bei inhomogener Dotierung aber die n_H-Änderung speziell im H-Gebiet unter der Oberfläche liefern müßte.

Zusatzbemerkung des Herausgebers. Historisch wurde nicht die obige allgemeine Beziehung zwischen $\triangle U_V$, $\triangle \mu_H$ und $\triangle (V_0 - V_H)$ diskutiert, sondern unter der Annahme $\triangle (V_0 - V_H) = 0$ eine Beziehung zwischen $\triangle U_V$ und der Dotierungsänderung erwartet. Hierbei wurde offenbar auch nicht daran gedacht, daß die dann zu erwartende Beziehung $e \triangle U_V = \triangle \mu_H$ durch Hallbestimmungen von $\triangle \mu_H$ quantitativ zu kontrollieren wäre, sondern man ging davon aus, daß, bei veränderter Dotierung, an der Kontaktstelle Halbleiter–Metallelektrode (der Einfachheit halber kann man hier die Pt-Elektrode in direktem Kontakt mit dem Halbleiter annehmen) eine Änderung der Diffusionsspannung zu erwarten ist, die als einzige Ursache der U_V-Änderung betrachtet wurde. In der Tat tritt die in die allgemeine $\triangle U_V$-Beziehung eingehende Änderung $\triangle \mu_H$ als Änderung der Galvanispannung (Unterschied der elektrostatischen Potentiale im neutralen Halbleiterinnern und Metallinnern) an der Halbleiter-Metall-Grenze auf; die Bestimmbarkeit dieser Änderung, z. B. durch Kennlinienmessungen, ist aber an Voraussetzungen geknüpft, die in gewissen Fällen sicher nicht erfüllt sind [93]. Gegen die Tragweite und Diskussion der obigen allgemeinen $\triangle U_V$-Beziehung — für die Formulierung des letzten Textabsatzes ist der Herausgeber allein verantwortlich — wird von Herrn *Harten* u. a. eingewendet, daß $\triangle \mu_H$, außer von den durch Halleffektmessungen feststellbaren n- oder p-Werten in beiden Zuständen, auch von den effektiven n- und p-Gittermassen abhängt, die nicht hinreichend exakt bekannt sind. Das bringt aber wohl nur eine im Vergleich mit der begrenzten Reproduzierbarkeit der U_V-Messungen geringe Unsicherheit mit sich. Schwerwiegender ist wohl die Frage, ob diese Reproduzierbarkeit überhaupt ausreicht, um Proben bei „gleicher Atmosphäre" und Oberflächenbeschaffenheit, aber verschiedener Dotierung miteinander zu vergleichen. Immerhin ist es vielleicht von Interesse, für den Fall, daß dieser Wunschzustand einmal erreicht werden sollte, eine Beziehung zur Hand zu haben, die $\Delta(V_0-V_H)_{\text{Dotierungsänderung}}$ aus unabhängigen ΔU_V- und $\Delta \mu_H$-Bestimmungen gesondert zu ermitteln gestattet und damit, bei bloßer Dotierungsänderung, exakte Aussagen über den Grad der dann auftretenden relativen Kompensation der $\Delta \mu_H$- und $\Delta(V_0-V_H)$-Änderung ermöglicht.

Naturgemäß lassen sich Verfahren, die zur Messung der Voltaspannung an Metallen entwickelt worden sind, auch auf Halbleiter übertragen [87, 100]. Die interessantesten Ergebnisse sind bisher mit der Methode von Lord *Kelvin* (z. B. [72]) erzielt worden [8, 16, 18, 34, 77], deren Prinzip *Kohlrausch* schon vor 100 Jahren angegeben hat [56]. Bei diesem Verfahren bildet die zu untersuchende Oberfläche zusammen mit der Vergleichselektrode einen Kondensator (Plattenabstand etwa 1 mm), der über einen Strommesser (Resonanzverstärker) kurzgeschlossen ist. Die Vergleichselektrode kann Schwingungen mit etwa 0,1 mm Amplitude im Tonfrequenzbereich ausführen; das hat eine periodische Änderung der Kapazität des Kondensators zur Folge, und diese erzeugt ihrerseits durch Influenz einen Wechselstrom, wenn zwischen den Kondensatorplatten ein elektrisches Feld besteht. Ein solches Feld wird bei kurzgeschlossenem Kondensator aber durch die zwischen den Oberflächen von Halbleiter und Vergleichselektrode auftretende Voltaspannung U_V aufgespannt. Kompensiert man dieses Feld, benutzt man den Resonanzverstärker also als Nullinstrument, so kann man die Voltaspannung auf etwa 1 mV genau messen.

b) Meßergebnisse

Ausführliche Messungen der Voltaspannung zwischen Germanium und Platin und ihre Beeinflussung durch die umgebende Atmosphäre sind insbesondere von *Brattain* und *Bardeen* durchgeführt worden [16]. Blindversuche deuten darauf hin, daß bei ihren Versuchsbedingungen die Austrittsarbeit der Vergleichselektrode praktisch konstant blieb; Änderungen der Voltaspannung sind also auf eine Änderung der Austrittsarbeit des Germaniums zurückzuführen. Da die Austrittsarbeit des Platins sicher größer ist als die des Germaniums ($\Psi < \Psi_E$), entspricht einer gemessenen Erhöhung des Absolutwertes der Voltaspannung eine Erniedrigung der Austrittsarbeit des Germaniums[1]). Nach einer Reihe von Vorversuchen hat sich nun ergeben, daß bei Germanium gegebener Dotierung die Voltaspannung gegen Pt ihren größten Wert annimmt, wenn sich die Probe in einer mit Wasserdampf oder Alkohol gesättigten Atmosphäre befindet; dann muß also die Austrittsarbeit am kleinsten sein. Die größte Austrittsarbeit wird demgegenüber in trockenem Sauerstoff beobachtet, der über eine Funkenstrecke geleitet worden ist, also Ozon enthält. Überschußleitendes und defektleitendes Germanium, geätzte oder gesandete Oberflächen ändern ihre Austrittsarbeiten bei Atmosphärenwechsel in nahezu quantitativ

---

[1]) Sollte entgegen den Blindversuchen bei einem Wechsel der umgebenden Atmosphäre auch das Platin seine Austrittsarbeit ändern, so wäre hierfür das gleiche Vorzeichen zu erwarten wie beim Germanium [57, 113]. Einer gemessenen Änderung der Voltaspannung entspräche dann eine noch etwas größere Änderung der Austrittsarbeit des Germaniums, als *Brattain* und *Bardeen* annehmen.

gleicher Weise (Abb. 10). Der Absolutwert hängt nur ziemlich wenig von der Dotierung, dagegen stärker von der Oberflächenbehandlung ab. Die in Abb. 10 wiedergegebenen Messungen von *Brattain* und *Bardeen* lassen sich deuten mit der Annahme, daß sich in der ozonhaltigen Atmosphäre (Ψ am größten) Sauerstoffatome auf der Oberfläche des Germaniums anlagern, die beim Zulassen von Feuchtigkeit wieder desorbiert (oder durch die Anlagerung von Wasser bzw. allgemeiner von OH-Gruppen überkompensiert) werden. Die Sauerstoffatome sind bestrebt, durch Aufnahme von Elektronen aus dem Kristallinnern negative Ionen zu bilden; das führt zu einer Verarmungsrandschicht und zu einer Erhöhung der Austrittsarbeit (Abb. 2b). Diese kurze Deutung soll hier genügen, die quantitative Formulierung bringt § 7.

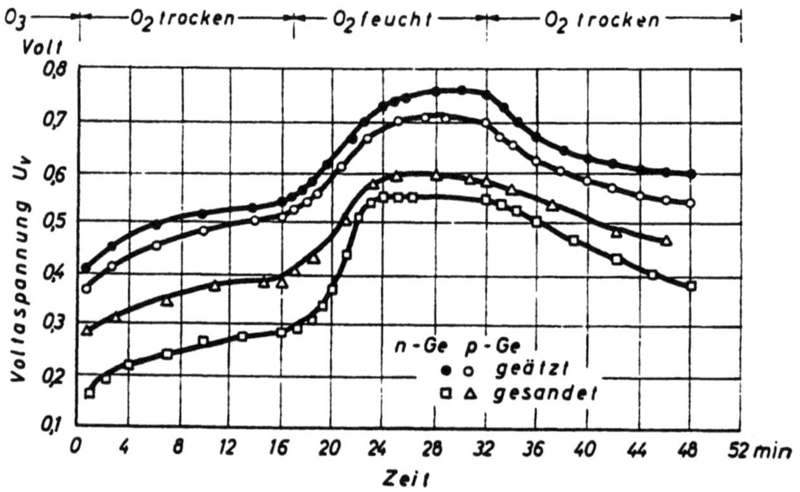

Abb. 10.
Abhängigkeit der Voltaspannung zwischen Germanium und Platin von der umgebenden Atmosphäre (nach *Brattain* und *Bardeen* [16]).

Auch durch *Lichteinstrahlung* kann man die aus der Voltaspannung bestimmte Austrittsarbeit des Germaniums ändern [8, 14, 15, 16, 77], und zwar in einem Maße, das von der Austrittsarbeit selbst abhängt (Abb. 11). Es liegt nahe, auch dies auf eine schon im Dunkeln vorhandene Oberflächenrandschicht zurückzuführen [15]. Ist nämlich die Voltaspannung zwischen Germanium und Platin durch eine verhandene Randschicht erniedrigt, die Austrittsarbeit also erhöht, ($\Psi > \Psi_0$), so befinden sich unter der Oberfläche weniger Leitungs- und mehr Defektelektronen als im Innern des Kristalls, und zwar unabhängig von dessen Leitungstyp. Das Feld der Randschicht ist dann so gerichtet, daß es die vom Licht erzeugten Defektelektronen zur Oberfläche treibt, die Elektronen aber zurückhält. In die Oberfläche kommen also zusätzliche positive Ladungen, sie verringern die Bandaufwölbung, verringern die Austrittsarbeit und erhöhen die Voltaspannung. Existieren demgegenüber auch Fälle (z. B. bei p-Ge), in denen die Voltaspannung durch Oberflächeneffekte erhöht wird ($\Psi < \Psi_0$), so wird sie durch elektronische Neutralisierung der jetzt positiven Oberflächenladungen vom Licht herabgesetzt. Die in Abb. 11 wiedergegebenen Messungen entsprechen diesem qualitativen Bild; bei der genauen Deutung muß man jedoch auch berücksichtigen, wie sich die verschiedenen Oberflächenniveaus bei der Lichteinstrahlung umladen. Das kann dann zur Abweichung von dem hier gegebenen Schema führen, insbesondere braucht das Fehlen eines Lichteinflusses nicht zugleich das Fehlen einer Randschicht zu bedeuten. Das soll in § 9 besprochen werden.

§ 5. Oberflächenleitung

a) Messungen an dünnen Scheiben

In den Raumladungsrandschichten, die von den Oberflächenzuständen erzeugt werden, ist die Ladungsträgerkonzentration und damit die elektrische Leitfähigkeit gegenüber dem Kristallinnern verändert. Bringt man nun die Germaniumprobe auf hinreichend kleine Dicke, so kann die Volumenleitung soweit zurücktreten, daß der gesamte Leitwert praktisch allein durch die Oberfläche bestimmt wird. An derartigen Scheiben aus n-leitendem Germanium beobachtete nun *Clarke* [27, 28, 31] eine erhebliche Abnahme des Leitwertes, wenn er sie bei 450 °C in Sauerstoffatmosphäre getempert hatte; anschließendes Ausheizen im Hochvakuum führte wieder zum Ausgangszustand zurück (Abb. 12). Diese Beobachtung deutet wieder darauf hin, daß ad-

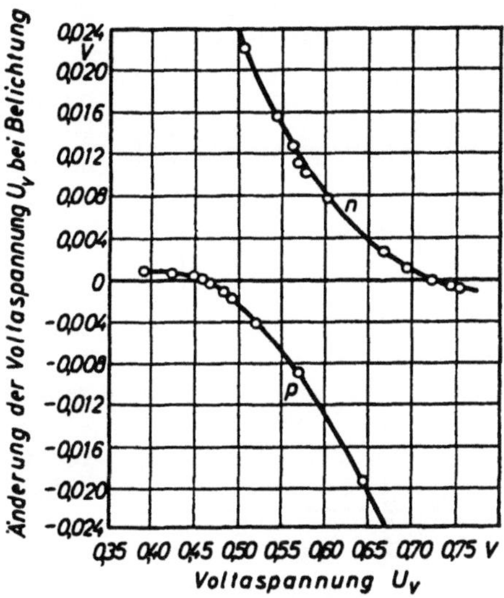

Abb. 11. Änderung der Voltaspannung zwischen Germanium und Platin durch eine konstante Beleuchtung in Abhängigkeit von dem durch Atmosphärenänderung variierten Dunkelwert der Voltaspannung im Fall je einer bestimmten n- und p-Dotierung (nach *Bardeen* und *Brattain* [16]).

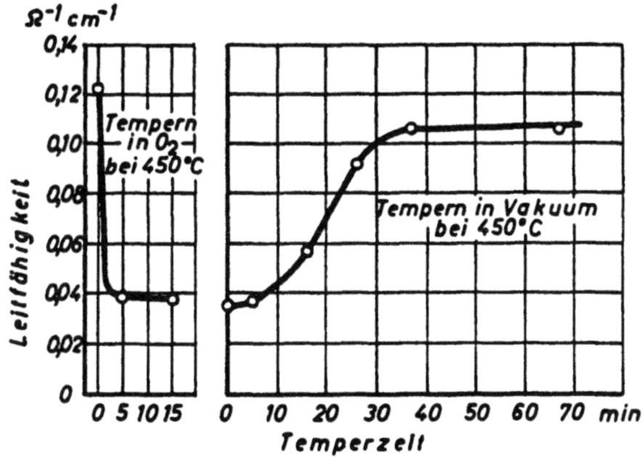

Abb. 12.
Leitfähigkeit eines dünnen n-Germanium-Scheibchens bei 195 °K nach Tempern in Sauerstoff und Vakuum bei 450 °C (nach *Clarke* [28]).

sorbierte*) Sauerstoffatome Oberflächenzustände mit Akzeptorencharakter bilden; sie fangen Elektronen ein, die für den Stromtransport ausfallen. Im Hochvakuum können die adsorbierten Atome wieder abgedampft werden.

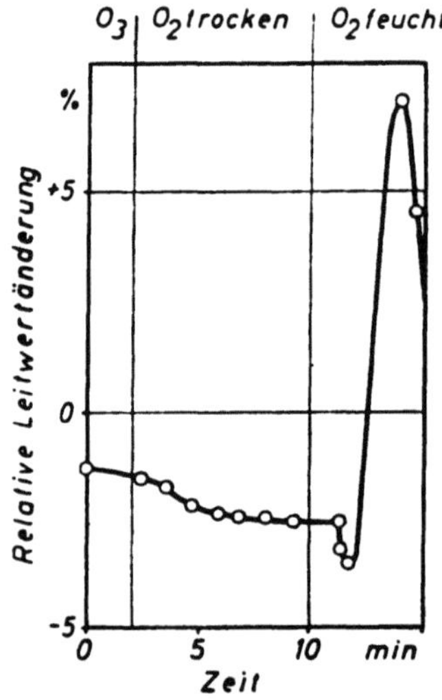

Abb. 13. Änderung des Leitwertes eines dünnen Germaniumscheibchens beim Wechsel der umgebenden Atmosphäre. Im Leitwertminimum wechselt der Typus der Oberflächenleitung (nach *Bardeen* u. *Morrison* [8]).

Mit der Abnahme der Elektronenkonzentration in der Raumladungsschicht ist notwendigerweise eine Erhöhung der Löcherkonzentration verbunden. Bei starker Bandaufwölbung wird dann aus der Verarmungsrandschicht mit verminderter Leitfähigkeit eine Inversionsschicht mit erhöhter Leitfähigkeit, aber vom entgegengesetzten Leitungstyp. Zu einer solchen Inversionsschicht muß die Adsorption von Sauerstoff bei einem Versuch von *Bardeen* und *Morrison* geführt haben; als sie nämlich der Sauerstoffatmosphäre Wasserdampf zusetzten, sank der Leitwert der Probe zunächst etwas ab, um dann stark anzusteigen (Abb. 13, rechter Kurventeil) [8, 55]; durch den Atmosphärenwechsel wurde, wie man annehmen muß, die Bandaufwölbung zwar kontinuierlich verringert, das hatte jedoch zunächst eine Abnahme der an der Oberfläche vorhandenen Löcherleitung zur Folge, bis die Löcherkonzentration etwa auf den Wert der n-Majoritätskonzentration absank. Dann erst wurde der Leitwert überwiegend von den Elektronen bestimmt, deren Zahl mit dem weiteren Abbau der Verarmungsrandschicht zunahm. Wenn diese Vorstellung richtig ist, dann mußte im Leitwertminimum der Leitungstyp der Oberflächenschicht wechseln, und das konnten *Bardeen* und *Morrison* auch tatsächlich nachweisen (vgl. das Folgende).

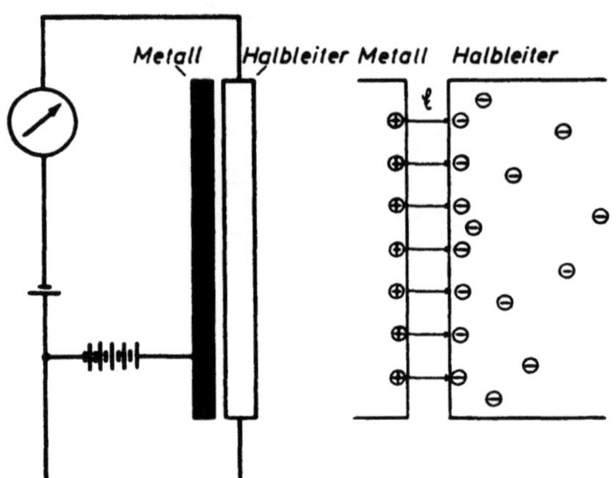

Abb. 14. Feldeffekt. Linkes Teilbild: Schaltung. Rechtes Teilbild: durch Influenz werden zusätzliche Elektronen in die Oberfläche des Halbleiters gebracht (nach *Shockley* [96]).

Der Typus der Oberflächenleitung läßt sich mit dem sogenannten „Feldeffekt" (zuerst bei [98], weiterhin [73, 77, 83, 96]) bestimmen (Abb. 14):

Gegenüber der Halbleiterprobe befindet sich in geringem Abstand, etwa durch ein Glimmerplättchen isoliert, eine Metallscheibe. Legt man nun an diesen Kondensator eine Spannung, so werden durch Influenz zusätzliche Ladungsträger, etwa Elektronen, in die Oberflächenschicht ein-

---

*) Vgl. hierzu jedoch auch die etwas komplizierteren in § 6 geschilderten Vorstellungen. Der Herausgeber.

gebracht. War diese Schicht bereits elektronenleitend, so wird sich ihre Leitfähigkeit erhöhen; war sie jedoch defektleitend, so werden die hinzukommen-
den Elektronen mit einem Teil der Löcher rekombinieren, so daß die Leitfähigkeit sinkt. Grundsätzlich muß es möglich sein, die Zahl der influenzierten
Elektronen über die Zahl der ursprünglich vorhandenen Löcher zu erhöhen;
die Leitfähigkeit der Oberflächenschicht durchläuft dann ein Minimum, um
wieder anzusteigen, sobald eine Überschußleitung erzwungen wird [20, 21, 63].

Wenn das Vorzeichen des Feldeffektes Aufschluß gibt über den Leitungstyp
der Oberflächenschicht, so läßt seine Größe Rückschlüsse zu auf die Dichte der
Oberflächenzustände; denn aus der Stärke des influenzierenden Feldes kann
man leicht die ohne Oberflächenumladung zu erwartende Zahl der in die
Randschicht eingebrachten Ladungsträger und damit die zu erwartende Leitfähigkeitserhöhung berechnen. In allen Fällen war nun die beobachtete Erhöhung zu klein und die Vermutung liegt deshalb nahe, daß die fehlenden
Ladungsträger in Oberflächenzuständen festgelegt worden sind und darum für
den Stromtransport ausfallen [98]. Hierbei muß man allerdings berücksichtigen,
daß die Elektronen oder Löcher in einer Oberflächenschicht eingefangen sind,
deren Dicke unter Umständen kleiner ist als ihre mittlere freie Weglänge. Das
führt zu besonders häufigen Stößen an der Oberfläche und kann sich in einer
beträchtlichen Verringerung der Beweglichkeit auswirken [90] (vgl. §§ 7 b
und 10a).

b) „Channels"

Besondere Bedeutung hat eine Inversionsschicht an der Oberfläche dann,
wenn sie sich an einen p-n-Übergang anschließt (der z. B. senkrecht zur
Oberfläche steht, Abb. 20), weil dann die wirksame Fläche der Sperrschicht
vergrößert wird (und ihr überdies meist Teile zugefügt werden, die wegen der
Schärfe des oberflächlichen p-n-Überganges Zenereffekte begünstigen). Überdies kann bei einem n-p-n-Transistor eine n-leitende Inversionsschicht, die
auf dem p-leitenden Gebiet der Basis liegt, Emitter und Kollektor gewisser-
maßen miteinander kurzschließen.

Solche „Channels", deren Existenz bereits *Stuetzer* 1952 [110] angedeutet hat,
sind zuerst von *Brown* [19, 22] eingehend untersucht worden; *Brown* hat auch
das in Abb. 15 gezeigte Bild vom Verlauf der Elektronenenergie im Bereich
eines n-p-n-Channels entworfen. Als wichtigste Größe mißt er bei seinen

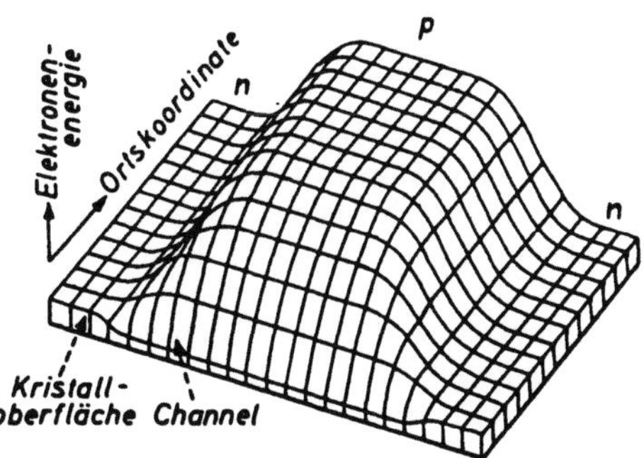

Abb. 15. Potentialverlauf eines „Channels" beim n-p-n-Transistor (nach *Brown* [19]).

Untersuchungen den Leitwert des Channels, und zwar auf folgende Weise:
Legt man an Emitter und Kollektor gemeinsam eine hinreichend hohe
Sperrspannung gegenüber dem als Basis wirkenden p-Gebiet, dann sollten die
Elektroden durch den hohen Widerstand ihrer Sperrschichten elektrisch voneinander getrennt sein; fließt bei einer kleinen Spannungsdifferenz zwischen
ihnen trotzdem ein beträchtlicher Strom, so wird man einen Channel dafür verantwortlich zu machen suchen. Alle Messungen haben bisher ergeben, daß der
zu fordernde Leitwert des Channels mit steigender Sperrspannung gegenüber
der Basis abnimmt [19, 61, 68, 103, 105], in einzelnen Fällen umgekehrt
proportional zur Spannung [52, 53], zuweilen auch bis zum völligen Verschwinden des Channels [19]. (Einzelheiten in § 10b.) Besonders ausgeprägt
waren die Channeleffekte auf n-p-n-Transistoren immer dann, wenn die umgebende Atmosphäre viel Feuchtigkeit enthielt [19, 52, 53, 68]; das würde
verlangen, daß nicht nur die Anlagerung von ozonhaltigem Sauerstoff durch
den Einfang von Elektronen zu Inversionsschichten auf n-Germanium führt,
sondern daß auch eine feuchte Atmosphäre ohne O_3 entgegengesetzte Inversionsschichten (mit positiver Oberflächenladung!) auf p-Germanium erzeugt
(s. Schluß dieses Abschnitts).

Eine momentane Änderung der Spannung zwischen Channel und Basis hat
auch eine gewisse momentane Änderung des Channelleitwertes zur Folge, es
können jedoch viele Sekunden vergehen, bis sich der stationäre Wert einstellt. Diese Beobachtung deuten *De Mars*, *Statz* und *Davis* [68, 103, 105] mit
der Annahme, daß auf der Oberfläche des Germaniums eine Oxydschicht mit
geringer Leitfähigkeit liegt. Infolgedessen braucht die Umladung derjenigen
Oberflächenniveaus, die außen auf der Oxydschicht sitzen, einige Zeit; für den
stationären Zustand ist diese Umladung aber ebenso notwendig wie die momentane der Zentren zwischen Halbleiter und Schicht. Mit dieser Deutung
erhalten sie genaue Zahlen über die energetische Lage und Flächendichte der
Oberflächenniveaus (Einzelheiten der Auswertung siehe § 10b).

Weiterhin hat der Channel gegenüber der Basis auch eine Kapazität, wie sich
zum Beispiel durch Messungen mit Wechselspannung feststellen läßt [19].
Soweit sie durch eine träge Umladung von Oberflächenniveaus entsteht,
sollte sie bei hohen Frequenzen abnehmen; aber auch die normale Sperr-
schichtkapazität des Channels bekommt einen Frequenzgang. Im Gegensatz
zu normalen Sperrschichten müssen nämlich die Ausgleichsladungen zur Oberfläche durch den Channel selbst fließen; den weiter entfernt liegenden Gebieten ist also der Channel selbst als Widerstand vorgeschaltet (s. Abb. 22),
was den scheinbaren Kapazitätswert frequenzabhängig macht. Dieser Effekt
ist von *Kingston* zur Deutung seiner Messungen herangezogen worden [53].

Weniger übersichtlich sind die Verhältnisse bei einem Gleichrichter, weil hier
der Channel nicht zwei p-n-Übergänge miteinander verbindet, sondern irgendwo
auf der freien Oberfläche endet. Er endet, obwohl die Inversionsschicht als
solche unbegrenzt sein kann, und zwar aus folgendem Grund: Legt man eine
Sperrspannung an den p-n-Übergang, so fließt ein Strom auch durch die Inver-
sionsfläche, die den Channel von dem betreffenden Majoritätsgebiet trennt;
dieser Strom muß aber durch den Channel in Längsrichtung abgeführt werden
(Abb. 20), und das hat natürlich einen Spannungsabfall zur Folge. Der Channel
ist nun in seiner elektrischen Wirksamkeit dort zu Ende, wo dieser Spannungsabfall praktisch gleich der angelegten Spannung wird, weil er von da ab keine

Zusatzspannung mehr gegenüber dem Majoritätsgebiet hat. Er muß also in seinem wirksamen Teil länger werden, wenn die Sperrspannung wächst[1]).
Die Länge eines Channels läßt sich unmittelbar messen durch den p-n-Photoeffekt. Bestrahlt man nämlich einen Kristallstab, der quer von einem p-n-Übergang durchsetzt wird, mit einer schmalen Lichtsonde (Licht geringer Eindringtiefe), so ist der Photostrom zwischen p- und n-Bereich (bzw. die Photospannung) dann am größten, wenn die Lichtsonde unmittelbar auf den p-n-Übergang fällt. Entfernt sich die Sonde, müssen also die Ladungsträger erst zur Sperrschicht hindiffundieren, so nimmt der Photostrom entsprechend der Rekombination ab [40][2]). Schließt sich nun an den p-n-Übergang ein Channel an, so erweitert sich der Wirkungsbereich der Sperrschicht um die Channellänge; so lange die Lichtsonde auf den Channel fällt, werden die

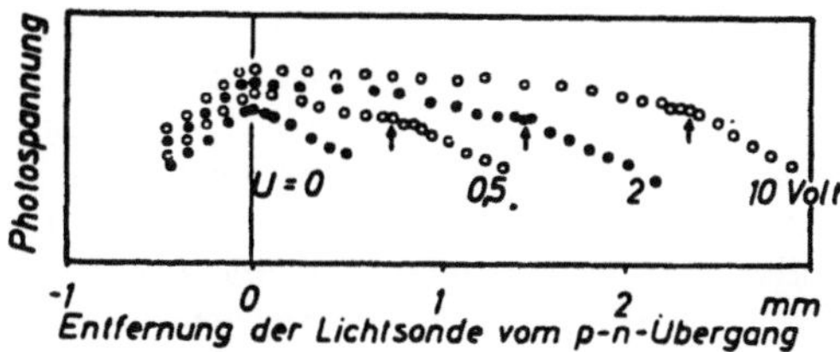

Abb. 16. Messung der Channellänge mit Hilfe des Photoeffektes, das Ende des Channels ist durch einen Pfeil markiert (nach *Christensen* [24]).

Ladungsträger noch in unmittelbarer Nähe der — durch den Channel verlängerten — Sperrschicht erzeugt und brauchen sie nicht durch Diffusion zu erreichen. So lange bleibt also auch der Photostrom noch fast konstant; er fällt erst ab, wenn die Lichtsonde über das Ende des Channels hinweggekommen ist. Abb. 16 zeigt derartige Messungen, wie sie zuerst von *Christensen* veröffentlicht worden sind [24, 25]: der Abstand der Knickstelle im Photostrom vom p-n-Übergang gibt die — von der Sperrspannung U abhängige — wirksame Channellänge an; der anschließende Abfall erlaubt Aussagen über die Rekombination, insbesondere auch über die Oberflächenrekombination (*Law* und *Meigs* [61]).

Auch nach diesem Verfahren sind Messungen in verschiedenen Atmosphären durchgeführt worden [24, 25, 26, 61], ihre wichtigsten Ergebnisse lassen sich in der schematischen Darstellung in Abb. 17 zusammenfassen; sie be-

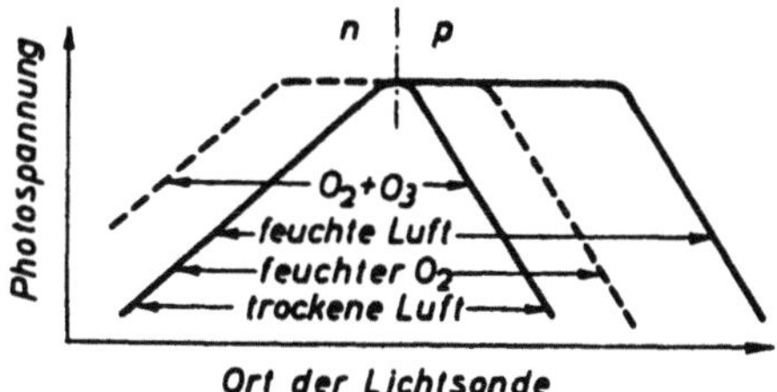

Abb. 17. Ausbildung von Channels am p-n-Übergang in verschiedenen Atmosphären, schematisch, Germanium. Nachweis durch Photoeffekt (nach *Christensen* [24]).

[1]) Soweit nicht eine Abnahme des Channelleitwertes dem entgegenwirkt.
[2]) Man hat hiermit ein Verfahren zur Bestimmung der Lebensdauer der Minoritätsladungsträger, dessen Grundzüge bei der Methode von *Morton* und *Haynes* [117] (§ 3 b) übernommen worden sind — hier wird lediglich der p-n-Übergang durch einen Punktkontakt ersetzt.

stätigen — und präzisieren — das bisher benutzte Modell: Ozon in der Umgebung führt zu p-leitenden Channels auf n-Ge, Wasserdampf*) umgekehrt zu n-leitenden Channels auf p-Ge; sie können bis zu 1 mm lang werden. Demgegenüber sind Channels auf Silizium nach den bisher vorliegenden Messungen wesentlich kürzer[1]) [61].

Erhebliche praktische Bedeutung haben die Channels auch bei der Herstellung von Gleichrichtern, weil die Vergrößerung der Sperrschichtfläche eine u. U. beträchtliche Vergrößerung des Sperrstromes zur Folge hat. Dieser verliert auch den Sättigungscharakter, den die einfache Theorie verlangt, weil die wirksame Länge eines Channels mit der Spannung zunimmt. Mit der Vorstellung, daß der Channel auf seiner ganzen Fläche die theoretische Dichte des Minoritäts-Sättigungsstromes†) aufnimmt und an ihm der nur von Oberflächenreaktionen abhängige Majoritätsstrom (vgl. §§ 10 und 11) zu vernachlässigen ist, konnte in Einzelfällen die Sperrkennlinie eines p-n-Überganges quantitativ gedeutet werden [33, 124]. Dieser Erhöhung des Sperrstromes steht aber keine entsprechende Erhöhung in Durchlaßrichtung gegenüber; der überaus dünne Channel ist gar nicht in der Lage, die hohen Durchlaßströme abzuführen. Insgesamt ergibt sich also eine wesentliche Verschlechterung des Gleichrichters. Das gilt insbesondere auch für Punktkontakte, bei denen bereits 1952 *Aigrain* Inversionsschichten an der Oberfläche zur Deutung der Kennlinie heranzog [1, 32].

§ 6. Modell von *Brattain* und *Bardeen* [16]

Bardeen [6] hatte 1947 zunächst nur angenommen, daß auf der Oberfläche adsorbierte Atome und Moleküle lokal zusätzliche Energiezustände erzeugen, die für Elektronen erlaubt sind. Dieses Modell genügt auch tatsächlich zur Deutung vieler Beobachtungen. 1953 hatten jedoch *Brattain* und *Bardeen* gefunden, daß sie zwar eine erhebliche Änderung der Austrittsarbeit des Germaniums durch Wechsel der Atmosphäre erzielen konnten, daß hierbei jedoch die Oberflächenrekombinationsgeschwindigkeit konstant blieb (vgl. jedoch [108]). Diese Beobachtung läßt sich zwanglos nur deuten mit der Annahme, daß von den adsorbierten Atomen unabhängige Rekombinationszentren an der Germaniumoberfläche existieren, deren Dichte bei Atmosphärenwechsel praktisch konstant bleibt, und daß die adsorbierten Partikel ihrerseits keine Rekombinationszentren bilden; wenigstens keine, denen eine erhebliche stationäre Rekombinationsgeschwindigkeit zuzuordnen ist. Das ist nach den genannten Autoren möglich, wenn auf dem Halbleiter eine Oberflächenschicht („B-Schicht") vorhanden ist, durch welche ein Elektronendurchgang nur schwer erfolgen kann; adsorbiert werden nur Teilchen auf der Außenseite

---

*) Bei Wasserdampf + O_2 oder O_2 + N_2 ist damit eindeutig eine resultierende positive Oberflächenladung (auf p-Germanium) nachgewiesen. Mit dem Befund, daß trokkener O_2 auf n-Ge keine Channels zu bilden scheint, stehen übrigens z. B. Meßergebnisse von *Fröschle* (vgl. die Diskussion) nicht in Einklang. D. H.

[1]) Einige Beobachtungen deuten darauf hin, daß bei hoher Luftfeuchtigkeit nicht nur Channels entstehen, sondern daß sich auch Wasserhäute mit eigener Ionenleitung ausbilden können [29, 30, 60]. Hierfür spricht insbesondere, wenn die Oberflächenleitung gerade unterhalb 0 °C „einfriert" [61].

†) Ohne Berücksichtigung von etwaigen Zener- oder Ionisationseffekten in der Channelschicht. D. H.

dieser Oberflächenschicht (Abb. 18), sie bilden dort z. B. Akzeptoren mit dem nichtelektrischen Energieanteil E_A (vgl. § 2). Die Dichte der Rekombinationszentren mit den (entsprechend definierten) „Trap"-Niveaus E_d und E_a an der Grenze Halbleiter/Oberflächenschicht soll jedoch durch die Adsorption nicht beeinflußt werden.

In diesem Modell setzt sich also die Austrittsarbeit an der Halbleiteraußenfläche aus drei Anteilen zusammen:

1. Aus dem Abfall der Elektronenenergie über der Raumladungsrandschicht, V_D,

2. aus dem Abfall der Elektronenenergie über der Oberflächenschicht, V_B und

3. aus einem auch ohne 1 und 2 vorhandenen strukturellen Anteil V_{Str}.

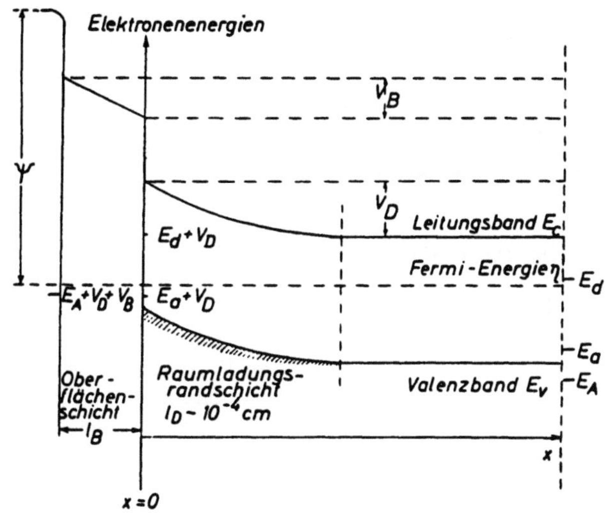

Abb. 18. Modell der Germaniumoberfläche (nach *Brattain* und *Bardeen* [16]); Erläuterung im Text.

Über die Natur der Oberflächenschicht ist zunächst nichts ausgesagt. Im allgemeinen werden Oxydschichten vorhanden sein, die sich z. B. durch Elektronenbeugung nachweisen lassen*) [16, 23]. Mit einer praktisch momentan erfolgenden Anlagerung von drei Sauerstoffatomen an jedes in der Oberfläche befindliche Germaniumatom muß man stets rechnen [41].

Bei der theoretischen Behandlung der verschiedenen Oberflächenphänomene [35] ist es sehr unübersichtlich, dieses Modell in seiner vollständigen Allgemeinheit zugrunde zu legen. Es sollen daher im folgenden als Beispiel für die Vielseitigkeit der sich ergebenden Möglichkeiten einige einfache Spezialfälle diskutiert werden.

---

*) In diesem Zusammenhang werden die Bildungswärmen von GeO_2 und SiO_2 von Interesse; sie betragen pro Mol Sauerstoffatome bei O_2-Einwirkung für GeO_2 115, für SiO_2 102 kcal, während H_2O nur eine Bildungswärme von 68 kcal hat. Die Bildung einer Oxydschicht, z. B. im Kontakt mit Wasser, könnte also nicht einmal durch H_2-Zusatz von Atmosphärendruck verhindert werden. D. H.

Dabei wird, wenn nicht ausdrücklich anders gesagt, stets vorausgesetzt, daß

1. Die Oberfläche eines Überschußhalbleiters betrachtet wird, in dessen Innerm sich homogen verteilte, vollständig dissoziierte Donatorenniveaus befinden,

2. an der Oberfläche die Bandaufwölbung V_D groß gegen kT ist (Verarmungsrandschicht),

3. Elektronen- und Löcherverteilung in den Bändern einer „Quasi-Boltzmannstatistik" genügt und

4. im Bereich der Raumladungsrandschicht die Volumenrekombination vernachlässigt werden kann.

Nach Voraussetzung 3 soll die p-Anreicherung an der Grenze Halbleiter/Oberflächenschicht nicht bis zu extrem hohen $\dot{p}$-Werten (Entartungskonzentration) gehen; von weiteren, z. T. ebenfalls mit hohen p-Werten zusammenhängenden Einschränkungen, die begrenzende Annahmen über die Stärke der Oberflächenrekombination bedeuten, wird in § 8 die Rede sein.

Die in den folgenden Paragraphen durchgehend angewandten Bezeichnungen sind im Anhang zusammengestellt.

§ 7. Oberfläche im thermischen Gleichgewicht

a) Grundgleichungen

In diesem Abschnitt soll gezeigt werden, wie man im Fall des thermischen Gleichgewichts die Größen V_B, V_D (also den V-Anteil der Austrittsarbeit) und die Leitfähigkeit des Oberflächenbereichs grundsätzlich bestimmen kann, wenn Dichte und energetische Lage der verschiedenen Niveaus bekannt sind (vgl. auch [54]). Es gelten die in § 6 aufgeführten Voraussetzungen.

Es sind nun die Fälle von besonderem Interesse, bei denen in einer an der äußeren Halbleitergrenze vorhandenen Raumladungsrandschicht („D-Schicht") eine merkliche Abweichung der Trägerkonzentration von den Verhältnissen im Halbleiterinnern auftritt. Daher ist die Voraussetzung 2 des § 6 hier von selbst erfüllt; sie macht sich übrigens nur in Gl. (7.4) in einer dort angegebenen Weise bemerkbar. [Die Annahme der n-Dotierung ist ebenfalls nur in Gl. (7.4) enthalten, wo der Beitrag der Volumenstörstellen zur Raumladungsdichte gleich $-e\,n_H$ angenommen wird; bei p-Dotierung hätte man ihn statt dessen gleich $+e\,p_H$, und im allgemeinen Fall gleich $e\,(p_H - n_H)$ zu setzen, was zu einer leicht berechenbaren Verallgemeinerung von (7.4) führen würde.]

Zur Berechnung von V_B und V_D ist der Potentialverlauf zwischen H und dem Außengebiet zu bestimmen, was bei stetiger Raumladungsverteilung bekanntlich durch die Integration der Poissongleichung unter Verwendung der Gleichgewichtsbeziehungen für die Ladungsdichte (sowie durch Angabe eines Feldstärkenwertes $\mathfrak{E}$) möglich ist. Bei Flächenladungen treten z. T. Aussagen über $\mathfrak{E}$-Sprünge an Stelle von Aussagen über $\dfrac{\partial\,\mathfrak{E}}{\partial x}$. Eine erste Beziehung für V_B und V_D läßt sich aus der Aussage gewinnen, daß, bei $\mathfrak{E}_H = 0$, die (in positiver x-Richtung gerechnete) äußere Feldstärke $\mathfrak{E}$ — die im allgemeinen Falle $\neq 0$ angenommen wird — durch die Gesamtheit der Volum- und Flächenladungen in der B- und D-Randschicht gegeben ist. Nimmt man hierbei die B-Schicht als raumladungsfrei an (vgl. hierzu auch den Diskussionsbeitrag *Schottky*), so ist die Ladungsbilanz durch die Beziehung gegeben:

$$- \frac{\mathfrak{E}}{4\,\pi} = eQ = e\,\{N_b^+ - N_A^- + N_d^+ - N_a^- + \int_0^\infty d\,x\,[(p - p_H) - (n - n_H)]\}, \quad (7.1)$$

wobei die mit $\mathfrak{E}$ proportionale Größe Q als Gesamtladungszahl aller (positiven) Volum- und Oberflächenladungen pro Oberflächeneinheit zu deuten ist.

Um aus Gl. (7.1) eine Beziehung zwischen $\mathfrak{E}$, V_B und V_D zu erhalten, müssen nun die Oberflächenladungen und das rechts auftretende Integral, das der Feldstärke $\mathfrak{E}_D = \left(\frac{1}{e}\frac{\partial V}{\partial x}\right)_{x=0}$ an der Halbleiterseite der D, B-Grenze proportional ist, in Abhängigkeit von V_D und V_B dargestellt werden. [Es wird hierbei noch angenommen, daß an der D, B- und Außengrenze keine durch Dotierung und Atmosphäre beeinflußbaren elektrischen Doppelschichten auftreten, so daß der etwaige Beitrag konstanter Doppelschichten dieser Art in den Werten der Konstanten $E_A \ldots E_d$ enthalten gedacht werden kann. Es ist dann die elektrostatische Elektronenenergie an der D, B-Grenze durch V_D, an der Außengrenze durch $V_D + V_B$ (mit $V_H = 0$) gegeben.]

Wir gehen nun so vor, daß wir zunächst die $N_A^- \ldots N_d^+$ in Abhängigkeit von V_B, V_D und η ($= \mu_H$, durch n_H gegeben) berechnen [Gleichungen (7.2)] und dann das Integral in (7.1) durch V_D und n_H ausdrücken; (7.1) erscheint dabei als Beziehung zwischen $\mathfrak{E}$, V_D und V_B. Eine weitere Beziehung zwischen diesen drei Größen [Gl. (7.3)] gewinnen wir aus der Aussage, daß in der B-Schicht die Feldstärke konstant und durch $\mathfrak{E}$ und die äußere Oberflächenladung gegeben ist; damit wird V_B aus der Dicke l_B der B-Schicht und gewissen von $\mathfrak{E}$ und N_A^-, N_b^+ (also von $\mathfrak{E}$ und $V_D + V_B$) abhängigen Größen, berechenbar, was die gewünschten zwei Beziehungen zwischen $\mathfrak{E}$, V_B und V_D liefert. Aus (7.1) und (7.3) wird dann V_B und V_D einzeln in Abhängigkeit von $\mathfrak{E}$, n_H und den Parametern der Oberflächenterme berechenbar.

Zur Ausführung dieses Programms formulieren wir zunächst die Aussagen über die Gleichgewichtswerte $N_A^- \ldots N_d^+$ der Oberflächendichte der geladenen $A^- \ldots d^+$ Störstellen. Diese ergeben sich, bei konstant angenommenen Gesamtdichten $N_A \ldots N_d$, aus den bekannten Besetzungsaussagen der Störstellentheorie, wonach das Verhältnis f^0 der besetzten zur gesamten Termzahl durch die Differenz $E_J - \mu$ der nicht elektrischen Anteile E_J des Termniveaus J und des entsprechenden Anteils μ (konzentrationsabhängig) der Fermienergie η der freien Elektronen am Störstellenort gegeben ist:

$$f^0 = \frac{1}{e^{(E_J - \mu)/kT} + 1}$$

[vgl. hierzu z. B. Gl. (27), S. 161 in Bd. I dieser Reihe]. Diese Beziehung gilt bei lokalem Störstellengleichgewicht, auch wenn zwischen dem Störstellenort ($V = V_J$) und dem Neutralgebiet kein Gleichgewicht herrscht. Nimmt man aber zusätzlich ein solches Gleichgewicht an, so wird $\mu + V_J = \eta = \mu_H$, und statt $E_J - \mu$ tritt $E_J - (\eta - V_J) = E_J + V_J - \eta$ auf, d. h. die Differenz zwischen dem um V_J verschobenen, d. h. gesamten Energieniveau des J-Terms und der konstanten Fermienergie $\eta = \mu_H$. Indem man $E_J + V_J = E\,(J)$ setzt, erhält man also:

$$f^0 = \frac{1}{e^{(E\,(J)-\eta)/kT}+1} = f^0\left(E\,(J)\right),$$

wobei η rechnerisch durch μ_H gegeben ist. Die für die verschiedenen Oberflächenterme maßgebenden $E\,(J)$-Werte sind in Abb. 18 links eingetragen und dort abzulesen. Zur Berechnung der $N_A^- \cdots N_d^+$ ist aber noch zu berücksichtigen, daß nur die geladenen Akzeptorenstellen besetzt und damit prop. f^0 sind, während die geladenen Donatorenstellen unbesetzt und damit prop. $(1 - f^0)$ sind. Damit ergeben sich die gesuchten Beziehungen

$$\left.\begin{aligned}
N_D^+ &= N_D\,[1 - f^0\,(E_D + V_B + V_D)]; & N_A^- &= N_A\,f^0\,(E_A + V_B + V_D); \\
N_d^+ &= N_d\,[1 - f^0\,(E_d + V_D)]; & N_a^- &= N_a\,f^0\,(E_a + V_D).
\end{aligned}\right\} \tag{7.2}$$

Von den weiteren Beziehungen, die zur Durchführung unseres Programms benötigt werden, ist die zwischen V_B und Q sowie der äußeren Oberflächenladungszahl $N_D^+ - N_A^-$ sehr einfach; es ergibt sich

$$V_B = \frac{4\,\pi\,e^2}{\varepsilon_B}\,l_B\,[Q + N_A^- - N_D^+]. \tag{7.3}$$

Endlich gewinnt man die gesuchte Beziehung zwischen dem in (7.1) auftretenden, mit $\left(\dfrac{d\,V}{d\,x}\right)_{x\,=\,0}$ proportionalen p, n-Integral und der Bandaufwölbung $V_D = V_{(x\,=\,0)}$, indem man in bekannter Weise die Poissongleichung mit der Boltzmanngleichung für die n und p kombiniert und durch einmalige Integration daraus $\dfrac{d\,V}{d\,x}\,(x)$ sowie insbesondere $\left(\dfrac{d\,V}{d\,x}\right)_{x\,=\,0}$ berechnet. Dabei ist in dem Ansatz nicht nur die in der Verarmungsrandschicht auftretende positive Raumladung der (stets ionisierten) Donatoren (prop. n_H) berücksichtigt [Gl. (7.4), 1. Glied], sondern auch die Möglichkeit einer n/p-Inversion mit hervortretender p-Raumladung [Gl. (7.4), 2. Glied]. Das Endergebnis lautet:

$$\int\limits_0^\infty d\,x\,[(p - p_H) - (n - n_H)] = \sqrt{2}\,x_0\,n_H\left(\frac{V_D}{kT} + \frac{p_H}{n_H}\,e^{V_D/kT}\right)^{1/2}. \tag{7.4}$$

Dabei wurden die Boltzmannbeziehungen

$$n\,(x) = n_H\,e^{-V(x)/kT}, \quad p\,(x) = p_s\,e^{(V(x)-V_D)/kT}$$

und

$$p_s = p_H\,e^{V_D/kT}$$

benutzt $(p_s \triangleq p_{x\,=\,0};\ V_s = V_D)$. Ferner wurde die Debyelänge des Halbleiters

$$x_0 = (\varepsilon\,k\,T/4\,\pi\,e^2\,n_H)^{1/2}$$

zur Kürzung eingeführt. (7.4) ergibt sich dann, indem man

$$\frac{d^2\,V}{d\,x^2} = +\frac{4\,\pi\,e^2}{\varepsilon}\,[(p - p_H) - (n - n_H)]$$

mit $\dfrac{d\,V}{d\,x}$ multipliziert und das Produkt, das $= \dfrac{1}{2}\,\dfrac{d}{d\,x}\left(\dfrac{d\,V}{d\,x}\right)^2$ ist, über x integriert, was zu einer Integration von $[(p - p_H) - (n - n_H)]$ über dV führt und $\dfrac{dV}{dx}$ in Abhängigkeit von V liefert. Insbesondere ist damit auch der gesuchte Wert von $\dfrac{dV}{dx}$ für $x = 0$, $V = V_D$ gegeben, der in Gl. (7.4) zu bestimmen war. (Ein Glied 1 ist dabei unter der Annahme $V_D \gg kT$ neben V_D/kT vernachlässigt.) Damit sind sämtliche verlangten Beziehungen zur getrennten Bestimmung von V_D und V_B gegeben. Eine Durchführung der Rechnung in Spezialfällen wird in § 7b besprochen.

Allgemein hat die veränderte Konzentration der beweglichen Ladungsträger in der Raumladungsrandschicht auch eine Änderung $\triangle\sigma$ der *Leitfähigkeit* längs der Oberfläche zur Folge, die, soweit sie durch die Konzentrationsänderung in der D-Schicht (gegenüber dem Fall $V_D = 0$, also einer bis zur Oberfläche konstanten Leitfähigkeit) bedingt ist, nur von dem n- und p-Verlauf in der D-Schicht und damit bei gegebenem n_H, p_H nur von V_D abhängig ist und durch eine Integration über dV bzw. $d\gamma = d(V/kT)$ gewonnen werden kann:

$$\triangle\sigma = e \int\limits_0^\infty dx\,[\mu_n(n - n_H) + \mu_p^{\mathrm{eff}}(p - p_H)]$$

$$= \frac{e\,x_0}{\sqrt{2}} \int\limits_0^{V_D/kT} d\gamma\,[\mu_n\,n_H(e^{-\gamma}-1) + \mu_p^{\mathrm{eff}}\,p_H(e^{\gamma}-1)]\left| e^{-\gamma}-1+\gamma+\frac{p_H}{n_H}(e^{\gamma}-1-\gamma)\right|^{-1/2}. \quad (7.5)$$

[μ_n, μ_p hier: Beweglichkeiten; über den Einfluß der Dicke der Raumladungsrandschicht auf die Löcherbeweglichkeit (μ_p^{eff}) siehe § 10a.]

b) Austrittsarbeit und Oberflächenleitfähigkeit in Spezialfällen*)

Die in § 7a aufgestellten Gleichungen sind in dieser Allgemeinheit zu unhandlich, um konkrete Aussagen über das Verhalten der Oberfläche in übersichtlicher Form zu gestatten. Es sollen daher in diesem Abschnitt folgende Vereinfachungen eingeführt werden:

Es sei keine Oberflächenschicht vorhanden (l_B und $V_B = 0$), so daß eine Adsorption unmittelbar an der Halbleiteroberfläche (bei $x = 0$, Abb. 18) stattfindet. Spezielle „Trap"-Niveaus N_a bzw. N_d seien nicht vorhanden. Durch Adsorption sollen nur Akzeptorenterme (E_A, N_A) erzeugt werden ($N_D = 0$). Diese Voraussetzungen entsprechen dem ursprünglichen vereinfachten *Bardeen*schen Modell [6].

Ferner sei zunächst angenommen, daß

$$(\eta - E_A)/kT \gg 1$$

ist, d. h., daß die Akzeptorenniveaus für $V_D = 0$ wesentlich unterhalb der Fermienergie liegen; diese Verhältnisse sind in Abb. 2b zugrunde gelegt, die für das folgende herangezogen sei.

Unter diesen Voraussetzungen ergibt sich aus (7.1), (7.2) und (7.4)

$$\frac{N_a}{e^{(E_A + V_D - \eta)/kT} + 1} + Q = \sqrt{2}\,n_H\,x_0\left(\frac{V_D}{kT} + \frac{p_H}{n_H}\,e^{V_D/kT}\right)^{1/2}. \quad (7.6)$$

---

*) Z. T. gemeinsam mit dem Herausgeber.

Solange der Oberflächenterm $E_A + V_D$ noch wesentlich unterhalb der Fermi-energie liegt ($E_A + V_D$ noch tiefer als in Abb. 2b), also

$$(\eta - E_A - V_D)/kT \gg 1$$

ist, sind praktisch noch alle adsorbierten Atome negativ aufgeladen. (Wegen $V_D > 0$ ist dieser Fall nur unter der obigen Bedingung $E_A < \eta$ zu realisieren). Vernachlässigt man in diesem Fall die Exponentialfunktion im Nenner gegenüber der Eins, so sieht man, daß V_D und damit die Austrittsarbeit unabhängig von der Lage des Oberflächenniveaus ist und für $Q = 0$ nur durch die Gesamtzahl der adsorbierten Atome bestimmt wird. Die durch Anlegen eines Feldes influenzierten Ladungen eQ fügen sich in ihrer Wirkung additiv zu den durch das linke N_A-Glied gegebenen Oberflächenladungen hinzu.

Auf der rechten Seite von (7.6) rührt der in V_D lineare Term, wie bemerkt, von der Raumladung der Halbleiterstörstellen ($\triangleq n_H$), der Exponentialterm von der p-Raumladung her. Bei hinreichend kleiner Flächendichte N_A der adsorbierten Atome und $Q = 0$ wird V_D klein und damit die p-Ladung belanglos; V_D wird dann nach (7.6) proportional N_A^2. Überwiegt dagegen, durch Auftreten stärkerer Inversion, die Zahl der Löcher in der Raumladungsrandschicht, so ist V_D — solange noch alle A geladen bleiben — proportional $\ln N_A$, nimmt also nur noch sehr langsam zu. Um eine Vorstellung von den zu erwartenden Größenordnungen zu geben, sei als Zahlenbeispiel $n_H = 10^{15}\,\mathrm{cm}^{-3}$, $p_H = 10^{11}\,\mathrm{cm}^{-3}$, $\varepsilon = 16$ gesetzt. Um eine Bandaufwölbung von $10\,kT$ hervorzurufen, sind $7{,}5 \cdot 10^{10}$ ionisierte Oberflächenterme pro cm^2 erforderlich. Die bisher aus Beobachtungen geschätzten Dichten liegen zwischen 10^{11} und $10^{12}\,\mathrm{cm}^{-2}$ [28, 103, 115][1]). [In der Oberfläche eines Germaniumkristalls — (1 1 0)-Ebene — sind $8{,}9 \cdot 10^{14}$ Atome/cm^2 vorhanden.]

Andererseits verursacht eine äußere Feldstärke von 10^4 Volt/cm eine Änderung Q in der Zahl der Oberflächenladungen von etwa $0{,}5 \cdot 10^{10}\,\mathrm{cm}^{-2}$. Der Gegenfall zu dem bisher betrachteten ($\eta > E_A$, N_A klein) ist der, wo

$$E_A + V_D - \eta \gg kT$$

ist, was für kleine N_A (und damit V_D) einen η-Wert unterhalb E_A verlangen würde, für große N_A aber auch bei positivem $\eta - E_A$ durch hinreichendes Anwachsen von V_D realisierbar ist. In beiden Fällen liegt an der Oberfläche η gemäß Voraussetzung wesentlich unterhalb des Oberflächenniveaus $E_A + V_D$, es ist dann nur noch ein Bruchteil der Oberflächenatome negativ aufgeladen und im Nenner von (7.6) ist 1 gegen das Exponentialglied zu vernachlässigen. Nimmt man überdies das p-Anreicherungsglied der rechten Seite $\ll V_D/kT$ an (keine oder schwache Inversion), so findet man durch Logarithmieren von (7.6), daß, für $Q \approx 0$, $E_A + V_D - \eta$ nur noch logarithmisch von N_A sowie von $(n_H x_0)^{-1} \sim n_H^{-1/3}$ und $(V_D/kT)^{-1/3}$ abhängt und sich in einfacher Weise recht exakt berechnen läßt. Bei genügend kleinem Wert von $N_A/\sqrt{n_H}$ (im Vergleich zu einem von N_A und n_H unabhängigen Parameter gleicher Dimension) — wird $E_A + V_D - \eta \approx 0$, $V_D \approx \eta - E_A$, und die Austrittsarbeit Ψ ($= -\eta + V_D$) gleich $-E_A$, entsprechend den Betrachtungen des § 2. Allgemein variiert V_D

---

[1]) Zuweilen wird statt der Flächendichte selbst die Dichte $\dfrac{dN_A}{dV_D}$ der durch eine Potentialänderung dV_D an der Oberfläche umgeladenen Niveaus angegeben, bezogen auf diese Potentialänderung, also z. B. $10^{14}\,\mathrm{cm}^{-2}\,\mathrm{Volt}^{-1}$ [15, 18].

bei konstantem η unter den gemachten Voraussetzungen nahezu symbat mit $- E_A$, ist also stark von E_A, aber nur wenig von N_A abhängig, im Gegensatz zu dem vorher betrachteten Fall. Im Gegenfall $\dfrac{p_H}{n_H}\, e^{V_D/kT} \gg \dfrac{V_D}{kT}$ (starke Inversion) wird andererseits $\frac{2}{3}\, V_D/kT$ logarithmisch von N_A abhängig, $\dfrac{V_D}{kT}$ wächst also mit $\ln N_A^{3/2}$.

Ohne auf diese quantitativen Verhältnisse weiter einzugehen, wollen wir nun, in Ergänzung der in § 2 diskutierten Überlegungen, die Dotierungsabhängigkeit von $\eta - V_D$ ($= - \Psi$) bei gegebener Lage von E_A zu den Bandkanten (rechte Seite von Abb. 18) verfolgen, wobei wir die beiden soeben besprochenen Extremfälle miteinander zu verbinden haben. Wir variieren dabei $\eta = \mu_H$ von $\approx E_v$ bis $\approx E_c$ und nehmen E_A innerhalb dieses Bereiches an. Bei $N_A \approx 0$ ist V_D stets gleich 0, $\eta - V_D$ gleich η, und die Austrittsarbeit durchläuft symbat mit η alle Werte von $\approx (- E_v)$ bis $\approx (- E_c)$. Für sehr große N_A ist aber V_D nur dann ≈ 0 [und $\Psi \approx (- \eta)$], wenn $E_A + V_D - \eta$ genügend positiv ist, also η wesentlich unterhalb E_A liegt. Steigt η durch Dotierungsänderung von μ_H an, so beginnt eine teilweise Umladung der A, V_D wird > 0, und der Anstieg von $\eta - V_D$ bleibt hinter dem Anstieg von η, die Änderung von Ψ hinter der Änderung von η zurück. Es ist so, als ob das E_A-Niveau auf $\eta - V_D$ eine abstoßende Wirkung ausübte, die bei Erhöhung von η die Annäherung des Niveaus $\eta - V_D$ an das E_A-Niveau „abbremst". Bei η ($= \mu_H$) $= E_A$ bleibt $\eta - V_D$ noch wesentlich unterhalb E_A. Aber auch wenn η über E_A gesteigert wird, ist es bei großem N_A nicht möglich, daß $\eta - V_D$ das Niveau E_A erreicht: die Umladung würde dann so stark sein, daß V_D größer werden würde als $\eta - E_A$. Die Festbremsung des $(\eta - V_D)$-Wertes am E_A-Wert gilt bei genügend großem N_A auch im ganzen weiteren Dotierungsgebiet $E_A < \eta < E_c$ auf, $\eta - V_D$ kann den Wert E_A, also die Austrittsarbeit den Wert $(- E_A)$ nicht überschreiten. Damit ergibt sich im ganzen ein Gang der Austrittsarbeit Ψ mit der Dotierung, der bei großen N_A im Gebiet $\eta < E_A$ zunächst dem Gang von $(- \eta)$ folgt, bei $\eta \gtreqqless E_A$ aber auf einen Wert $\approx (- E_A)$ festgebremst wird.

Liegt nun überdies das E_A-Niveau nur wenig oberhalb der Valenzbandkante, so bleibt für die Ψ-Variation überhaupt kein merklicher Spielraum; die Austrittsarbeit wird im ganzen p- und n-Dotierungsgebiet von der Dotierung praktisch unabhängig. Gerade das ist aber der in Abb. 10 wiedergegebene (grobe) experimentelle Befund; er ist dann und nur dann deutbar, wenn 1. ein Akzeptorniveau [Umladung $(\times -)$] nahe der Valenzbandkante und 2. eine hohe Akzeptordichte $\gtrsim 10^{12}$ cm^{-2}, d. h. mehr als 1/1000 der Oberflächenatome, angenommen wird. [Bei hochliegenden und zahlreichen *Donatorenniveaus* wäre in der gleichen Weise eine „Festbremsung" der Austrittsarbeit bei $(- E_D)$ anzunehmen; die Ablehnung dieser Möglichkeit (sowie einer gleichzeitigen Anwesenheit zahlreicher A- und D-Niveaus in Tief- bzw. Hochlage) ist jedoch auf Grund des experimentellen Gesamtmaterials bei Ge und Si wohl als gesichert zu betrachten.]

Physikalisch kann man sich die Festlegung der Austrittsarbeit bei $(- E_A)$ dadurch veranschaulichen, daß man die A-Schicht als ein dem Halbleiter vorgelagertes Medium betrachtet, das, wie ein Metall, für die Elektronen einen dem μ_{Me}-Wert des Metalls entsprechenden μ_A-Wert festlegt, und das, ohne seinen μ_A-Wert merklich zu ändern, die Elektronen nachliefern kann, die zur Erzeugung einer die μ_A-Variation gegenüber μ_H kompensierenden Galvanispannung notwendig sind. Wie in jeder zusammengesetzten Kette von Substanzen mit verschiedenen, aber festgelegten μ-Anteilen der Fermienergie ist dann die Voltaspannung nur durch die Differenz der Austrittsarbeiten der äußersten Kettenglieder bestimmt.

Im Fall einer zusätzlichen besonderen Oberflächenschicht mit a- und d-Traps auf der Innenseite werden diese Betrachtungen naturgemäß modifiziert; gerade die letztgenannte Auffassung zeigt aber, daß bei genügend großer A-Zahl auf der äußeren Seite der Oberflächenschicht der Festbremsungsmechanismus für Ψ (auf $\mu_A \approx E_A$) auch in diesem Fall in ähnlicher Weise wirken kann, so daß der Effekt der d- und a-Terme und deren Einfluß auf V_D dabei herausfällt. Daß jedoch umgekehrt auch V_D von E_A unabhängig ist, läßt sich aus der Dotierungsunabhängigkeit der Austrittsarbeit (Festlegung von $\mu_A \approx E_A$) keineswegs schließen; aus den Befunden über den Atmosphäreneinfluß auf Oberflächenleitfähigkeit und Channelbildung muß man vielmehr schließen, daß V_D keineswegs durch E_a und E_d festgelegt, sondern durch E_A wesentlich beeinflußbar ist.

Für die Absolutlage von E_A, die ja nicht nur eine Funktion der Gasmoleküleigenschaften der Adsorbatmoleküle, sondern auch eine Funktion der unmittelbar angrenzenden Unterlage ist, werden dabei allerdings die Eigenschaften der Oberflächenschicht und nicht der eigentlichen Halbleitersubstanz maßgebend. Diese Bemerkung hat vielleicht Bedeutung im Zusammenhang mit der durch die bisherigen Betrachtungen noch nicht erklärten Tatsache, daß ein „Atmosphärenwechsel" die Austrittsarbeit wesentlich beeinflußt, ohne ihre annähernde Dotierungsunabhängigkeit aufzuheben. Die letztere Tatsache spricht dafür, daß eine durch den Atmosphärenwechsel bedingte bloße N_A-Variation nicht die Ursache der veränderten Austrittsarbeit sein kann; es scheint vielmehr, bei stets großen N_A-Werten, E_A geändert zu werden. Besonders der Einfluß der Feuchtigkeit, die ja bei gegebenem p_{0_2}, Ψ ($\approx -E_A$) verkleinert, also E_A anhebt, wird in diesem Zusammenhang zu beurteilen sein; neben der Annahme, daß entweder die H_2O-Moleküle selbst (wohl unwahrscheinlich) oder die Anlagerung von H_2O an die adsorbierten O-Moleküle oder -Atome E_A beeinflußt, wurde in der Diskussion zu diesem Referat auch von Herrn *Deeg* (vgl. die Diskussion) auf die Möglichkeit hingewiesen, daß sich eine mehratomare quasikristalline H_2O-Schicht auf die schon vorhandene Fremdschicht auflagert, was natürlich den E_A-Wert der O-Teilchen gegenüber ihrer direkten Auflagerung auf der äußeren Zwischenschicht (Oxydschicht) abändern würde. Auch für die Deutung der Wirkung verschiedener Ätzmittel auf die chemische Struktur der gebildeten Oxydschicht auf die Oberflächenrekombination wären, neben Beeinflussungen der E_a- und E_d-Niveaus, Variationen der E_A-Niveaus in die Betrachtung einzubeziehen.

Nicht erfaßt wurde in den vorstehenden Betrachtungen der Fall einer Unterschreitung des E_v-Niveaus durch E_A. Hier sind die A-Niveaus schon bei $\eta \approx E_v$ stark aufgeladen, der entsprechende V_D-Wert hebt die Valenzbandkante an der Oberfläche, $E_v + V_D$, über den η-Wert $\approx E_v$, das Ferminiveau dringt also hier in das Valenzband ein, und die Boltzmannstatistik ist im äußersten Teil der Randschicht durch Fermistatistik zu ersetzen. Die Untersuchung des Verhaltens von $\Psi = f(\eta)$ in diesem Fall, ein zweifellos wichtiges

Problem, scheint noch nicht durchgeführt zu sein, desgleichen die nähere Diskussion der noch klassischen Fälle, in denen die p-Anreicherung eine extrem hohe Zahl von negativ geladenen A- oder a-Traps verlangen würde.

Wir diskutieren endlich noch im Rahmen des vereinfachten A-Modells quantitativ die *Änderung $\triangle\,\sigma$ der Leitfähigkeit* längs der Oberfläche in den beiden wichtigsten Grenzfällen. Hierzu muß das Integral in (7.5) näherungsweise ausgewertet werden. Bei hinreichend kleinen Werten von V_D kann man die von den Löchern herrührenden Terme in (7.5) vernachlässigen gegenüber den von Elektronen herrührenden Termen, d. h., solange noch keine Inversionsschicht ausgebildet ist, ist $\triangle\sigma$ wegen Verringerung der Elektronendichte negativ, die Leitfähigkeit an der Oberfläche ist geringer als im Halbleiterinnern, und man findet durch einfache Ausrechnung:

$$\triangle\,\sigma = -\,e\,\mu_n\,n_H\,\sqrt{2}\,x_0\left(\frac{V_D}{k\,T}\right)^{1/2}. \qquad (7.7\,\text{a})$$

Ist dagegen V_D *hinreichend groß*, d. h. die Inversionsschicht hinreichend stark ausgeprägt, kann man die Elektronenterme gegenüber den Löchertermen vernachlässigen und erhält eine Zunahme der Längs-Oberflächenleitfähigkeit:

$$\triangle\,\sigma = e\,\mu_p^{\text{eff}}\,n_H\,\sqrt{2}\,x_0\left(\frac{p_H}{n_H}\,e^{V_D/kT}\right)^{1/2}. \qquad (7.7\,\text{b})$$

An Hand von (7.7a) und (7.7b) läßt sich auch leicht der Einfluß eines äußeren Feldes auf die Oberflächenleitfähigkeit diskutieren. Da nach (7.6) die durch ein äußeres (gleichsinnig mit $\mathfrak{E}_D$ angelegtes) elektrisches Feld influenzierten Ladungen eQ stets eine Vergrößerung von V_D hervorrufen, wird bei einer elektronenleitenden Raumladungsrandschicht (7.7a) die Oberflächenleitfähigkeit weiter abnehmen, während sie bei einer (hinreichend) defektleitenden Raumladungsrandschicht (7.7b) zunimmt. Damit ist es möglich, aus dem Vorzeichen des Feldeffektes auf den überwiegenden Leitungscharakter in der Raumladungsrandschicht zu schließen.

Man kann sich ferner noch überlegen, inwieweit es (zunächst im Rahmen des einfachen A-Modells) möglich sein sollte, durch den Feldeffekt die Existenz von umladbaren Oberflächenzuständen unmittelbar nachzuweisen [63, 98]. Sind *alle Oberflächenterme ionisiert*, folgt aus (7.6), daß in den Grenzfällen fehlender Inversionsschicht (7.7a) bzw. stark ausgeprägter Inversionsschicht (7.7b) die durch das Feld verursachte Leitfähigkeitsänderung $\triangle\,\sigma_{\text{Feld}}$ gegeben ist durch

$$\triangle\,\sigma_{\text{Feld}} = -\,e\,\mu_n Q \quad \text{bzw.} \quad \triangle\,\sigma_{\text{Feld}} = e\,\mu_p^{\text{eff}} Q,$$

d. h. beim Fehlen einer Inversionsschicht sollte man die durch das Feld verursachte Leitfähigkeitsänderung aus dieser Feldstärke und der bekannten Elektronenbeweglichkeit des kompakten Halbleiters berechnen können, bei Vorhandensein einer Inversionsschicht kann man jedoch experimentell eine kleinere Leitfähigkeitsänderung erhalten wegen Verringerung der Löcherbeweglichkeit in der Raumladungsrandschicht (§ 10a).

Ist jedoch nur *ein geringer Bruchteil der Oberflächenterme ionisiert*, erhält man bei Fehlen einer Inversionsschicht im Grenzfall eines hinreichend kleinen äußeren Feldes aus (7.7a) und dem Zusammenhang zwischen V_D und Q:

$$\triangle\,\sigma_{\text{Feld}} \approx -\,e\,\mu_n\,\frac{Q}{\left(1+2\,\dfrac{V_D}{k\,T}\right)} + Q^2\ldots,$$

wobei höhere Potenzen von Q und damit der elektrischen Feldstärke $\mathfrak{E}$ vernachlässigt wurden. Man sieht aus dem im Verhältnis $1 : (1 + 2\,V_D/k\,T)$ verringerten Feldeinfluß, daß in diesem Fall ein wesentlicher Teil der influenzierten Ladungen in die Oberflächenterme geht und damit keinen Einfluß auf die Oberflächenleitfähigkeit hat.

§ 8. Oberfläche nicht im thermischen Gleichgewicht

In diesem Abschnitt soll der Fall behandelt werden, daß die verschiedenen Terme in der Oberfläche nicht in thermischem Gleichgewicht mit dem Halbleiterinnern und damit miteinander sind, weil im benachbarten Neutralgebiet des Halbleiters kein n, p-Gleichgewicht mehr besteht und gegebenenfalls eine äußere Spannung zwischen Oberfläche und Halbleiterinnerem angelegt wurde, wie dies z. B. bei einem „Channel" der Fall sein kann. Man darf nun bei Zugrundelegung der *Fermi*schen Verteilungsfunktion nicht mehr mit einer allen Niveaus gemeinsamen Fermienergie rechnen, sondern muß vielmehr jedem der Bänder und jedem der Oberflächenniveaus seine eigene „Quasi-Fermienergie" zuordnen oder aber aus der Reaktionskinetik die Besetzungswahrscheinlichkeiten neu errechnen. Soweit es sich hierbei um Leitungs- und Valenzband und um die Terme unmittelbar auf der Halbleiteroberfläche handelt, treten hier keine neuen physikalischen Schwierigkeiten auf gegenüber der Behandlung von Störniveaus im Halbleiterinnern [47]. Diese von *Shockley* und *Read* [99] durchgeführten Überlegungen können weitgehend für den hier vorliegenden Fall übernommen werden. Dagegen schaffen die auf der Außenseite einer zusätzlichen besonderen Oberflächenschicht liegenden adsorbierten Atome eine neue Situation: Elektronen auf diesen äußeren Niveaus können nur mit den Elektronen des Halbleiters in Wechselwirkung treten, wenn sie die Oberflächenschicht durchwandern. Wie man aus Experimenten [103] schließen muß, erfolgt diese Wanderung und damit die Einstellung des stationären Zustandes nur sehr träge (Größenordnung Sekunden bis Minuten). Der Mechanismus dieser Wechselwirkung ist ein noch offenes Problem in der Physik der Halbleiteroberfläche. Man geht daher bis jetzt so vor, daß man die Besetzung der Terme auf der Außenseite der Oberflächenschicht nicht auf Grund eines Modells berechnet, sondern dem Experiment entnimmt (z. B. [53, 68]). In der vorliegenden Darstellung soll mangels einer besseren Methode dieses Verfahren ebenfalls angewendet werden, indem die auf der Außenseite der Oberflächenschicht sitzenden Ladungen als gegeben angesehen werden und die Besetzung der unmittelbar auf der Halbleiteroberfläche sitzenden Terme und der Bänder als Funktion dieses freien Parameters berechnet werden. Darüber hinaus stellt die Methode für den Fall, daß keine Oberflächenschicht vorhanden ist, die adsorbierten Atome also gleichzeitig als Rekombinationszentren wirken, eine vernünftige Behandlung des einfachen *Bardeen*schen Modells [6] dar.

a) Besetzung der Oberflächenterme

In diesem Abschnitt wird zunächst untersucht, wie die Besetzungswahrscheinlichkeit der (inneren) Oberflächenterme von den Trägerdichten n_s und p_s (für $\alpha = 0$) und der energetischen Lage der Oberflächenterme abhängt. Dabei soll u. a. auch das Verhalten der Oberfläche in Abhängigkeit von der zwischen Oberfläche und Halbleiterinnerm anliegenden Gleichvorspannung mit überlagerter Wechselspannung erfaßt werden. Entsprechend den Messungen wird also zugelassen, daß eine äußere Spannung angelegt wird, die sich zusammensetzt aus einer Gleichvorspannung und einer überlagerten sinusförmigen Wechselspannung geringer Amplitude (Amplitude klein gegenüber kT/e).

Im einzelnen wird vorausgesetzt

1. an der inneren Oberfläche sei nur ein „Trap"-Niveau der Energie E_a und der Flächendichte N_a vorhanden.

2. die an der Außenseite der Oberflächenschicht vorhandene Ladungsdichte (N_A^-) sei vorgegeben. (Speziell ergibt sich für $N_A^- = 0$ der vereinfachte Fall, daß gemäß 1. eine Adsorption von N_a Molekülen mit Akzeptorencharakter unmittelbar an der Halbleiteroberfläche stattgefunden hat).

Für die Zahl der pro Zeit- und Flächeneinheit vom inneren Oberflächenniveau ins Leitungsband des unmittelbar angrenzenden Halbleiters (Index s) übergehenden Elektronen (Teilchenstromdichte an der Oberfläche j_n) gilt

$$j_n = C_n' N_a f_a - C_n n_s N_a (1 - f_a), \qquad (8.1\,\mathrm{a})$$

wobei $f_a = N_a^-/N_a$ der Bruchteil der von Elektronen besetzten Oberflächenniveaus ist. Da die Wahrscheinlichkeiten für den Übergang vom Oberflächenniveau ins Leitungsband (C_n') und für den umgekehrten Übergang (C_n) als von der Besetzung unabhängige Größen angesehen werden dürfen, folgt für das Verhältnis C_n'/C_n eine allgemeine Aussage, die sich aus (8.1a) durch Spezialisierung auf den Gleichgewichtsstand $j_n = 0$ ableiten läßt:

$$C_n'/C_n = n_s^0 (1 - f_a^0)/f_a^0 \equiv n_1.$$

Hier hat die rechte Seite die Bedeutung der, im Gleichgewicht von den Einzelkonzentrationswerten der Reaktionspartner unabhängigen, „Massenwirkungskonstante" K der Reaktion $a^- \rightleftharpoons a^\times + \ominus^{(s)}$, da der f_a^0-Bruch gleich $(N_a^\times/N_a^-)_0$, der ganze Ausdruck also $= (n_s \cdot N_a^\times/N_a^-)_0$ ist. Diese Konstante ist (wenn ein etwaiger elektrischer Potentialsprung zwischen Adsorptionsebene und s-Gebiet vernachlässigt oder als unveränderliche Konstante in E_a einbezogen werden kann) nach der Elektronenstatistik durch das Produkt aus Entartungskonzentration der Leitungselektronen N_c und dem Exponentialfaktor $\exp-\big((E_c - E_a)/kT\big)$ gegeben, genau wie für Volumentraps (vgl. Referat *Hoffmann* in Bd. II dieser Reihe, S. 118). Sie hat also die Dimension einer (Elektronen-)Konzentration und wird hier mit n_1 bezeichnet; es ist zugleich die n-Konzentration, die bei einer η-Lage in Höhe des a-Terms, also in Abb. 18 bei $\eta_1 = E_a + V_D$ erreicht werden würde, da bei dieser η-Lage $f_a^0 = 1/2$, also

$$n_s = n_1 \cdot N_a^-/N_a^\times = n_1 \frac{1/2}{1/2} = n_1 \text{ wäre.}$$

Durch Einführung von n_1 in Gl. (8.1 a) folgt dann:

$$j_n = N_a C_n [n_1 f_a - n_s (1 - f_a)]. \qquad (8.1)$$

Entsprechend gilt für die Zahl der pro Zeit- und Flächeneinheit vom Oberflächenniveau ins Valenzband übergehenden Löcher

$$j_p = N_a C_p [p_1 (1 - f_a) - p_s f_a], \qquad (8.2)$$

wobei C_p die Wahrscheinlichkeit für den Übergang vom Valenzband auf das Störniveau bedeutet; p_1 ist hier durch $N_v \exp\big(-(E_a - E_v)/kT\big)$ bestimmt

und bedeutet die Dichte, die sich im Valenzband im Gleichgewicht einstellen
würde, wenn ebenfalls das Ferminiveau auf dem Energieniveau des Ober-
flächenterms a läge. (Es gilt also auch $p_1 n_1 = n_i^2$.)

Aus der Erhaltung der Ladungen folgt nun

$$j_n = j_p - N_a \frac{\partial f_a}{\partial t}, \qquad (8.3)$$

also im stationären Fall $j_n = j_p$, d. h. es fließt ein ambipolarer Elektronenpaar-
Strom zur Oberfläche. Bei periodischen Abweichungen vom stationären Zu-
stand kann man entsprechend den Voraussetzungen die Zeitabhängigkeit aller
Größen in der Form ansetzen:

$$A\,(t) = A_{||} + A_\sim \, e^{i\,\omega\,t},$$

wobei $A_{||}$ der zeitlich konstante Anteil und $A_\sim$ die (im allgemeinen komplexe)
Amplitude des zeitlich veränderlichen Anteils von A ist. Dann folgt aus (8.1),
(8.2) und (8.3) für den zeitlich konstanten (für den stationären Fall maßgebenden) Teil [analog Gl. (2.15), S. 120 bei *Hoffmann*, a. a. O.]:

$$f_{a|} = \frac{C_p p_1 + C_n n_{s||}}{C_p (p_1 + p_{s||}) + C_n (n_1 + n_{s||})} \qquad (8.4)$$

und für die Amplitude des zeitlich veränderlichen Anteils

$$f_{a\sim} = \frac{C_n n_{s\sim} (1 - f_{a||}) - C_p p_{s\sim} f_{a|}}{i\,\omega + C_n (n_1 + n_{s||}) + C_p (p_1 + p_{s||})} . \qquad (8.5)$$

Es sei bemerkt, daß bei der Ableitung der Gl. (8.1) bis (8.5) noch kein Gebrauch
gemacht wurde von der Voraussetzung, daß es sich um einen Überschußhalbleiter und um eine positive Bandaufwölbung an der Oberfläche handelt. Diese
Gleichungen und die aus ihnen abgeleitete Gleichung (8.8) gelten also ebenso
für überwiegende Defekthalbleiter

Einfügung des Herausgebers. Die Gleichungen (8.4) und (8.5), denen sich entsprechende
Beziehungen für ein inneres Oberflächenniveau d zur Seite stellen ließen, erlauben, im
stationären und (gegenüber einem statischen oder stationären Zustand) periodisch ge-
störten Fall die Besetzungsdichte $N_a^- = N_a f_a$ (und $N_d^+ = N_d (1 - f_d)$) zu bestimmen,
wenn die stationären $n_{s\,||}$ und $p_{s\,||}$-Werte sowie gegebenenfalls ihre Wechselamplituden $n_{s\sim}$
und $p_{s\sim}$ bekannt sind. Diese Größen sind aber durch die experimentellen Bedingungen
nicht unmittelbar gegeben; als bekannt, oder aus weiteren Gesetzmäßigkeiten bestimmbar anzusehen sind vielmehr nur die Konzentrationen n_H und p_H in der Neutralschicht
unmittelbar unter der Randschicht und entweder die Spannung V_s gegenüber dieser
Neutralschicht oder eine der Größen n_s oder p_s (alle diese Parameter gegebenenfalls in
ihrer zeitlichen Abhängigkeit). Die Bestimmung von n_H und p_H, die in allen wichtigen
Fällen von ihren durch die Dotierung gegebenen thermischen Gleichgewichtswerten n_H^0
und p_H^0 verschieden sind, erfordert nur eine Parameterangabe, z. B. $(n_H - n_H^0)\,(t)$,
da auch bei etwaigen umladbaren Volumentraps zu einem gegebenen $(n_H - n_H^0)_{||}$ und
$(n_H - n_H^0)_\sim$ nur je ein Wert von $(p_H - p_H^0)_{||}$ und $(p_H - p_H^0)_\sim$ existiert, bei dem auch
die Neutralitätsbedingung gewahrt ist. Im wichtigsten Falle der fehlenden Volumentraps
ist der Ladungsbeitrag der Störstellen unabhängig von $(n_H - n_H^0)$ konstant; hier wird
also durch die Neutralität Gleichheit von $(n_H - n_H^0)\,(t)$ und $(p_H - p_H^0)\,(t)$ gefordert.
Die Teilchenströme $(j_n)_H$ und $(j_p)_H$ aus dem n_H, p_H-Gebiet zur (a, d)-Fläche sind zwar
bei fehlenden Volumentraps (und fehlender direkter p, n-Volumenrekombination) in

der Randschicht in dieser als konstant anzunehmen, aber bei $(n_H - n_H^0) \neq 0$ gilt entweder $(j_n)_H = (j_p)_H \neq 0$ (Rekombination oder Paarerzeugung an der Oberfläche) oder $(j_n)_H \neq (j_p)_H \neq 0$; der zweite Fall gilt insbesondere für den in § 10 zu betrachtenden Fall des Channels, in dem die aus dem Halbleiterinnern zur Oberfläche fließenden Ströme durch Oberflächenleitung weitertransportiert werden.

Gleichwohl besteht in allen diesen Fällen die Möglichkeit, V_s in Abhängigkeit von $n_H (p_H)$ und der s-Dichte der in der Randschicht angereicherten Teilchen (z. B. p_s bei einer p-Schicht an einem n-Majoritätsgebiet) zu berechnen (oder auch p_s aus n_H und V_s). Diese Möglichkeit ist immer dann gegeben, wenn die p und n der Randschicht in Abhängigkeit von p_s, n_H und p_H und der variablen Elektronenenergie $V(x)$ darstellbar sind. In diesem Fall ist insbesondere bei fester Volumstörstellenladung die Raumladungsdichte der Randschicht durch $(p - p_H) - (n - n_H)$ gegeben. [Dieser Ausdruck kann wegen der Neutralitätsbedingung $p_H - n_H = n_A - n_D$, das bei reinen n-Störstellen $= - n_D$ ist, wahlweise auch durch $p - (n - n_D)$ ersetzt werden; A und D hier: Volumstörstellen]. Gelingt es nun, p und n in Abhängigkeit von n_H, p_s und V darzustellen, so ist durch die *Poisson*sche Gleichung eine Beziehung $\dfrac{d^2 V}{d x^2} = f(V)$, mit den Parametern n_s, n_H und p_H gegeben, und diese Differentialgleichung läßt sich durch Multiplikation mit $\dfrac{dV}{dx}$, wie im Gleichgewichtsfall, als Differentialgleichung

$$\frac{d}{dV}\left\{\frac{1}{2}\left(\frac{dV}{dx}\right)^2\right\} = f(V)$$

schreiben, so daß durch einfache Integration über dV die Größe $\dfrac{dV}{dx}$ in Abhängigkeit von V zu ermitteln ist. $\left(\text{Mit } \dfrac{dV}{dx} = g(V), \ \dfrac{dx}{dV} = \dfrac{1}{g(V)} \text{ läßt sich dann die Beziehung}\right.$ zwischen V und x durch eine weitere Integration gewinnen, damit ist auch die p- und n-Verteilung in Abhängigkeit von x gegeben; das wird aber im folgenden nicht benötigt.$\Big)$

Die V-Abhängigkeit von p und n ist nun allerdings, was im allgemeinen nicht hervorgehoben wird, keineswegs durch das auf die beiden Trägerarten angewandte Boltzmanngesetz, das die Annahme $\eta_n = $ Const und $\eta_p = $ Const zugrunde legt, gegeben. Kann man bei Stromdurchgängen nahe dem thermischen Gleichgewicht (z. B. § 9) und beim Auftreten von Flußströmen in der Randschicht noch mit guter Annäherung η_n und η_p konstant annehmen, so ist bei starker Sperrbeanspruchung der Randschicht, wie sie in den Channels vorliegt, η_n und η_p in der Raumladungsschicht ebensowenig konstant, wie es bei einem normalen p, n-Übergang der Fall ist; das Fließen des Sperr- und Sättigungsstromes verlangt ja auf der Majoritätsseite (n) des Übergangs eine endliche Minoritätskonzentration (p), die bei hohen Sperrspannungen beliebig groß gegen die mit der anderen Seite (p_s) im Boltzmanngleichgewicht stehende Konzentration wird. Die Möglichkeit, trotzdem bei p, n-Übergängen, und ebenso bei p, n-Randschichten die Poissongleichung zu integrieren, beruht jedoch darauf, daß in den Gebieten, wo η_n und η_p nicht konstant ist, die n- bzw. p-Raumladung bei nicht allzugroßen Oberflächenströmen*) größenordnungsmäßig unter der für die Raumladung maßgebenden Grenze liegt. Deshalb gilt im p-Gebiet unserer Randschicht auch bei beliebig hohen Sperrspannungen (und zeitlichen Vorgängen) Boltzmanngleichgewicht der p mit p_s im Gebiet merklicher p-Anreicherung, und andererseits auf der n-Seite n-Gleichgewicht mit n_H; auf beiden Seiten sind nur die betreffenden Gleichgewichtskonzentrationen für den örtlichen Gesamtwert $(p - p_H) - (n - n_H)$ merklich maßgebend. Damit kann man also auch in diesem Fall die Raumladung in Abhängigkeit, einerseits von p_s und $V_s - V$,

---

*) Die Rechnung, die den Einfluß großer Oberflächenströme auf den Raumladungsverlauf einschließt (η_n und η_p auch im „maßgebenden" Gebiet nicht konstant), ist von *Moore* und *Webster* [76] durchgeführt worden.

andererseits von n_H und $V - V_H$ darstellen; im Inversionsgebiet ist n und $p \approx 0$, die Raumladung ist hier nur durch $n_D \approx n_H \approx n_H^0$ gegeben. Damit wird nach dem Obigen die Berechnung von V_s in Abhängigkeit von p_s und n_H auch bei η_n und $\eta_p \neq$ Const (ambipolarer oder unipolarer Stromdurchgang) ermöglicht. Diese Möglichkeit ist in den folgenden Gleichungen dieses Abschnittes verwendet; in § 8b und § 9 wird andererseits der Quasigleichgewichtsfall mit η_n und $\eta_p =$ Const zugrunde gelegt, wodurch mittels der Boltzmanngleichung $p_s = p_H \exp (V_s/kT)$ eine direkte Beziehung zwischen p_s, n_H und V_s gewonnen wird, die nunmehr die Gesamtbestimmung des Potentialverlaufs aus n_H und V_s allein gestattet.

Die Durchführung der angedeuteten Rechnung liefert für das durch $\dfrac{4 \pi e}{\varepsilon}$ dividierte Raumladungsintegral der Randschicht, das die Bedeutung der gesamten resultierenden Raumladungszahl N^+ dieser Schicht hat, die Beziehung:

$$N^+ = \int\limits_0^x \left[(p - p_H) - (n - n_H) \right] dx = \sqrt{2 x_0 n_H} \left(\frac{V_s}{kT} + \frac{p_s}{n_H} \right)^{1/2}. \tag{8.6}$$

Hier ist das V_s-Glied durch die konstante Donatorenraumladung bedingt, während das p_s-Glied von der p-Raumladung herrührt. Im Spezialfall des p_s, p_H-Gleichgewichts gilt:

$$N^+ = \sqrt{2 x_0 n_H} \left(\frac{V_s}{kT} + \frac{p_H}{n_H} e^{V_s/kT} \right)^{1/2}; \tag{8.6a}$$

im Gleichgewichtsfall $n_H = n_H^0$, $p_H = p_H^0$ geht dieser Ausdruck in (7.4) über, wobei $V_s = V_D$ zu setzen ist.

Die Gleichungen (8.6) bzw. (8.6a) sind nun die Schlüsselgleichungen zur Bestimmung der gesuchten Zusammenhänge (V_s, p_s, n_H) bzw. (V_s, n_H) in den betreffenden Fällen. Es ist zur Aufstellung dieser Zusammenhänge nur noch notwendig, daß N^+ entweder unabhängig von der Störung gegeben angenommen werden kann (§ 9) oder als Funktion von n_H (und evtl. p_s) durch eine von (8.6a) bzw. (8.6) unabhängige Beziehung gegeben ist. Das trifft zu, weil, wie im Gleichgewichtsfall, mit $\mathfrak{E}_H = 0$ (oder wenigstens klein gegen die Randschichtfeldstärken) gerechnet werden kann; im allgemeinen Fall einer zusätzlichen Oberflächenfeldstärke $\mathfrak{E}$ ist dann, wie in (7.1):

$$-\frac{\mathfrak{E}}{4 \pi e} = Q = (N_D^+ - N_A^-) + (N_d^+ - N_a^-) + N^+$$

(B-Schicht raumladungsfrei!), was bei $\mathfrak{E} = 0$ und $N_D = 0$ (wichtigster Fall) übergeht in:

$$N^+ = N_A^- + (N_a^- - N_d^+). \tag{8.7}$$

Hier sollte N_A^- als freier Atmosphärenparameter betrachtet werden; N_a^- und N_d^+ sind aber durch n_s und p_s mittels (8.4) und (8.5) allgemein gegeben (und durch entsprechende Beziehungen für f_d). Der gesuchte Zusammenhang (V_s, p_s, n_H) bzw. (V_s, n_H) ergibt sich also, wenn entweder auch die Majoritäts-Verarmungskonzentration n_s [die in der N^+-Bestimmung nach (8.6) und (8.6a) nicht auftritt] durch eine Zusatzbestimmung festgelegt werden kann, oder wenn N_a^- und N_d^+ nicht von n_s abhängen.

Indem die Frage der Bestimmung von n_s zunächst zurückgestellt wird, ergeben sich die gesuchten allgemeinen Beziehungen durch Einsetzen von (8.4), (8.5) und (8.6) in (8.7):

$$\sqrt{2}\, x_0 n_H \left(\frac{V_{s\|}}{kT} + \frac{p_{s\|}}{n_H} \right)^{1/2} - N_a \frac{C_p p_1 + C_n n_{s\|}}{C_p (p_1 + p_{s\|}) + C_n (n_1 + n_{s\|})} - N_A^- = 0, \qquad (8.7\,a)$$

$$\frac{x_0 n_H}{\sqrt{2}} \left(\frac{V_{s\|}}{kT} + \frac{p_{s\|}}{n_H} \right)^{-1/2} \left(\frac{V_{s\sim}}{kT} + \frac{p_{s\sim}}{n_H} \right) - N_a \frac{C_n n_{s\sim}(1 - f_{a\|}) - C_p p_{s\sim} f_{a\|}}{i\omega + C_n (n_1 + n_{s\|}) + C_p (p_1 + p_{s\|})} = 0. \qquad (8.7\,b)$$

Wegen der oben erwähnten äußerst trägen Umladung der A-Niveaus konnte bei der Ableitung der letzten Gleichung (für nicht zu kleine ω) $N_{A\sim}^- = 0$ gesetzt werden. Die Gleichungen sind auf $N_d = 0$ spezialisiert*), lassen sich aber leicht ergänzen. Der Fall des p_s, p_H-Gleichgewichts wird aus ihnen durch Einsetzen des N^+-Ausdruckes (8.6a) an Stelle von (8.6) gewonnen.

b) Stationäre Oberflächenrekombination bei annäherndem Randschichtgleichgewicht

Es soll nun die Zahl der Elektronen $(- j_n = - j_p)$ berechnet werden, die pro Zeit- und Flächeneinheit im stationären Zustand, für den $\partial f_a / \partial t = 0$ gilt, vom Leitungsband über das Oberflächenniveau ins Valenzband übergehen.

Setzt man (8.4) in (8.1) ein, erhält man wegen $n_1 \cdot p_1 = n_i^2$ allgemein im stationären Fall:

$$-j_n = N_a C_n C_p \frac{n_s p_s - n_i^2}{C_n (n_1 + n_s) + C_p (p_1 + p_s)}. \qquad (8.8)$$

Von besonderem Interesse ist nun der Fall, daß die Trägerkonzentrationen $n(x)$ bzw. $p(x)$ nur wenig von den Werten im thermischen Gleichgewicht $n^0(x)$ bzw. $p^0(x)$ abweichen:

$$n(x) = n^0(x) + \delta n(x); \qquad p(x) = p^0(x) + \delta p(x).$$

Eine Abweichung vom thermischen Gleichgewicht kann man, außer durch Störung des elektrischen Gleichgewichts, $V_s \neq V_D$ (Channelfall, der uns hier nicht interessiert), z. B. durch Injektion oder durch Einstrahlung von Licht erreichen. Dabei wird, wie in § 8a abgeleitet, bei der angenommenen vollständigen Dissoziation der Störstellen im Innern, $\delta n_H = \delta p_H$. Wenn nun ferner wegen der Kleinheit der zur Oberfläche fließenden Ströme die Kompensation von Feld- und Diffusionsstrom in der Raumladungsrandschicht nur wenig gestört wird, also $(\eta_n)_s = (\eta_n)_H$ und $(\eta_p)_s = (\eta_p)_H$ angenommen werden kann, gilt auch Konstanz der Produkte $(n \cdot p)_s = (n \cdot p)_H$; es folgt also:

$$n_s p_s = (n_H^0 + \delta n_H)(p_H^0 + \delta n_H).$$

Ist endlich $\delta n_H \ll n_H^0 + p_H^0$, so kann man sich im Zähler von (8.8) auf die linearen Glieder beschränken; ist auch $\delta n_H \ll p_H^0 \ (\ll n_H^0)$ erfüllt, so darf man

---

*) Positiv geladene d-Stellen sind aber unerläßlich, wenn das Auftreten einer n-Anreicherungsschicht auf p-dotiertem Material (n-Channel bei p-Dotierung, vgl. Abb. 17) erklärt werden soll. D. H.

dort im Nenner auch n_s durch n_s^0 und p_s durch p_s^0 ersetzen *). Damit geht (8.8) über in

$$-j_n = N_a\,C_n\,C_p\,\frac{n_H^0 + p_H^0}{C_n\,(n_1 + n_s^0) + C_p\,(p_1 + p_s^0)}\,\delta\,n_H$$

(entsprechend Gl. (2.23), S. 121 bei *Hoffmann*, a. a. O.). Nun ist die Oberflächenrekombinationsgeschwindigkeit s nach § 3a definiert durch

$$-j_n = s\cdot\delta\,n_H;$$

— die Vorzeichen am Rohr gegenüber § 3a beruht nur darauf, daß j_n in (8.8) für die positive x-Richtung, und nicht auf die Oberfläche zu, positiv gerechnet wurde — so daß aus beiden Beziehungen folgt (vgl. [108]):

$$s = N_a\,C_n\,C_p\,\frac{n_H^0 + p_H^0}{C_n\,(n_1 + n_s^0) + C_p\,(p_1 + p_s^0)}. \tag{8.9}$$

Diese Gleichung soll nun für einige Spezialfälle diskutiert werden; z. B. setzen *Brattain* und *Bardeen* [16] folgendes voraus:

1. Die Rekombinationszentren stehen im laufenden Gleichgewicht mit dem Valenzband, d. h. $C_p \to \infty$; zeitbestimmend sei also der Übergang zwischen Leitungsband und Rekombinationszentren.
2. Die Rekombinationszentren liegen unterhalb des unmittelbar unter der Oberfläche vorhandenen Ferminiveaus η_p in einem Abstand $\gg kT$, so daß $p_s \ll p_1$ ist.

Mit diesen Voraussetzungen geht (8.9) über in

$$s = N_a\,C_n\,\frac{n_H^0 + p_H^0}{p_1}. \tag{8.9a}$$

Die Oberflächenrekombination wird also unabhängig von n_s und p_s, und damit u. a. auch von der Aufwölbung V_D der Bänder an der Oberfläche (solange 2. noch erfüllt bleibt! s. w. u.). Da nun nach dem Modell von *Brattain* und *Bardeen* die Adsorption an der Außenseite der Oberflächenschicht die Gesamtzahl der Rekombinationszentren N_a und die elementaren Übergangswahrscheinlichkeiten C_n und C_p nicht beeinflußt, ist unter diesen Voraussetzungen die Rekombination auch von der umgebenden Atmosphäre — die V_D ändert — unabhängig. Dies entspricht den Beobachtungen von *Brattain* und *Bardeen*.

Die Autoren lassen in ihrer Theorie noch eine zweite Gruppe von Rekombinationszentren zu, und zwar von Donatoren d, die sich in laufendem Gleichgewicht mit dem Leitungsband befinden und stets in einem Abstand groß gegen kT über der Fermienergie an der Oberfläche bleiben. Das bringt jedoch in diesem Zusammenhang nichts Neues. Schließlich dürfen die Zentren über einen endlichen Energiebereich ausgebreitet sein, sofern nur die Bedingungen gegenüber der Fermienergie eingehalten werden.

Stevenson und *Keyes* [108] haben gezeigt, daß die Oberflächenrekombination auch dann in einem gewissen Bereich unabhängig von der Lage des Fermi-

---

*) Wenn δn_H nicht auch klein gegen die Minoritätsdichte p_H^0 ist, muß dagegen in jedem Einzelfall (in Abhängigkeit von C_n, C_p und V_s) gesondert nachgeprüft werden, unter welchen Voraussetzungen diese Umformung des Nenners statthaft ist.

niveaus an der Oberfläche sein kann, wenn die Rekombinationszentren nicht in laufendem Gleichgewicht mit dem Valenzband stehen, wenn also z. B. $C_n = C_p$ ist. Dann ergibt sich aus (8.9)

$$s = N_a C_n \frac{n_H^0 + p_H^0}{n_1 + n_s^0 + p_1 + p_s^0}. \tag{8.9 b}$$

Unabhängigkeit von der Bandaufwölbung ist hier vorhanden, wenn n_s^0 und p_s^0 klein gegen den größeren der beiden Werte n_1 und p_1 sind. Das Ferminiveau (an der Oberfläche) muß also weiter von jeder der beiden Bandkanten entfernt sein als das a-Niveau von der ihm näher liegenden Bandkante entfernt ist, was nur bei exzentrischer Lage des a-Niveaus möglich, dann aber bei jeder Lage des Ferminiveaus in einem Mittelband von einer Breite realisiert ist, die etwas weniger als das Doppelte der Entfernung a-Niveau/Bandmitte beträgt. Rückt das Ferminiveau aus diesem Mittelband heraus auf eine der Bandkanten zu, so wird entweder n_s^0 oder p_s^0 gegenüber $n_1 + p_1$ wesentlich*). Dann fällt die Oberflächenrekombinationsgeschwindigkeit rasch ab und wird in hohem Maße abhängig von der Lage der Fermienergie an der Oberfläche relativ zu den Bändern, also von der Bandaufwölbung und damit von der umgebenden Atmosphäre, wie dies *Stevenson* und *Keyes* auch beobachteten.

Ferner kann man die Oberflächenrekombination dadurch beeinflussen, daß man ein äußeres elektrisches Feld an die Halbleiteroberfläche legt, also die Ladungsträgerkonzentration im Oberflächenbereich durch Influenz ändert.

---

*) Statt „Bandmitte" ist in den obigen Betrachtungen genauer das Fermipotential η_i der Eigenhalbleitung, $n = p = n_i$, einzusetzen, das sich bei $m_n/m_p \neq 1$ von der Bandmitte etwas unterscheidet.

Bei diesen Betrachtungen, nach denen die Breite eines Mittelbandes mit V_s-unabhängiger Rekombination durch den doppelten Abstand zwischen η_1 und η_i gegeben ist, tritt ein *Spiegelungsprozeß* von η_1 an η_i in Erscheinung; es wird neben η_1 ein Niveau $\bar{\eta}_1$ maßgebend, das der Bedingung genügt:

$$\frac{\eta_1 + \bar{\eta}_1}{2} = \eta_i.$$

Man kann zeigen, daß auch für $C_n \neq C_p$ eine analoge Konstruktion zur Festlegung eines η_s- (und damit V_s-)unabhängigen Rekombinationsbereiches verwendet werden kann; nur ist dann η_1 nicht an η_i, sondern an

$$\eta_j = \eta_i + k\,T \ln(C_p/C_n)$$

zu spiegeln. Das allgemeine Spiegelungspotential $\bar{\eta}_1$, dessen Lage zu den Bandkanten für jede Trapart 1 aus dem Abstand von η_1 von den Bandkanten und dem Verhältnis C_p/C_n (unabhängig von N_1) zu gewinnen ist, spielt auch bei Volumrekombinationen eine maßgebende Rolle, wo man sich ja die Lage von η zu den Bandkanten durch Änderung der für die Leitung maßgebenden Dotierung variiert denken kann. Da der Herausgeber zu einer ausführlicheren Wiedergabe dieser Betrachtungen kaum kommen wird, sei hier nur angedeutet, daß das Spiegelungspotential eine entscheidende Bedeutung in dem allgemeinen Fall besitzt, wo η_n und η_p beliebig verschieden sind, also eine positive ($np > n_i^2$) oder negative ($np < n_i^2$) „η-Schere" auftritt. Liegt $\bar{\eta}_1$ unterhalb des Bereiches der η-Schere, so herrscht für die Traps n-Gleichgewicht, liegt es oberhalb, so herrscht p-Gleichgewicht. Liegt $\bar{\eta}_1$ innerhalb der η-Schere, so erfolgt die Trapumladung vorwiegend durch zwischen beiden Bändern durchlaufende Prozesse, also bei positiver η-Schere durch einseitigen Teilchenübergang von den Bändern nach den Traps, bei negativer Schere durch bloße Emissionsprozesse von den Traps nach beiden Bändern. Diese Betrachtungen, die sich allerdings auf stationäre Zustände beschränken, können vielleicht die gegenseitige Abgrenzung von einfachen Typenfällen bei Volum- und Oberflächenrekombinations- oder Paarbildungsprozessen erleichtern. D. H.

Henisch und *Reynolds* [45, 46] fanden immer dann eine Erhöhung der Rekombination, wenn das äußere Feld so gerichtet war, daß zusätzlich Elektronen in den Oberflächenbereich hineingebracht wurden; dies war unabhängig davon, ob das Material überschuß- oder defektleitend war. Diese Beobachtung kann man verstehen, wenn man annimmt, daß p_s^0 nicht mehr klein gegen p_1 und $C_p \gg C_n$ ist. Dann folgt aus (8.9)

$$s = N_a C_n \frac{n_H^0 + p_H^0}{p_1 + p_s^0}. \tag{8.9 c}$$

Die Rekombination wächst demnach in diesem Fall, wenn p_s^0 (im Gleichgewicht) durch Influenz verringert wird, d. h. also, wenn zusätzlich Elektronen in die Randschicht hineingebracht werden. Man kann dieses Verhalten in Sonderfällen durch Anwendung der Überlegungen des § 7a [z. B. Gl. (7.6)] leicht quantitativ diskutieren.

Nach (8.9b) sollte bei $n_s^0 + p_s^0 \ll n_1 + p_1$ die Oberflächenrekombination um so größer sein, je höher die Volumenleitfähigkeit der Halbleiterprobe, nämlich die Summe von $n_H^0 + p_H^0$, ist. Ein solches Verhalten konnte trotz der notwendigerweise recht hohen Streubreite der einzelnen Messungen in gewissen Fällen experimentell nachgewiesen werden [91].

Eine Angabe über die energetische Lage der Rekombinationszentren kann man schließlich erhalten, wenn man die Temperaturabhängigkeit der Rekombination mißt. Solange man bei einem Überschußhalbleiter in dem Bereich bleibt, in welchem noch alle Donatoren vollständig ionisiert sind, kann man p_H^0 gegenüber n_H^0 vernachlässigen und n_H^0 als temperaturunabhängig ansehen (analoge Überlegungen gelten für einen Defekthalbleiter). Nimmt man ferner die Gesamtzahl N_a der Traps als temperaturunabhängig an, so verbleibt z. B. bei den Annahmen von *Bardeen* und *Brattain* in (8.9a) als einzige temperaturabhängige Größe p_1. Für die Oberflächenrekombination ergibt sich also in diesem Sonderfall ein *Abfall* mit steigender Temperatur $\sim 1/p_1$, also nach § 8a :

$$s = \text{const } e^{+ (E_a - E_v)/kT} \tag{8.9 d}$$

Die bisherigen Messungen ergaben [unter Annahme der Gültigkeit von (8.9a)] E_a-Niveaus, die 0,06 eVolt [108] bzw. 0,35 eVolt [49] unter dem Leitungsband liegen.

§ 9. Änderung der Voltaspannung bei Belichtung

Brattain und *Bardeen* [16] haben experimentell eine Abhängigkeit der Voltaspannung von der Belichtung der Halbleiteroberfläche gefunden. Zur Deutung*) wird auch hier entsprechend dem *Brattain-Bardeen*schen Modell eine Oberflächenschicht angenommen, deren Dicke etwa 10^{-6} cm beträgt. Der Abfall der Elektronenenergie über dieser Schicht V_B dürfte nach den Messungen von derselben Größenordnung, jedenfalls aber nicht wesentlich kleiner sein als der Abfall der Elektronenenergie V_D über der Raumladungsrandschicht im Halbleiter. Weil diese nun aber etwa 10^{-4} cm dick ist, kann ihre Gesamtladung gegenüber der Ladung in den Oberflächentermen auf beiden Seiten der Ober-

---

*) Vgl. auch die Bemerkung des Herausgebers am Schluß dieses Paragraphen.

flächenschicht bei der Aufstellung der Ladungsbilanz vernachlässigt werden. Ferner nehmen *Bardeen* und *Brattain* an, daß die Beleuchtung so kurzzeitig erfolgt, daß eine Umladung der an der Außenseite der Oberflächenschicht sitzenden Terme nicht erfolgen kann (vgl. [35]). Unter diesen Voraussetzungen muß aber die Gesamtladung in den Trapniveaus zwischen Oberflächenschicht und Halbleiter belichtungsunabhängig sein. Das ist nur möglich, wenn mindestens zwei Niveaus vorhanden sind, z. B. ein hochliegendes Donatorenniveau (N_d, E_d) und ein tiefliegendes Akzeptorenniveau (N_a, E_a). Es gilt dann

$$N_d^+ - N_a^- = N_d^{0+} - N_a^{0-}. \tag{9.1}$$

Ferner wird angenommen, daß einerseits die Donatoren mit den Elektronen des Leitungsbandes und andererseits die Akzeptoren mit den Löchern des Valenzbandes im Gleichgewicht stehen. Da nun zwischen Leitungs- und Valenzband bei Belichtung kein Gleichgewicht besteht, sind auch Akzeptoren und Donatoren nicht im Gleichgewicht miteinander, so daß eine Rekombination stattfindet. Damit ist aber ein Diffusionsstrom der Elektronen und Löcher aus dem Innern auf die Oberfläche zu verbunden. Dieser Strom kann, wenigstens bei nur schwacher n- oder p-Majorität, einen zusätzlichen Spannungsabfall über dem Halbleiter außerhalb der Raumladungsrandschicht verursachen (Photodiffusionsspannung). Wie *Brattain* und *Bardeen* feststellten, war die Oberflächenrekombination in den von ihnen untersuchten Fällen unabhängig von der Bandaufwölbung an der Oberfläche, so daß damit auch der Diffusionsstrom und die Photodiffusionsspannung bei vorgegebener Belichtung konstant sind. Da somit die Photodiffusionsspannung nur einen konstanten additiven Beitrag zur Voltaspannung liefert, soll sie in dieser vereinfachten Behandlung außer Betracht bleiben.

Es soll nun zunächst die zusätzliche Bandaufwölbung an der inneren Oberfläche bei Belichtung, $\Delta V_s \equiv V_s - V_D$, berechnet werden als Funktion der Bandaufwölbung im Gleichgewichtszustand, V_D. Wenn man innerhalb der D-Schicht wieder Boltzmanngleichgewicht für die n und p annehmen darf, ist

$$\frac{N_d - N_d^+}{N_d - N_d^{0+}} = \frac{n_H}{n_H^0} e^{-\Delta V_s/kT}; \qquad \frac{N_a - N_a^-}{N_a - N_a^{0-}} = \frac{p_H}{p_H^0} e^{\Delta V_s/kT}, \tag{9.2}$$

wobei

$$N_d - N_d^{0+} = N_d e^{(\eta - E_d - V_D)/kT}; \qquad N_a - N_a^{0-} = N_a e^{(E_a - \eta + V_D)/kT}. \tag{9.3}$$

Durch Einsetzen von (9.2) und (9.3) in (9.1) ergibt sich mit der Kürzung

$$\frac{N_d}{N_a} e^{(2\eta - E_a - E_d)/kT} \equiv e^{2 V_{D0}/kT} \tag{9.4}$$

die gesuchte Beziehung zwischen ΔV_s und V_D:

$$\left[1 - \frac{n_H}{n_H^0} e^{-\Delta V_s/kT} \right] e^{2(V_{D0} - V_D)/kT} = 1 - \frac{p_H}{p^0} e^{\Delta V_s/kT}. \tag{9.5}$$

In dieser Gleichung sind außer ($V_{D0} - V_D$) nur gemessene Größen enthalten: n_H^0, p_H^0 kennt man aus der Leitfähigkeit der Halbleiterprobe und die Änderung der Konzentrationen in den Bändern außerhalb der Raumladungsschicht ($n_H - n_H^0$) bzw. ($p_H - p_H^0$) kann man aus der Belichtungsstärke ermitteln.

Wie aus (9.5) zu ersehen ist, kann die Bedingung (9.1) im allgemeinen nur durch eine Änderung der Bandaufwölbung bei Belichtung erfüllt werden; im Überschußhalbleiter hat die Lichtabsorption bei den Löchern eine verhältnismäßig größere Konzentrationsänderung zur Folge als bei den Elektronen $\left((n_H - n_H^0)/n_H^0 \ll (p_H - p_H^0)/p_H^0\right)$. Im gleichen Verhältnis müßten sich auch die Besetzungsdichten in den Trapniveaus ändern, wenn nicht eine Änderung der Bandaufwölbung für einen Ausgleich sorgen würde. Aus (9.5) folgt, daß sich die Bandaufwölbung dann nicht bei Belichtung ändert, wenn

$$e^{2\,(V_{D\,0} - V_D)/kT} = n_H^0/p_H^0$$

ist. Das in § 4b gegebene qualitative Bild, das für diesen Fall auch $V_D = 0$ forderte, gilt also nur in Sonderfällen, z. B. wenn beide Trapniveaus gleiche Flächendichte und gleichen energetischen Abstand von Leitungs- bzw. Valenzband haben ($N_d = N_a$; $E_d + E_a = E_c + E_v$).

Nun ist jedoch experimentell nicht die Abhängigkeit $\triangle V_s$ von der Bandaufwölbung V_D bestimmt, sondern von der Austrittsarbeit Ψ:

$$\Psi = V_B + V_D + V_{Str} \tag{9.6}$$

(bei Belichtung bleibt bei den obengenannten Voraussetzungen V_B konstant, so daß $\triangle \Psi = \triangle V_s$; $V_{Str} = -\mu_H$).

Um nun eine Beziehung zwischen Ψ und V_D zu erhalten, ist zunächst V_B als Funktion von V_D zu ermitteln; unter Verwendung von (9.3) und (9.4) folgt

$$\begin{aligned}
V_B &= \frac{4\pi e^2}{\varepsilon_B}\, l_B\, (N_d^{0+} - N_a^{0-}) \\
&= \frac{4\pi e^2}{\varepsilon_B}\, l_B\left[N_d - N_a + 2\,(N_a N_d)^{1/2}\, e^{(E_a - E_d)/2kT}\, \mathfrak{Sin}\,(V_{D\,0} - V_D)/kT \right].
\end{aligned}$$

Einsetzen dieses Ausdrucks in (9.6) liefert eine Beziehung zwischen Ψ und V_D, in welcher allerdings noch der strukturelle Anteil V_{Str} enthalten ist. Um diesen zu eliminieren, wird die so erhaltene Gleichung auf den Fall $\triangle V_s = 0$ spezialisiert. Man erhält damit eine Gleichung für den Wert Ψ^0 der Austrittsarbeit, der sich bei einer Belichtung nicht ändert. Für die Differenz $\Psi - \Psi^0$ ergibt sich dann

$$\Psi - \Psi^0 + (V_{D\,0} - V_D) = K_1 \mathfrak{Sin}\,[(V_{D\,0} - V_D)/kT] - K_2 \tag{9.7}$$

mit

$$K_1 = \frac{4\pi e^2}{\varepsilon_B}\, l_B \cdot 2\,(N_a N_d)^{1/2}\, e^{(E_a - E_d)/2kT}$$

$$K_2 = \frac{kT}{2} \ln \frac{p_H^0}{n_H^0} + \frac{K_1}{2}\left[(n_H^0/p_H^0)^{1/2} - (p_H^0/n_H^0)^{1/2} \right].$$

Eliminiert man schließlich $(V_{D\,0} - V_D)$ durch Einsetzen von (9.5) in (9.7), so erhält man die gesuchte Beziehung zwischen der Austrittsarbeit Ψ und ihrer Änderung bei Belichtung $\triangle V$. Da man den Wert Ψ^0 unmittelbar experimentell bestimmen kann, verbleibt als einziger freier Parameter nur die

Größe K_1. Abb. 19 zeigt den Vergleich zwischen Theorie und Experiment. Er kann als gute Bestätigung der hier besprochenen Vorstellungen angesehen werden.

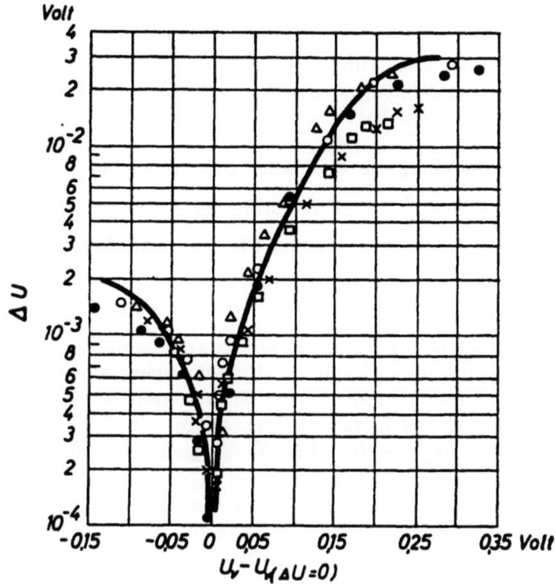

Abb. 19. Änderung der Voltaspannung zwischen Germanium und Platin bei vorgegebener Belichtung. (Ausgezogene Kurve berechnet nach dem Modell der Abb. 18 [16]).]

Bemerkung des Herausgebers. Die wesentlichen Eigenschaften der fundamentalen Beziehung (9.5) lassen sich vielleicht noch besser erkennen, wenn man zu kleinen $\Delta n = \Delta p$-Werten übergeht und (dV_s/dn) in Abhängigkeit von den Gleichgewichtskonzentrationen $n_H = n_H^0$ usw. bestimmt. Setzt man vorübergehend $V_D/kT = y$, $V_{D_0}/kT = y_0$ und führt noch die Hilfsgröße $\Delta y = (\mu_j - \mu_i)/kT$ ein, wobei μ_i der Bandmitte entspricht und μ_j durch:

$$\mu_j = \frac{E_a + E_d}{2} - kT \ln \frac{N_d}{N_a} \tag{9.8}$$

charakterisiert ist, so läßt sich für (dV_s/dn), das wir, nach Division mit kT, als $\dfrac{dy}{dn}$ schreiben, aus (9.5) die Beziehung ableiten:

$$n_i \left(\frac{dy}{dn}\right)_{(N_{d+} - N_{a-} = \text{Const})} = \frac{e^{-(y + \Delta y)} - e^{(y + \Delta y)}}{e^{(y - y_0)} + e^{-(y - y_0)}} . \tag{9.9}$$

Kritische Punkte sind hier $y = -\Delta y$ (Vorzeichenumkehr) und $y = y_0$ (Übergang vom Anstiege in die V_D-Unabhängigkeit auf der Seite der durch V_D bedingten Majoritätsverarmung in der Randschicht). Auf dieser Seite ist der Sättigungswert von $\dfrac{dy}{dn}$ der Minoritätsdichte reziprok und dem Vorzeichen von $y - y_0$ entgegengesetzt, also bei n-Majorität $= -1/p_H$; auf der Majoritätsanreicherungsseite wird in einem Gebiet $\approx kT$ nach dem 0-Durchgang der kleinere Sättigungswert $1/n_{ma}$ (speziell $= 1/n_H$) mit entgegengesetztem Vorzeichen erreicht. Die Anstiegsbreite auf der Majoritätsverarmungsseite ist durch $y_0 + \Delta y$ gegeben; da nach (9.4), mit $\eta = \mu_H$,

$$y_0 = (\mu_H - \mu_j)/kT \tag{9.10}$$

ist, wird $y_0 + \Delta y = \mu_H - \mu_i$, also von den (a, d)-Eigenschaften unabhängig. Da $y \triangleq V_D$ aus statischen Voltapotentialmessungen, auch bei Vernachlässigung des V_B-Effekts nur bis auf eine Konstante bestimmbar ist, läßt sich aus den Messungen nichts über die Absolutwerte von y_0 und Δy, sondern nur etwas über die Anstiegsbreite entnehmen, die von den (a, d)-Parametern unabhängig ist.

Empirisch kann man z. B. aus Abb. 19 (p-Fall) entnehmen, daß die Anstiegsbreite $\gtrsim 0{,}15$ V ist. Der entsprechende $(\mu_H - \mu_i)$-Wert ist aber nach [16] S. 19 $= - 0{,}075$ V, also dem Betrage nach nur etwa halb so groß, wie man, allerdings ohne V_B-Korrektur erwarten würde.

Wäre eine Theorie vorhanden, die ebenfalls, mit richtigem Vorzeichen, die Grenz-werte $1/n_{\mathrm{mi}}$ und $1/n_{\mathrm{ma}}$ für $\dfrac{d\,y}{d\,n}$, aber ein breiteres Anstiegsgebiet lieferte, so würden also die Beobachtungen mit einer solchen Theorie jedenfalls nicht im Widerspruch stehen.

Vom Herausgeber wurde nun $\dfrac{d\,y}{d\,n}$ unter einer von der Grundlage von (9.9) wesentlich verschiedenen Grundannahme berechnet. Es wurde angenommen, daß die a- und d-Traps in einem für die Umladung unzugänglichen Gebiet liegen, also in allen Fällen nur in geladenem Zustand auftreten (zu den Gegenargumenten aus Channelbeobachtungen vgl. den Diskussionsbeitrag des Herausgebers). Dann wird in der gesamten Ladungs-summe $- N_A^- + (N_d^+ - N_a^-) + N^+$ bei Vorgängen, die N_A^- ungeändert lassen (leider finde ich in [16] keine Angabe über die elementare Bestrahlungsdauer) auch N^+ ungeändert bleiben müssen. Die mit $\Delta\,n$ verbundenen ΔV_s-Effekte müssen sich also ohne Änderung der Randfeldstärke $\mathfrak{E}_s$ abspielen; das ist möglich, wenn durch die Belichtung nur eine elektronische *Doppel*schicht in der Randzone aufgebaut wird, die ja bei konstantem $\mathfrak{E}_s$ eine Variation von V_s ermöglicht. Die zunächst nahe liegende Vermutung, daß mit diesem Vorgang nur größenordnungsmäßig kleinere ΔV_s-Effekte verbunden sein könnten als bei Umladung von (a, d)-Traps erwies sich als unbegründet; die Durchführung der Rechnung, die von (8.6a) ausgeht und die Beziehung zwischen $d\,V_s$ und $d\,n$ bei $N^+ = $ Const, oder einfacher $(N^+)^2 = $ Const ermittelt, zeigt vielmehr, daß die Grenzwerte $1/n_{\mathrm{mi}}$ und $1/n_{\mathrm{ma}}$ (mit richtigem Vorzeichen) erhalten bleiben. Der einzige Unterschied gegen (9.9) ist der, daß die Anstiegsbreite im n_{mi}-Gebiet gleich $2\,(\mu_H - \mu_i)$ statt $\mu_H - \mu_i$ wird, was, wie bemerkt, mit den Beobachtungen nicht in Widerspruch steht. Die numerische Beziehung lautet:

$$n_i\left(\frac{d\,y}{d\,n}\right)_{(N^+\,=\,\mathrm{Const})} = \frac{1 - \mathrm{e}^{-y}}{\mathrm{e}^{-y_H} + \mathrm{e}^{-(y - y_H)}}, \qquad (9.12)$$

wobei $y_H = (\mu_H - \mu_i)/k\,T$ gesetzt ist. Hier liegt der Umkehrpunkt gerade bei $y = 0$; ohne Bandaufwölbung kein Effekt. Für den Nenner ist $y - y_H = y_H$, $y = 2\,y_H$ der kritische Wert; die Anstiegsbreite für V_D ist also in der Tat verdoppelt und gleich $2\,(\mu_H - \mu_i)$.

Natürlich läßt sich auch die allgemeine Theorie [mit $(N_d^+ - N_a^-) + N^+ = $ Const] durchrechnen; für die Berechtigung der Vernachlässigung der Trapladungsvariation ergeben sich hierbei keine allzu scharfen Bedingungen. Auf alle Fälle muß formal der Volumdoppelschichteffekt bei extremen $V_{D\,0}$-Werten, die keinen Vorzeichenwechsel von $\dfrac{d\,y}{d\,n}$ mehr gestatten, maßgebend ins Spiel kommen *).

---

*) Anm. b. d. Korr. Herr *Bardeen* hatte die Freundlichkeit, den Herausgeber brieflich auf die Arbeit von *Garret* und *Brattain* 1955 [39] hinzuweisen, in der der hier dis-kutierte Gegenfall zur *Brattain-Bardeen*schen Arbeit von 1953 [16] bereits in ähn-licher Weise behandelt ist, wobei auch der allgemeine Ansatz $(N_d^+ - N_a^-) + N^+ = $ Const berücksichtigt wurde. Der Leser wolle also die obigen Ausführungen als (immerhin notwendige) Ergänzung des Referatberichtes über die bereits vorhandene Literatur betrachten. D. H.

§ 10. Channels

Wir erinnern daran, daß mit dem Wort „Channel" in der angelsächsischen
Literatur ein Sonderfall der Oberflächenleitung bezeichnet wird, in dem an
der Oberfläche eines Majoritätsgebietes eine so starke Inversion stattgefunden
hat, daß die gebildete Anreicherungsrandschicht der Minoritätsträger eine
wesentliche Leitfähigkeitserhöhung gegenüber dem randschichtfreien Fall
hervorruft. Praktisch wird dabei immer an eine Oberflächeninversionsschicht
gedacht, die sich an einen p-n-Übergang anschließt (Abb. 20); der theoretisch

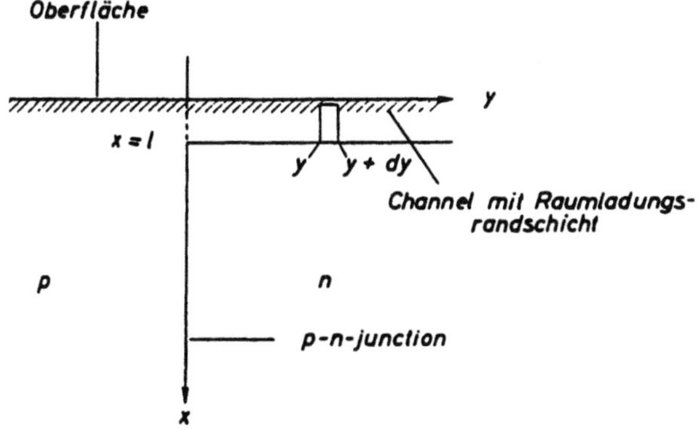

Abb. 20. p-n-Übergang mit Channel auf der n-Seite.

übersichtlichste Fall ist der von beiderseitig an das Majoritätsgebiet anschließenden p-n-Übergängen gleicher Vorspannung. Diese Anordnung liegt
vor, wenn der Channel an der Oberfläche der Basis (= Mittelzone), z. B. eines
p-n-p-Transistors liegt, wobei Emitter und Kollektor nahezu dieselbe Vorspannung gegenüber der Basis haben (Abb. 21). Bei hinreichend geringer

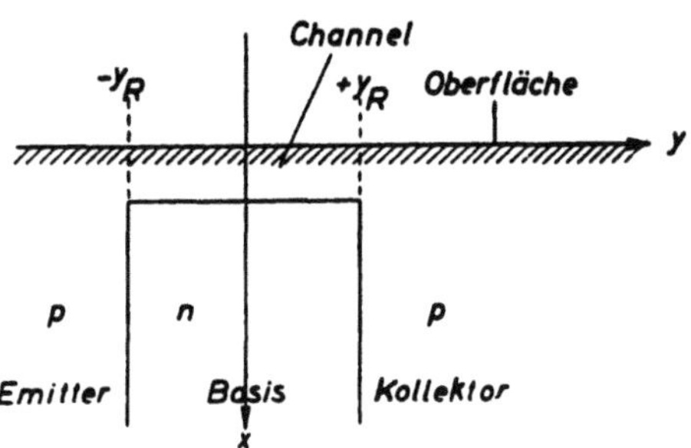

Abb. 21. p-n-p-Transistor mit Channel über dem Basisbereich.

Schichtdicke der Basis wird in diesem Fall das p-Gebiet des Channels an jeder
Stelle dieselbe Zusatzspannung gegenüber der n-Basis haben wie die beiden
benachbarten p-Gebiete, so daß man diese Anordnung dazu benutzen kann,
mittels einer kleinen zusätzlichen Längsspannung die Channelleitfähigkeit
in Abhängigkeit von der zwischen p- und n-Seite der Channelinversions-
schicht liegenden Zusatzspannung zu messen. Es soll im folgenden die effektive
Löcherbeweglichkeit und sodann die Leitfähigkeit im Channel in Abhängigkeit
von der Spannung in vereinfachter Form berechnet werden.

a) Beweglichkeit der Defektelektronen im Channel

Es sei hier der Fall der Abb. 21 betrachtet. Der Berechnung der effektiven Beweglichkeit μ_p^{eff} für einen Stromtransport parallel zur Oberfläche wird folgendes physikalisches Modell zugrunde gelegt [90]:

In einem defektleitenden Channel auf überschußleitendem Germanium sind Defektelektronen eingefangen; durch das Feld der Raumladungsrandschicht werden diese, wenn sie sich thermisch von der Oberfläche weg ins Innere bewegen, wieder zur Oberfläche zurückreflektiert. Dort werden sie statistisch gestreut und es wird angenommen, daß sie dabei eine z. B. durch ein äußeres Feld parallel zur Oberfläche verursachte Vorzugsrichtung vollständig verlieren[1]). Wenn nun die Dicke des p-Bereiches, welcher wesentlich zur Leitfähigkeit des Channels beiträgt, kleiner ist als die mittlere freie Weglänge der Defektelektronen ohne Oberflächenstöße, spielt die Bremsung durch die Oberflächenstöße eine wesentliche Rolle. Die wirksame freie Weglänge der p-Teilchen und damit ihre Beweglichkeit μ_p^{eff} ist im Channel herabgesetzt gegenüber dem Wert μ_p im kompakten Halbleiter.

Die von *Schrieffer* [90] durchgeführte mathematische Behandlung dieses Modells soll hier an einem vereinfachten Beispiel erläutert werden; es sei vorausgesetzt, daß im ganzen interessierenden Oberflächenbereich die (ortsabhängige) Feldstärke ersetzt werden kann durch die Randfeldstärke an der Oberfläche der Raumladungsrandschicht. Diese Näherung ist zulässig, so lange eine Inversionsschicht zwar vorhanden, jedoch noch so wenig ausgebildet ist, daß die Raumladung im Channel im wesentlichen noch durch die Volumendonatoren bestimmt wird ($p_s \ll n_H^0 \, V_s/kT$); dabei wird automatisch die Volumenladung der n-Donatoren im ganzen Gebiet wesentlicher p-Anreicherung klein gegen die Gesamtdonatorenladung der Randschicht, die Feldstärke im p-Gebiet ist also praktisch konstant.

$V_y \equiv d\,V_s/dy$ sei der Abfall der Elektronenenergie längs der Oberfläche, hervorgerufen durch die (kleine) zur Messung der Leitfähigkeit angelegte äußere Zusatzspannung zwischen den beiden p-Gebieten.

$V_x \equiv d\,V/dx < 0$ sei der nach Voraussetzung als konstant angesehene Abfall der Elektronenenergie senkrecht zur Oberfläche, hervorgerufen durch die Raumladung.

Zur Bestimmung der Geschwindigkeitsverteilungsfunktion F geht man von der Boltzmanngleichung [125] für die Verteilungsfunktion $F(v_x, v_y, v_z, x, y, z)\,dv_x\,dv_y\,dv_z\,dx\,dy\,dz$ aus, die angibt, wie viele Teilchen (Defektelektronen) sich in $dx\,dy\,dz$ befinden und gleichzeitig in einem bestimmten Geschwindigkeitsintervall $dv_x\,dv_y\,dv_z$ liegen. Wenn die Einführung einer einheitlichen mittleren Stoßzeit t_0 erlaubt ist, gilt stationär für F die Beziehung:

$$(\mathfrak{v}, \operatorname{grad}_{\mathfrak{r}} F) + (\mathfrak{a}, \operatorname{grad}_{\mathfrak{v}} F) = -\frac{F - F^0}{t_0} \tag{10.1}$$

Hier bedeutet $\mathfrak{a}$ den Beschleunigungsvektor eines Defektelektrons, also gilt:

$$m\,\mathfrak{a}_y = V_y; \qquad m\,\mathfrak{a}_x = V_x. \tag{10.2}$$

---

[1]) Unter welchen Voraussetzungen diese Bedingung exakt erfüllt ist, sei hier nicht näher untersucht.

Die gesuchte Verteilungsfunktion F wird angesetzt in der Form

$$F = F^0 + F^1(\mathfrak{v}, x), \tag{10.3}$$

wobei

$$F^0 = K\, e^{\left(\frac{m}{2}v^2 - x\mathsf{V}_x\right)/kT} \tag{10.4}$$

die Maxwell-Boltzmannsche Verteilungsfunktion ist.

Aus (10.1) bis (10.4) läßt sich dann die Störfunktion F^1 in Abhängigkeit von den Variablen v_x, v_y, v_z und x sowie den Parametern V_x und V_y bestimmen, wobei noch die Grenzbedingung $F^1 = 0$ für $x = 0$ (vollkommene Streuung an der äußeren Halbleitergrenze) benutzt wird. Da F^0 nur eine in bezug auf $+y$ und $-y$ symmetrische Verteilung enthält, ist die Stromdichte für einen gegebenen Abstand x durch F^1 gegeben. F^1 erweist sich hierbei, unter Vernachlässigung quadratischer Glieder, als proportional mit V_y und F^0, und F^0 ist wiederum der räumlichen Dichte $p\,(x)$, mit einem von T und universellen Konstanten abhängigen Faktor, proportional. Der durch Integration von $v_y F^1$ über v_x, v_y, v_z gewonnene Teilchenstrombeitrag $j_y\, dx$ einer p-Schicht x, $x + dx$ wird damit zu V_y und $p\,(x)$ proportional; der Faktor dieses Produktes hat — bis auf die Elementarladung e — die Bedeutung einer lokalen, von x abhängigen Beweglichkeit der p-Teilchen der betreffenden dx-Schicht. Integriert man endlich über dx, so erhält man den gesamten Längsstrom J_y, in dem die verschiedenen dx-Schichten entsprechend ihrer lokalen Dichte und Beweglichkeit vertreten sind; die effektive Beweglichkeit μ_p^{eff} der ganzen Schicht erhält man als Mittelwert aller Einzelbeweglichkeiten, indem man J_y durch $P = \int p\,dx$ dividiert. Die Ausrechnung ergibt für das Verhältnis $\mu_p^{\mathrm{eff}}/\mu_p$ den Wert:

$$\mu_p^{\mathrm{eff}}/\mu_p = 1 - \frac{2}{\sqrt{\pi}}\, e^{\alpha^2} \int\limits_{\alpha}^{\infty} d\gamma\, e^{-\gamma^2}. \tag{10.5}$$

wobei gesetzt ist:

$$\alpha \equiv (2\,m\,k\,T)^{1/2}/(-\,\mathsf{V}_x t_0). \tag{10.6}$$

Man erkennt, daß von problembestimmenden Variabeln nur die der Randfeldstärke proportionale Größe V_x in das Verhältnis $\mu_p^{\mathrm{eff}}/\mu_p$ eingeht. Für $\alpha \ll 1$, d. h. für hinreichend hohe Werte von V_x, geht (10.5) über in

$$\mu_p^{\mathrm{eff}}/\mu_p = \frac{2}{\sqrt{\pi}}\,\alpha. \tag{10.7}$$

Die effektive Beweglichkeit ist also dann zu V_x umgekehrt proportional. Bei $V_x = 0$ ist die effektive Beweglichkeit natürlich gleich der Beweglichkeit μ_p im kompakten Halbleiter, und für kleine V_x, $\alpha \gg 1$, wird

$$\mu_p^{\mathrm{eff}}/\mu_p = 1 - 1/\sqrt{\pi}\,\alpha. \tag{10.8}$$

Der Übergang zwischen beiden Grenzfällen findet statt, wenn α in die Größenordnung von 1 kommt. Dann ist aber nach der Definition von α (10.6):

$$|\mathsf{V}_x| \sim (2\,m\,k\,T)^{1/2}/t_0 = \frac{e}{\mu_p} \cdot \left(\frac{2\,k\,T}{m}\right)^{1/2} \tag{10.9}$$

$$\left(\text{mit } \mu_p = \frac{e}{m} \cdot t_0\right).$$

Nun ist die Beweglichkeit μ_p mit der freien Weglänge λ_p (bei elastischen Stößen) verbunden durch

$$\mu_p = 4\,e\,\lambda_p/3\,(2\,\pi\,m\,k\,T)^{1/2},\tag{10.10}$$

so daß

$$\lambda_p\,\frac{|\mathrm{V}_x|}{kT} \approx \frac{3}{2}\,\sqrt{\pi}\tag{10.11}$$

werden muß. Das bedeutet aber, daß die Beweglichkeit im Channel dann gegenüber dem Wert im Halbleiterinnern herabgesetzt wird, wenn der Abfall der Elektronenenergie auf einer freien Weglänge größer wird als $\approx kT$. Dies ist bei einem überschußleitenden Germanium mit 10^{15} Donatoren pro cm³ etwa der Fall, wenn die Bandaufwölbung $10\,kT$ beträgt. Liegt jedoch zwischen Channel und Halbleiterinnerm eine äußere Spannung von 100 Volt, ist die effektive Beweglichkeit etwa um den Faktor 20 kleiner als die Beweglichkeit im Halbleiterinnern.

Schrieffer hat in seiner Arbeit den allgemeineren Fall behandelt, daß die Feldstärke senkrecht zur Oberfläche nicht konstant ist, sondern neben einem nach wie vor konstant angenommenen Beitrag der Donatorenraumladung wesentlich durch die Defektelektronen beeinflußt wird. Unter dieser allgemeineren Voraussetzung führt die Rechnung auf Integrale, die sich nur numerisch lösen lassen, so daß man funktionelle Zusammenhänge nur schwer erkennt. Dagegen kommt man mit der zu der bisherigen entgegengesetzten Grenzannahme, daß im interessierenden Bereich des Channels der Beitrag der Defektelektronen zur Raumladung wesentlich größer ist als der Beitrag der Donatoren $(p_s \gg n_H^0\,V_s/kT)$, wenigstens bei hinreichend hohen Randfeldstärken [Analogie zu (10.7)] zu einer expliziten Aussage*):

$$\mu_p^{\text{eff}}/\mu_p \approx \sqrt{2}\,\beta\left(-0{,}588 + \ln\frac{1}{\beta}\right)\tag{10.12}$$

mit

$$\beta \equiv (\pi\,m\,k\,T)^{1/2}/\left(-\mathrm{V}_{x\,(x\,=\,0)}\cdot t_0\right);$$

die — hier nicht mehr konstante — Schichtfeldstärke $\mathrm{V}_x(x)$ läßt sich also durch ihren Grenzwert $\mathrm{V}_x(x=0)$ repräsentieren, der überdies mit p_s durch die Beziehung

$$\mathrm{V}_{x\,(x\,=\,0)} = -\frac{kT}{x_0}\,\sqrt{2}\,(p_s/n_H^0)^{1/2}$$

verbunden ist.

Wie ein durchgeführter Vergleich dieser Näherung mit den exakten numerischen Rechnungen zeigt, ist die Näherung brauchbar, wenn V_x so groß ist, daß $\beta < 1/10$, $\ln 1/\beta > 2{,}3$ wird. Der Gang $\mu_p^{\text{eff}} \sim 1/\mathrm{V}_x$ überwiegt auch hier, das $\ln 1/\beta$-Glied bedeutet nur eine leichte Abschwächung.

b) Leitfähigkeit des Channels

Die Berechnung der Channelleitfähigkeit erfordert außer der in μ_p^{eff} eingehenden Berechnung von V_x noch die Kenntnis der gesamten p-Ladungszahl $P = \int p\,dx$. Während V_x durch N^+ gegeben und in Abhängigkeit von V_s, p_s und n_H durch (8.6) ausdrückbar ist, ist zur Berechnung von P eine zusätzliche Rechnung

---

*) *W. Schultz*, unveröffentlicht.

nötig, in denen die allgemeineren Voraussetzungen von § 8a angewendet, im übrigen aber die für den Gleichgewichtsfall (§ 7b) zur σ-Berechnung herangezogenen Methoden verwendet werden. (Poissongleichung und Randbedingungen liefern den vollständigen Potentialverlauf in Abhängigkeit von V_s, p_s, n_H; damit ist auch der p-Verlauf in Abhängigkeit von p_s gegeben, wobei auch für merkliche Oberflächenströme η_p im p-Anreicherungsgebiet $=$ Const zu setzen ist.) Man erhält so auch P in Abhängigkeit von V_s, p_s, n_H. Diese Rechnung läßt sich allerdings nur näherungsweise durchführen, und zwar wurde für den interessierenden Channelbereich der Beitrag der Elektronen zur Raumladung vernachlässigt und die von den Donatorenraumladungen herrührende (ortsabhängige) Feldstärke als konstant (gleich dem entsprechenden Anteil der Randfeldstärke) angesetzt. Es ergibt sich dann:

$$\sigma_{\mathrm{Ch}} = e\,\mu_p^{\mathrm{eff}}\,P = e\,\mu_p^{\mathrm{eff}}\,x_0 n_H^0 \sqrt{2}\left[\left(\frac{V_s}{kT} + \frac{p_s}{n_H^0}\right)^{1/2} - \left(\frac{V_s}{kT}\right)^{1/2}\right]. \tag{10.13}$$

Für die Bestimmung des Einflusses der Oberflächentraps auf die Eigenschaften des Channels ist, unter der Annahme $Q = 0$, wie schon in § 8a ausgeführt, die N-Bedingung (8.7) heranzuziehen. Beschränkt man sich, wie dort, auf A- und a-Traps und nimmt N_A^- als gegeben an, so sind die dort aufgestellten Gleichungen (8.7a) und (8.7b), mit $n_H = n_H^0$ unmittelbar verwendbar; insbesondere ist durch (8.7a) für den zunächst betrachtenden stationären Fall eine 2. Gleichung gegeben, die z. B. $p_{s\|}$ bei gegebenem N_A^- und gegebenen a-Parametern N_a, E_a (enthalten in n_1 und p_1) in Abhängigkeit von V_s und n_H zu berechnen gestattet.

Als einzige Frage für die Bestimmung von σ_{Ch} bleibt jetzt noch die nach der Bestimmbarkeit von V_s aus den Systemeigenschaften und der die Abweichung vom Gleichgewicht hervorrufenden äußeren Beeinflussung zu lösen. · Diese Beeinflussung besteht nach unseren Voraussetzungen im Anlegen einer gemeinsamen Sperrspannung $U \neq 0$ zwischen den beiden äußeren p-Gebieten und dem mittleren n-Gebiet.

Es wird nun im folgenden vorausgesetzt, daß der Channel — auch bei $U \neq 0$ — eine merkliche Inversionsschicht aufweist, also durch einen p-n-Übergang vom n-Majoritätsgebiet getrennt ist. Für $U = 0$ ist dann $p_s = p_{s0}$ und $V_s = V_D$ durch das thermische Gleichgewicht mit dem Innern des n-Halbleiters, n_H^0, p_H^0, sowie durch das Gleichgewicht mit den Oberflächentraps (§ 7) gegeben. Beim Anlegen einer Sperrspannung kann man sich im ersten Augenblick diese Gleichgewichtswerte mit dem n-Innern noch erhalten denken. Dadurch entsteht aber zwischen dem p-Channel auf n und den beiden p-Gebieten die Potentialdifferenz U; da nun, bei über n- und p-Gebieten gleichen Oberflächentraps, eine gut leitende Channelverbindung (Brücke) mit den p-Gebieten besteht, fließen aus dem Channel Defektelektronen nach beiden p-Gebieten ab. Es würde sich so, wenn keine Oberflächenumladungen erfolgen, eine relative p-Verarmung gegenüber dem Gleichgewichtszustand einstellen, die durch p-Nachlieferung aus dem n-Gebiet nur ganz unwesentlich verringert würde (s. w. u.). Der Channel würde also schon bei kleinsten U-Werten sehr schlecht leiten und deshalb die U-Variation der p-Gebiete gegenüber dem n-Gebiet nicht mitmachen können. Der Gegenfall ist der, in dem durch eine kleine Verringerung von p_s eine starke Umladung der Oberfläche (relative Zunahme der negativen Oberflächenladungen) erfolgt; bei Anwesenheit von genügend vielen negativ umladbaren Oberflächentraps würde die kleinste Verminderung von p_s durch Erhöhung der negativen Oberflächenladung eine solche Erhöhung von V_s hervorrufen, daß p_s in einem größeren Bereich (s. w. u.) praktisch konstant $= p_{s0}$ bleibt. Es stellt sich dann nämlich ein stationärer Zustand her, in dem zwar, da kein Channelgleichgewicht mit n_H^0 mehr besteht, dauernd p-Teilchen aus dem n-Majoritätsgebiet in den Channel eindringen und durch die Channelbrücken zwischen dem n-Gebiet und den beiden p-Gebieten nach diesen abfließen; ist jedoch der „Brückenwiderstand" klein gegen den gesamten n-p-Übergangswiderstand zwischen p- und n-Seite des Channels, so kann der Spannungsabfall an der Brücke vernachlässigt werden und am Anfang des Channels (Punkte $\pm\,y_R$ in Abb. 21) besteht Gleichgewicht zwischen p_s und den beiden p-Majoritätsgebieten, in denen die Majoritätsdichte mit $[p_H^0]$ bezeichnet sei. Das bedeutet für diese y_R-Punkte

$$k\,T \ln p_s - V_s = k\,T \ln [p_H^0] - [V],$$

wobei $[V]$ die elektrostatische Elektronenenergie in den p-Majoritätsgebieten gegenüber dem n-Innern bezeichnet. Da im Gleichgewicht $[V]_0 = k\,T \ln \dfrac{[p_H^0]}{p_H^0}$ und bei Anlegen einer Spannung U an den beiden p-Gebieten gegenüber n (die in Sperrichtung negativ gerechnet wird) $[V] = [V]_0 - e\,U$ ist, folgt schließlich:

$$k\,T \ln p_s - V_s = k\,T \ln p_H^0 + e\,U,$$

also:

$$V_s = -\,e\,U + k\,T \ln p_s/p_H^0. \tag{10.14}$$

Es sollen jetzt einige spezielle Anwendungen von (10.13) [in Verbindung mit (8.7a) und evtl. (10.14)] diskutiert werden.

1a. Es sei $N_A^- = 0$; die Dichte der Niveaus auf der Oberfläche N_a sei jedoch abhängig von der umgebenden Atmosphäre. Dieser Fall wird u. a. von *Brown* [19] und *Kingston* [52] behandelt und entspricht dem vereinfachten *Bardeen*schen Modell.

Ferner befinde sich das Akzeptorenniveau hinreichend weit oberhalb der Fermienergie, so daß $p_s \gg p_1$ ist, und stehe im Gleichgewicht mit dem Valenzband ($C_p \to \infty$). Die Inversionsschicht sei nur schwach ausgebildet.

Unter diesen Voraussetzungen folgt aus (8.7a)

$$p_s = N_a\,p_1/n_H^0\,x_0\left(2\,\frac{V_s}{k\,T}\right)^{1/2}.$$

Einsetzen dieses Wertes in (10.13) liefert für die Channelleitfähigkeit

$$\sigma_{\mathrm{Ch}} = e\,\mu_p^{\mathrm{eff}}\,N_a\,p_1/2\,n_H^0\,\frac{V_s}{k\,T}, \tag{10.15}$$

d. h. für hinreichend hohe Sperrspannungen ist die Leitfähigkeit des Channels umgekehrt proportional der angelegten Spannung, sofern man μ_p^{eff} noch als spannungsunabhängig annimmt. Ein Zusammenhang dieser Art wurde von *Kingston* [52] beobachtet, allerdings bei einem überschußleitenden Channel auf defektleitendem Material, so daß Elektronen und Löcher ihre Rollen vertauschen.

1b. Es mögen sonst dieselben Voraussetzungen wie in 1a gelten, nur sei in diesem Fall eine stark ausgeprägte Inversionsschicht vorhanden ($p_s \gg n_H^0 \, V_s/k\,T$) und die Bedingung $p_s \gg p_1$ werde fallengelassen. Unter diesen Voraussetzungen ergibt sich aus (8.7a)

$$n_H^0 \, x_0 \sqrt{2} \, (p_s/n_H^0)^{1/2} = N_a \, p_1/(p_1 + p_s),$$

d. h. p_s ist nur abhängig von Zahl und energetischer Lage der Akzeptorenniveaus, aber unabhängig von der angelegten Spannung, so daß die Bedingung für $V_s \approx -e\,U$ hier besonders übersichtlich ist. [In allen Fällen $U > 0$ muß bei Gültigkeit von (10.14) (Channelgleichgewicht mit den p-Gebieten bei $\pm\,y_R$) p_s nach dieser Gleichung im Verhältnis $\exp\,(e\,U/k\,T)$ groß gegen den p_H^0 und V_s entsprechenden Gleichgewichtswert sein.] Für V_x folgt aus (8.6) und (10.14) bei konstantem p_s ein Anwachsen mit $U^{1/2}$, wenn das V_s-Glied maßgebend ist; bei starker p-Raumladung kann also die U-Abhängigkeit von V_x und damit auch von μ_p^{eff} vernachlässigt werden.

Reicht dagegen der Kompensationsmechanismus der a-Traps zur Konstanthaltung von p_s nicht aus, so wird sich mit steigender Sperrspannung p_s und damit auch die Channelleitfähigkeit allmählich verringern, bis schließlich praktisch alle Oberflächenterme ionisiert sind; wächst die Sperrspannung noch weiter an, wird p_s so weit abnehmen, daß die Channelleitfähigkeit praktisch gleich Null wird. Dies ist der sogenannte „pinch-off"-Effekt, den *Brown* [19] experimentell beobachtet hat. (Vgl. aber auch die Diskussion.)

2. Alle aus der Beziehung (10.14) gezogenen Folgerungen sind natürlich davon unabhängig, wie der Trapmechanismus, der die vollständige oder teilweise Konservierung von p_s bei wachsendem U zur Folge hat, im einzelnen aussieht. Da aber durch (10.14) V_s immer durch U und p_s ausdrückbar erscheint — bei schmalem p-Mittelgebiet kann man bei der Channelleitfähigkeitsmessung mit Längszusatzspannung den Spannungsabfall längs des Channels vernachlässigen, also alle Punkte als y_R-Punkte ansehen —, liefert (10.13) eine theoretische Beziehung zwischen σ_{Ch}, U und p_s, so daß sich p_s für jedes U aus σ_{Ch} und U berechnen läßt (unter Mitberücksichtigung der V_s, p_s-Abhängigkeit von μ_p^{eff}). Man kann daraus also den Gang von p_s mit U, und damit mit V_s, experimentell ermitteln und daraus Schlüsse auf die zu fordernden Eigenschaften der Oberflächentraps ziehen. Für den Fall einer gering ausgeprägten Inversionsschicht ($p_s \ll n_H^0 \, V_s/k\,T$) folgt z. B. mit (10.7) aus (10.13):

$$\sigma_{\text{Ch}} = \frac{\varepsilon\,p_s}{4\,\pi\,n_H^0} \left(\frac{2\,k\,T}{\pi\,m}\right)^{1/2} \frac{k\,T}{V_s}. \qquad (10.16)$$

Nun hat *Kingston* [53] experimentell gefunden, daß $\sigma_{\text{Ch}} \sim (\text{Const} - U)^{-1}$ ist, was nach (10.14) nur mit einem spannungsunabhängigen p_s verträglich ist. Der dabei ermittelte p_s-Wert kann nur zur Deutung weiterer Experimente, z. B. der Kapazitätsmessungen an Channels, verwendet werden.

De Mars, *Statz* und *Davis* [68] haben aus der gemessenen Channelleitfähigkeit numerisch unter Vermeidung der in (10.13) und (10.7) enthaltenen Vernachlässigungen p_s an der Oberfläche bestimmt und finden, daß p_s zwar

von der umgebenden Atmosphäre abhängt, aber ebenfalls von der angelegten
Spannung unabhängig angenommen werden muß. Sie finden jedoch nicht
die Abhängigkeit $\sigma_{\mathrm{Ch}} \sim 1/(\mathrm{Const} - U)$ wie *Kingston* [53].

Dieselben Autoren [103] stellen auch fest, daß sich der Leitwert des Channels
nach einer Spannungsänderung nur träge einstellt (Einstelldauer von der
Größenordnung Sekunden bis Minuten). Je länger die Oberfläche feuchtem
O_2 und O_3 ausgesetzt wurde, um so größer wird die Einstellzeit, um so größer
übrigens auch die Channelleitfähigkeit*). Zur Deutung nimmt man nun an,
daß die Umladung der Trapniveaus zwischen Halbleiter und Oberflächenschicht in wesentlich kürzeren Zeiten erfolgt, die Umladung der Oberflächenterme auf der Außenseite der Oberflächenschicht dagegen die beobachtete
Trägheit der Einstellung bedingt, da der Durchgang der Elektronen durch
die Oberflächenschicht (Oxydschicht) nur langsam vonstatten geht. Wartet
man also mit der Messung der Channelleitfähigkeit σ_{Ch}, bis sich der stationäre Wert eingestellt hat, so kann man aus der gemessenen Leitfähigkeit
z. B. nach (10.13) p_s bestimmen und damit nach (8.6) und (8.7) die Summe
der Ladungen auf den inneren Trapniveaus und auf der Außenseite der
Oberflächenschicht. Mißt man dagegen bei Änderung der anliegenden Spannung die Channelleitfähigkeit sofort, kann man wieder z. B. nach (10.13)
p_s bestimmen und erhält nach (8.6) und (8.7) die Ladungsänderung der
Trapniveaus allein, da sich die auf der Außenseite der Oberflächenschicht
befindlichen Ladungen noch nicht geändert haben. Aus einer vollständigen
Meßreihe kann man dann energetische Lage und Flächendichte der inneren
Trapniveaus ermitteln. In zwei Meßreihen wurde ein a-Niveau gefunden,
das 0,155 eVolt unter der Mitte der verbotenen Zone liegt und eine Flächendichte von 0,7 bzw. $1,2 \cdot 10^{11}$ cm^{-2} besitzt [104].

§ 11. Einfluß des Channels auf p-n-Gleichrichter und -Transistoren

In diesem Abschnitt soll der Einfluß des Channels auf das Gleich- und Wechselstromverhalten eines p, n-Überganges mit beiderseits ausgedehnten Majoritätsgebieten, also des *p-n*-junction-*Gleichrichters* diskutiert werden. Es wird dabei
wie in § 10 der Fall zugrunde gelegt, daß sich auf dem n-Gebiet ein p-Channel
befindet (Abb. 20). Liegt an der *p-n*-junction eine äußere Spannung, so wird
auch durch den Channel ein Strom fließen, damit ist aber bei ausgedehntem
n-Gebiet ein Spannungsabfall längs des Channels verbunden, so daß nun die
Spannung zwischen p-leitendem Channel und n-leitendem Grundmaterial
ortsabhängig wird, und zwar mit zunehmender Entfernung von der *p-n*-
junction abnimmt. Entsprechend dieser Spannung fließt nun auch an jeder
Stelle ein (im allgemeinen mit y variierender) Strom zwischen Channel und
Grundmaterial. Die Aufgabe ist, den an der Stelle $y = 0$ in den Channel
hineinfließenden Strom zu ermitteln. Dieser wird durch den Channel nach dem
p-Majoritätsgebiet abfließen und sich als Zusatzstrom zu dem durch den eigentlichen *p-n*-Übergang fließenden, z. B. nach der *Shockley*schen Theorie berechenbaren, Gleichrichterstrom addieren. Exakterweise müßte man die
zweidimensionale Poissongleichung mit den gegebenen Randbedingungen

---

*) In Ergänzung zu *Christensen* ([24] und Abb. 17) wird also bei Superposition von
Feuchtigkeits- und O_3-Einfluß ein Überwiegen des zu negativer Oberflächenladung
auf n-Material führenden O_3-Einflusses festgestellt. D. H.

lösen, es soll jedoch im folgenden ein vereinfachendes Näherungsverfahren angewendet werden. Hierbei kann vorausgesetzt werden, daß der Oberflächenbereich an jeder Stelle nahezu elektrisch neutral ist, d. h., daß $Q = 0$ ist. Ferner folgt aus der Annahme merklicher p-Inversion, daß der Channel in seiner Längsrichtung keinen Elektronenstrom führen kann; da aber bei $U < 0$ $n_s \cdot p_s'$ immer nur kleiner als n_i^2 sein kann, findet an der Oberfläche eine Paarbildung statt, die Elektronen nach innen führt. Diese werden in dem starken Elektronen nach innen beschleunigenden Querfeld des Channels sofort nach dem anstoßenden n-Majoritätsgebiet abgeführt, während die gleichzeitig erzeugten p-Teilchen in Längsrichtung abfließen.

Es sollen nun zunächst die Ausgangsgleichungen aufgestellt und dann für das Gleichstrom- und für das Wechselstromverhalten diskutiert werden. Es sei ein Bereich der Oberfläche betrachtet (Abb. 20), der die differentielle Längsausdehnung dy besitzt und in seinem Querschnitt (x-Richtung) Channel und Raumladungsschicht umfaßt, dagegen nicht die Traps auf der Oberfläche bei $x = 0$. Im folgenden werden alle Angaben bezogen auf die Längeneinheit der in Abb. 20 senkrecht zur Zeichenebene erstreckten z-Richtung. Integriert man die Gleichung

$$\operatorname{div} i_p \equiv \frac{\partial i_{px}}{\partial x} + \frac{\partial i_{py}}{\partial y} = -e\,\frac{dp}{dt} \equiv -e\,\dot p$$

über die Querabmessung x, so erhält man

$$\frac{dJ}{dy} = -e\,\dot P + i_{px(x=0)} - i_{px(x=l)},$$

wobei nach (10.13) die Zahl der Defektelektronen pro cm² Oberfläche des Channels an der Stelle y

$$P_{(y)} \equiv \int_0^\infty dx\,p(x,y) \approx x_0\,n_H^0\,\sqrt{2}\left[\left(\frac{V_s(y)}{kT} + \frac{p_s(y)}{n_H^0}\right)^{1/2} - \left(\frac{V_s(y)}{kT}\right)^{1/2}\right] \quad (11.1)$$

zu setzen ist und

$$J(y) \equiv \int_0^\infty dx\,i_{py}$$

den durch den Channel in seiner Längsrichtung fließenden Strom je cm z-Ausdehnung bedeutet. Nimmt man an, daß dieser Strom im wesentlichen ein Feldstrom ist, so erhält man mit

$$J = \mu_p^{\mathrm{eff}}\,P\,\frac{dV_s}{dy} \quad (11.2)$$

die Differentialgleichung

$$\frac{d}{dy}\left[\mu_p^{\mathrm{eff}}\,P\,\frac{dV_s}{dy}\right] = -e\,\dot P + i_{px(x=0)} - i_{px(x=l)}. \quad (11.3)$$

Hier kann man nach den in den vorhergehenden Abschnitten angegebenen Methoden alle Größen als Funktion von V_s, der Elektronenenergie an der Oberfläche des Channels, allein bestimmen.

a) Einfluß des Channels auf die Gleichstromkennlinie

Wenn man (11.3) auf den Fall spezialisiert, daß alle Größen zeitunabhängig sind, kann man den in den Channel hineinfließenden Gleichstrom $J_{||}(0)$ noch in geschlossener Form angeben. Dazu sind zunächst die in (11.3) auftretenden Stromdichten $i_{px(x=0)}$ und $i_{px(x=l)}$ zu bestimmen.

Für den Löcherstrom, welcher an der Stelle $x = l$ in den Channel hineinfließt, darf man dieselben Verhältnisse annehmen wie sie der *Shockley*schen *p-n*-junction-Theorie [95] zugrunde gelegt wurden; in beiden Fällen wird das Einströmen der Löcher in die Raumladungsschicht bestimmt durch die Diffusion der Defektelektronen im überschußleitenden Material. Es gilt also*)

$$i_{px(x=l)} = \frac{eL}{\tau}\left[p_s e^{-V_s/kT} - p_H^0\right] \tag{11.4}$$

(Löcherstrom nach innen, negativ bei Sperrspannung am Channel).

Außerdem fließt aber noch an der Stelle $x = 0$ ein durch Paarbildung an der Oberfläche bedingter Löcherstrom in den Channel hinein. Dieser Strom ist aber nach den Ausführungen des § 8 mit (8.3) und (8.8)

$$i_{px(x=0)} = e\,j_p = e\,N_a C_n C_p \frac{n_i^2 - n_s p_s}{C_n(n_1 + n_s) + C_p(p_1 + p_s)} \tag{11.5}$$

(positiv bei Sperrspannung $\triangleq$ Paarbildung).

Man kann somit prinzipiell**) beide Stromdichten als Funktion von V_s angeben. Setzt man zur Kürzung

$$J(V_s) \equiv i_{px(x=0)} = i_{px(x=l)},$$

so erhält man aus (11.3)

$$\frac{d}{dy}\left[\mu_p^{\text{eff}} P \frac{dV_s}{dy}\right] = J(V_s).$$

Zur Lösung dieser Differentialgleichung geht man mit Hilfe von (11.2) zu einer Differentialgleichung für J über, wobei man J als Funktion von V_s auffaßt und erhält

$$J \cdot \frac{dJ}{dV_s} = \mu_p^{\text{eff}} \cdot P \cdot J(V_s)$$

mit der Lösung

$$J^2(V_s) = 2\int_{V_D}^{V_s} dV\,\mu_p^{\text{eff}} P\,J(V), \tag{11.6}$$

wobei V_D als Wert der Elektronenenergie V_s an der Oberfläche in weitem Abstand vom *p-n*-Übergang eingesetzt ist. Setzt man in (11.6) $V_s = V_{s(y=0)}$,

---

*) Hierbei ist die — bei $V_s - V_{s0} \gg kT$ unzutreffende — Voraussetzung $p_s = p_{(x=l)} \exp(V_s/kT)$ gemacht; bei Versagen dieser Beziehung wird aber der p_s-abhängige Teil von $i_{px(x=l)}$ sowohl nach (11.4) wie in Wirklichkeit vernachlässigbar. D. H.

**) Hier tritt die andere Schwierigkeit auf, daß für n_s bei größeren V_s kein Boltzmann-gleichgewicht mit n_H ($\approx n_H^0$) besteht. Gleichzeitig verschwindet aber $n_s p_s$ gegen n_i^2 (Paarbildungs-Sättigungsstrom), so daß es dann auf den n_s-Wert überhaupt nicht ankommt (s. w. u.). D. H.

so erhält man den in den Channel an der Stelle $y = 0$ hineinfließenden Strom. Drückt man schließlich noch nach (10.14) $V_{s\,(y=0)}$ durch die angelegte Spannung U aus, ist damit der durch den Channel fließende Zusatzstrom bekannt.

Gleichung (11.6) soll nun wiederum für einige konkrete Fälle explizit ausgewertet werden.

1. *Cutler* und *Bath* [33] nehmen die für stark ausgeprägte Inversionsschichten nach § 10b, Beispiel 1b, zu erwartende Spannungsunabhängigkeit der Channelleitfähigkeit an und betrachten die Paarbildung an der Oberfläche als spannungsunabhängig *) $[i_{p\,x\,(x=0)} = \text{const}]$. Damit folgt aus (11.6) für konstante Löcherdichte an der Oberfläche (p_s spannungsunabhängig) für hinreichend hohe Sperrspannungen U_{Sp} unter Vernachlässigung unwesentlicher Terme

$$J_{(y=0)} = K_3 \sqrt{U}_{\mathrm{Sp}},$$

wobei die spannungsunabhängige Konstante K_3 sich aus den angewendeten Gleichungen ohne Schwierigkeiten bestimmen läßt.

Die angegebene Spannungsabhängigkeit des Channelstromes konnte experimentell bestätigt werden [33].

2. Nimmt man unter Berücksichtigung der P-Änderung durch Dickenänderung der p-Schicht, nach den Beobachtungen von *Kingston* [53], an, daß wenigstens p_s spannungsunabhängig ist, für die Channelleitfähigkeit also (10.16) gilt und ferner das Trapniveau so weit über der Fermienergie $(\eta_n)_s$ liegt, daß $n_1 \gg n_s$ ist, so erhält man für hinreichend hohe Sperrspannungen aus (11.6) unter Berücksichtigung der Oberflächenpaarbildung

$$J_{(y=0)} = K_4 \left(\ln \frac{e\,U_{\mathrm{Sp}}}{V_D} \right)^{1/2},$$

wobei sich K_4 wiederum ohne weiteres aus den angewendeten Gleichungen bestimmen läßt. Die hier berücksichtigte Oberflächenpaarbildung verursacht in diesem Falle lediglich eine Änderung der Konstanten K_4, beeinflußt aber nicht den Kurvenverlauf $J\,(U_{\mathrm{Sp}})$. Dieser Zusammenhang zwischen Channelstrom und angelegter Spannung wurde von *Mc Whorther* und *Kingston* [124] angegeben und ist experimentell bestätigt.

Bezüglich der Wirkung von „Leckstellen" vgl. die Bemerkungen § 3f.

b) Channelkapazität

Während man die Differentialgleichung (11.3) für das Gleichstromverhalten noch in allgemeiner Form explizit lösen konnte, ist dies für das Wechselstromverhalten nicht mehr gelungen. Es soll daher zunächst (*W. Schultz*, unveröffentlicht) der theoretisch einfachere Fall untersucht werden, daß der Channel über der n-Basis eines p-n-p-Transistors liegt (schmales n-Gebiet, Abb. 21). Emitter und Kollektor sollen dieselbe Gleichspannung gegenüber der Basis haben, die Wechselspannung ist zwischen Basis einerseits und Emitter und Kollektor andererseits angelegt. Mit dieser Anordnung kann man die Kapazität des Channels in Abhängigkeit von der Gleichvorspannung experimentell bestimmen.

---

*) Vgl. hierzu Anmerkung **), S. 134.

Es sei wiederum die Zeitabhängigkeit aller Größen in der Form

$$A(t) = A + A_\sim e^{i\omega t}$$

angenommen entsprechend der Voraussetzung, daß einer konstanten Gleichspannung eine sinusförmige Wechselspannung geringer Amplitude überlagert wird. Dann folgt für den zeitabhängigen Anteil von (11.3)

$$\frac{d}{dy}\left\{(\mu_p^{\text{eff}}P)\,\frac{dV_{s\sim}}{dy} + (\mu_p^{\text{eff}}P)_\sim\,\frac{dV_{s\|}}{dy}\right\} = -i\omega e\,P_\sim + i_{ps\sim\,(x=0)} - i_{ps\sim\,(x=l)}. \qquad (11.7)$$

Dabei ergibt sich aus (11.1)

$$P_\sim = \frac{n_H^0 x_0}{\sqrt{2}}\left\{\left[\frac{V_{s\sim}}{kT} + \frac{p_{s\sim}}{n_H^0}\right]\left[\frac{V_{s\|}}{kT} + \frac{p_{s\|}}{n_H^0}\right]^{-1/2} - \frac{V_{s\sim}}{kT}\left[\frac{V_{s\|}}{kT}\right]^{-1/2}\right\}. \qquad (11.8)$$

$i_{px\sim\,(x=l)}$ bestimmt sich nach der *Shockley*schen Theorie*) zu

$$i_{px\sim\,(x=l)} = \frac{eL}{\tau}(1 + i\omega\tau)^{1/2}\,p_{\sim\,(x=l)}$$

$$= \frac{eL}{\tau}(1 + i\omega\tau)^{1/2}e^{-V_s|/kT}[p_{s\sim} - p_s\,V_{s\sim}/kT]. \qquad (11.9)$$

$i_{px\sim\,(x=0)}$ ist durch die Wechselwirkung mit den Oberflächentraps gegeben und kann nach den Überlegungen des § 8a ermittelt werden. Spaltet man in (8.2) den zeitabhängigen Anteil ab, ergibt sich

$$i_{px\sim\,(x=0)} = e j_{p\sim} = -e C_p N_a[(p_1 + p_{s\|})f_{a\sim} + p_{s\sim}f_{a\|}], \qquad (11.10)$$

wobei $f_{a\|}$ und $f_{a\sim}$ durch (8.4) bzw. (8.5) in Abhängigkeit von $n_{s\|}$, $n_{s\sim}$. $p_{s\|}$ und $p_{s\sim}$ festgelegt sind.

Für die theoretische Kapazitätsberechnung wird das n-Gebiet so schmal und die Channelleitfähigkeit so hoch angenommen, daß der *Gleich*spannungswert $V_{s\|}(y)$ als konstant betrachtet werden kann. Man darf dann in (11.7) $dV_{s\|}/dy = 0$ setzen. Damit ist aber auch $(\mu_p^{\text{eff}}P)_\|$ als unabhängig von y anzusehen. Ferner wird $V_s - V_{s0} \gg kT$ angenommen, so daß die Schwankungen (11.9) vernachlässigt werden können. Dann vereinfacht sich (11.7) zu:

$$\frac{d^2 V_{s\sim}}{dy^2} = -\frac{i\omega e\,P_\sim + e j_{p\sim}}{(\mu_p^{\text{eff}}P)} = K_5 V_{s\sim}. \qquad (11.11)$$

K_5 bedeutet hier eine komplexe, an sich von $V_{s\|}$ und damit von y abhängige Funktion, die aber wegen $dV_{s\|}/dy = 0$ von y unabhängig wird. Die Lösung dieser Differentialgleichung muß der Randbedingung genügen, daß

$$V_{s\sim}(-y_R) = V_{s\sim}(y_R) = V_{R\sim}$$

wird, wobei $V_{R\sim}$ der durch die angelegte Wechselspannung bestimmte Wert am Channelrand $y = y_R$ ist. Damit ergibt sich als Lösung von (11.11)

$$V_{s\sim}(y) = V_{R\sim}\,\frac{\mathfrak{Cof}(\sqrt{K_5}\,y)}{\mathfrak{Cof}(\sqrt{K_5}\,y_R)}$$

---

*) Für $V_{s\|} \gg kT$ wird nach (11.9) $i_{px\sim\,(x=l)}$ sehr klein; hier führt also die in (11.1) gemachte Annahme $p_s = p_{(x=l)} \cdot \exp(V_s/kT)$, die dann nicht mehr zutrifft, zu keinem merklichen Fehler. Für (11:10) gilt etwas Entsprechendes. D. H.

und der durch den Channel fließende Strom wird

$$J_\sim = 2\left[(\mu_p^{\text{eff}}P)_{||}\,\frac{d\,V_{\text{s}\sim}}{d\,y}\right]_{y=-\nu_R} = -2(\mu_p^{\text{eff}}P)\,\sqrt{K_5}\,\mathfrak{Tg}(\sqrt{K_5}\,y_R)\cdot V_{R\sim}. \qquad (11.12)$$

Dabei ist noch $V_{R\sim}$ als Funktion von $U_\sim$ zu bestimmen. Nach Abspalten des zeitabhängigen Anteils in (10.14) ergibt sich

$$-e\,U_\sim/k\,T = (V_{R\sim}/k\,T) - (p_{\text{s}\sim}/p_{\text{s}||}), \qquad (11.13)$$

wobei $p_{\text{s}\sim}$ nach (8.7b) als Funktion von $V_{R\sim}$ zu ermitteln ist. Da nun Wechselstrom und Wechselspannung mit differentiellem Leitwert G und Kapazität C verknüpft sind durch

$$J_\sim = (G + i\,\omega\,C)\,U_\sim, \qquad (11.14)$$

erhält man aus (11.12) durch Trennung von Real- und Imaginärteil sowohl den differentiellen Leitwert als auch die Kapazität.

Spezialisiert man als Beispiel (11.12) auf den von *Kingston* [53] experimentell und theoretisch untersuchten Fall, daß p_{s} spannungsunabhängig ist, ferner die Frequenz so hoch sei, daß keine Oberflächenterme mehr umgeladen werden und außerdem nur eine schwach ausgeprägte Inversionsschicht vorhanden ist, so erhält man für die Kapazität des Channels die von *Kingston* angegebene Formel.

c) Einfluß des Channels auf das Wechselstromverhalten von p-n-Übergängen

Es sei nun der allgemeinere in § 11a zugrunde gelegte Fall behandelt, daß sich der Channel auf dem überschußleitenden Teil eines *p-n*-Gleichrichters mit nicht sehr schmalem *n*-Gebiet befindet (Abb. 20). Man muß nun den Spannungsabfall längs des Channels berücksichtigen, darf also $d\,V_{\text{s}||}/d\,y$ nicht mehr gleich Null setzen. Unter diesen Voraussetzungen ist, wie erwähnt, eine allgemeine Lösung von (11.7) nicht mehr gelungen. Es ist nun aber möglich*), den Grenzfall hinreichend hoher Frequenzen in allgemeiner Form zu behandeln.

Für hohe Frequenzen liefert die (etwas langwierige) Rechnung, in der die Zeitkonstanten der Oberflächenumladungen als groß gegen die Periodendauer angenommen wurden, das Endergebnis:

$$J_\sim/U_\sim = \left(i\,\omega\,(\mu_p^{\text{eff}}P)_{||}\,e\,n_H^0\,x_0/k\,T\right)^{1/2}(2\,V_{\text{s}\ (y=0)}/k\,T)^{-1/4}\cdot e\Big/\left(1+\frac{n_H^0}{p_{\text{s}||}}\right). \qquad (11.15)$$

Nach (11.14) ist damit differentieller Leitwert und Kapazität gegeben. Bei hohen Frequenzen ist die Kapazität umgekehrt proportional der Wurzel der Frequenz, so daß der Einfluß auf die Gleichrichterkapazität mit steigender Frequenz abnimmt. Dieser Effekt konnte experimentell bestätigt werden**). Jedenfalls muß man hiernach damit rechnen, daß Kapazitätsmessungen an Gleichrichtern prinzipiell durch das Vorhandensein von Channels merklich gestört werden können. In diesem Fall sollten die gemessenen Kapazitäten frequenzabhängig sein, mit steigender Frequenz sollte der Einfluß des Channels geringer werden.

Wenn man von der (Wechsel-)Umladung von Oberflächentermen absieht, kann man sich an einem einfachen Modell die Verhältnisse qualitativ klar-

---

*) *W. Schultz,* unveröffentlicht.
**) Hierzu sowie zur Ableitung von (11.15) vgl. eine demnächst in der Z. Physik erscheinende Veröffentlichung von *W. Schultz.*

machen: Man kann eine p-n-junction mit Channel bei Vernachlässigung von Bahnwiderständen durch das in Abb. 22 dargestellte Ersatzschaltbild qualitativ kennzeichnen. Der Channel wird dabei durch einen Kettenleiter dargestellt. Da die Kapazität des Channels gegenüber dem Grundmaterial, allgemein mit abnehmendem $V_{s\parallel}$ wächst (Verkleinerung der Channelschichtdicke), werden die Kapazitäten des Kettenleiters mit zunehmendem Abstand von der p-n-junction immer größer. Bei hohen Frequenzen stellt nun bereits die an sich kleine Kapazität C_1 wechselstrommäßig einen Kurzschluß dar, so daß der Rest der Kette nicht mehr von Bedeutung ist. Bei kleinen

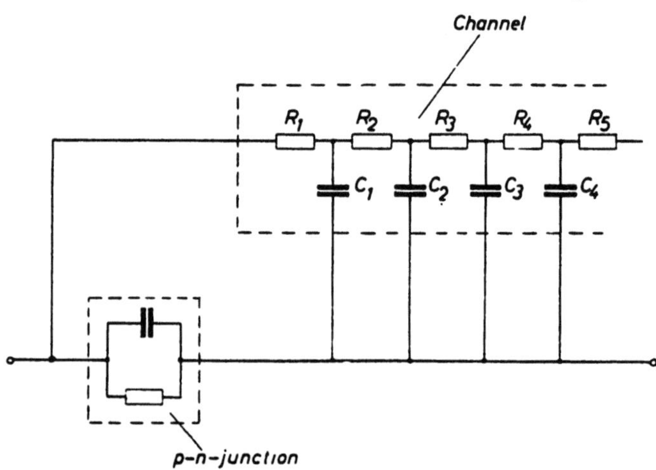

Abb. 22. Vereinfachtes Ersatzschaltbild eines p-n-Überganges mit Channel (vgl. Abb. 20).

Frequenzen fließt dagegen über die kleinen Kapazitäten in der Nähe der p-n-junction nur ein geringer Strom, die weiteren Glieder des Kettenleiters und damit die größeren Kapazitäten übernehmen einen größeren Anteil des Stromes. Dieses Modell ist aber sicherlich zu stark vereinfacht, da diesem Ersatzschaltbild eine zeitlich konstante Leitfähigkeit zugrunde gelegt wurde, während tatsächlich die Flächendichte der Löcher im Channel (P) und damit auch die Leitfähigkeit zeitlich periodisch schwankt. Dies ist, solange man von Umladungen auf den Trapniveaus absieht, wegen der Elektroneutralität zwangsweise gekoppelt mit den periodischen Schwankungen der Raumladung, also mit der Existenz der Channelkapazität.

Literatur:

[1]   P. Aigrain, Ann. Phys. (Paris) 7 (1952), S. 140.
[2]   R. B. Allen u. H. E. Farnsworth, Phys. Rev. 97 (1955), S. 252.
[3]   R. B. Allen u. H. E. Farnsworth, Phys. Rev. 98 (1955), S. 1179.
[4]   L. Apker, E. Taft u. J. Dickey, Phys. Rev. 74 (1948), S. 1462.
[5]   H. Baldus, Z. angew. Physik 6 (1954), S. 241.
[6]   J. Bardeen, Phys. Rev. 71 (1947), S. 717.
[7]   J. Bardeen, Bell. Syst. Techn. J. 29 (1950), S. 469.
[8]   J. Bardeen u. S. R. Morrison, Physica 20 (1954), S. 873.
[9]   H. M. Bath u. M. Cutler, Phys. Rev. 100 (1955), S. 1259.
[10] S. Benzer, J. appl. Phys. 20 (1949), S. 804.
[11] H. A. Bethe, Mass. Inst. Technol. Rad. Lab. Rep. 43/12 (1942).

[12] *E. Billig* u. *M. S. Ridout*, Nature 173 (1954), S. 496.
[13] *C. V. Bocciarelli*, Physica 20 (1954), S. 1020.
[14] *W. H. Brattain*, Phys. Rev. 72 (1947), S. 345.
[15] *W. H. Brattain* in „Semiconducting Materials", Butterworth Ltd. London (1951).
[16] *W. H. Brattain* u. *J. Bardeen*, Bell. Syst. Techn. J. 32 (1953), S. 1.
[17] *W. H. Brattain* u. *C. G. B. Garrett*, Bell. Syst. Techn. J. 34 (1955), S. 129.
[18] *W. H. Brattain* u. *W. Shockley*, Phys. Rev. 72 (1947), S. 345.
[18a] *P. Brauer*, Phys. Z. 36 (1935), S. 214.
[18b] *P. Brauer*, Ann. d. Phys. (5) 25 (1936), S. 609.
[19] *W. L. Brown*, Phys. Rev. 91 (1953), S. 518.
[20] *W. L. Brown*, Phys. Rev. 98 (1955), S. 1565.
[21] *W. L. Brown*, Phys. Rev. 100 (1955), S. 590.
[22] *W. L. Brown* u. *W. Shockley*, Phys. Rev. 90 (1953), S. 336.
[23] *R. M. Burger, H. E. Farnsworth* u. *R. E. Schlier*, Phys. Rev. 98 (1955), S. 1179.
[24] *H. Christensen*, Proc. I. R. E. 42 (1954), S. 1371.
[25] *H. Christensen*, Phys. Rev. 96 (1954), S. 827.
[26] *H. Christensen*, Phys. Rev. 98 (1955), S. 1178.
[27] *E. N. Clarke*, Phys. Rev. 91 (1953), S. 756.
[28] *E. N. Clarke*, Phys. Rev. 95 (1954), S. 284.
[29] *E. N. Clarke*, Phys. Rev. 98 (1955), S. 1178.
[30] *E. N. Clarke*, Phys. Rev. 99 (1955), S. 1656 u. 1899:
[31] *E. N. Clarke* und *R. L. Hopkins*, Phys. Rev. 91 (1953), S. 1566.
[32] *M. Cutler*, Phys. Rev. 96 (1954), S. 255.
[33] *M. Cutler* und *H. M. Bath*, J. appl. Phys. 25 (1954), S. 1440.
[34] *J. A. Dillon* und *H. E. Farnsworth*, Phys. Rev. 99 (1955), S. 1643.
[34a] *L. Dubar*, C. R. Acad. Sci. 201 (1935), S. 883 und 202 (1936), S. 1330.
[35] *S. G. Ellis*, Phys. Rev. 100 (1955), S. 1140.
[36] *H. J. Engell* in Halbleiterprobleme I (1954).
[37] *L. Esaki*, Phys. Rev. 89 (1953), S. 398 u. 1026.
[38] *E. Fröschle*, Diplomarbeit Stuttgart (1951).
[39] *C. G. B. Garrett* und *W. E. Brattain*, Phys. Rev. 99 (1955), S. 376.
[40] *F. S. Goucher*, Phys. Rev. 81 (1951), S. 475.
[41] *M. Green* und *J. A. Kafalas*, Phys. Rev. 98 (1955), S. 1566.
[42] *P. Günther, H. U. Harten, E. Mollwo* und *W. Schultz*, Phys. Verh. 6 (1955), S. 172.
[43] *H. U. Harten* und *W. Schultz*, Z. Physik 141 (1955), S. 319.
[44] *J. R. Haynes* und *W. Shockley*, Phys. Rev. 81 (1951), S. 835.
[45] *H. K. Henisch* und *W. N. Reynolds*, Proc. Phys. Soc. (B) 68 (1955), S. 353.
[46] *H. K. Henisch, W. N. Reynolds* und *P. M. Tipple*, Physica 20 (1954), S. 1033.
[47] *A. Hoffmann* in Halbleiterprobleme II (1955).
[48] *N. Holonyak jr.* und *H. Letaw jr.*, J. appl. Phys. 26 (1955), S. 355.
[49] *Y. Kanai*, J. phys. Soc. Japan 9 (1954), S. 292.
[50] *J. P. McKelvey* und *R. L. Longini*, J. appl. Phys. 25 (1954), S. 634.
[51] *J. P. McKelvey* und *R. L. Longini*, Phys. Rev. 99 (1955), S. 1227.
[52] *R. H. Kingston*, Phys. Rev. 93 (1954), S. 346.
[53] *R. H. Kingston*, Phys. Rev. 98 (1955), S. 1766.
[54] *R. H. Kingston* und *S. F. Neustadter*, J. appl. Phys. 26 (1955), S. 718.
[55] *E. A. Kmetko*, Phys. Rev. 99 (1955), S. 1642.
[56] *R. Kohlrausch*, Pogg. Ann. 82 (1851), S. 1.
[57] *H. H. Kolm* und *G. W. Pratt*, Phys. Rev. 99 (1955), S. 1644.
[58] *S. W. Kurnick, A. J. Strauß* und *R. N. Zitter*, Phys. Rev. 94 (1954), S. 1791.
[59] *J. Laplume*, Physica 20 (1954), S. 1029.
[60] *J. T. Law*, Proc. I. R. E. 42 (1954), S. 1367.
[61] *J. T. Law* und *P. S. Meigs*, J. appl. Phys. 26 (1955), S. 1265.
[62] *S. R. Lederhandler* und *L. J. Giacoletto*, Proc. I. R. E. 43 (1955), S. 477.
[63] *G. G. E. Low*, Proc. Phys. Soc. (B) 68 (1955), S. 10.
[64] *D. Navon, T. Bray* und *H. Y. Fan*, Proc. I. R. E. 40 (1952), S. 1342.
[65] *O. Madelung* in Halbleiterprobleme II (1955).
[66] *O. Madelung*, Naturwiss. 42 (1955), S. 406.
[67] *O. Madelung, L. Tewordt* und *H. Welker*, Z. Naturforschg. 10a (1955), S. 476.
[68] *G. A. de Mars, H. Statz* und *L. Davis jr.*, Phys. Rev. 98 (1955), S. 539.
[69] *H. F. Matare*, Z. Naturforschg. 10a (1955), S. 640.

[70]   H. F. Matare, H. Kedesdy und A. MacDonald, Phys. Rev. 98 (1955), S. 1179.
[71]   W. E. Meyerhof, Phys. Rev. 71 (1947), S. 727.
[72]   K. Möhring, Z. Elektrochemie 59 (1955), S. 102.
[73]   H. C. Montgomery und W. L. Brown, Phys. Rev. 98 (1955), S. 1565.
[74]   A. R. Moore und J. I. Pankove, Proc. I. R. E. 42 (1954), S. 907.
[75]   A. R. Moore und W. M. Webster, Physica 20 (1954), S. 1046.
[76]   A. R. Moore und W. M. Webster, Proc. I. R. E. 43 (1955), S. 427.
[77]   S. R. Morrison, J. Phys. Chem. 57 (1953), S. 860.
[78]   T. S. Moss, L. Pincherle und A. M. Woodward, Proc. Phys. Soc. (B) 66 (1953),
       S. 743.
[79]   N. F. Mott, Proc. Roy. Soc. (A) 171 (1939), S. 27.
[80]   N. H. Odell und H. Y. Fan, Phys. Rev. 78 (1950), S. 334.
[81]   G. L. Pearson, Phys. Rev. 76 (1949), S. 459.
[82]   G. L. Pearson, W. T. Read und F. J. Morin, Phys. Rev. 93 (1954), S. 666.
[83]   S. Penman und W. L. Brown, Phys. Rev. 100 (1955), S. 1259.
[84]   S. Poganski, Z. Physik 134 (1953), S. 469.
[85]   W. N. Reynolds, Proc. Phys. Soc. (B) 66 (1953), S. 899.
[86]   W. van Roosbroeck, J. appl. Phys. 26 (1955), S. 380.
[87]   B. J. Rothlein und P. H. Miller jr., Phys. Rev. 76 (1949), S. 1882.
[88]   H. Schönfeld, Z. Naturforschg. 10a (1955), S. 291.
[89]   W. Schottky, Z. Physik 113 (1939), S. 367.
[89a] W. Schottky, Z. Physik 118 (1942), S. 539.
[90]   J. R. Schrieffer, Phys. Rev. 97 (1955), S. 641.
[91]   B. H. Schultz, Physica 20 (1954), S. 1031.
[92]   B. H. Schultz, Philips Res. Rep. 10 (1955), S. 337.
[93]   W. Schultz, Z. Physik 138 (1954), S. 598.
[94]   H. Schweickert, Verh. dtsch. Phys. Ges. 3 (1939), S. 99.
[95]   W. Shockley, Bell Syst. Techn. J. 28 (1949), S. 435.
[96]   W. Shockley, „Electrons and Holes in Semiconductors" van Nostrand Inc..
       New York (1950).
[97]   W. Shockley, Phys. Rev. 91 (1953), S. 228.
[98]   W. Shockley und G. L. Pearson, Phys. Rev. 74 (1948), S. 232.
[99]   W. Shockley und W. T. Read, Phys. Rev. 87 (1952), S. 835.
[100] A. H. Smith, Phys. Rev. 75 (1949), S. 953.
[101] E. Spenke, „Elektronische Halbleiter", Springer, Berlin-Göttingen-Heidelberg
       (1955).
[102] W. G. Spitzer, T. E. Firle, M. Cutler und R. G. Shulman, J. appl. Phys. 26
       (1955), S. 414.
[103] H. Statz, L. Davis jr. und G. A. de Mars, Phys. Rev. 98 (1955), S. 540.
[104] H. Statz, L. Davis jr. und G. A. de Mars, Phys. Rev. 98 (1955), S. 1566.
[105] H. Statz, G. A. de Mars, L. Davis jr. und A. Adams, Phys. Rev. 100 (1955),
       S. 1260.
[106] W. E. Stephens, B. Serin und W. E. Meyerhof, Phys. Rev. 69 (1946), S. 42.
[107] D. Stevenson, Phys. Rev. 98 (1955), S. 1566.
[108] D. T. Stevenson und R. J. Keyes, Physica 20 (1954), S. 1041.
[109] D. T. Stevenson und R. J. Keyes, J. appl. Phys. 26 (1955), S. 190.
[110] O. M. Stuetzer, Proc. I. R. E. 40 (1952), S. 1377.
[111] K. F. Stripp und A. R. Moore, Proc. I. R. E. 43 (1955), S. 856.
[112] H. Suhl und W. Shockley, Phys. Rev. 75 (1949), S. 1617.
[113] R. Suhrmann, Z. Metallkunde 46 (1955), S. 780.
[114] I. Tamm, Phys. Z. Sowjetunion 1 (1932), S. 733.
[115] W. E. Taylor, N. H. Odell und H. Y. Fan, Phys. Rev. 88 (1952), S. 867.
[116] A. G. Tweet, Phys. Rev. 99 (1955), S. 1182.
[117] L. B. Valdes, Proc. I. R. E. 40 (1952), S. 1420.
[118] F. L. Vogel, W. T. Read und L. C. Lovell, Phys. Rev. 94 (1954), S. 1791.
[119] W. M. Webster, Proc. I. R. E. 43 (1955), S. 277.
[120] E. Weißhaar, Z. Naturforschg. 10a (1955), S. 488.
[121] E. Weißhaar und H. Welker, Z. Naturforschg. 8a (1953), S. 681.
[122] H. Welker, Z. Naturforschg. 6a (1951), S. 184.
[123] R. M. Whaley und K. Lark-Horovitz, Phys. Rev. 69 (1946), S. 683.
[124] A. L. McWhorther und R. H. Kingston, Proc. I. R. E. 42 (1954), S. 1376.
[125] A. H. Wilson, „The Theory of Metals", Cambridge University Press, London
       (1953).

Liste der Bezeichnungen

C_n, C_p Übergangskoeffizienten, definiert in § 8a

e (positive) Elementarladung

e Basis der natürlichen Logarithmen

$\mathfrak{E}$ äußere (auf die Oberfläche zu gerichtete) elektrische Feldstärke

E_a konstanter nichtelektrischer Energieanteil des Akzeptorenniveaus zwischen Halbleiter und Oberflächenschicht (gleich Energielage für $V_B = V_D = 0$)

E_A desgleichen für Akzeptorenniveaus auf der Außenseite der Oberflächenschicht

E_d desgleichen für Donatorenniveaus zwischen Halbleiter und Oberflächenschicht

E_D desgleichen für Donatorenniveaus auf der Außenseite der Oberflächenschicht

E_c konstanter nichtelektrischer Anteil der Energie der Unterkante des Leitungsbandes im Halbleiterinnern (wegen Potentialnormierung 0 des Halbleiterinnern
gleich der betreffenden Gesamtenergie)

E_V desgleichen für die Oberkante des Valenzbandes im Halbleiterinnern

f Verteilungsfunktion

f_a Verteilungsfunktion für Akzeptorenniveaus zwischen Halbleiter und Oberflächenschicht

i imaginäre Einheit

i_n, i_p Elektrische Stromdichte der Elektronen bzw. Löcher

J Strom in der Oberflächenschicht parallel zur Oberfläche

j_n Teilchenstromdichte der Elektronen senkrecht zur Oberfläche

j_p Teilchenstromdichte der Löcher senkrecht zur Oberfläche

J In den Channel hineinfließende Stromdichte, definiert in § 11a

k Boltzmannkonstante

l Dicke der Raumladungsrandschicht

l_B Dicke der Oberflächenschicht

L Diffusionslänge der Defektelektronen im Überschußhalbleiter

m effektive Masse

n Elektronendichte im Leitungsband

n_i Eigenleitungsdichte

n_1 definiert in § 8a

N_a Flächendichte der Akzeptorstellen mit Energieniveau E_a

N_A desgleichen für Akzeptorstellen vom Niveau E_A

N_d desgleichen für Donatorstellen vom Niveau E_d

N_D desgleichen für Donatorstellen vom Niveau E_D

p Löcherdichte im Valenzband

p_1 definiert in § 8a

$P \equiv \int_0^\infty dx\, p(x)$ Gesamtzahl der Löcher im Channel pro Oberflächeneinheit

eQ Gesamtladung des Oberflächenbereiches je Flächeneinheit

s Oberflächenrekombinationsgeschwindigkeit (§ 3a)

t Zeit

T absolute Temperatur

U äußere Spannung (positiv in Durchlaßrichtung)

$U_{\mathrm{Sp}} = -U$ Sperrspannung

U_V Voltaspannung

V elektrostatisches Potential (so normiert, daß im Innern des neutralen Halbleiters $V = 0$ ist)

V_0, V_H, V_{Me}, V_{Me0}, ΔV siehe § 4

V elektrostatische Elektronenenergie $= -eV$

V_B Abfall der Elektronenenergie über der Oberflächenschicht (von außen nach
innen)

V_D Abfall der Elektronenenergie über der Raumladungsrandschicht (von außen
nach innen)

V_{Str} struktureller nichtelektrischer Anteil der Austrittsarbeit (dotierungsabhängig,
$= -u_H$, § 6)

x Ortskoordinate senkrecht zur Oberfläche

$x_0 \equiv (\varepsilon kT/4\pi e^2 n_H^0)^{1/2}$ Debye-Länge des Halbleiters

y Ortskoordinate parallel zur Oberfläche

ε Dielektrizitätskonstante des Halbleiters

ε_B Dielektrizitätskonstante der Oberflächenschicht
η Fermienergie ($= e$ mal Fermipotential, vgl. Anm. zu § 6), normiert auf $V_H = 0$
λ_p freie Weglänge der Defektelektronen im Innern des Halbleiters
μ_H ($= -V_{Str}$) nichtelektrischer Anteil der Fermienergie im Halbleiterinnern (wegen
          $V_H = 0$ gleich $\eta = \eta_H$, § 6)
μ_n Beweglichkeit der Elektronen im Halbleiter
μ_p Beweglichkeit der Löcher im Halbleiter
μ_p^{eff} effektive Beweglichkeit der Defektelektronen in der Raumladungsrandschicht
$\Delta\sigma$ Änderung der Leitfähigkeit parallel zur Oberfläche, definiert in § 7a
σ_{Ch} Channelleitfähigkeit parallel zur Oberfläche, definiert in § 10b
τ Volumenlebensdauer der Löcher im Überschußhalbleiter
Ψ Austrittsarbeit (§ 6)
ω Kreisfrequenz

Indices:

„+", „−", „×"   kennzeichnen den Ladungszustand von Oberflächenniveaus
„H"   kennzeichnet den Wert im Innern des Halbleiters außerhalb der
          Raumladungsrandschicht
„s"   kennzeichnet den Wert an der Oberfläche des Halbleiters ($x = 0$,
          Abb. 20)
„o"   kennzeichnet den Wert im Gleichgewichtszustand; wenn keine Ver-
          wechselung möglich, wird dieser Index weggelassen
„$\|$"   kennzeichnet den zeitunabhängigen Anteil einer Größe; wenn keine
          Verwechselung möglich, wird dieser Index weggelassen
„$\sim$"   kennzeichnet die Amplitude des zeitabhängigen Anteils einer Größe

Summary: The present paper deals with something about the influence of adsorbed impurity centres on the electrical properties of germanium and silicon. After a historical review and an introduction to the fundamental conceptions (§ 2), the essential properties of semiconductor surfaces are discussed. § 3 deals with surface recombination and after an illustration of the term of surface recombination velocity summarizes measuring methods and experimental results; furtheron, the influence on the electrical behaviour of rectifiers and transistors is discussed, and finally, the effective surface recombination is dealt with. § 4 contains a review of measuring methods and experimental results on work function and contact potential. § 5 describes the surface conduction, particularly the channels.

§ 6 reviews the surface model of *Brattain* and *Bardeen,* commonly used for the explanation of surface properties. In the following chapters, the physical properties of surfaces are, under simplified conditions, treated quantitatively, and, as far as possible, illustrated by experimental examples. In § 7, the occupation of surface terms under thermal equilibrium as a function of density and energy level is derived, and work function and surface conductivity, including field effect, are discussed. § 8 deals with surface recombination, i. e. with electron transitions between surface levels and energy bands.
§ 9 describes the theory of work function under the influence of ligth as developed by *Brattain* and *Bardeen.* Finally, § 10 deals with the special properties of channels, namely, with *Schrieffer's* theory of carrier mobility in channels, on one side, and the channel conductivity parallel to the surface, on the other. § 11 discusses the influence of channels on the *dc* and *ac* behaviour of rectifiers and transistors as far this is possible today.

Diskussion zu Referat 4

1. Diskussionsbeiträge E. Fröschle*)

A. Oberflächenleitender Channel auf einkristallinem N-Germanium in trockenem Sauerstoff

Mit einer feinen Pt-Ir-Spitze wurde bei sehr kleinem Kontaktdruck (etwa 50 mg) die Oberfläche eines geätzten p-n-Stäbchens aus einkristallinem Germanium abgetastet, und das beim Anlegen einer Sperrspannung auftretende Oberflächenpotential durch Kompensation gemessen.

In Sauerstoff von etwa 7 % relativer Feuchtigkeit ergab sich ein Potentialverlauf, der etwa dem zu erwartenden Potentialverlauf im Innern des Stäbchens entsprach: Die gesamte angelegte Sperrspannung fiel in der nur einige Tausendstel mm dicken p-n-Grenze (Raumladungsschicht) ab, während der Rest des Stäbchens praktisch feldfrei war.

In trockenem Sauerstoff erstreckt sich jedoch im stationären Zustand das Gebiet erhöhten Oberflächenpotentials (Channel) einige mm weit auf die n-Seite des Stäbchens (Abb. 1).

Die Meßergebnisse lassen sich quantitativ deuten, wenn man annimmt, daß sich auf der Oberfläche der n-Seite des Stäbchens in trockenem Sauerstoff eine p-leitende Inversionsschicht ausbildet.

In der Nähe der p-n-Grenze kann die Oberfläche auf der n-Seite ein höheres Potential als das Innere des Germaniums besitzen, da der Übergangswiderstand zwischen n-leitendem

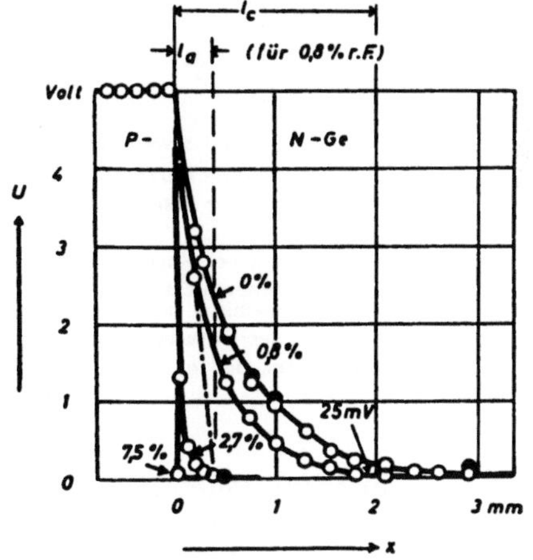

Abb. 1.

Stationärer Potentialverlauf längs der Oberfläche in Sauerstoff verschiedener relativer Feuchtigkeit. U = Spannung der Oberfläche gegen das n-seitige Ende des Stäbchens als Funktion des Abstands x von der p-n-Grenze. Stationärer Potentialverlauf ca. 2 h nach Wechsel der Feuchtigkeit gemessen. Reihenfolge: 0 %, 0,8 %, 2,7 %, 7,5 %, 0 % relative Feuchtigkeit (● Abschlußmessung in trockenem Sauerstoff). Probe A nach 7 Tagen in trockenem Sauerstoff bei 19° C. Für Probemessungen bei 0,8 % r. F. sind eingetragen:
l_a = Abfall-Länge ($U dx/dU$ an der Stelle $x = 0$);
l_c = Channel-Länge ($U = U_T = 25$ mVolt).

Innern und der p-leitenden Oberflächenschicht sehr hoch ist, weil praktisch nur die wenigen, im N-Ge thermisch erzeugten, Defektelektronen in die Oberflächenschicht eintreten können. (Abb. 2. Eine ähnliche Skizze wurde auf der Tagung von Herrn Prof. *Schottky* angezeichnet.)

Aus den gemessenen Oberflächenpotentialen und Strömen kann die Randdichte der Defektelektronen in der Inversionsschicht des Channels nach

---

*) Inst. f. theor. Physik der T. H. Stuttgart.

Schrieffer [Phys. Rev. 97 (1955), S. 641] errechnet werden. Sie betrug in trokkenem O_2 etwa 10^{16} cm^{-3} und nimmt bei geringem Zusatz von Wasserdampf sehr stark ab. Die stationäre Gleichgewichtsranddichte ist praktisch nicht abhängig von der angelegten Sperrspannung.

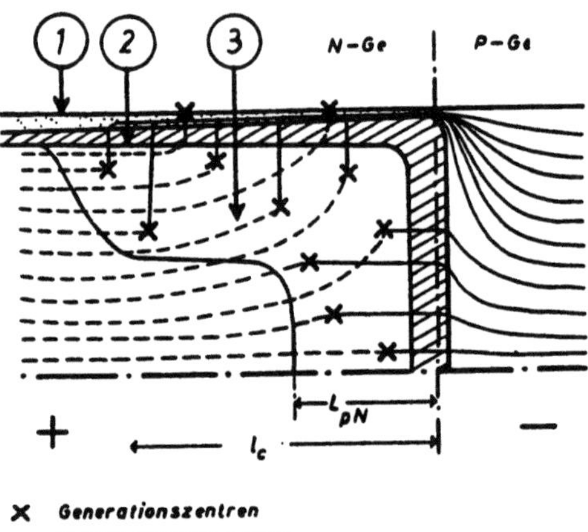

Abb. 2. Stromverlauf bei einem p-n-Stäbchen mit p-leitender Inversionsschicht auf der n-Seite.
1 und 2 Inversionsrandschicht (Raumladungsschicht), stark vergrößert gezeichnet, bestehend aus:
1 p-leitender Inversionsschicht ($p > n_i$); 2 Sperrschicht ($p < n_i$; $n \ll N_d$); 3 Diffusionszone (Dicke etwa gleich der Diffusionslänge L_{pN} der Defektelektronen im N-Germanium).
Es wurde vorausgesetzt, daß $\varrho_n \gg \varrho_p$ ist, so daß der Elektronenstrom aus dem N-Germanium vernachlässigt werden konnte.

Der beschriebene Potentialverlauf stellt sich nur sehr langsam ein (Abb. 3). Gleichzeitig nimmt der Sperrstrom über das Stäbchen stark zu.

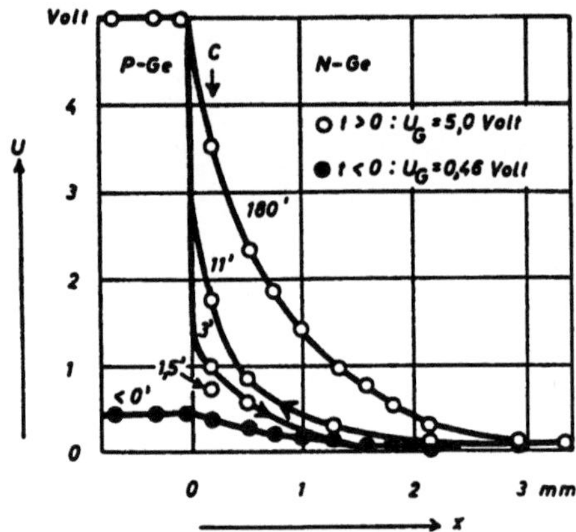

Abb. 3. Potentialverlauf nach Spannungserhöhung in trockenem Sauerstoff.
Stationärer Potentialverlauf bei $U_G = 0,46$ Volt und Potentialverlauf 3', 11', 180', nach Umschaltung auf $U_G = 5,0$ Volt ($U_G =$ Gesamtspannung p-Seite gegen n-Ende). (Zeitlicher Verlauf des Sperrstroms und des Oberflächenpotentials im Punkt C siehe Dissertation Abb. 6.) Probe A, nach 4 Tagen in trockenem Sauerstoff, 19° C.

Eine genauere Auswertung der Meßergebnisse zeigt, daß eine langsam sich einstellende Oberflächenladung vorhanden sein muß, deren Terme energetisch sehr dicht liegen. Außerdem ist eine Oberflächenladung vorhanden, die sich sehr rasch mit den Defektelektronen ins Gleichgewicht setzt, und daher Oberflächentraps zugeschrieben wurde. Ihre Dichte ergab sich zu etwa $3 - 6 \cdot 10^{11} \mathrm{cm}^{-2}$. (Näheres siehe Diss. S. 40 bis 47.)

Die Ergebnisse sind in sehr guter Übereinstimmung mit den Messungen von *De Mars, Statz, Davis* [Phys. Rev. 98 (1955), S. 540].

B. Abstand der langsam veränderlichen Oberflächenladung von der Germaniumoberfläche

In der Theorie der Channels auf der Oberfläche von Germanium wird allgemein angenommen, daß der größte Teil der Raumladung der Inversionsschicht durch eine Oberflächenladung neutralisiert wird, die auf der *Außenseite* einer auf dem Germanium befindlichen Oxydschicht sitzt. [Siehe z. B. *Statz, De Mars, Davis*, Phys. Rev. 98 (1955), S. 539.]

In dieser Oxydschicht muß also ein elektrisches Feld von der Größenordnung des Feldes in der Raumladungsschicht auftreten, so daß zwischen Oberflächenladung und Germaniumoberfläche ein um so größerer Teil der angelegten Sperrspannung abfällt, je dicker diese Zwischenschicht ist.

Dies bedeutet aber, wie man aus dem Energieschema der Germaniumoberfläche leicht ersehen kann, daß das Fermipotential für die Defektelektronen in der Ge-Oberfläche näher zur Bandmitte rückt, und daher die stationäre Randdichte mit steigender Sperrspannung stark abnehmen müßte.

Von *De Mars, Statz, Davis* [Phys. Rev. 98 (1955), S. 540] wurde jedoch an p-n-p-Transistoren nur eine geringe Abnahme der Randdichte mit steigender Sperrspannung beobachtet. (Die scheinbare Zunahme der Randdichte bei kleinen Sperrspannungen und hohen Randdichten dürfte auf die Ungenauigkeit der verwendeten Beweglichkeitsformel von *Schrieffer* bzw. auf ungenaue Bestimmung der Probenabmessungen zurückzuführen sein. Beides wirkt sich jedoch bei höheren Spannungen nicht mehr aus, da dort die Randdichte proportional dem Produkt von Oberflächenleitfähigkeit und Spannung am Channel ist.)

Aus der geringen Spannungsabhängigkeit folgt, wie in der Diss. S. 47 bis 49 näher ausgeführt ist, für die Messungen von *De Mars, Statz, Davis* (l. c.), daß die Zwischenschicht dünner als

$$l_Z \approx 5 \cdot 10^{-9} \cdot \varepsilon_Z \ \mathrm{cm}$$

sein muß, wenn ε_Z die Dielektrizitätskonstante der Oxydschicht ist. Das würde für $\varepsilon_Z \lesssim 10$ nur atomare Schichtdicken l_Z ergeben.

Man muß daher annehmen, daß entweder die Dielektrizitätskonstante der Oxydschicht außergewöhnlich hoch ist, oder daß die langsam veränderliche Oberflächenladung im Gegensatz zu den üblichen Annahmen *direkt* auf der Germaniumoberfläche sitzt.

2. Diskussionsbeitrag E. Schillmann *)

Die Frage, ob Sauerstoff oberflächliche Akzeptorenniveaus bildet, scheint durch die Untersuchungen von *Clarke* noch nicht eindeutig geklärt zu sein. Es wird in der unter [79] zitierten Arbeit der Beweis geführt, daß Sauerstoff bei n-leitendem Material eine Leitfähigkeitsherabsetzung bewirkt, also Akzeptorenzustände bildet. Aber der Gegenbeweis, daß bei p-leitendem Material ein Leitfähigkeitsanstieg erfolgt, ist nicht erkennbar. In der unter [78] zitierten Arbeit wird zwar von hochohmigem n-Material ausgegangen und ein Leitfähigkeitsanstieg beobachtet. Es ist aber zu erwarten, daß in Abhängigkeit von der Reaktionszeit ein Minimum bei der Eigenleitung durchlaufen wird und dann erst ein Anstieg erfolgt. Der beobachtete Verlauf würde eindeutig nur dann auf Akzeptorenzustände hinweisen, wenn von hochohmigem p-Material ausgegangen worden wäre.

3. Diskussionsbeitrag F. Stöckmann **)

Zu den Versuchen von *Clarke* über den Einfluß von adsorbiertem Sauerstoff auf die Leitfähigkeit von Ge möchte ich als Ergänzung einige qualitative Beobachtungen mitteilen, die uns bei der Untersuchung von Ge nach Hochspannungs-Elektronenbestrahlung[1]) auffielen. Nach der Bestrahlung erfolgten bei 90 °K reversible Änderungen der Dunkelleitfähigkeit σ, wenn das Vakuum im Kühltopf vorübergehend schlechter wurde, nämlich eine deutliche Zunahme von σ, wenn ein zuvor n-leitender Kristall nach einer hinreichend langen Elektronenbestrahlung p-leitend geworden war, dagegen eine weniger ausgeprägte Abnahme von σ, so lange der Kristall noch n-leitend war. Im Unterschied zu *Clarke* wurden bei diesen Messungen relativ dicke Kristalle ($\approx 0{,}4\,\mathrm{mm}$) benutzt, jedoch war infolge der vorhergehenden Elektronenbestrahlung ihr Widerstand so groß, daß die auf die Oberfläche beschränkten Leitfähigkeitsänderungen trotzdem leicht gemessen werden konnten. Natürlich sind diese nur beiläufig rein qualitativ beobachteten Leitfähigkeitsänderungen kein Beweis für die Akzeptorwirkung von adsorbiertem Sauerstoff, jedenfalls aber lassen sie sich zwanglos auf diese Weise erklären.

4. Diskussionsbeitrag E. Deeg ***)

Ein ungewöhnliches Verhalten des in einigen Molekül lagen adsorbiertem Wassers an verschiedenen Substanzen wurde bei der Messung einiger physikalisch und auch technisch wichtiger Größen festgestellt. Das hat zur Einführung der Begriffe „freies" und „festes" Wasser („free" und „bound" water) geführt. Besonders auffällig sind diese Erscheinungen bei der Adsorption von Wasser an silikatischen Tonmineralien, wo man z. B. bei rund fünf Moleküllagen eine beachtliche Abweichung vom theoretisch zu erwartenden Verlauf in den gegen den Wassergehalt aufgetragenen Meßkurven von Wasserdampfpartialdruck, Dichte, Dielektrizitätskonstante, spezifischer Polarisierbarkeit und optischem

---

*) Siemens-Schuckertwerke AG, Schaltwerk Berlin-Siemensstadt.
**) Physik. Inst. der T. H. Darmstadt.
[1]) *F. Stöckmann, E. Klontz, H. Y. Fan* und *K. Lark-Horovitz*, Phys. Rev. 98 (1955), S. 1535.
***) Max-Planck-Institut für Silikatforschung, Würzburg.

Reflexionsvermögen findet[1]). Es hat den Anschein, als ob die im flüssigen Wasser vorliegenden Assoziationskomplexe durch eine geeignete Struktur der Adsorption derart orientiert werden können, daß in den zuerst angelagerten Schichten mit sehr guter Näherung die Tridymit-Struktur des Eises I angenommen werden kann. Berücksichtigt man, daß einerseits im Wasser im statistischen Mittel auch eine tetraedrische Anordnung der Moleküle vorliegt[2]), andrerseits in der Oberfläche der Tonmineralkriställchen $[SiO_4]$-Tetraeder gegeben sind, so erscheint die außergewöhnlich starke Anomalie bei der Adsorption von Wasser an Tonen verständlich[3]).

Es ist anzunehmen, daß sich auch bei anderen Substanzen diese Erscheinungen bemerkbar machen werden. Insbesondere ist also bei der Untersuchung der Eigenschaften dünner Wasserhäute darauf zu achten, ob nicht durch die Kristall- (oder Glas-) Struktur der Unterlage in der adsorbierten Schicht eine ganz bestimmte Orientierung der angelagerten Moleküle (bzw. Ionen, Atome) induziert wird.

5. Diskussionsbeitrag P. F. Moleman *)

Die Rekombination nimmt im allgemeinen mit steigender Temperatur ab, und zwar sowohl an der Oberfläche wie auch im Volumen, aber nach den Beobachtungen im ersten Falle langsamer. Soweit also die Oberflächenrekombination zum Sperrstrom eines p-n-Überganges wesentlich beträgt, sollte dessen Temperaturabhängigkeit kleiner sein, als man nach der einfachen Theorie zunächst erwartet. Allerdings wird der Einfluß der mit steigender Temperatur zunehmenden Konzentration der Minoritätsladungsträger immer überwiegen.

6. Diskussionsbeitrag G. Heiland **)

Die Experimente von *Clarke* an dünnen n-leitenden Ge-Scheiben ergeben eine Erniedrigung des Leitwertes nach Tempern in Sauerstoff. Durch Ausheizen im Vakuum kann dieser Effekt rückgängig gemacht werden. Daraus wird geschlossen, daß der an der Oberfläche gebundene Sauerstoff Akzeptoren bildet, die Leitungselektronen einfangen. Beim Ausheizen wird der Sauerstoff von der Oberfläche entfernt. In diesem Zusammenhang ist es vielleicht von Interesse, auf ähnliche eigene Beobachtungen an einem anderen n-Halbleiter, dem ZnO, hinzuweisen.

---

[1]) Vgl. z. B. *W. Eitel*, The Physical Chemistry of the Silicates, The University of Chicago Press, Chicago Ill., 1954, S. 468 (Wasserdampfpartialdruck). *H. Salmang*, Die physikalischen und chemischen Grundlagen der Keramik, 3. Aufl., Springer Verlag, Berlin, Göttingen, Heidelberg, 1954, S. 17ff. (Dichte). *A. Cownie* und *L. S. Palmer*, Proc. Phys. Soc. 65 (1952), S. 295—301. (Dielektrizitätskonstante). *E. Deeg* und *O. Huber*, Ber. Dtsch. Keram. Ges. 32 (1955), S. 261—272; ferner Naturw. 42 (1955), S. 507. (Dielektrizitätskonst., Polarisierbarkeit, Wasserdampfpartialdruck, opt. Reflexionsvermögen.)

[2]) Vgl. z. B. *B. E. Warren* und *G. T. Morgan*, Acta Cryst. 8 (1937), S. 645—654. Ferner die, allerdings etwas umstrittenen, theoretischen Untersuchungen von *J. D. Bernal* und *R. H. Fowler*, J. Chem. Physics 1 (1933), S. 515—548. Vgl. auch *H. König*, Z. f. Kristallographie 105 (1944), S. 279—286.

[3]) *S. B. Hendricks* und *E. M. Jefferson*, American Mineralogist 23 (1938), S. 863—875.

*) N. V. Philips Gloeilampenfabrieken, Eindhoven, Zweigstelle Nijmegen, Holland.

**) Inst. f. angew. Physik d. Univ. Erlangen.

10 *

Bei den Versuchen wurden ZnO-Einkristalle von etwa $^1/_2$ mm Dicke verwendet. Bei solchen Abmessungen kann man nicht damit rechnen, eine durch negative Oberflächenladungen verursachte Leitwertverminderung einer oberflächlichen Raumladungsschicht durch eine Änderung des Gesamtleitwertes nachzuweisen, wenn man mit homogener Dotierung arbeitet. Es konnten aber die Versuchsbedingungen so gewählt werden, daß sich der Leitungsvorgang durch Donatorenanreicherung unter der Oberfläche auf Oberflächenzonen von der Dicke von Raumladungsrandschichten konzentrierte und die Innenleitung dagegen zurücktrat. Wurden nun solche Kristalle bei tiefen ($\approx 90\,^0$K) oder mittleren ($\approx 300\,^0$K) Temperaturen der Einwirkung von Sauerstoff ausgesetzt, so zeigte sich momentan ($\tau < 1$ sec) die erwartete Leitwertverminderung, die auch nach Abpumpen des O_2 bestehen blieb und erst nach Erwärmen im Vakuum (10 min 600$\,^0$K), unter Wiederherstellung des Anfangszustandes, zu beseitigen war. Diffussionsprozesse in den obersten Atomschichten lassen sich, nach gewissen Beobachtungen über langsamere Folgevorgänge, nicht ausschließen; der Anfangseffekt besitzt aber eine so kleine Zeitkonstante, daß er wohl kaum anders als durch eine Sauerstoffadsorption mit, bis 90$\,^0$K herab, sehr rasch verlaufenden Umladungsvorgängen gedeutet werden kann.

7. Diskussionsbeitrag W. Schottky

Die vorstehenden Diskussionsbemerkungen zeigen, daß sich das allgemeine Interesse auf die Suche nach einem genaueren physikalischen Bild konzentrierte, das man sich von den Adsorptionszuständen an der äußeren Oberfläche und dem Wesen der B-Schicht sowie der an ihrer Innengrenze auftretenden Ladungszustände zu machen hat. Neben den vielleicht für die Diskussion des Feuchtigkeitseinflusses wichtigen Bemerkungen von Herrn *Deeg* scheinen hierbei besonders die Mitteilungen von Herrn *Fröschle* Beachtung zu verdienen; einmal deshalb, weil er an Zyklen ohne O_3-Behandlung, die ihre eigenen Probleme hat, bereits die wesentlichen Abhängigkeiten oberflächlicher Inversionsschichten von Atmosphäre und Spannung festgestellt und in ihrem zeitlichen Gang genauer verfolgt hat, vor allem aber, weil er auf eine Schwierigkeit der A, a, d-Theorie hinweist, die bei der Annahme auftritt, daß die langsamen Vorgänge bei Spannungsänderungen am Channel mit einer verzögerten Umladung der A-Niveaus verbunden sein sollen. Herr *Fröschle* bemerkt, daß bei vernünftigen Annahmen über die Dicke und Dielektrizitätskonstante der B-Schicht eine Spannungsunabhängigkeit des stationären p_s-Wertes als Folge einer bloßen (langzeitigen) Änderung der A-Ladungen schwer verständlich erscheint.

Obgleich für einen Außenseiter dieses Gebiets die Chance für eine befriedigende Entwirrung der vielfältigen komplizierten Befunde fast verschwindend erscheint, möchte ich doch angesichts der geschilderten Situation im folgenden gewisse bereits auf der Mainzer Tagung 1955 mitgeteilte Überlegungen etwas näher ausführen, die die Möglichkeit zu einer etwas abgeänderten Betrachtung des Problems zu enthalten scheinen; zumal es ja dem Wesen unserer Veröffentlichungsreihe entspricht, auch mit problematischen Betrachtungen, wenn sie nur die Diskussion zu fördern versprechen, nicht hinter dem Berge zu halten.

Es wird schon von *De Mars, Statz* und *Davis* [Phys. Rev. 98 (1955), S. 539] darauf hingewiesen, daß die Annahme eines durch negative (Sauerstoff-)Ladungen an der Oberfläche bedingten starken Feldes, das bis an die Grenzfläche Oxyd/Ge (im Beispiel des Germaniums) durchgreift, eine von dünnen Metall-Anlaufschichten her geläufige Vorstellung bedeutet. Ich möchte diese Parallele etwas weiterführen; wie beim Metall wird ein Weiterwachsen einer nur einige Atomlagen dicken Schicht (wie sie sich z. B. schon im Ätzbad, je nach dessen oxydierender Komponente, in etwas verschiedener Dicke auszubilden scheint) unter dem Einfluß von Sauerstoff nur möglich sein, wenn die Schicht von geladenen materiellen Störstellen, vielleicht überschüssigem $Ge_O{}^{\cdot\cdot}$ oder Sauerstofflücken $O_\square{}^{\cdot\cdot}$ durchflossen wird. Damit ist aber bereits auf *eine* mögliche geladene Störstellenart in der B-Schicht hingewiesen. Wäre allerdings die stationäre Aufenthaltsdauer der positiven Teilchen — wir nehmen der Einfachheit halber $Ge_O{}^{\cdot}$ an — in unmittelbarer Nähe der s-Fläche (Grenze Ge/Oxyd) und im Inneren der B-Schicht beliebig klein, so würden sie keinen Einfluß auf das Potentialprofil der Schicht haben können; die $Ge_O{}^{\cdot}$-Nachlieferung — man beachte, daß alle dem Versuch unterworfenen Oxydschichten nicht im Gleichgewichtszustand, sondern im stationären, wenn auch äußerst langsamen Wachstum begriffen sind — wäre dann z. B. durch eine Schwellenhemmung für den Austritt von Ge als $Ge_O{}^{\cdot}$ aus dem massiven Ge in das Oxyd als gesteuert anzusehen. Hierbei ergibt sich aber kein Grund, weshalb das Feld der äußeren Oberflächenladung im wesentlichen an der s-Fläche endigen und nur mit kleinen Ausläufern (die sogar verschiedenen Vorzeichens fähig sein müssen!) in das Ge eindringen soll. Will man also mit ähnlichen Störstellen wie bei der Metalloxydation auskommen und trotzdem das adsorptionsbedingte Feld wesentlich an der s-Fläche endigen lassen (was bei Metallen wegen deren hoher elektrischer Leitfähigkeit von selbst eintritt), so liegt es nahe, den Eintritt einer gewissen $Ge_O{}^{\cdot}$-Menge aus dem massiven Ge in das Oxyd als ungehemmt anzusehen und anzunehmen, daß die dadurch in der Nähe von s im Oxyd auftretende Raumladungszone eine genügend starke positive Ladung enthält, um das A^--Feld im wesentlichen von der s-Fläche abzufangen. Hierbei bedeutet es eine, nicht unplausible Vereinfachung der Vorstellung, wenn man annimmt, daß in der der s-Fläche nächstbenachbarten Oxyd-Netzebene für die $Ge_O{}^{\cdot}$ eine energetisch erheblich günstigere Unterbringungsmöglichkeit als im Oxydinnern besteht. Man kann dann annehmen, daß die aus dem massiven Ge austretenden $Ge_O{}^{\cdot}$ oft zwischen der obersten Ge- und Oxyd-Netzebene hin- und hergehen, ehe sie durch das A^--Feld ergriffen und (mit feldabhängig erhöhter Beweglichkeit) durch die Schicht nach außen transportiert werden. (Dabei wird man auch die $Ge_O{}^{\cdot}$-Raumladung außerhalb der innersten Oxydnetzebene vernachlässigen dürfen.) Zwischen der hervorgehobenen Oxyd-Netzebene und der benachbarten Ge-Netzebene wird dann für den Übergang der $Ge_O{}^{\cdot}$ thermisches Gleichgewicht angenommen werden können.

Diese Konzeption würde aber bei den zu verlangenden hohen $Ge_O{}^{\cdot}$-Konzentrationen in der obersten Oxydschicht (s. w. u.) und ohne das Auftreten weiterer geladener Störstellen, zur Folge haben, daß das negative Außenfeld an der s-Fläche nicht nur aufgehoben, sondern sogar umgekehrt wird; auf n-Germanium müßte also in der Raumladungsrandschicht des Ge immer ein die Elektronen anreicherndes Feld statt des aus der Channeltheorie bekannten p-Anreicherungsfeldes auftreten. Hier liegt es nun nahe, den Eigenstörstellen-Möglichkeiten in der obersten Ge-Schicht nachzugehen, unter denen als die relativ wahrscheinlichste die Bildung negativ geladener Ge-Lücken, sagen wir der Einfachheit halber (obgleich wahrscheinlich nicht zutreffend), $Ge_\square{}'$-Stellen erscheint. (Hier wird man a fortiori das Auftreten stärkerer Ge□'-Konzentrationen auf die äußerste Netzebene, hier des Ge, beschränkt anzunehmen haben, da im thermischen Gleichgewicht bei Zimmertemperatur sicher keine Ge□-Konzentrationen im Ge-Innern anzunehmen sind.)

Durch die negative Flächenladung der äußersten Ge-Netzebene scheint nun die Möglichkeit einer weiteren Steuerung des Ge-Randfeldes $\mathfrak{E}_s$ in dem Sinne gegeben, daß nunmehr auch mit dem A^--Feld gleichgerichtete Randfelder auftreten können.

Als wichtigste Anwendung dieser qualitativen Vorstellungen sei die Deutung der V_s-Unabhängigkeit des p_s-Wertes in p-Channels auf n-Material versucht, die sich nach den Untersuchungen verschiedener Autoren und insbesondere von Herrn *Fröschle* im stationären Zustand nach genügend langer Wartezeit feststellen ließ.

Bezeichnen wir die Flächenkonzentrationen der Ge○· und Ge□' beiderseits der s-Fläche mit $N_\square^+$ und $N_\square^-$, und nehmen diese Konzentrationen, wenn auch relativ groß, doch klein gegen die Zahlen $\mathfrak{N}_\bigcirc$ und $\mathfrak{N}_\square$ der entsprechenden verfügbaren Plätze in beiden Netzebenen an, so ergibt sich für die Reaktion

$$0 \rightleftharpoons \mathrm{Ge○·} + \mathrm{Ge□'}$$

die Gleichgewichtsbedingung:

$$\mu_{\mathrm{Ge○·}} - \mathrm{V_\bigcirc} + \mu_{\mathrm{Ge□'}} + \mathrm{V_\square} = 0, \tag{1}$$

wobei $\mathrm{V_\bigcirc}$ und $\mathrm{V_\square}$ die elektrostatischen Elektronenenergien in den beiden Netzebenen bedeuten. Drückt man die μ durch ihre energetischen Grundanteile (elementare freie Energie) μ und die konzentrationsabhängigen Zusatzglieder $kT \ln N_\bigcirc^+/\mathfrak{N}_\bigcirc$ (und ebenso für $N_\square^-$) aus, so folgt aus (1) das elektrochemische Massenwirkungsgesetz:

$$N_\bigcirc \cdot N_{\square'} = \mathfrak{N}_\bigcirc\, \mathfrak{N}_\square \exp\left(\frac{\mu_\bigcirc· + \mu_{\square'}}{kT}\right) \cdot \exp\left(-\frac{\mathrm{V_\square} - \mathrm{V_\bigcirc}}{kT}\right). \tag{2}$$

Eine zur versuchten Deutung der Befunde wesentliche Größenordnungsannahme ist nun, daß die μ-Summe entweder ≈ 0 oder sogar etwas negativ ist; nur auf diese Weise sind bei Zimmertemperaturen genügend hohe Flächenladungen beiderseits der s-Fläche erreichbar. Nimmt man das aber an, so hat man zwischen der ○- und □-Fläche mit Feldstärken zu rechnen, die groß gegen $\mathfrak{E}_s$ und im allgemeinen auch größer als die von den A^- herrührende Feldstärke angenommen werden können.

In der üblichen Ladungs-Bilanzgleichung, die hier die Form annimmt:

$$N_A^- - N_\bigcirc^+ + N_\square^- - N^+ = 0, \tag{3}$$

(N^+ = Gesamtladung der Ge-Randschicht) ist dann mindestens N^+ zu vernachlässigen und man erhält, wie man auch N_A^- bestimmt annimmt, aus (2) und (3) eine Beziehung für $N_\bigcirc·$ und $N_{\square'}$, die von N^+ unabhängig und von N_A^- bei nicht zu großen Werten dieser Zahl nur schwach abhängig ist. (Zur Ermittlung dieser Beziehung ist zunächst der $\mathfrak{D}$-Wert in s durch $N_\bigcirc^+ - N_A^-$ ($= N_\square^- - N^+$) auszudrücken und daraus $\mathfrak{E}_{\bigcirc\square}$ und $\mathrm{V_\square} - \mathrm{V_\bigcirc}$ mit Annahme einer effektiven Dielektrizitätskonstante ε_s in der Grenzfläche und eines Abstandes $○□ = a$ zu berechnen.)

Damit ist aber die praktische Unabhängigkeit der im stationären Zustand eingestellten $N_\square^-$-Konzentration von N^+ und damit von der durch V_s variierten Randfeldstärke $\mathfrak{E}_s$ der p-Inversionsschicht gegeben. Die weitere Aussage, daß auch p_s stationär unabhängig von V_s wird, ergibt sich dann, unter der bei schwachen Ge$\circ$·-Durchgangsströmen beiderseits der s-Fläche gültigen Annahme des Auf- und Abbau-Gleichgewichts der äußersten Ge-Netzebene; ist $(\mu_\mathrm{Ge})_M$ das für Auf- und Abbauprozesse maßgebende, von der Dotierung praktisch unabhängige chemische Potential des Ge-„Gittermoleküls" M, so gilt Gleichgewicht für die Reaktion:

$$\mathrm{Ge}\square' + \oplus + \mathrm{Ge}^{(M)} \rightleftharpoons 0$$

(falls es sich um eine p-Anreicherungsrandschicht handelt), und hieraus folgt:

$$\mu_p^{(s)} = (\mu_\mathrm{Ge})_M - \mu_{\mathrm{Ge}\,\square}'. \tag{4}$$

Sonach wird zugleich mit $\mu_{\mathrm{Ge}\,\square}'$ auch p_s stationär von V_s unabhängig, was zu zeigen war.

Man überzeugt sich nachträglich, daß bei Annahme des p_s-Gleichgewichts mit A auch N_A^- durch V_s nicht merklich geändert wird, das ganze Potentialprofil der B-Schicht bleibt bei Variation von V_s erhalten. Damit scheint die von Herrn *Fröschle* herausgearbeitete Schwierigkeit behoben; die maßgebende Ladungsspeicherung bei verändertem V_s findet an der Zwischen-, nicht an der Außenfläche statt, und hat wegen der Abundanz des $\circ\square$-Ladungssystems auf die stationäre Gleichgewichtskonzentration der $N_\square^-$ und damit der p_s keinen merklichen Einfluß.

Der Grund dafür, daß man in der A, a, d-Theorie das variable $\mathfrak{E}_s$-Feld nicht an der Zwischenfläche aufgefangen denken konnte, war u. a. der, daß man die beobachtete langsame Gleichgewichtseinstellung nach V_s-Änderung (Minuten bis Stunden) nicht bei Ladungsänderungen an der Zwischenfläche für möglich halten konnte. Wenn, gemäß den Grundannahmen jener Theorie, alle Ladungsänderungen durch elektronische Umladung bedingt sein sollten, so konnte man sich höchstens vorstellen, daß Umladungen *außen* absorbierter Sauerstoffmoleküle, unter Durchtunnelung der Oxydschicht (und vielleicht auch thermischer Aktivierung des angelagerten O_2) zu derartig verzögerten Gleichgewichtseinstellungen führen würden; Abschätzungen hierüber scheinen nicht zu existieren. Nach der hier diskutierten Vorstellung, die man vielleicht als Doppelschicht-Theorie bezeichnen kann, besteht kein Grund, für die Einstellung des p_s, A-Gleichgewichts Zeitkonstanten von höherer Größenordnung als bei inneren Trap-Umladungen anzunehmen. Es liegt vielmehr nahe, gerade den Anfangswert von p_s nach V_s-Änderung ([103], Abb. 1 und 2) mit einer praktisch momentanen Umladung der A-Terme als Folge des zunächst veränderten p_s-Wertes in Verbindung zu bringen und in dem hierbei bei höheren V_s-Werten (> 15 bis 25 V) beobachteten „pinch-off"-Effekt eine Folge des von Herrn *Fröschle* für den stationären Zustand als schwer verständlich erkannten Spannungsabfalls des zusätzlichen A^--Feldes in der B-Schicht zu sehen. Die langen Zeiten, die zur Erreichung eines neuen stationären Zustandes notwendig sind, ergeben sich vielmehr in der Doppelschicht-Theorie als Folge der im geänderten stationären Zustand verlangten (relativ kleinen, aber für die Einstellung des $\mathfrak{E}_s$-Feldes wesentlichen) Änderungen der resultierenden Gesamtzahl der Ge-Teilchen beiderseits der s-Fläche, die durch $\triangle(N_\circ^+ - N_\square^-)$ $= \triangle N^+$ (bei im Effekt konstantem N_A^-) gegeben sind. Man überlegt sich, daß, auch wenn die N_O und $N_\square$ durch p_s-Teilchen umladbar sein sollten, die Doppelschicht-Theorie eine Änderung der gesamten Ge-Menge beiderseits der s-Fläche bei Variation von V_s verlangt. Am einfachsten ist es aber, die Umladungsterme der o und □ außerhalb der Umladungsmöglichkeit durch Ge-Träger anzunehmen (was wegen der exzeptionellen Verhältnisse in den Grenz-Netzebenen nicht unplausibel erscheint)*) und die Bewegung von Ge o·-Teilchen durch die Oxydschicht als den einzigen Mechanismus anzusehen, mit dem $N_O^+ - N_\square^-$ verändert werden kann. Es handelt sich dabei um Mengen, die klein sind gegen die zum Weiterbau einer Oxydnetzebene notwendigen; damit scheint verständlich, daß einerseits viele V_s-Zyklen ohne merkliches Dickenwachstum der Schicht durchführbar sind, andererseits aber die Zeitkonstanten von nicht viel kleinerer Größenordnung sind als die des Schicht-Weiterbaus.

Es sei noch kurz — und immer mit der notwendigen reservatio mentalis — auf einige andere Phänomene eingegangen. Die praktische Unabhängigkeit des Voltapotentials, und damit der Austrittsarbeit, von der Dotierung bei gegebener Atmosphäre konnte im Referat im Rahmen des reinen A-Modells als Folge einer hinreichenden Zahl und geeigneten Lage der A-Terme verständlich gemacht werden, ohne daß aber hierbei über den Einfluß auf V_D und V_B gesondert etwas ausgesagt wurde. Die Doppelschicht-Theorie liefert hier die Zusatzaussage, daß die Gleichgewichtswerte n_s^0 und p_s^0 von der Dotierung, die ja, ebenso wie die künstliche V_s-Änderung, mit einer $\mathfrak{C}_s$-Änderung verbunden sein wird, praktisch unabhängig werden, indem der Doppelschichtmechanismus auch hier die verlangte $\mathfrak{C}_s$-Änderung ohne merkliche p_s^0-(und n_s^0-) Änderung zu realisieren imstande ist.

Andererseits wäre die $(V_D + V_B)$- und V_D-Änderung bei variabler Atmosphäre mit einem nicht verschwindenden Einfluß von N_A^- auf das N_O^+, $N'_\square$-Gleichgewicht in Verbindung zu bringen; das ist allerdings noch nicht quantitativ untersucht. Gelingt es, durch Atmosphärenänderung z. B. $(\mu_n^{(s)})_0$ um etwa $\pm$ 0,15 eV beiderseits der Bandmitte, unabhängig von der Dotierung, zu variieren, so sind damit die Voraussetzungen sowohl für p-Channels auf n-Material wie für n-Channels auf p-Material gegeben.

Auch bei Atmosphärenänderung scheint nicht die A-Umladung, sondern die Änderung von $(N_O^+ - N_\square^-)$ (durch Ge o·-Transport) als zeitbestimmender Vorgang angenommen werden zu müssen. Zum Feuchtigkeitseinfluß sei, allerdings nur als eine unter vielen Möglichkeiten, im Zusammenhang mit dem Beitrag von Herrn *Deeg*, noch die Bemerkung gestattet, daß eine z. B. auf Ge O$_2$ gebildete kristalline H_2O-Schicht möglicherweise für den Durchgang von Ge o zur äußeren O-Adsorptionsschicht ein erhebliches Hindernis bedeuten könnte. Die Ge o· würden sich dann an der kristallinen H_2O-Grenze stauen und die A^--Ladungen schon vor dem Feldeintritt in das eigentliche Oxyd kompensieren können. Auf diese Weise wäre, auch ohne daß man eine wesentliche Beeinflussung der Zahl und Termlage der A annimmt, eine starke (allerdings zeitlich verzögerte) Reduzierung der A^--Wirkung auf die s-Grenze und die Ge-Randschicht denkbar.

---

*) Es ist hier nicht an eine reaktionskinetische, sondern eine energetische Verhinderung solcher Umladungen gedacht. Ob diese Annahme zutrifft, ist natürlich nur durch weitere Beobachtungen zu entscheiden.

Der Photo-Voltaeffekt wäre, in der in § 9 diskutierten Deutung, als wesentliches Argument zugunsten umladungsfähiger a, d-Störstellen an der s-Fläche zu werten. Hier sei jedoch auf die Bemerkungen am Schluß von § 9 des Referats hingewiesen.

Das sprödeste Gebiet, auch wenn man in bezug auf die ältere oder die hier vorgeschlagene Theorie optimistisch ist, scheint noch die Deutung der Oberflächenrekombinationsbeobachtungen zu sein. Deren Unabhängigkeit von der Atmosphäre (*Brattain* und *Bardeen* [16], Abb. 11) scheint eine wesentliche Mitwirkung der A-Terme hierbei auszuschließen; andererseits ist der Einfluß des Sandstrahlens unerklärt, und unter reinsten Verhältnissen erscheint die Rekombination fast auf einen Spureneffekt reduziert, so daß auch von dieser Seite wohl keine sehr zwingenden Schlüsse auf die Existenz endogener umladbarer a, d-Traps an der s-Fläche gezogen werden können.

Nachtrag August 1956. An der Gültigkeit von Gl. (4), die der — bisher üblichen — Annahme der Einstellung des Oxyd-Störstellengleichgewichts mit dem reinen Stoff an der Oxyd-Reinstoff-Grenze entsprechen würde, sind mir doch nachträglich Zweifel gekommen, worüber vielleicht in anderem Zusammenhang zu berichten sein wird. Läßt man diese Annahme fallen, so ist p_s durch die Ge□'-Konzentration noch *nicht* bestimmt; dann scheint aber eine V_s-Unabhängigkeit von p_s nur möglich, wenn man an der s-Grenze auch eine Abundanz von *umladungsfähigen* Störstellen annimmt. Man könnte dann vielleicht das Doppelschichtbild mit den vorgeschlagenen Störstellentypen beibehalten, aber z. B. die gleichzeitige Existenz von Ge□' und Ge□'' (sowie entsprechende Ge○- und evtl. O□-Stellen im Oxyd) in größerer Absolutmenge annehmen. Die Möglichkeit einer Deutung der langzeitigen Effekte durch Ionenwanderung bliebe dabei erhalten.

5.   L. S. NERGAARD*)

Electron and Ion Motion in Oxide Cathodes

With 13 figures

Contents:

Abstract:

This paper surveys recent work on the oxide cathode. This work points to a physical model of the oxide cathode in which (1) current is carried through the cathode by semi-conduction through the oxide and by pore conduction through the interstices between oxide particles, (2) both conduction process are controlled by the properties of the semi-conducting oxide, (3) the oxide is activated by the production of electron donors, (4) the donors, as well as other constituents of the oxide, are mobile at the normal operating temperature of the cathode, and (5) electrolysis of the donors limits the density of free electrons available for conduction near the emitting surface and the density of free electrons available for emission at the emitting surface.

I. Introduction

The oxide cathode was discovered by *Wehnelt* a little over fifty years ago [1]**). Since then the cathode has been the subject of much scientific study and has become of great technological importance. Curiously enough, its technological importance stems from the art of making and utilizing the oxide cathode and not from a thorough understanding of the cathode. The development of the art was in part guided by the physical models of the cathode that were advanced from time to time. Some of these models failed the test of subsequent experiment, others were satisfactory as far as they went but were incomplete. Out of these models has evolved a composite model on which there is general agreement. However, the composite model is itself incomplete, particularly in details, and much of the current work on the oxide cathode is devoted to an elucidation of these details.

---

*) RCA Laboratories Radio Corporation of America, Princeton, New Jersey, USA.
**) An oxide cathode may have a single alkali metal oxide such as BaO or a mixture of oxides such as BaO + SrO. X-ray studies show that BaO and SrO, SrO and CaO form single crystals with a lattice spacing which satisfies *Vegard's* Law [2, 3, 4, 5]. To avoid needless repetition, both a single oxide and a mixture of oxides will be referred to as an oxide.

Past work has been summarized in a series of review papers, so the present paper will merely mention a few salient points in the history of the oxide cathode before proceeding to current problems and recent work on these problems [6, 14]. As noted earlier, the oxide cathode was discovered by *Wehnelt* in 1903 [1]. In 1908 *Deininger* reported his measurements of the emission for CaO on Pt, Ni and Ta [15]. He found no significant dependence of emission on base metal, a result of importance in the development of physical models of the oxide cathode. *Fredenhagen* advanced the view that electrons were emitted by chemical reaction of the alkaline earth metals in the oxide with gases in the tube [16]. This model failed to account for the high electron emission of oxide cathodes under high vacuum conditions; however, it pointed up the chemical aspects of the cathode problem. With the development of high-vacuum techniques during World War I, better measurements of thermionic emission became possible, and the role of gas in the emission process came under much better control. This period also marked the beginning of the mass production of electron tubes with oxide cathodese [17].

In 1925 *Koller* advanced the hypothesis that excess Ba in BaO is responsible for the emission of the oxide cathode [18]. The importance of excess Ba was established by the work of *Koller, Espe, Rothe, Becker, Gehrts*, and *Detels* [18—24]. *Espe, Rothe*, and *Detels* considered a physical model in which Ba islands on the oxide surface were responsible for the electron emission. This model gave a work function higher than that observed, and it was difficult to account for the formation of such islands in view of the rate of evaporation of Ba at the operating temperature of an oxide cathode. *Koller* and *Becker* advanced the view that excess Ba resided on the cathode surface as a monatomic layer. Because of the strong binding between a monolayer and the substrate, evaporation would be small, and the dipole layer due to the Ba would reduce the work function of the oxide. The role of excess Ba may be regarded as well established. However, whether the excess Ba resides on crystallite surfaces, is bound in interstitial positions in the lattice, or is in excess because of vacancies in the oxygen lattice is a problem still under study. In 1930 *Lowry* advanced the view that the emission process takes place at the base metal and the oxide serves to reduce the work function of the metal by supplying Ba [25]. This model was refuted by the experiments of *Becker* and *Sears* in which they demonstrated that the emission of a cathode was proportional to the surface of the oxide, not to the area of base metal in contact with the oxide [22]. At about this time the relationship between the conductivity of the oxide layer and its electron emission came under intensive study. *Reimann* and his co-workers [26, 27], *Becker* and *Sears* [22], *Meyer* and *Schmidt* [28], *Gehrts* [29], *Benjamin* and *Rooksby* [30], *Schottky* [31], and *Heinze* and *Wagener* [32, 33] were early contributors to this work. More recent studies of this relation have been made by *Nishibori* and *Kawamura* [34] and by *Hannay, McNair*, and *White* [35]. The results of these studies may be summarized in the statement that emission of the oxide cathode is proportional to the conductivity of the oxide. According to semiconductor theory, the relationship between emission density and conductivity should be

$$\frac{j_0}{\sigma} = \frac{3\,(1-r)\,kT}{4\,l_0\,e}\,\mathrm{e}^{-\frac{x}{kT}} \qquad\qquad (\mathrm{I}-1)$$

in which[*])

j_0 = emission current density (with $E = 0$)
σ = conductivity
r = surface reflection coefficient
k = Boltzmann's constant
T = temperature
X = electron affinity of the semiconductor[**])
l_0 = electron mean free path in the semiconductor
e = electron charge

These experiments indicate that X is independent of the state of activity of the cathode and that activation of the cathode merely changes the Fermi level in the semiconducting oxide. This conclusion rules out the crystallite surfaces as the seat of the excess Ba.

With the development of pulse radar systems, oxide cathodes were operated at very high current densities and sparking at the cathode became a problem [36]. This focused attention on the interface layer between the oxide and base metal that had been noted much earlier by *Wehnelt* [7] and *Arnold* [17]. With the advent of high-speed computers and time-division multiplex communication systems in which some tubes are idle much of the time, it became apparent that the interface layer may exhibit a low enough conductance to affect seriously the operation of such systems, particularly in those tubes which normally have a low plate current. This led to an extensive study of the interface layer which still continues. Among the contributors to this work are *Rooksby* [37], *Fineman* and *Eisenstein* [38—40], *Wright* [41, 42], *Waymouth* [43], *Frost* [44], *Dahlke* and *Rothe* [45], and *Nergaard* and *Matheson* [46]. Because the interface layer is a separable problem and can be avoided in the study of the oxide cathode by using base metals of high purity, this paper will give the layer no further consideration per se.

To sum up the work outlined above, the oxide cathode may be considered to consist of four elements:

1. The base metal which supports the oxide coating and makes electrical contact to it but plays no role in the emission process.

2. An interface layer formed by chemical reaction between the base metal or impurities in the base metal and the oxides. This layer will introduce additional resistance in series with the oxide resistance. The interface compound frequently has higher resistivity than the oxide itself.

3. The oxide which is a semiconductor whose conductivity is enhanced by the production of electron donors, apparently due to excess Ba in the lattice.

4. The emitting surface which may be characterized by the electron affinity of the semiconductor. The true affinity may be altered by the presence of a dipole layer. However the dipole layer is unaffected by activation processes and the electron emission is increased, as in the conductivity, solely by raising the Fermi level towards the conduction band in the bulk oxide in any activation process.

---

[*]) Gl. (I—1) gilt in der obigen Form dann, wenn j_0, σ und e in elektrostatischen Einheiten gerechnet werden. Bei Rechnung in technischen Einheiten wäre mit $3 \cdot 10^{11}$ zu multiplizieren. D. H.

[**]) = Energieunterschied Leitungsbandkante/Außenraum. D. H.

While this model of the oxide cathode describes the cathode in a general way, it leaves many details unresolved. Recent and present work is devoted in large part to the resolution of these details and they will be the principal subject of this paper. The problems to be considered may be classified as follows:

1. *Pulse Decay.* Whereas an oxide cathode is capable of an electron emission of about 1 ampere cm^{-2} under *dc* conditions, the same cathode will give an emission of $50-100$ amperes cm^{-2} under microsecond pulse conditions. This remarkable phenomenon requires an explanation.

2. *Oxide Conductivity.* The conductivity has been studied since 1930, yet the complete temperature dependence of the conductivity is not understood. Furthermore, the current-voltage relation is not linear, so its characterization by a conductivity is meaningful only for very small voltages. The voltage and time dependencies of the conduction current through the oxide require explanation.

3. *Work Functions.* The oxide cathode consistently gives *Schottky* plots with slopes corresponding to emission temperatures of about one third of the actual cathode temperature. This makes the interpretation of emission data dubious. Furthermore, the work functions derived from *Richardson* plots of *Schottky* intercepts are current and time dependent. This subject requires further study.

4. *The Energy Level Structure of the Oxides.* The position and concentration of the electron donors and acceptor levels must be determined as a function of the degree of activation before the conducting and emitting properties of the oxide cathode can be fully understood.

5. *The Nature of Electron Donors.* Past work indicates that excess Ba somehow provides donors. Whether excess Ba in interstitial positions, colloidal Ba, or oxygen-vacancy F-centers provide the donors is still a subject of investigation*).

6. *Pore Conduction.* It has long been known that the particle size of the oxide coating on a cathode affects its performance. Recent work indicates that the pores between particles conduct a part of the electron current. Thus the particle size determines the mean free path of the electrons in the pores.

The topics above form the subject matter of this paper. Recently a number of new cathodes related to the oxide cathode have appeared. There is the so-called bariated-nickel (B—N) cathode [47]. This cathode displays the pulse decay of the oxide cathode and the same work function as the oxide cathode. Hence, for the purposes of this paper it will be considered to be an oxide cathode. A number of dispenser cathodes such as the L-cathode and the M-K cathode have also appeared [48, 49]. These operate in the manner of the dispenser cathode of *Hull* [50]. Because these cathodes display no pulse decay and have a work function a volt or so higher than oxide cathodes, they will be considered to be outside the scope of this paper.

---

*) Vgl. hierzu auch Abschnitt VIII. D. H.

II. Pulse Emission

The ability of the oxide cathode to emit large currents under pulse conditions was observed by *B. J. Thompson* about 25 years ago [51]. This phenomenon paparently attracted little attention, and it was not until 1940 that it was noticed that it played a role in the performance of thermionic rectifiers [52]. *Schade* measured current densities as high as 25 amperes cm^{-2} and observed the decay of emission with time. He also gave the phenomenological explanation of current decay which is quite satisfactory for the circuit designer who uses rectifiers but is less satisfactory to the physicist who is concerned about the physical mechanism which leads to the observed decay.

With the advent of pulse radar systems, the utilization of the high pulse emission of the oxide cathode became common. Current densities as high as 100 amperes cm^{-2} were obtained [53] and current densities of 12—15 amperes cm^{-2} were regarded as conservative design values for 5 microsecond pulse tubes [54].

Considering these results in the light of present semiconductor theory, it seems reasonable that emissions of tens of amperes should be possible. The emission equation for a semiconductor may be written

$$ j = A\,(1-r)\sqrt{\frac{N_D}{N_C}}\;T^2\,e^{-\frac{\Phi}{kT} + \Gamma^o\frac{\sqrt{eE}}{kT}} \qquad\qquad (\mathrm{II}-1) $$

in which

j = the emission current density (with $E \geq 0$)

$A = \dfrac{2\pi e\,m\,k^2}{h^3}$

r = the electron reflection coefficient at the emitting surface

N_D = the electron donor density

$N_C = \left(\dfrac{2\pi m^* k T}{h^2}\right)^{3/2}$

$\Phi = X + \varepsilon/2$ = the work function

X = the electron affinity

ε = the position in energy of the donors below the conduction band

m = the mass of the free electron

m^* = the effective mass of the electron in the lattice

k = Boltzmann's constant

T = the cathode temperature

h = Planck's constant

E = the electric field at the emitting surface

$\Gamma = \left(\dfrac{\eta-1}{\eta+1}\right)^{1/2}$

η = the dielectric constant

this equation is valid when the donors all have the same energy level and

$$ N_D \gg N_C\,e^{-\frac{\varepsilon}{kT}}. $$

Assuming a work function of 1.2 ev (a value observed experimentally) and a temperature of 1000 °K, the emission equation (with $m^* = m$) may be written *)

$$j = 60 (1 - r) \sqrt{\frac{N_D}{10^{19}}} \text{ amperes cm}^{-2}. \qquad (II - 2)$$

It seems reasonable that a donor density of 1 part in 10^4 ($N_D \sim 10^{18}$) might be produced. Then

$$j \sim 20 (1 - r) \text{ amperes cm}^{-2} \qquad (II-3)$$

which is of the order of magnitude observed in pulse experiments if r is zero. This result suggests that the reflection coefficient at the surface is small compared to unity, at least at the beginning of a pulse. The real question then is what reduces the current by a factor of 10 or more under dc conditions. The possibilities are:

1. *The reflection coefficient increases with time.* The idea of a reflection coefficient was invoked by *Nottingham* to explain anomalies in retarding-field measurements on tungsten [55]. A recent paper on the emission from single-crystal tungsten reports retarding-field measurements on various surfaces of a single crystal of tungsten [56]. These measurements again show a deficit of low-velocity electrons. A number of workers have studied the reflection coefficients of the refractory metals by careful measurements of the periodic deviation from the *Schottky* line [57—61]. These measurements show no clear-cut evidence of an unusually high reflection coefficient for low-velocity electrons. It appears that an electron reflection coefficient at the emitting surface can affect the electron emission of a thermionic emitter. However the present state of knowledge of reflection coefficients is such that the possibility of a time-varying reflection coefficient cannot be assayed.

2. *The electron affinity X of the semiconductor rises with time.* This possibility would seem to be precluded by the linear relationship between conductivity and emission discussed above. *Sproull*, whose work on pulse emission will be outlined below, explained his results assuming a change of affinity and advanced a model whose computed pulse decay accords with experiment. The model is not unique in giving this form of decay.

3. *The (total) density of donors decreases with time.* The density of donors in the cathode might well decrease when current is drawn. This could come about if residual gases in the vicinity of the cathode became ionized by the electron current and moved to the cathode under the influence of the electric field. Some of these gases, oxygen in particular, might destroy the donor centers. Another common view is that electron bombardment of the anode or other

---

*) Es ist hier 60 A/cm² und nicht, wie in der Metall-Emissionstheorie, 120 A/cm² zu setzen, weil die doppelte Spinmannigfaltigkeit im Außenraum hier durch eine ebenfalls explizit zu berücksichtigende doppelte Spinmannigfaltigkeit der Störstellenelektronen kompensiert wird. (Das gilt für wasserstoffartige Störstellen; bei heliumartigen Störstellen, wie z. B. F'-Zentren, würde dagegen 240 A/cm² zu setzen sein, vgl. Bd. I dieser Reihe, S. 202ff.) Auf die im weiteren Text vorgenommene Auswertung von (II—2) zum Nachweis der Geringfügigkeit des Reflexionseinflusses hat dieser Unterschied allerdings kaum einen Einfluß, da hier aus den verschiedensten Gründen ohnehin nur recht ungenaue Schlüsse möglich sind (vgl. auch weiterhin den Text unter 1). Wegen der Verallgemeinerungen von (II—1), die sich beim Auftreten von äußeren Randschichten und bei Stromdurchgang ergeben, vgl. die folgenden Abschnitte. D. H.

electrodes releases oxygen from the metal or from contaminants on the metal which returns to the cathode and "poisons" it. There certainly are such "poisoning" effects as anyone who has worked with oxide cathodes is well aware. The bearing of these poisoning effects on pulse behavior is another matter. Considering the time and effort required to activate a cathode initially or to reactivate a cathode after poisoning, one wonders how a cathode reactivates itself spontaneously in milliseconds between pulses.

A further possibility is that the total donor content of the cathode remains constant and that the donors *redistribute* when current is drawn. If such a redistribution led to a depletion of donors near the emitting surface, the emission would fall. Then, when the current is stopped, the donors could resume their initial distribution and it would not be necessary to produce new donors to recover the initial pulse emission. This possibility will be discussed in some detail below.

The possibility 3. above raises still another possibility. If the donors are lost in pulse decay, the conductivity of the cathode must fall. If the donors are distributed uniformly initially and redistributed under current flow, the conductance*) must fall. In either event, the voltage drop through the cathode increases. Hence, if the voltage applied to a diode in an emission measurement is not adequate to saturate the emission, the current is in part limited by the conductance of the cathode. This possibility has been clearly demonstrated by *Eisenstein* [62] who measured the velocity distribution of electrons emerging through small apertures in the anodes of his tubes and thus determined the surface potential of the cathode. He drove his diodes with 1 μs pulses up to current of about 10 amperes cm⁻² and found that of applied voltages of about 1.8 KV as much as 400 volts appeared across the cathode

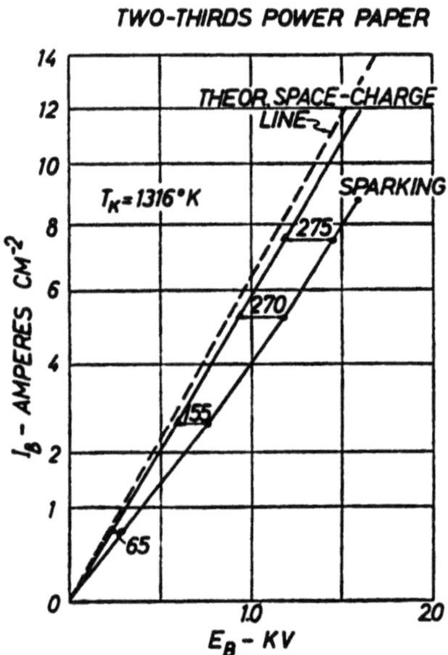

Fig. 1. The Current-Voltage Characteristic of a Pulsed Diode.
The lower curve is the measured curve. The upper solid curve is the measured curve corrected for the voltage drop in the cathode as determined from the electron velocity. The dotted curve is the current-voltage characteristic calculated from the tube geometry (after *Eisenstein*). (E_B = Anode Voltage)

(see Fig. 1). He found that his retarding-field curves had "tails" which extended out to the full cathode voltage drop. (To explain these tails he considered the following possibilities. (1) a time variation in the surface potential of the cathode, (2) poor electron optics, (3) a variation in energies of electrons due to cracks and crevices in the cathode surface. His considerations led him to suggest the last possibility as the most likely. In discussing the first possibility, he considered only the relaxation of surface potential due to

---

*) D. h. der Leitwert der Gesamtschicht bei unveränderter Gesamtmenge der Donatoren. D. H.

the capacitance of the oxide. He ruled out this possibility experimentally.
It apparently did not occur to him that the resistance itself might change
with time, and his experimental arrangement did not permit him to follow
changes in retarding-field characteristics as a function of time.)

The possibilities 2. and 3. above have been examined under long-pulse conditions by *Sproull* [63], *Matheson* and *Nergaard* [64, 65], and by *Frost* [66].
Sproull maesured the decay of emission from oxide cathodes with pulse
lengths as long as 300 microseconds and initial current densities as high as
5—6 amperes cm^{-2}. The current decayed to a steady value of 1/5 to 1/15 of
the initial value. The rate of decay was proportional to current density
and was temperature dependent. The range of decay was independent of
oxide thickness over the range 1 to 30 mg of oxide per square centimeter of
coated area.

To explain his results, *Sproull* advanced the hypothesis that the high emission of
the cathode is due to adions on the surface as in the case of thorium on tungsten [67].
He further assumed that these adions are removed from the surface by electrolysis during current flow and that the emission falls in accordance with
Langmuir's relation between emission and fractional coverage of the surface
by adions. On this model he derived a differential equation for current decay
which may be written:

$$\frac{\partial i}{\partial t} = \alpha \left(1 - \frac{\ln i/i_\infty}{\ln i_0/i_\infty} - \frac{i}{i_\infty} \right) \tag{II — 3}$$

where

$\quad i \;\; =$ instantaneous current

$\quad i_0 \; =$ initial current

$\quad i_\infty =$ asymptotic current

$\quad \alpha \;\; =$ a constant which is a measure of the rate of the elec-
$\qquad\qquad$ trolytic process.

Sproull found the approximation

$$1 - \frac{\ln i/i_\infty}{\ln i_0/i_\infty} \sim \frac{i_\infty}{i} \tag{II — 4}$$

is satisfactory over the range of i with which he was concerned. With this
approximation

$$\frac{d i}{d t} \sim - \alpha \, (i^2 - i_\infty^2). \tag{II — 5}$$

Sproull notes that the model he considered is not unique in giving an equation
of this form. The solution of this equation however is in good accord with the
experimental data.

In 1952 *Matheson* and *Nergaard* extended *Sproull's* measurements and
in particular measured current-voltage characteristics during current decay.
This was done by interrupting the anode voltage for a few microseconds during

a long pulse, say a 150-microsecond pulse, and measuring the dependence of current on voltage during reapplication of the voltage (see Fig. 2)*).

They also measured the recovery of emission subsequent to a long pulse by applying short sampling pulses at various times after the main pulse (see Fig. 3). A study of the current-voltage characteristics obtained in this way revealed that none of the characteristics of both figures had a sharp knee corresponding to the inception of emission limitation. All of the curves displayed a departure

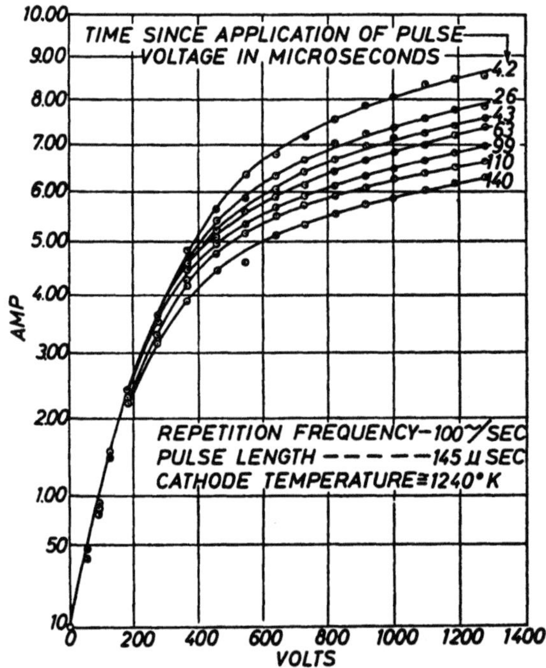

Fig. 2. The Current-Voltage Characteristics of a Diode during Pulse Decay.
These characteristics were measured with a short sampling pulse; Anode Voltage during 145 μsec Pulse $E_B = 1280$ V, Pulse Current $I_B = 9$ A in the beginning. (After *Matheson* and *Nergaard*.)

from the theoretical space-charge-limited characteristics (linear in this figures) from the lowest voltage, and this departure increased during decay and diminished during recovery. It was further found that all of the current voltage characteristics could be superposed within experimental accuracy by multiplying each curve by a scale factor, a situation incompatible with simple emission limitation. They were unable to determine at what point on the current-voltage characteristics emission limitation became controlling.

---

*) Es macht sich also der durch die Puls-Belastung bedingte Stromabfall (von 9 auf etwa 6 A) hauptsächlich bei hohen Momentanspannungen bemerkbar, während die Kennlinien unterhalb 200 V (Raumladungsgebiet) wesentlich schwächer variieren. Gleichwohl sind, wie der Referent brieflich hervorhebt, sowohl merkliche Abweichungen vom $V^{3/2}$-Gesetz wie auch Zeiteffekte selbst bei kleinsten Strombelastungen (z. B. 25 mA/cm²) zu beobachten. D. H.

Matheson and *Nergaard* found that their decay curves could be represented
by *Sproull*'s decay equation or equally well by

$$\frac{\partial i}{\partial t} = -\alpha\, i\,(i - i_\infty) \qquad\qquad (\text{II}-6)$$

which may be regarded as *Sproull*'s original equation approximated in a
different way. The reasons for a preference for this equation were:

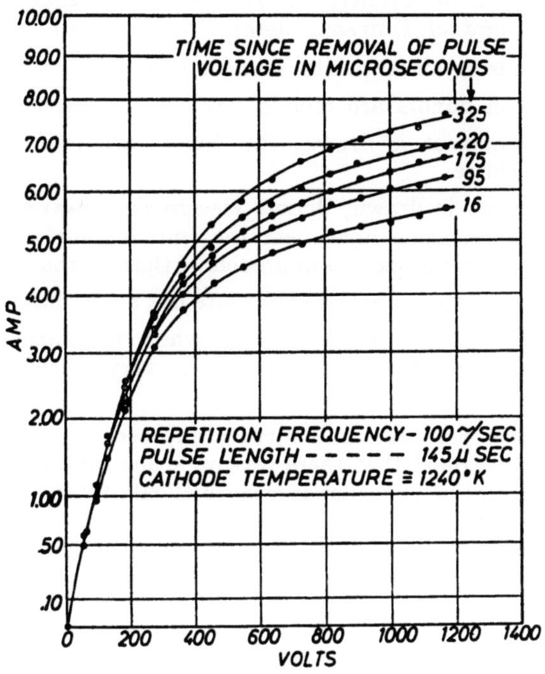

Fig. 3. The Current-Voltage Characteristics of a Diode Subsequent to Pulse Decay.
These characteristics were measured with a short sampling pulse; E_B and I_B as in Fig. 2.
(After *Matheson* and *Nergaard*.)

1. The current is then theoretically stable at $i = 0$ and i_∞, which seems
   intuitively right.

2. The equation becomes linear *) in a new variable $q = \int i\, dt$, which is a
   measure of the charge passedby the cathode.

3. It was found that most electron-current transients in oxide cathodes, including the transients which occur when reducing metals are deposited on a
   cathode in a mass spectrometer, can be represented by exponentials in the
   variable q [68].

---

*) Offenbar ist hier eine Beziehung $\dfrac{dq}{dt} \sim e^{-\alpha q}$ gemeint, die sich aus (II−6) ableiten
läßt. D. H.

11*

The first two reasons are not cogent. They grew out of a feeling that electrolytic effects were involved. The third reason is empirical; if it has physical significance, its significance has yet to appear.

Frost has studied the coating resistance and emission of oxide cathodes under pulse and dc conditions using the retarding-field method of *Eisenstein* to determine the coating resistance [66]. He operated his diodes with currents up to about 1 ampere cm^{-2}. His results indicate that coating resistance played a small role in determining the current decay and that the principal source of decay was an increase in work function Φ. To explain his results, he considered the hypothesis of *Nergaard* (cf. I) in some detail [65, 69]. This hypothesis assumes:

1. That the cathode is an impurity semiconductor.

2. That the electron donors are mobile, can electrolyze, and diffuse.

3. That when no current is drawn, the donors are uniformly distributed through the cathode.

4. That when current is drawn, donors electrolyze toward the base metal, leaving a donor depletion layer near the emitting surface, said depletion layer having electronic properties approaching those of the intrinsic material.

5. That donors are conserved and do not plate out at the base metal.

6. That under stationary conditions, i. e., when the current through the cathode is stable, the electrolysis of donors is everywhere balanced by back diffusion.

Frost accepted these premises, and further imposed an electrical neutrality condition, i. e., he assumed that there was no space charge within the oxide. The resulting differential equation is very difficult to solve for the case of current flow where both electric and diffusion forces act on the donors. However, the case of current recovery after a long pulse when only diffusion forces act on the donors (because of the assumption of electrical neutrality) is tractable, and *Frost* obtained a solution which he compared with his experimental data. From the comparison he concluded that the entire thickness of the coating is involved in the diffusion process and that the recovery time is proportional to the square of the coating thickness. He obtained an activation energy for diffusion of 0.435 ev and a diffusion constant of 5.9×10^{-6} cm^2 sec^{-1} at 1000 degrees K. These values will be discussed later in the paper, and here it suffices to note that the diffusion constant is based on the assumption of space-charge neutrality. In view of the observation of space-charge-limited currents in insulators [70] and the observation of depolarization currents in insulators at elevated temperatures [71], it is not certain that an electric field does not contribute to restoration of equilibrium and to the low value of the diffusion constant. That the potential of the interior of the oxide of a cathode can change in the absence of current is illustrated in Fig. 4, which shows the potential of a platinum probe imbedded in the oxide of an oxide cathode when the plate current is interrupted for 10 seconds [72].

The results of the experiments described in this section may be summarized as follows:

1. The oxide cathode is capable of pulsed emission as high as 100 amperes cm^{-2}.

2. The decay of the anode current of a diode from an initial high value to the dc value is in part due to an increase in the internal resistance of the cathode.

3. A mechanism which accounts for the increase of resistance and work function with time in pulse decay is the redistribution of donors in the cathode by electrolysis and diffusion.

4. The experiments of *Frost* which were designed to test the mobile-donor model are in accord with the model.

5. The high diffusion constant for donors found by *Frost* and the observation of changes in the internal potential of a cathode under zero current conditions suggest that space charge neutrality within the cathode does not obtain.

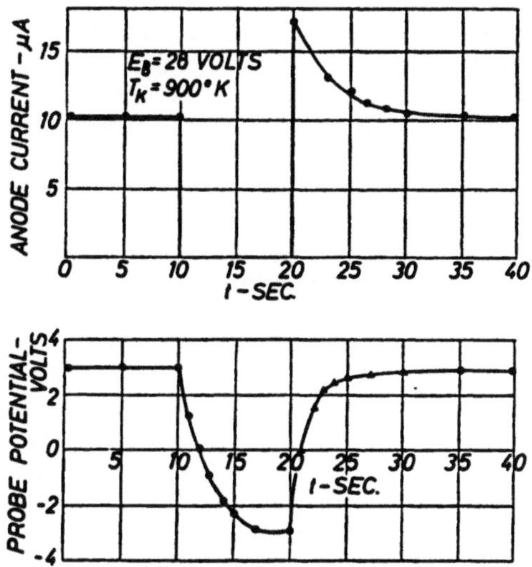

Fig. 4. *The Potential of a Platinum Probe Imbedded in the Coating of an Oxide Cathode.*
The upper part of the figure shows the plate current of the diode before and after a ten-second interruption of the current. The lower part of the figure shows the corresponding change in the potential of the platinum probe. (After *Nergaard, Matheson,* and *Plumlee.*)

III. Cathode impedance Studies

The vast literature on the conductivity of the oxide cathode has been noted in the introduction. Rather than review this literature in detail, a few pertinent features of the conductivity of the oxide cathode will be noted, and then attention will be turned to those experiments which bear particularly on the subject of this paper, as defined by the title.

There is more or less agreement on the temperature dependence of the conductivity of the oxide in the active state. The conductivity versus reciprocal-temperature then has three distinct branches. For temperatures lower than about 800 °K, there is a branch with an activation energy of about 0.1 ev; for temperatures between about 800 °K and 1200 °K, there is a branch with an activation energy of about 0.7 ev; and above about 1200 °K, there is a third branch with an activation energy of about 0.4 ev. A number of hypotheses have been advanced to explain the changes in slope of the conductivity versus reciprocal-temperature curve. Nijboer was the first to suggest that the 1200° break in the curve may be due to impurity levels which are only partially occupied by electrons, even at zero temperature [73]. This model yields a two-to-one break in the slope of the conductivity curve which is in accord roughly with the experimental data. The temperature at which the break occurs is then a measure of the fraction of levels occupied by electrons at 0 °K. *Loosjes* and *Vink* have advanced the hypothesis that conduction through the pores of the oxide coating carries a large fraction of thecurrent at temperatures above 800 °K [74]. They ascribe the low temperature branch of the conductivity curve to conduction by the oxide and the intermediate temperature branch to pore conduction. No explanation of the high temperature branch is offerred. Because of the present interest in pore conduction, it will be considered in a separate section (Section VI) *).

The behavior of the conductivity with temperature for the inactive state is less clear. Activation appears to bring the cathode into a reproducible state whatever the starting point. It may be that activation produces so many donors of a particular kind that the effects of initial defects in the oxide are masked. In the inactive state, conductivity activation energies ranging from 0.2 ev to 3.9 ev have been reported, and conductivities at one temperature differ by orders of magnitude. The fact that an oxide cathode may be activated by passage of current, particularly at high temperatures, suggests that the completely inactive state is not stable under these conditions. Furthermore, as the temperature of the oxide is raised, the number of *Schottky* and *Frenkel* defects will increase and will tend to concentrations determined by thermodynamic considerations. In the inactive state**), this formation of defects may be important in determining the electronic behavior; in the active state, the concentration of donors may be orders of magnitude greater than the concentrations of traps produced by defects, so their effect is obscured. It may well be that the best tool for studying the energy structure of emitting oxides will be photoconductivity measurements. Then the cathode can be brought to a given state of activity, quenched to room temperature or lower, and the energy level structure studied with the given state of activity frozen in so that it cannot change during the measurements. The present state of photoconductivity measurements will be considered in Section V.

We turn now to the experiments that bear directly on possible ion mobility and particularly on donor mobility in the oxide coating. The non-linearity of the current voltage characteristics in conductivity measurements has long been known. Most conductivity measurements have been made with voltages small enough so that the behavior was substantially linear. It appears that only

---

*) Eine Untersuchung des Temperaturganges der Leitfähigkeit an einkristallinem aktiviertem BaO, die hier die Entscheidung bringen würde, ist offenbar experimentell bisher nicht möglich gewesen. D. H.

**) Man kann bei Oxyden wohl kaum allgemein mit einem definierten „inaktiven" Zustand rechnen; auch im thermodynamischen Gleichgewicht bei hohen Temperaturen wird die Störstellenbildung maßgebend durch den O_2- bzw. Me-Partialdruck beeinflußt. Das kann bei amphoteren Halbleitern, zu denen BaO zu gehören scheint (vgl. VII, Schluß), dazu führen, daß beim Übergang von Metall- zu Sauerstoffanreicherung kein druckunabhängiges Zwischengebiet auftritt. Aber auch abgesehen von dem auch im „inaktiven" Zustand noch möglichen Einfluß von Eigenstörstellen wird das Verhalten des nicht oder schwach aktivierten BaO, wie der Referent brieflich hervorhebt, durch Fremdverunreinigungen (Si, verschiedene Metalle, CO_2) beeinflußt, die in Gitterkonzentrationen $\sim 10^{-4}$ vorhanden und wenigstens bei technischen Kathoden (Reaktion mit dem Unterlagemetall und mit Restgasen) unvermeidbar sind. D. H.

recently have there been renewed attempts to understand the non-linearities and polarization effects which accompany high voltage measurements.

In 1950 *Loosjes* and *Vink* published the results of their experiments on the voltage distribution within the oxide cathode under pulse conditions [75]. They used diodes with movable anodes and studied the current-voltage characteristics of the diodes versus cathode-anode spacing. By extrapolating the current voltage characteristics to zero spacing, they determined the surface potential of the cathode as a function of current. They found, in agreement with the results of *Eisenstein* discussed in the previous section, that at current densities of the order of 10 amperes cm^{-2} voltages of the order of 250 volts appeared across the cathode. The current-voltage characteristics of the oxide coating were quite non-linear; in fact, they can be represented by, approximately,

$$i = \alpha \, (V_k)^{1/2} \qquad\qquad\qquad (\text{III} - 1)$$

where V_k is the cathode voltage drop, and α is a constant which increases with temperature. To determine the distribution of this voltage within the cathode, they used platinum probe wires imbedded in the oxide coating. In one tube, they had three probes spaced 35 μ, 85 μ, and 180 μ from the base metal in a 270 μ thick cathode. Under 1 microsecond pulse conditions they found that the voltages of the probes were 12, 20, and 60 volts respectively at a current density of 30 amperes cm^{-2}, a distribution which rises steeply as the emitting surface is approached. The observed voltages are small compared to the total voltage drop through the cathode at this current density. From these experiments they conclude that the voltage drop through most of the cathode is small and that the major voltage drop occurs very near the emitting surface. They also point out that such a voltage distribution implies a large change in charge density between the "bulk oxide" and the emitting surface.

An observation that the current decay in insulators ("Pyrex" glass and $2\,\text{Ba O} \cdot \text{Si O}_2$) at elevated temperatures resembles the current decay in diodes led *Matheson* and *Nergaard* to investigate the conductivity and the voltage distribution in these materials [65]. Current decay was found to accord with *Sproull's* decay formula with a "time constant" of about 10^{-3} sec at 1075 $^\circ$K as in the oxide cathode. Potential distribution measurements on these materials are simple because they can be made in air. They found that the major voltage drop occurs near the positive electrode and that a reversal in potential is accompanied by a gradual redistribution of voltage which again results in the major voltage drop at the positive electrode. Capacitance measurements on the glass under "polarized" conditions at 885 $^\circ$K gave an apparent thickness of $10^{-6} - 10^{-5}$ cm for the "depletion" layer.

To verify that a similar voltage distribution obtains in the oxide cathode, they used a bridge in which the experimental diode is compared with a second diode which has trivial cathode impedance [65, 76]. A tungsten-cathode diode was used as a primary standard in calibrating the bridge. The comparison yields the total cathode voltage drop in the "unknown" diode. By means of platinum probes imbedded in the oxide, it was shown that a small fraction (of the order of 1/10) of the total cathode drop appeared between probe and base metal.

The results accord with those of *Loosjes* and *Vink*. It should also be noted that they accord with the hypothesis of *Nergaard* that pulse decay is the result

of a redistribution of donors when current is drawn. On this model the electrolysis of ionized donors depletes the region near the emitting surface of the
cathode of donors, increases the resistance of this region, and gives rise to a
high voltage drop near the surface. It was the observation of an increase of
resistance of oxide cathodes with time under long-pulse conditions, the observations of the formation of polarization layers in insulators at elevated
temperatures, and the observations on the voltage distribution in cathodes
that led *Nergaard* to his hypothesis.

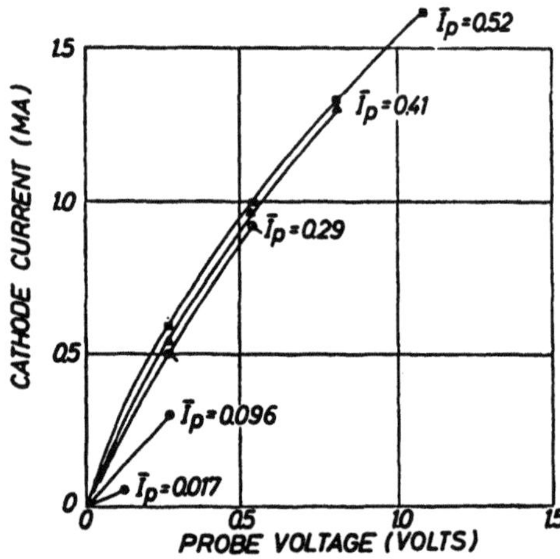

Fig. 5. *A Series of Cathode-Current Versus Probe-Voltage Characteristics in a Diode with a Probe Imbedded in the Oxide Coating.*
The anode of the diode was driven with a 60 cycle sec⁻¹ voltage. The probe voltage was read with a high-impedance oscilloscope. The parameter, the average current, was adjusted by adjusting the *a c* anode voltage. (After *Nergaard*.)

In the course of the bridge measurements described above, it was noticed that
the conductivity of the oxide between the platinum probe and the base metal
increased with average current [65]. In these experiments the diode was driven
with a 60 cycle per second voltage and the (alternating) probe potential was
measured with a high-impedance oscilloscope. When the average current
$\bar{I}_p$, through the cathode was increased by increasing the *ac* anode voltage,
the slope of the cathode current-probe voltage characteristics also increased
and approached an asymptotic value (see Fig. 5 and 6). The initial slopes of
the conductivity curves satisfy the relation

$$\sigma = \sigma_0 + (\sigma_x - \sigma_0)(1 - e^{-\alpha I}) \qquad (III-2)$$

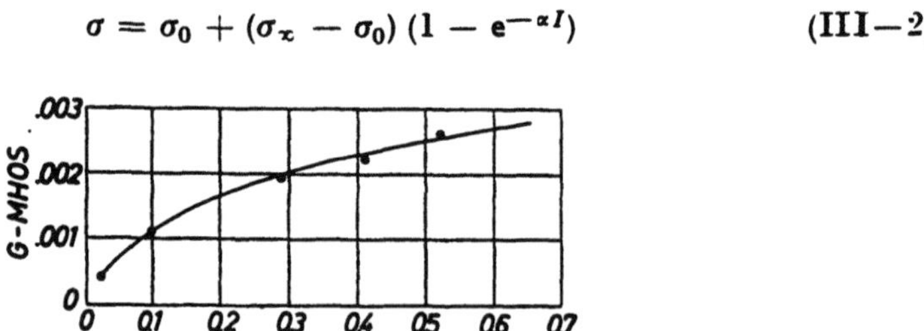

Fig. 6. *The Zero-Current Slopes, G, of the Characteristics of Fig. 5 Versus the Average Current. (After Nergaard.)*

approximately, where σ_0, σ_∞ and α are constants and I is the average current. This result is also in accord with the donor redistribution hypothesis; as donors are removed from the region near the emitting surface, they accumulate near the base metal and reduce the resistance in the latter region.

Utilizing these polarization phenomena, *Matheson* and *Nergaard* produced an amplifier with a probe imbedded in the oxide coating of a diode as an output electrode and the anode of the diode as an input electrode. The probe was positively biased to form a high resistance sheath about it and control was achieved by varying the anode current to make the emitting-surface depletion layer overlap the probe sheath to a greater or lesser extent and thus raising or lowering the resistance of the probe sheath [65]. A voltage gain of 10 and a power gain of 2.5 were obtained. The frequency characteristics of the amplifier was in accord with predictions based on the decay time of anode current in pulse measurements on diodes.

Nergaard also studied the variation of total cathode resistance with alternating anode current [65]. For temperatures less than at 1100 °K, he found that cathode resistance increased with average current. For temperatures above 1100 °K, he found that the resistance decreased at higher current levels in such a manner that the cathode voltage-drop became constant. Because the behavior resembles breakdown phenomena, he conjectured that it might be related to the field-dependent evolution of oxygen from the oxide cathode observed by *Becker* [21] and by *Plumlee* and *Smith* [77]. A more recent study of field-dependent emission of oxygen and the ensuing activation of the oxide will be discussed later.

Frost has also studied the dependence of cathode resistance on average current [66]. As noted in Section II, he measured the energy distribution of electrons emerging through an apertured anode to determine the cathode voltage drop. He found that the cathode resistance rises slightly for small currents and then rises abruptly at large currents. His results may be represented roughly by

$$\frac{\Delta R}{R_0} \sim \alpha\, I^6, \qquad T < 1000 \text{ °K} \qquad\qquad (\text{III} - 3)$$

where $\dfrac{\Delta R}{R_0}$ is the fractional increase of resistance with average current I and α is a constant at any one temperature which diminishes with increasing temperature. His measurements extend from 863 °K to 1007 °K. At 1007 °K the increase of resistance with average current is much less abrupt than indicated by the equation above. This change in abruptness of rise may be an indication that he was approaching the temperature region where *Nergaard* found a decrease of resistance with average current.

The above experiments relate to cathodes in which the donor content was presumed to be constant. *Becker* and *Sears* showed that a cathode may be additionally activated by the deposition of barium on its surface [21, 22]. They attributed the activation to an increase in the adion coverage of the cathode surface. Subsequent progress in semiconductor theory and the establishment of a linear relation between conductivity and emission casts doubt on their interpretation of their results. In considering these results, *Nergaard* concluded that, if his hypothesis (in lieu of the *Becker-Sears* suggestion) were correct, two distinct effects on barium deposition should be apparent: (1) an inhibition of donordepletion-layer formation during barium deposition and (2) a permanent increase in cathode activity subsequent to barium deposition [65]. He found the predicted effects in a simple experiment in which he operated a diode having a Ba getter deposit on the bulb in an oven to control the Ba vapor pressure. He found that as he raised the bulb temperature the emission increased. At the bulb temperature of 520 °K he observed a 26-fold increase in emission. When the bulb was cooled to ambient temperature, he found that the cathode activity had increased permanently by 10-fold. The results of this experiment were confirmed and extended in subsequent experiments in which reducing metals were deposited on cathode surfaces using a mass spectrometer as a deposition source. These experiments will be described in a later section (Section VI).

The experiments described in this section have shown that:

1. The voltage distribution in the oxide cathode is not linear but is such that the major fraction of cathode voltage drop appears very near the emitting surface.

2. The total resistance of the cathode increases with average current.

3. The increase in total resistance is accompanied by a decrease in resistivity near the base metal.

4. The total resistance of the cathode is greatly reduced by the production of donors at the cathode surface during current flow.

The increase in resistance near the emitting surface with increasing current implies that the free electron density decreases near the surface with increasing current. If this were the result of a depletion of donors in the region near the emitting surface, any traps which have been filled from the donors might partially empty and, because they could then trap conduction electrons, give rise to an apparent decrease in the mobility of the electrons which traverse she region. Thus a very large*) increase in the resistance of the surface layer could be accounted for. Because the region of low electron density adjoins a region of relatively high density, the two regions must be connected by a space charge layer. If this space charge layer extends to the emitting surface, the density of electrons available for emission will be determined by space-charge considerations and not directly by the donor distribution. Whatever determines the electron density at the emitting surface, the reduction in density with current should be apparent in the emission. The experiments which bear on this problem will be described in the next section.

IV. Work Function Studies

As noted earlier, the emission equation for a semiconductor may be written

$$j = A\,(1-r)\,\sqrt{\frac{N_D}{N_C}}\,T^2\,\mathrm{e}^{-\frac{X+\varepsilon/2}{kT}+\Gamma\frac{e\sqrt{eE}}{kT}}. \qquad (\mathrm{IV}-1)$$

---

*) In einer brieflichen Mitteilung erläutert der Referent diese Behauptung durch die Feststellung, daß bei Raumladungsstromdichten $\approx 10^{-1}$ A/cm² die Elektronendichte etwa zu $3 \cdot 10^{13}$ cm^{-3} anzunehmen ist und daß Trapdichten von gleicher oder höherer Größenordnung nicht unwahrscheinlich sind.. Nach Ansicht des Herausgebers würden aber nur Traps von Akzeptorencharakter (Umladungstyp $(\times,-)$ oder $(-,2-)$, z. B. Anti-Farbzentren Ba□'' oder Ba□') in dem verlangten Sinne wirken, und über deren Konzentration und Verteilung in der ja mit Ba angereicherten Oxydschicht läßt sich wohl vorläufig kaum etwas Bestimmtes sagen. Wegen positiver Störstellenladungen in den äußersten Netzebenen vgl. S. 176/177. D. H.

The free-electron density for the semiconductor model to which this equation applies is

$$n = \sqrt{N_D N_C}\, e^{-\frac{\varepsilon}{2kT}} . \qquad (IV - 2)$$

The general equation from wich (IV — 1) may be derived with (IV — 2) is

$$j = A\,(1 - r)\,\frac{n}{N_C}\,T^2\, e^{-\frac{X}{kT} + \Gamma\frac{e\sqrt{eE}}{kT}} . \qquad (IV - 3)$$

This equation expresses the emission in terms of the electron affinity X and the electron density n within the semiconductor at the emitting surface. Because the emission current density is linear in the electron density, any change in electron density will give rise to a similar change in the emission.

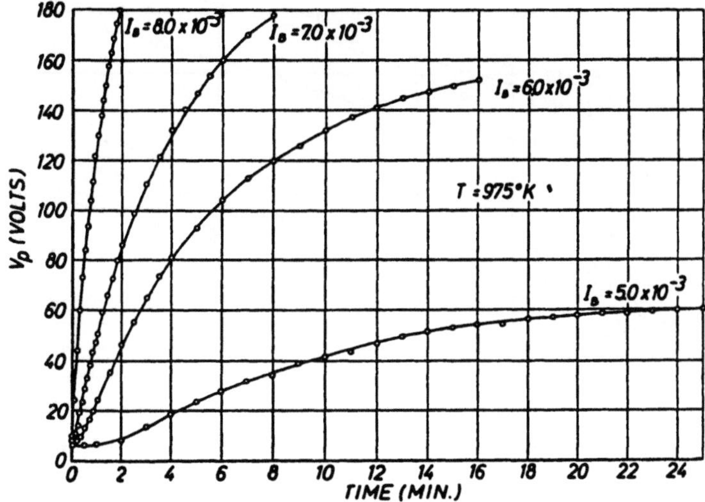

Fig. 7. *The Anode Voltage Required to Maintain the Anode Current of a Diode Constant Versus Time for Various Currents.* (After *Matheson* and *Nergaard*.)

Matheson and *Nergaard* have studied the dependence of emission on average cathode current to ascertain whether the diminution in electron density implied by the resistance studies is apparent in the emission [68]. In a first set of measurements, they held the current constant and measured the voltage required to maintain the current as a function of time (see Fig. 7). According to equation (IV—3) with $X = $ const, a constant current requires that the product of n exp ($\Gamma e\sqrt{eE}/kT$) remain constant. Therefore, an increase in E implies a decrease in n. It was found that E did increase with time and that it approached an asymptotic value. The asymptotic value increased with increasing current. Thus the experimental results were in accord with the ideas which prompted the experiment. A computation of the diminuation of free electron density with time is difficult because of the difficulty of determining the field E. This difficulty will be discussed later.

In a second set of experiments, a diode was held at a constant voltage until the current became stable. Then the *Schottky* line was delineated with a short pulse. This procedure was repeated for a series of voltages. *Schottky* plots of the data show a series of parallel lines with zero-field intercepts which decrease with increasing average current (see Fig. 8). A plot of the field-free emission as determined from the zero-field intercepts of the *Schottky* curves versus average current gives a bellshaped curve, i. e., the emission decreases slowly with average

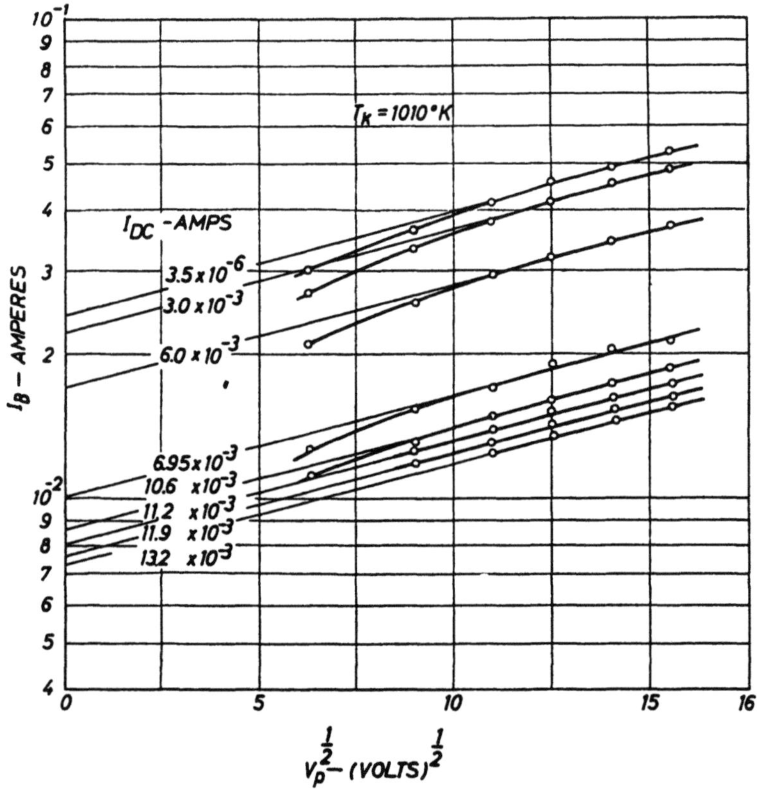

Fig. 8. *The Pulse Schottky Lines of a Diode Operated at Various Average Anode Currents.*
(After *Matheson* and *Nergaard*.)

current at first, then more rapidly, and finally slowly again as though approaching a finite asymptote (see Fig. 9). Similar results are obtained at other cathode temperatures. The change in field-free emission was the greater, the higher the temperature.

Frost has studied the relative anode voltages required to obtain a given current under *dc* and pulse conditions and the dependence of field-free emission on average current [66]. His results are in general agreement with the results cited above.

The experiments described above show that oxide cathodes exhibit an increase in current with field at the emitting surface as expected from the *Schottky* theory and that the field-free emission as determined by *Schottky* plots decreases with increasing average cathode current. The latter observation accords with the view that the electron density at the emitting surface falls when emission current is drawn. It appears that the donor depletion model can account for many of the past anomalies of the oxide cathode. However, the details are by no means clear.

To get some insight into the dependence of the electron density n at the emitting surface on average current, *Nergaard* computed the simple equilibrium case of a semiconductor with mobile donors, assuming zero net donor flow, electrical neutrality, and that the electron diffusion current was small compared to the drift current [65] *). He found that the donor distribution is then linear with distance through the semiconductor and that the slope of the distribution is directly proportional to the current. It follows that at some critical current the electron density at the positive surface of the semiconductor vanishes. The critical current is

$$j_e = \frac{2\,kT}{e}\,\frac{\overline{N}e\,\mu_-}{l} \qquad (\text{IV}-4)$$

where

$\overline{N}$ = the average density of donors

μ_- = the mobility of the electrons

l = the thickness of the semiconductor

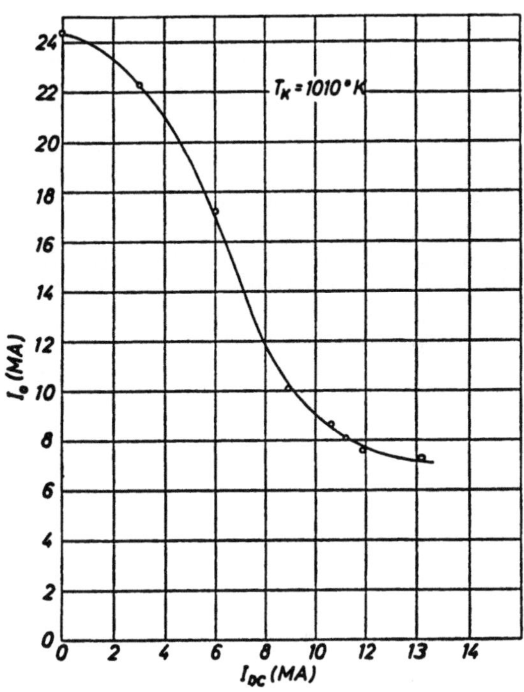

Fig. 9.

The Zero-Field Intercepts of the Schottky Lines of Fig. 8 Versus Average Anode Current.

(After *Matheson* and *Nergaard*.)

The model fails for currents greater than the critical current because of the assumption of electrical neutrality. *Nergaard* did not solve the more general case of a semiconductor with mobile donors and with the electrical neutrality requirement withdrawn but speculated on the general nature of the problem. He assumed that the neutral solution would hold until the electron density became small and then the free electron density would be determined by space-charge considerations. In space-charge-limited flow, the electron density

---

*) Vgl. jedoch hierzu die genauere Beziehung nach *Kane* in Gebiet 3. seiner Einteilung [dieses Kap., Abschn. nach Gl. (IV—12)] sowie den Diskussionsbeitrag des Herausgebers.

at the positive electrode is*)

$$n \sim \frac{1}{e} \sqrt{\frac{j\,\varepsilon_0}{2\,\mu_-\,t}} \qquad\qquad (IV-5)$$

where

$j =$ the current density

$\mu_- =$ the electron mobility

$\varepsilon_0 =$ the dielectric constant of the semiconductor

$t =$ the thickness of the space charge layer

Substitution of this relationship in the emission equation leads to a new emission equation in which the apparent work function is twice the electron affinity and the slope of the *Schottky* curve is doubled, assuming t to be constant. The thickness t, of course, cannot be constant but must increase with current. The increase of thickness will decrease the apparent work function and the *Schottky* slope. The whole problem of the thermionic emission from a semiconductor has been considered by *E. O. Kane*, whose work will be discussed shortly [78]. While the observed emission of an oxide increases with the electric field as predicted by the *Schottky* theory, the rate of increase is much more rapid than the prediction of the theory, i. e. Γ is larger than unity whereas simple semiconductor theory predicts that it should be less than unity $[(\eta-1)/(\eta+1)<1]$. This "anomalous *Schottky* effect" has been ascribed to surface roughness and patch effects. Surface roughness will enhance the field locally and will increase the slope of the *Schottky* curve. This effect is well known [79]. Patches of active material on the emitting surface also produce erratic *Schottky* lines [79]. Hence departures from the theoretical behavior are not surprising. What is surprising is the consistency of the departure from theoretical behavior of the oxide cathode. Γ for the oxide cathode lies between 2.5 and 3 for cathodes prepared in various ways and subjected to a variety of histories. It seems remarkable that all such cathodes should have about the same roughness and patchiness. Perhaps the speculation described above gives a clue to a possible explanation.

In the paper referred to above, *Kane* treats the emission of a semiconductor on the basis of the emission equation (equation IV—3) and considers in detail those factors which affect the density of electrons available for emission at the surface. He points out that a major difference between semiconductors and metals is the difference in density of free electrons. In metals the density of free electrons is so great that internal surface fields are screened within a very short distance of the surface. This is not the case in semiconductors and the electric field near the emitting surface becomes an important parameter in determining the electron density at the emitting surface. The electric field of importance may be due to an externally applied field or to the surface states of the semiconductor. *Kane* first considers the case of negligible current flow and shows that three kinds of screening are possible. These he calls:

1. *Exponential Screening*. This occurs when the surface is positive, the positive charge is uniform (uniform donor distribution), and the Fermi level lies below the donor levels.

---

*) *N. F. Mott* and *R. W. Gurney*, "Electronic Processes in Ionic Crystals", Oxford (1948).

2. *Uniform Screening*. This occurs when the surface is negative, the positive charge uniform, and the Fermi level lies below the donor levels.

3. *Debye Screening*. This occurs when the Fermi level lies between the donor levels and bottom of the conduction band. The name was chosen because of the resemblance to screening in electrolytes.

The importance of the screening lies in that it establishes the difference in potential between emitting surface and the interior of the semiconductor, hence the relationship between the electron density at the surface and in the interior. *Kane* finds that if the donors are mobile, the screening is of the *Debye* type wheter the Fermi level lies above or below the donor levels in the interior *).

Kane next considers the effect of surface states under conditions of negligible current flow. He shows that if the Fermi level intersects the surface so that the surface is positively charged, a field is produced which is screened out principally by a change in density of free electrons. He shows that the field due to a negatively sharged surface impurity amounting to 1 part in a thousand can reduce the electron density at the surface by a 1000-fold. He further notes that the field arising from surface states may mask any externally applied field.

After exploring the range of validity of the zero-current approximation, *Kane* examines the case of current flow. The problem is formulated as follows:

1. *The Poisson Equation*

$$\varepsilon \frac{\partial E}{\partial x} = e\,(n^+ - n^-). \qquad (IV-6)$$

E = electric field

n^+ = density of ionized donors

n^- = density of free electrons

ε = dielectric constant

2. *The Electron Current*

$$j = n^-\,e\,\mu_-\,E + eD_- \frac{\partial n^-}{\partial x}. \qquad (IV-7)$$

3. *The Donor Current*

$$0 = n^+\,e\,\mu_+\,E - eD_+ \frac{\partial n^+}{\partial x}. \qquad (IV-8)$$

4. *The Steady-State Continuity Equation* **)

$$0 = W_{12}\,N_C\,n_0 - W_{21}\,n^+\,n^-. \qquad (IV-9)$$

n_0 = density of neutral donors

W_{12} = donor ionization probability

W_{21} = donor-electron recombination probability

---

*) Für den deutschen Leser: „Uniform Screening = Erschöpfungsrandschicht, Debye Screening" = Reserverandschicht, „Exponential Screening" = „elektronische Anreicherungsrandschicht. D. H.

**) = Massenwirkungsgesetz für die Donatorenionisation. D. H.

These equations are solved subject to the boundary conditions:

I. $E_{(x = l)} = E_s$.   (IV—10)

$\qquad E_s =$ surface field

II. $\int\limits_{0}^{l} (n^+ + n_0)\, dx = $ constant*).   (IV—11)

$\qquad l = $ thickness of semiconductor

III. $n^-_{(x = 0)} = N_C\, e^{-(\varphi_M - X)/kT}$.   (IV—12)

$\qquad \varphi_M = $ work function of the metal contact

$\qquad X = $ electron affinity of the semiconductor

He finds solution of three types

1. A solution where $n^- \gg n^+$ and $j \ll e D \dfrac{\partial\, n^-}{\partial\, x}$

   (space-charge limited flow).

2. A solution where $n^- \gg n^+$ and $j \sim n^-\, e\, \mu_-\, E$
   (space-charge limited flow).

3. A solution where $n^- \sim n^+$ and $j \sim 2 n^-\, e\, \mu_-\, E$
   ("charge equality" flow).

The latter solution corresponds to a linear distribution of donors and has
a critical value of current as found by *Nergaard*.

Bemerkung des Herausgebers. Die quasineutrale Lösung 3. ergibt, unabhängig von
etwaiger Donatorenassoziation, eine Verteilung der $n^+ = n^-$, bei denen beide Größen
von der Metallseite der Oxydschicht nach außen linear abnehmen. Der Faktor 2 im
Elektronenstrom j bedeutet, daß $j_{\text{total}} = 2 j_{\text{Feld}}$ ist, d. h. daß j_{Feld} durch einen gleichen
und gleichgerichteten Diffusionsstrom j_{Diff} unterstützt wird. Das ist durch die Still-
haltebedingung (IV—8) für die n^+, zusammen mit der Annahme $n^+ = n^-$, bedingt.
Wegen der räumlichen Konstanz von j ist die Feldstärke in diesem Gebiet reziprok
zu $n^- = n^+$ (Reziprozität zu n^- gilt auch im Gebiet 2.). Der für die Lösung 3. kritische
Stromwert [*Nergaard*, Gl. (IV—4)] ist der, bei dem $n^+ = n^-$ an der Oberfläche auf 0
abgeklungen ist und die Gesamtzahl N_D/cm^2 der Donatoren den als vorgegeben angenommenen Wert besitzt. Hierbei ist aber zu berücksichtigen, daß nach der Metallseite
hin z. T. Donatorenassoziation stattgefunden haben kann (briefliche Erläuterung des
Referenten zu den *Kane*schen Rechnungen), so daß ein Teil der Donatoren gewisser-
maßen nutzlos investiert ist. In diesem Gebiet ist die Gesamtdichte $n_D \approx n_0 \sim (n^+)^2$,
n_D steigt also nach der Metallseite quadratisch an. Das ist bei der Beziehung zwischen
j_{krit} und N_D zu berücksichtigen.

Von den äußeren Gebieten 2. und 1. ist das Gebiet 2. der Strombegrenzung durch die
Eigenraumladung des Elektronenstromes für die Deutung des Verhaltens bei hohen
Spannungen anscheinend von maßgebender Bedeutung. Das Gebiet 1. unmittelbar
unter der Oberfläche entsteht dadurch, daß die Feldstärke E_s unabhängig von der zu j
gehörigen Raumladungsfeldstärke E_s' als gegeben gedacht wird; es muß sich dann an 2.
noch entweder eine „Stauzone" (wie *Kane* annimmt), mit $n_s^- \gg n_{s'}^-$ anschließen, es kann
aber auch der Fall $n_s^- < n_{s'}^-$ nicht ausgeschlossen werden, der zu einer diffusionsmäßigen
Unterstützung des Raumladungsstromes unmittelbar unter der Oberfläche führt.
Welcher Fall eintritt, läßt sich nach Ansicht des Herausgebers nur durch Hinzunahme
der Grenzbedingungen auf der Vakuumseite der Schicht entscheiden, wobei der durch
die äußere Austrittsarbeit gegebene n^--Sprung und der, durch Oberflächenladungen

---

*) Unveränderlichkeit der Gesamtzahl der Donatoren. D. H.

maßgebend beeinflußte (vgl. hierzu die folgende Bemerkung), Zusammenhang zwischen
äußerer und innerer Feldstärke heranzuziehen wäre. Diese Probleme harren noch der
Bearbeitung. — Endlich sei noch auf die mögliche Wirkung einer Raumladungsrandschicht an der Oxyd-Metallgrenze (auch ohne das Auftreten von weiteren Fremdschichten) hingewiesen; die Annahme III, die eine Konstanz von $n^-_{(x\,=\,0)}$ voraussetzt,
gilt wohl nur für den metallseitigen Rand dieser Raumladungszone, nicht für das an-
stoßende Neutralgebiet. Da aber auf die Verwendung dieser Beziehung — ebenso wie
auf I und II — im Text nicht zurückgegriffen wird, kann diese Frage offen bleiben.

When the current through a cathode is high so that the critical current is
exceeded all three solutions apply in succession; solution 1, near the surface
with a total voltage drop $\approx kT/e$; solution 2, adjoining with a large voltage drop; and then solution 3, extending to the metal contact with a relatively
small voltage drop. Thus, under high-current conditions, the cathode may be
divided into three more or less distinct regions where the current is determined
by different considerations. *Nergaard* was led to the same view on the basis of
experiments in which Ba was deposited on a cathode using a mass spectrometer
[65]. To explain the experimental results, he postulated a thin surface layer
with higher ion binding-energy than the bulk oxide (deep donor terms), a
second region of high donor depletion where most of the voltage drop occurs,
and then a third region extending to the metal contact where the voltage drop
is low. *Kane*'s surface layer of small voltage drop would have the same effect
as *Nergaard*'s high-binding-energy layer on donor flow through this region.

Bemerkung des Herausgebers. Die Annahme hoher Oberflächenladungen (oder Quasi-
Oberflächenladungen) wird durch eine, in der Literatur anscheinend noch nicht dis-
kutierte, Größenordnungsbetrachtung über das Verhältnis der Feldstärken außerhalb
und innerhalb der Oberfläche nahegelegt. In den Versuchen von *Eisenstein* [62], Abb. 1
dieses Referates, treten Spannungsabfälle in der Oxydschicht in der Größenordnung
von 100 V auf, die sich überdies nach den Ausführungen dieses Abschnittes IV auf eine
wenige μ dicke äußere Oberflächenschicht (Raumladungsgebiet 2) konzentrieren. Damit
werden innere Feldstärken von der Größenordnung 10^5 bis 10^6 V/cm verlangt; die
äußere Feldstärke ist aber, da in Abb. 1 das Raumladungsgebiet der Vakuumströme
nicht überschritten wird, sogar negativ (Raumladungsschwelle). Die volle Innenfeldstärke — und unter anderen Bedingungen wenigstens ein wesentlicher Teil von ihr —
muß also durch Oberflächenladungen erzeugt werden, und es ist undenkbar, daß die zur
Erzeugung der gesamten Feldstärke erforderlichen Besetzungsdichten der Oberfläche,
die etwa jedes 1000. Oberflächenatom als geladen erfordern würden, mit dem angrenzenden Oxydinnern, das etwa 100 V negativer ist als die äußere Oberfläche, im Boltzmanngleichgewicht sind. Die geladenen Oberflächenstörstellen von Donatorencharakter,
die wir uns wohl als positive Überschußionen auf oder in der äußersten Oxydnetzebene
oder als im Effekt positiv geladene Ionenlücken ($O\square^\cdot$ oder $O\square^{\cdot\cdot}$) in der äußersten Netzebene vorzustellen haben, müssen also, unabhängig vom Gleichgewicht mit dem Oxyd-
innern, bei starkem Vakuumstromdurchgang an der äußeren Oberfläche *entstehen* und,
falls sie nicht extrem unbeweglich sind, in stationärem Strom nach innen wandern.
Hierbei haben sie, wenn man der anscheinend recht bedeutsamen Konzeption des
Referenten über „a thin surface layer with higher ion binding-energy" folgen darf
[die der Herausgeber allerdings wesentlich auf die (Adsorptionsfläche oder) äußerste
Netzebene beschränken möchte], eine relativ sehr lange Verweilzeit in der Oberfläche;
sie befinden sich bei ihrer Entstehung zunächst jenseits eines Potentialberges, dessen
Höhe durch das Zusammenwirken von lokalem Bindungsfeld und innerer Feldstärke
bestimmt wird und der nur durch thermische Energie überwunden werden kann. Nach
Überwindung dieses Potentialberges werden die geladenen Donatorenstellen vom inneren
Feld erfaßt und relativ schnell durch das elektronische Raumladungsgebiet 2 hindurch-
transportiert; ob diese positiven Teilchenströme stark genug sind, um im elektronischen

Raumladungsgebiet eine merkliche positive Gegenraumladung zu erzeugen und dadurch den Elektronenübergang zu erleichtern, wird von den Energieparametern, dem Innenfeld und der Temperatur abhängen. (Vielleicht fällt die Grenze für das Auftreten eines solchen Volumeffektes, wohl im Sinne des Referenten, mit dem Konstantwerden der Oxydschichtspannung in Abhängigkeit vom Stromdurchgang bei hohen Temperaturen zusammen.)

Der ganze hier diskutierte Prozeß ordnet sich insofern in die Stromaktivierungstheorie der Oxydkathoden ein, als er, wie im Text bereits angedeutet, direkt den Mechanismus dieser Aktivierung beschreibt; mit der Oberflächenentstehung der positiven Donatoren ist eine Sauerstoffabgabe nach außen ursächlich gekoppelt, und wenn die über den Potentialberg nach innen abgewanderten Donatoren sich nicht an der Metallseite wieder ausscheiden, was nur bei höchsten Aktivierungen zu erwarten wäre, ist mit dem Donatoreneintritt in die Oxydschicht eine Zunahme ihres Gesamt-Donatorengehaltes, also die beobachtete Aktivierung, verbunden. .

Zu beantworten bleibt noch die Frage, welches der Entstehungsmechanismus und welches die stationären Oberflächendichten der Donatoren auf der äußersten Seite des Potentialberges sind. Hierzu möge nur die allgemeine Bemerkung gemacht werden, daß, wenn wir an den Fall der $O_\square{}^{\cdot\cdot}$-Bildung in der Oberfläche denken, der Gleichgewichts-Sauerstoffpartialdruck des Oxyds durch dessen, mit dem Elektronen- und Störstellengehalt variierende Sauerstoffaktivität gegeben ist, die ihrerseits durch das chemische Potential μ_O des Sauerstoffs im Oxyd gemessen wird. Wenn nun im Oxyd Störstellengleichgewicht herrschen würde, wäre zu setzen:

$$\mu_O = -\{\mu_{O\square{}^{\cdot\cdot}} + 2\mu_-\}, \qquad\qquad (IV-13)$$

was im Gleichgewicht mit einem äußeren Sauerstoffdruck wegen $\mu_O = 1/2\,\mu_{O_2}^{(g)}$ zu einer Proportionalität von p_{O_2} mit $n_{O\square}^{-2}{}^{\cdot\cdot} \cdot n_-^{-4}$ führen würde. Wird nun ein Außenfeld angelegt, das die $O_\square{}^{\cdot\cdot}$ nach innen treibt, die $\ominus$ nach außen zieht, so würde, ohne äußere $O_\square{}^{\cdot\cdot}$-Entstehung, $O_\square{}^{\cdot\cdot}$ in der äußersten Oberflächenebene sich im Boltzmanngleichgewicht mit dem Innern exponentiell mit dem Spannungsabfall erniedrigen, während sich n_-, bei Auftreten des Raumladungsgebietes 2, nur ungefähr mit der Wurzel aus der Oxydspannung erhöht. Dadurch würde p_{O_2} im ganzen extrem gesteigert werden; das würde aber zu einer Sauerstoff-Verdampfung und damit zur Entstehung der verlangten neuen $O_\square{}^{\cdot\cdot}$-Zentren in der Oberfläche führen. Stationäres Gleichgewicht tritt erst ein, wenn die zeitliche Zunahme der $O_\square{}^{\cdot\cdot}$ durch Verdampfung gerade ausgeglichen wird durch die Abwanderung der $O_\square{}^{\cdot\cdot}$ nach innen über den Potentialberg hinweg. Für die quantitative Auswertung dieser Betrachtung dürfte es zweckmäßig sein, die äußerste Oberfläche (außerhalb des Potentialberges für die $O_\square{}^{\cdot\cdot}$) als Flächenphase mit besonderen energetisch bedingten Grundwerten der $\mu_{O\square{}^{\cdot\cdot}}$ und μ_- und mit logarithmischer Abhängigkeit von den betreffenden Flächenkonzentrationen zu betrachten. Für diese Oberflächenebene wird man dann, da sowohl die $O_\square{}^{\cdot\cdot}$ wie die $\ominus$ in ihr oftmals hin- und herwandern, ehe sie nach innen oder nach außen abgeführt werden, in der Tat einen im Sinne von (IV-13) wohldefinierten μ_O-Wert annehmen können, der einem definierten p_{O_2} entspricht. Endlich besteht zwischen p_{O_2} und dem nach außen abfließenden O_2-Strom unter der Annahme, daß im Gleichgewicht ein wesentlicher Bruchteil der auftretenden O_2 in der Oberfläche festgehalten werden würde, ein eindeutiger Zusammenhang, so daß die O_2-Entwicklung in Abhängigkeit von den Flächenkonzentrationen $n_{O\square}{}^{\cdot\cdot}$ und n_- sowie den Grundwerten der μ angebbar ist. Dieser Strom muß dann stationär dem über den Potentialberg abfließenden, ebenfalls durch $n_{O\square}{}^{\cdot\cdot}$ sowie durch die Energieparameter und das Innenfeld sowie T bestimmten $O_\square{}^{\cdot\cdot}$-Strom nach innen entsprechen. Für n_- und die Innenfeldstärke wird dabei die durch den Stromdurchgang ebenfalls stark beeinflußte Verteilung der schon anfangs vorhandenen Volumdonatoren des Oxydinnern im Sinne der *Nergaard-Kane*schen Betrachtungen eine maßgebende Rolle spielen und wahrscheinlich für die zeitlich rasch verlaufenden decay-Effekte verantwortlich zu machen sein.

Ähnliche Betrachtungen wie für $O\square^{\cdot\cdot}$ würden gelten, wenn statt der $O\square^{\cdot\cdot}$ andere positiv geladene Donatoren, wie etwa $Ho^{\cdot}$ (vgl. Abschnitt VIII) in der Oberfläche entstehend angenommen würden; allerdings würde in diesem Fall die Beteiligung von H_2O-Dampfresten an der oberflächlichen Donatorenbildung eine entscheidende Rolle spielen und eine quantitative Abhängigkeit von diesem Restdampfdruck zur Folge haben. [Endlich sei noch auf die Parallele der hier geforderten Anreicherung geladener Donatoren in (oder über) der äußeren Netzebene mit der in den Bemerkungen zum Referat *Harten-Schultz* dieses Bandes eingeführten einatomaren Anreicherungsschicht an der Grenze Ge/Ge-Oxyd hingewiesen.]

Kane also solves the transient case in an approximate manner and compares the result with experimental data to determine the diffusion constant for mobile donors. He finds a diffusion constant of about 10^{-5} cm² sec⁻¹ in rough agreementh with *Frost*. *Both, Kane* and *Frost* have based their diffusion computations on a simple model of the energy level structure for BaO, one which has a single set of donor levels and no traps. It is possible that traps exist, that these traps increase the space charge density in the region of donor depletion and decrease the diffusion length required for establishment of equilibrium. This would increase the apparent diffusion constant and perhaps bring it into the range of $10^{-9}-10^{-11}$ cm² sec⁻¹, which seems more reasonable.

An alternative is suggested by the measurement of *Kane* on single crystals of BaO. He tried to verify the linear relation between conductivity and emission for oxide cathodes with single crystals. He found that emission and conductivity were not proportional for his crystals and suggested that the lack of proportionality arises from the production of surface states by the activation process. He further suggests that the observation of proportionality in the case of oxide cathodes arises from the small particle size of the oxide used on cathodes, a size small enough so that a conductivity measurement is effectively a measurement of electron density near the surface. If this were the case, the donor diffusion constant of interest might be a surface diffusion constant and then a value of 10^{-6} cm² sec⁻¹ would seem reasonable.

In the course of measurements on gas tubes, *Johnson* and *Webster* observed cooling of their oxide cathode which they could account for only if the latent heat of evaporation of electrons were about 2.5 ev [65]. Because this latent heat is at least a volt higher than the usual observations of work function, *Nergaard* made an attempt to measure the latent heat. The method was to balance the joule heating of the cathode against the evaporation cooling. At balance

$$\Phi = I R_k$$

where Φ is the work function and R_k is the cathode resistance. A simultaneous measurement of R_k made possible a computation of Φ. He found values of Φ as large as 3 ev. The measurements were preliminary and not good enough to justify any great confidence in them, but they suggest that the emission process is not a simple thermodynamic process in which the electron density depends on temperature alone, an inference which is not surprising at this point *).

---

*) Es ist hier wohl der Abkühlungseffekt an der Übergangsstelle Metall/Oxydschicht mit zu berücksichtigen.   D. H.

12*

V. The Energy Level Structure of BaO

In order to understand the electronic and ionic conductivity of oxide cathodes, it is necessary to understand the energy level structure of the oxides. Much work has been done on this subject and, in particular, on the single oxide, BaO. Attention has been focused on BaO because (1) it is probably less complicated than mixtures of oxides such as (Ba—Sr) O and (2) because it is a good emitter itself. Evaporated BaO films, oxidized Ba surfaces, polycristalline BaO, and single crystals have been studied. All of these materials exhibit the same general behavior. Evaporated BaO films have been studied by *Russell* and *Eisenstein* in a tube which permitted electron emission measurements and electron diffraction measurements on the films [80]. For films prepared by evaporation of BaO onto a heated nickel substrate, they found diffraction patterns corresponding to crystallites with a lattice spacing of 5 ± 1 A^0 when the average coverage of the nickel surface exceeded one monolayer and the substrate temperature was held in the range 450^0—800^0 during deposition. These experiments led them to the view that crystallites form when the substrate temperature is high enough to permit surface diffusion of ions and is not so high that disordering effects prevent crystal growth. They obtained an electron emission of about 0.4 amp. cm^{-2} at 1000 ^{0}K from all the cathodes which showed crystal growth. In view of these experiments, it seems likely that the measurements on evaporated films, oxidized surfaces, and polycrystalline materials are measurement on like substances.

The photoelectric threshold of BaO has been studied by *Apker*, *Taft*, and *Dickey*, and by *DeVore* and *Dewdney* [81—84]. The measurements of *Apker*, *Taft*, and *Dickey* were made on BaO, prepared by pyrolysis of BaCO$_3$, oxidation of Ba metal, and by evaporation from a Pt filament.

The results are much the same in every case; there is a structure in the tail of the yield versus photon-energy curve at about 3.8 ev energy and an abrupt rise at about 5.0 ev photon energy. They ascribe the sharp rise to excitations from the valence band. Hence the valence band lies about 5 ev below the vacuum level.

The width of the forbidden gap has been studied in a series of optical and photoconductivity measurements [82—86]. In general, these studies show a major threshold at 4—5 ev photon energy.

Tyler and *Sproull* have studied the optical absorption and photoconductivity near the band edge [83]. They found on optical threshold at. 3.8 ev and a sharp rise at 4.8 ev. The optical absorption starting at 3.8 ev is accompanied by photoconduction which peaks at about 4.1 ev and then falls off with increasing photon energy. The sharp rise in absorption at 4.8 ev shows no corresponding rise of photoconductivity. The photoconductivity with a 3.8 ev threshold has been ascribed to excitation of electrons to exciton states which dissociate thermally and give rise to photoconductivity. The lack of photoconductivity for photon energies exceeding the 4.8 ev edge is not understood*).

---

*) Nach dieser Bemerkung des Referenten ist wohl anzunehmen, daß der Effekt der verringerten Eindringtiefe des Lichtes, der die Lebensdauer der gebildeten Elektronenpaare erheblich vermindert, zur quantitativen Deutung noch nicht ausreicht.
D. H.

De Vore and *Dewdney* have studied the optical reflectivity, photoconductivity, and photoemission of BaO cathodes [84]. They found that the thresholds for absorption, photoconductivity, and photoemission all had a temperature dependence of about $- 7 \times 10^{-4}$ ev deg^{-1}, that the absorption and photoconductivity thresholds coincided, and that the photoemission threshold exceeded the absorption and photoconductivity threshold by about 0.6 ev. The result indicates an electron affinity of about 0.6 ev.

Recently *Zollweg* has studied the optical absorption in the band edge at temperatures from $- 190$ °C to $+ 370$ °C [86]. He found that the band edge has four distinct absorption peaks below the main threshold when the temperature is reduced below 0 °C. The four peaks lie at 3.88 ev, 3.95 ev, 4.06 ev, and 4.30 ev. The first two of these peaks are very weak; the second two strong. It has been suggested that the peaks arise from excitation levels of the oxygen ions of the lattice *). The transitions would be $(2p)^6 \rightarrow (2p)^5 (3s)$ transitions, with the weak peaks corresponding to the "forbidden" transitions $J = 0, 2$, and the strong peaks corresponding to the allowed transitions $J = 1$. The rise of absorption corresponding to the band-to-band transition extrapolates to zero absorption at about 4.8 ev at 367 °C and at about 5.3 ev at $- 191$ °C. If it is assumed that the variation of the bandgap is linear with temperatures as found by *De Vore* and *Dewdney*, the bandgap is

$$E_g \sim 5.4 - 9 \times 10^{-4} T, \qquad\qquad (V-1)$$

a variation in rough accord with the results of *De Vore* and *Dewdney*.

The above considerations lead to an electron affinity of about 0.5 ev and a band gap of about 5 ev at room temperature. These values are in rough accord with those suggested by *Krumhansl* [87, 88]. It must be remembered that the estimated bandgap pertains to optical transitions and may not be applicable to thermal transitions where momentum need not be conserved ($\Delta K \neq 0$).

The energy level structure *within the forbidden energy band* which makes the oxide cathode active has been studied a variety of methods. Optical absorption, photoemission, photoconductivity, cathodoluminescence, and the dependence of thermionic emission have been used.

De Vore and *Dewdney* studied the dependence of the spectral distribution of photoconductivity and photoemission of oxide cathodes on activation [84]. The thermionic emission of the cathodes was used as a measure of the state of activity. In the inactive state, the cathodes show evidence of a photoconductivity threshold at about 2.3 ev, a gradual rise of conductivity up to about 3.6 ev, a sharp rise at 3.6 ev, a peak at about 3.8 ev, and then a falling off of the photoconductivity. The photoemission curve for the inactive cathode shows

---

*) Es würde sich also hier nicht um Exzitonen handeln, die durch die Coulomb-Wechselwirkung eines Leitungs- und Defektelektrons bedingt sind, sondern um innere Anregungszustände der O=-Ionen des Gitters, denen wohl eine wesentlich geringere Fortpflanzungsgeschwindigkeit zuzuschreiben wäre. Die Möglichkeit einer Exzitonenanregung im ersten Sinn sollte vielleicht auch berücksichtigt werden. Die Annahme, daß es sich um die Ionisation tief liegender Eigenstörstellen des BaO handelt (Antifarbzentren BaO', die bei oxydierender Hochtemperaturbehandlung nicht ausgeschlossen sind), scheint wohl durch die Unabhängigkeit von der Vorbehandlung auszuscheiden, obgleich damit die Photoleitfähigkeit ohne oder mit sehr geringer zusätzlicher thermischer Ionisation (Verhalten bei tiefsten Temperaturen?) zu erklären wäre. D. H.

the same behavior except that the whole curve is shifted toward higher energies by about 0.5 ev and the gradual falling off of photoconductivity is replaced by a sharp dip and then a gradual increase of photoemission. The shapes of both spectral response curves suggest that they are in part made up of two peaks, one centered at about 3.5 ev and the second centered at about 3.8 ev in the photoconductivity curve. The 3.8 ev peak may be the excitation peak discussed above and the 3.5 ev peak may correspond to excitation from "impurity" levels lying a little above the valence band. Activation of the cathodes increases the photoconductivity and photoemission currents by a factor of about 10^2 and gives rise to a further tail in the photoconductivity curve which extends down to about 1.4 ev and gives rise to a peak at about 2.5 ev in the photoemission curve. The 2.5 ev peak can be enhanced by irradiating the cathode at 4.5 ev photon energy. Subsequent annealing at 700 °K removes the enhancement. This behavior suggests that activation produces partially occupied centers at 2.5 ev below the vacuum level, i. e., at about 2.0 ev below the conduction band.

In a subsequent study of the effect of activation on the photoconductivity of BaO cathodes, *DeVore* found that activation first formed a low energy tail with a threshold at 2.3 ev and that further activation produced a further tail with a threshold of about 1.4 ev [85]. The results were the same whether activation was accomplished by Ba deposition on the cathode surface, by heating in methane or by drawing emission current. The tails are quite smooth and show no evidence of peaks except slight evidence of a peak in the 3.5 ev region. Perhaps, measurements at sufficiently low temperatures might have disclosed structure in the tails*). However, such measurements are difficult in a tube designed so that thermionic emission can be measured to ascertain the state of activation of the sample cathode.

Sakamoto [89] has studied the photoconductivity and photoemission of BaO and finds results very much like those of *DeVore* and *Dewdney*. He found that, on successive measurements of the spectral response, peaks at about 2.3 ev, 3.8 ev, and a small peak at 4.2 ev photon energy became more distinct as the result of previous short-wavelength irradiation. He notes that the photoconductivity and photoemission curves have much the same shape and differ little in magnitude. He suggests that assuming the electron affinity to be very small ($X \sim 0$) would account for this behavior.

Hibi and *Ishikawa* have studied the spectral dependence of the optical enhancement of thermionic emission of (Ba—Sr) O cathodes over the visible region [90, 91]. They found that the thermionic emission varied with the wavelength of the illumination of the cathode and displayed peaks and 2.2 ev, 2.4 ev, and 2.7 ev. A rise of emission with illumination in the 1.93 ev region suggests one or more peaks in the infrared, and a rise 3.1 ev suggests one or more peaks in the ultra-violet. These data are difficult to interpret because they may involve transitions from the valence band to ionized donor levels or other unoccupied levels as well as transitions from occupied donor levels to the conduction band, perhaps via exciton states.

---

*) This possibility was discussed with Dr. *DeVore* and, in view of the measurements of *Kane* [95], he raises no objection to the view that the 2.3 ev threshold may be the edge of a peak at about 2.6 ev and that the 1.4 ev threshold may be in part due to states of low occupancy at 1.4 ev and in part due to the edge of a more substantial peak in the region of 2 ev.

Stout has studied the cathodoluminescence of BaO cathodes as a function of the state of activity of the cathodes as determined by thermionic emission measurements [92]. He reports six peaks in the luminescent spectrum. These are located at 1.8, 1.9, 2.1, 2.3, 2.7, and 3.6 ev. He found that the 3.6 ev peak increased with cathode activation, and the 2.7 ev peak decreased with activation. These measurements, like those of *Hibi* and *Ishikawa*, are difficult to interpret and for the same reasons.

Gandy has also made cathodoluminescence measurements on BaO [93]. He found peaks at 2.1, 2.6, and 3.1 ev.

Noga and *Nakamura* have studied the cathodoluminescence of BaO, SrO, and (BaSr)O [94]. For BaO they find the 1.9, 2.1, 2.3, and 2.7 ev levels found by *Stout*. For SrO, they found equivalent peaks with the peaks shifted to higher energies. For (BaSr)O they again found equivalent peaks, with each peak at a position between those for BaO and SrO. The measurements were made on well-activated cathodes.

The optical absorption and photoconductivity of single crystals of BaO have been studied by *Kane* and *Dash* [94, 95]. *Kane* measured the absorption of single crystals of BaO grown in contact with molten barium. These crystals had a deep red color whereas "pure" crystals are clear. He found a marked absorption peak at a photon energy of about 2.4 ev. Assuming atomically dispersed color centers and unity oscillator strength, he computed the density of centers from the formula of *Smakula* and found a density of 4×10^{18} centers per cm^{-3} or 0.02 per cent excess Ba [97].

Dash has measured the optical absorption and photoconductivity of single crystals treated in a variety of ways. On crystals "as grown" he found two absorption peaks in the infrared. These appeared when the crystal was irradiated with ultra-violet light or X-rays with the crystal at $-$ 160 °C. The absorption constant in these peaks could be increased five-fold by heating the crystal to 1600 °C in vacuum for five minutes and then quenching the crystal. Subsequent annealing of the crystal removed the enhanced absorption and restored the original behavior of the crystal. The reversibility with heat treatment suggested that lattice defects were responsible for these absorption peaks. A computation of the density of absorbing centers from *Smakula's* formula gave about 8×10^{15} cm^{-3} for crystals as grown and 4.4×10^{16} cm^{-3} for the "quenched" crystals. *Dash* looked for the 0.8 and 1.4 ev peaks in red-colored crystals grown in contact with metallic barium. He found no evidence of these peaks. *Dash* also grew crystals of BaO in Ba, Mg, Ca, and Al vapors. All of these crystals had a blue coloration and showed an absorption peak at about 2.0 ev photon energy. The fact that all of these metal vapors produced the same coloration and the same absorption peak suggests that the coloration is due to excess Ba. The 0.8 and 1.4 peaks found in uncolored crystals could also be activated in the blue crystals. Attempts to bleach one spectral region and enhance the absorption in another region were unsuccessful. In particular, the increased absorption in the 1.5 ev region upon cooling to low temperatures could not be removed by irradiation at 1.5 ev.

Dash found that the spectral distribution curves for photoconductivity and optical absorption showed a direct correspondence for the crystals under study. Because photoconductivity measurements can be more sensitive than absorption measurements, he made photoconductivity measurements to supplement and extend his absorption measurements. Photoconductivity measurements on crystals "as grown" showed evidence of structure in the low-energy tail of the main photoconductivity peak. On simultaneous irradiation with ultra-violet light the photoconductivity increased and the structure in the tail became more pronounced. The enhancement due to ultra-violet light in the 2 to 5 ev region was fitted quite well by *Gaussian* curves centered at 2.0 and 2.6 ev photon energies. Subtraction of these two *Gaussian* curves from the experimental curve left a residue of two peaks, one at 1.4 ev and a second at 0.8 ev. The 0.8 and 1.4 ev photoconduction peaks could be removed by illumination at 0.8 ev and 1.4 ev, respectively, and could be restored by passage of photocurrent upon irradiation at a wavelength in the tail of the main absorption band. Long irradiation with 100 Kv *X*-rays enhanced the ultra-violet activated 2 ev photoconductivity peaks. In additively colored crystals, noise made measurements difficult. The spectral distribution of photoconductivity for clear, "red", and "blue" crystals were in qualitative agreement in the region from 0.7 ev to 1.6 ev but diverged above 1.6 ev.

The work of *Dash* indicates the presence of at least four "impurity" states in BaO which rise to optical absorption peaks. Because the same peaks appear in the photoconductivity measurements, the absorbing transitions seem to be from states in the forbidden band to the conduction band. If this is the case and the transitions are to the bottom of the conduction band, the levels are (1) structure-sensitive states at 0.8 and 1.4 ev below the conduction band which are normally only partially occupied, (2) a level at 2.0 ev below the bottom of the conduction band due to excess Ba and partially occupied by electrons and (3) a level at 2.6 ev of unknown origin and also partially occupied.

Ortusi has computed the energy levels of an *F*-center*) and a cluster of colloidal barium [98]. For the *F*-level, he finds an ionization energy of 2.3 ev; for the colloidal center, he finds an ionization energy of 1.4 ev. In making these computations, he used simple models and did not take into account the relaxation of the crystal.

Nathan Schwartz [94a] has computed the energy levels of an *F*-center in BaO, taking into account the effect of crystal relaxation on successive excitations. He finds for the *F*-center that the 1 *s* state lies 3.42 ev below the conduction band and that the 2 *p* state lies 0.61 ev below the conduction band. For the *F'*-center, he finds a state 2.4 ev below the conduction band**).

It would be a happy situation if all of the optical data outlined above could be fitted into one framework. Unfortunately, this cannot be done. However, a

---

*) Es ist hier anscheinend, ohne Rücksicht auf die genauere Art der Störstelle und auf Ionenverschiebungen, die Energie einer wasserstoffartigen 1 *s*-Bahn um ein einwertig positives Zentrum, mit der Dielektrizitätskonstante des BaO, errechnet. D. H.

**) Nach freundlicher brieflicher Mitteilung des Referenten wird hier (im Gegensatz zu *Ortusi*) unter *F*-Zentrum eine doppelt positive geladene Sauerstofflücke mit der Umladungsmöglichkeit $O_\square^{\cdot\cdot}/O_\square^{\cdot}$ verstanden, während der Umladungsterm $O_\square^{\cdot}/O_\square^{\times}$ als *F'*-Zentrum bezeichnet wird (vgl. hierzu Bd. I, S. 87 und 97 dieser Reihe). $O_\square^{\cdot}$ hat 1 Elektron, $O_\square^{\times}$ 2 Elektronen (Heliumtyp); für $O_\square^{\cdot}$ wird der tiefste und nächsthöhere Energiezustand der Einelektronenbindung berechnet, während die für $O_\square^{\times}$ angegebene Termenergie offenbar dem Übergang $1 s^2 \rightarrow 1 s^1$, unter Elektronenabspaltung, entspricht. D. H.

certain amount of systematization is possible if it is assumed that the optical bandgap is about 5 ev.

1. *Bandgap.* The sharp rise of absorption at 4.8 ev found by *Tyler* and *Sproull*, and *Zollweg* suggests a gap of about 5 ev.

2. *Valence-band Exciton States at 3.8 ev above the Valence Band.* The 3.8 ev peaks found by *Tyler* and *Sproull* and *DeVore* and *Dewdney* may be the unresolved four peaks at 3.88 — 4.3 ev found by *Zollweg*. The 3.8 and 4.2 ev peaks of *Sakamota* may also be included.

3. *Impurity States at 3.5 ev below the Conduction Band.* These would include the 3.5 ev peaks of *DeVore* and *DeVore* and *Dewdney*, the 3.6 ev peak of *Stout*, perhaps a peak for > 3.1 ev suggested by the data of *Hibi* and *Ishikawa*, and the 3.4 ev state of *Schwartz*.

4. *An Impurity State at 2.4 ev below the Conduction Band.* This group may include the 2.6 ev peaks of *Dash* and *DeVore*, the 2.4 ev peak of *Kane*, 2.3 ev peaks of *Sakamoto, Stout,* and *Noga* and *Kawamura*, and the 2.4 ev peak of *Schwartz. Stout, Gandy,* and *Noga* and *Kawamura* found a cathodolumienscent peak at about 2.7 ev. This peak may be due to transitions from 2.4 ev levels to the valence band. Also the enhanced emission observed by *Hibi* and *Ishikawa* on illumination at 2.7 ev photon energy may be due to an increase in occupancy of 2.4 ev levels by excitations from the valence band.

5. *Impurity States at 2.0 ev below the Conduction Band.* This group might include the peaks found by *Dash, DeVore* and *Dewdney, DeVore, Hibi* and *Ishikawa, Stout, Gandy* and *Noga* and *Kawamura*.

6. *Impurity States at 1.4 ev below the Conduction Band.* This group might include the 1.4 ev peaks found by *Dash*, the possible peak of *DeVore*, and perhaps a peak at < 1.9 ev suggested by the data of *Hibi* and *Ishikawa*.

7. *Impurity States at 0.8 ev below the Conduction Band.* These states are the states of very low occupancy found by *Kane* and perhaps the excitation state of *Schwartz*.

It should be remembered that the above listing is merely an attempt at systematization and may not represent the physical situation. The observation of exciton states for the valence band suggests that the lower-lying impurity terms may also have excitation states and that the transitions classified as though they were transitions to the bottom of the conduction band may in fact be transitions to discrete levels. The observation of absorption peaks suggests that this is the case. At the same time, the observation of photoconductivity peaks suggests that (1) the excitation states lie close enough to the bottom of the conduction band so that thermal dissociation of the excitons provides conduction electrons or that (2) relaxation of the crystal lattice subsequent to optical transitions frees the electrons.

VI. The Nature of the Electron Donors

The preceding section has discussed the numerous energy levels observed in BaO. It is now pertinent to try to identify the electron donors and, in particular, those donors which are responsible for the activity of the oxide cathode. Since the work of *Koller*, it has been taken more or less for granted that excess barium is responsible for the activity of the oxide cathode. The fact that any reducing reaction enhances the activity of the cathode and any oxidation reaction reduces the activity renders the excess barium model almost inescapable *). The real question then, is as to form in which excess barium resides in the oxide lattice. The excess barium could sit on the surface of the oxide crystallites of the cathode, it could occupy interstitial positions within the lattice, or it could be a manifestation of oxygen vacancies in the lattice. The increase of conductivity of the oxide with activation indicates that the excess barium is not confined to the surface. The manner in which the excess barium exists in the lattice has been studied in single crystals and in oxide cathodes [68, 69, 99—101].

Redington has studied the diffusion of barium in and on the surface of barium-oxide crystals using Ba [140] as a tracer**). From a study of the tracer distribution as a function of temperature, he determined that two diffusion mechanisms were active within the crystals. Measurements of field-enhanced diffusion (ionic mobility) revealed that one mechanism involved charge transport and the other did not. Plots of diffusion constant versus reciprocal-temperature show two branches for both mechanisms. Both high-temperature branches ($T > 1350$ °K) show an activation energy of about 12 ev. The low temperature branches ($T < 1350$ °K) have activation energies of $0.3 - 0.5$ ev and are structure sensitive, i. e., the vertical position of the branch on the plot of diffusion versus reciprocal-temperature depends on the previous thermal history. If the crystals are heated to about 1500 °K and quenched, the diffusion rate is higher; if the crystals are annealed, the diffusion rate is lower. The low-temperature branch of the charge-transporting mechanism had an activation energy of 0.3 ± 0.05 ev; the low temperature branch of the neutral mechanism had an activation energy of 0.44 ± 0.03 ev. A careful consideration of possible mechanisms for the two diffusion processes led *Redington* to the view that the charge-carrying diffusion proceeds via barium vacancies and the neutral diffusion proceeds via interstitial barium atoms. The position of the low-temperature branches then depends on the number of barium vacancies frozen into the crystal by previous thermal history. The high-temperature branches involve not only diffusion but also the formation of vacancies by barium atoms moving from lattice sites into interstitial positions. The diffusion by interstitial barium must involve an exchange between lattice atoms and interstitial atoms to account for the density of radioactive barium in the crystals. An analysis of the effect of the probability of exchange on the diffusion rate of tracer atoms revealed that an exchange probability as small as 10^{-10} per jump would be adequate to account for the observed distribution. Because the neutral mechanism is more rapid than the charge-carrying mechanism, it is surmised that the vibrational frequency of an interstitial Ba atom is higher than that of a Ba atom adjacent to the Ba vacancy.

In summary, the diffusion of excess barium within a barium-oxide crystal proceeds by (1) a charge-carrying mechanism associated with the diffusion of barium ions via vacancies and (2) a neutral mechanism via interstitial barium atoms. The charge carried by the ions are determined by *Einstein*'s relation between mobility and diffusion constant is 1.7 ± 0.3 electron charges. The diffusion constants can be represented by

$$D = \begin{cases} D_0 \, e^{-\frac{U}{kT}}, & T < 1350 \text{ °K} \\[2mm] D_1 \, e^{-\frac{U + W/2}{kT}}, & T > 1350 \text{ °K} \end{cases}$$

*) Vgl. jedoch Abschnitt VIII. D. H.
**) *R. W. Redington*, Phys. Rev. 87 (1952), S. 1066.

where

(1) For vacancy diffusion

$$U = 0.30 \pm 0.05 \text{ eV}$$
$$D_0 = 3 \times 10^{-10+1} \text{ cm}^2 \text{ sec}^{-1}$$
$$D_1 = 10^{31+8} \quad\text{cm}^2 \text{ sec}^{-1}$$

(2) For interstitial diffusion

$$U = 0.44 \pm 0.03 \text{ eV}$$
$$D_0 = 10^{-7\pm3} \quad\text{cm}^2 \text{ sec}^{-1}$$
$$D_1 = 10^{29\pm7} \quad\text{cm}^2 \text{ sec}^{-1}$$

(3) Heat of formation of a vacancy-interstitial pair

$$W = 23 \pm 5 \text{ eV}$$

Bemerkung des Herausgebers:

Wenn es vielleicht auch gewagt ist, neben dem sicher wohlüberlegten Deutungsversuch von *Redington* noch andere Möglichkeiten zu erörtern, scheinen doch Gründe zu bestehen, die zu einem solchen Versuch ermutigen. Diese Gründe sind:

1. Die zur Deutung herangezogene Frenkel-Fehlordnung Ba□, Ba○ würde sich zunächst auf ein Ba□″, Ba○··-Gleichgewicht beziehen (wegen der Symbolik vgl. Bd. I dieser Reihe, S. 97). Die Konzentration der Ba○$^\times$ wäre erst aus dem Gleichgewicht Ba○·· $+ 2\ominus \rightleftharpoons$ Ba○$^\times$ zu entnehmen und wäre dadurch bei gegebenem $n_{\text{Ba}○··} \approx n_{\text{Ba}□″}$ (Frenkel-Fehlordnung) mit dem Quadrat der Elektronenkonzentration, n^2, proportional. Die Diffusion müßte also maßgebend vom Fermipotential der Elektronen und damit vom Ba-Überschußgehalt abhängen, sofern man sich nicht schon im elektronischen Eigenleitungsgebiet, $n = n_i$, befindet. In diesem Grenzfall wäre aber wiederum $n_{\text{Ba}○^\times}$ extrem klein gegen $n_{\text{Ba}□″}$.

2. Gegen die Annahme einer Ba-Frenkel-Fehlordnung sprechen in Steinsalzgittern, zu denen auch BaO gehört, die bekannten sterischen Argumente, die einen Zwischengitteraufenthalt von Ba sehr unwahrscheinlich machen.

3. Die Annahme einer Ba□″, O□··-Eigen-Fehlordnung (Lückenfehlordnung, *Schottky*-Typ) wird durch die auch vom Referenten besprochene Tatsache nahegelegt, daß bei äußerer Metalleinwirkung stets dieselben „Farbzentren" entstehen, die also nicht einem auf Zwischengitter eingebauten Metallatom, sondern nur einer Sauerstofflücke zugesprochen werden können. Sauerstofflücken werden also notorisch leichter gebildet als Ba○-Störstellen.

4. Es widerspricht den in vielen Fällen (z. B. *Wagner*sche Anlauftheorie) mit Erfolg benutzten Vorstellungen, wenn man Störstellen, die Gitterelektronen oder -defektelektronen angelagert haben, als wanderungsfähig annimmt. Man ist bisher meist mit der Annahme ausgekommen, daß nur „nackte" Störstellen, die keine Träger angelagert haben, diffusionsfähig sind.

Alle diese Schwierigkeiten lassen sich vermeiden, wenn man annimmt, daß bei hohen Temperaturen im wesentlichen nur eine Ba□··, O□··-Fehlordnung vorhanden ist, wobei sich aber, wie in NaCl-Gittern vielfach diskutiert, auch Lückenpaare, in diesem Falle also $\{$Ba□″ O□··$\}^\times$ bilden können. Diese würden bei Tracer-Versuchen genau so einen Transport der Ba-Isotopen veranlassen wie die isolierten Ba□··-Stellen, aber von angelegten Feldern unabhängig sein. Die Bildungsenergie eines Lückenpaares könnte sehr wohl in solcher Größenordnung angenommen werden, daß bei der Einfriertemperatur größenordnungsmäßig gleich viele Lückenpaare und Einzellücken vorhanden wären (vgl. hierzu das Referat *Teltow* in diesem Bande). Auch die (bei tieferen Temperaturen beobachteten) U-Werte sind mit der Annahme, daß die neutrale Diffusion durch Lückenpaare hervorgerufen wird, nicht im Widerspruch. Gegen diese Deutung wird vom Referenten brieflich eingewendet, daß sich die Lückenpaar-Bildungsenergie theoretisch in der Größenordnung von 4 ev, also etwa 6 mal kleiner als der *Redington*sche W-Wert ergibt, und daß andererseits Energien ≈ 20 ev bei radiation damage-Versuchen als Grenzenergien für die Bildung von Frenkel-Fehlordnung erscheinen. Hier scheint aber eine unlösbare Schwierigkeit darin zu bestehen, daß Energien von dieser Größenordnung unterhalb etwa 5000 °K überhaupt nicht thermisch überwunden werden können; die Gleichgewichtskonzentration bei reiner Frenkelfehlordnung würde sich bei 1500 °K zu etwa 10^{-15} cm^{-3} statt der verlangten 10^{15} cm^{-3} ergeben. Andererseits ergäbe eine Bildungsenergie $\approx$ 4 ev die richtige Absolut-Größenordnung der Störstellendichten bei 1500 °K. Wenn also Frenkelfehlordnung mit Bildungsenergien $\approx$ 20 ev überhaupt vorhanden wäre, müßte sie völlig gegenüber der Lückenpaar-Fehlordnung verschwinden. Die Versuche bedürfen also wohl weiterer Nachprüfung und Diskussion.

The surface diffusion was found to be

$$D \sim 10^{-6 \pm 1} e^{-\frac{U}{kT}} \text{ cm}^2 \text{ sec}^{-1}.$$

Where

$$U = 0.16 \pm 0.03 \text{ eV}.$$

Thus the diffusion constant for surface barium is about 10^{-1} cm^2 sec^{-1} at 1000 °K.

As noted in the preceding section, *Dash* grew crystals of BaO in Ba, Mg, Sr, and Al vapors. All of these crystals exhibited a blue coloration. In view of the range of ionic radii encompassed by ions of these vapors and the identical absportion spectra produced by these vapors, it seems clear that the metals themselves are not responsible for the coloration and that each produces excess barium in the crystals. *Sproull, Bever*, and *Libowitz* have studied the diffusion of the blue color centers [99]. They find that the diffusion constant can be respresented by

$$D = 2500 e^{-\frac{U}{kT}} \text{ cm}^2 \text{ sec}^{-1}$$

$$U = 2.8 \text{ eV}.$$

This diffusion constant is considerably higher than any found by *Redington* for the diffusion of barium with in BaO crystals for comparable temperatures. An analysis of various possible mechanisms leads them to the conclusion that the color centers are oxygen vacancies occupied by electrons. A comparison of the density of color centers as determined from the position and width of the optical absorption band by *Smakula*'s formula and chemical determinations of the excess cation content of several crystals led to the conclusion that the color centers are atomically dispersed and do not represent colloidal aggregates of barium metal.

Nergaard, Matheson, and *Plumlee* have studied the effects of the deposition of reducing metals on oxide cathodes using a mass spectrometer as a controllable and pure source of the reducing metals [68, 69]. *Earlier* experiments on the effect of thermal deposition of barium on an oxide cathode showed two effects of barium deposition, a large enhancement of the electron current during barium deposition and a permanent lesser anhancement of the electron emission subsequent to deposition. Similar results were obtained using the mass spectrometer as a source of Ba. The cathodes used in the mass spectrometer were rectangular and were coated on the side facing the spectrometer exit slit and the side opposite. The coated surface facing the exit slit and the aperture plate containing the exit slit formed the sample diode. The other coated surface and an auxiliary anode formed a reference diode so that any effects due to residual gases could be separated from the effects of deposition. The cathodes had platinum probes imbedded in them so that the effect of surface deposition on the internal conductivity of the cathodes could be assayed. The mass spectrometer was equipped with an electrode which intercepted one half of the ion beam emerging through the mass-defining slit so that the deposition current could be monitored continuously.

After several months of processing the cathodes and the ion sources, the system pressure dropped below 10^{-7} mm of Hg for all conditions of operation of the spectrometer and the cathodes became stable, i. e., they could be processed through reproducible cycles consisting of an activation by Ba deposition and a deactivation by overheating without diode anode voltage applied. The diodes were operated with 60 cycle $\sec^{-1}$ voltages so that the current-voltage characteristics could be displayed on an oscilloscope at all times and the anode voltages were kept low enough to avoid ionization of the residual gases (principally CO and CH_4). It was found that the reference diode did not change significantly throughout the entire series of experiments.

It was also determined that the principal limitation of current in the diodes was the voltage drop within the cathodes, so that any increase in anode current due to deposition was the result of a reduction in cathode resistance.

The first set of experiments studied the effects of Ba deposition on the sample cathode under various conditions of deposition:

1. *Deposition with the diode operating with an anode voltage of 19 volts peak and a cathode temperature of 900 °K.*

With the cathodes relatively inactive initially, the plate current of the sample cathode rose to an asymptotic current that was proportional to the rate of deposition (see Fig. 10).

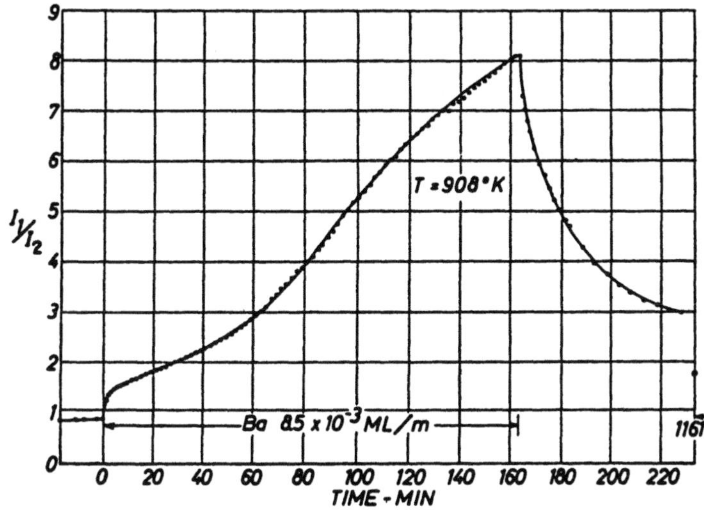

Fig. 10. The Effect of the Deposition of Barium on the Anode Current of a Diode.
I_1 is the current of the sample diode and I_2 is the current of the reference diode. I_2 remained constant.
(After *Matheson* and *Plumlee*.)

A barium current of about 10^{-2} monolayers per minute gave an asymptote of about ten times the initial current*). The form of the rise in this and subsequent experiments can be represented by:

$$i = A_1 \left(e^{-\alpha_1 q} - e^{-\alpha_2 q}\right) + A_2 \left(1 - e^{-\alpha_3 q}\right)$$

$$i = \text{the anode current}$$

$$A_1 = \text{a constant} \sim 0.05\, A_2$$

$$A_2 = \text{the asymptotic current}$$

$$\alpha_{1,\,2,\,3} = \text{constants}$$

$$q = \int i\, dt$$

When barium deposition was stopped, the anode current decayed to an asymptotic value which exceeded the original current by an amount proportional to the total amount of barium deposited. The large increase of current during deposition was viewed as evidence of the inhibition of a donor depletion layer by donor flow, and the subsequent increase of current was viewed as permanent activation by the donor flow into the bulk oxide.

2. Deposition with the cathode cold.

In this experiment, Ba was deposited on the sample cathode for periods of about ten minutes. Between the deposition periods, the sample cathode was brought to 900 °K and the anode current observed. When the cathode was first heated up, the current rose sharply and then decayed about five-to-one in 5 minutes. Both the maximum current and the current after decay increased toward asymptotic values as the number of deposition periods increased. The currents after decay approached an asymptotic current of about 5 times the initial current. The sharp rise in current on turning on the heater of the cathode after deposition was attributed to the removal of the donor depletion layer by Ba deposition. To check this, the cathode was brought to room temperature for a period of ten minutes without Ba deposition. When the cathode was turned on, no rise in anode current was found, and the current remained at the value attained on the previous decay. Apparently the depletion layer was "frozen in".

3. Deposition with the current sampled with 0.4 second pulses.

In this experiment the anode current of the sample diode was sampled with 0.4 second pulses and a repetition rate of 12 pulses per minute. It was found that the current was independent of sampling rate for lower repetition rates. With a barium deposition current of 7×10^{-9} ampere cm^{-2}, the pulsed current rose to an asymptotic current of about twice the initial value. If the voltage was applied continuously instead of in pulses after the pulsed asymptote had been reached, the current decayed by about one half of the increase due to Ba deposition. On resumption of pulsing, the current rose to the former pulse value. When barium deposition was stopped, the pulsed current decayed exponentially. For intervals during the decay the anode voltage was applied continuously instead of in pulses. When the voltage was applied continuously, the current decayed rapidly to a new asymptote; when pulsing was resumed,

---

*) The rate of deposition was computed assuming the cathode to have a smooth planar surface with an area equal to the projected area of the coated surface.

the current rose rapidly to the previous pulse decay curve. Thus, two decay curves were observed, one corresponding to pulsed operation and the second corresponding to continuous operation. The major difference between this experiment and the previous one was that the cathode temperature was maintained so that back diffusion of donors could restore the cathode to the conductivity determined by the average pulse current and the "surface density" of donors when continuous operation ceased and pulse operation resumed.

The effect of barium deposition on the interior of the cathode was examined by operating the platinum probe embedded in the coating at a voltage of 4.5 volts with the anode of the sample diode biased negative so that there was no anode current. When barium was deposited, the current of the probe increased to an asymptotic value; when barium deposition ceased, the probe current decayed to its initial value. Thus barium deposition increases the conductivity of the interior of the cathode almost immediately (there may have been a small delay between the start of barium deposition and the initial rise of the conductivity which could not be observed because of the time constant of the electrometer circuit which measured the barium current). It is noted in passing that in this case the decay of conductivity could not have been due to the release of poisoning gases by electron bombardment of the anode.

In all of the above experiments the slow rise of emission current when barium deposition started and the slow decay when barium deposition stopped indicates the presence of a storage mechanism. The behavior was as though there were a reservoir for donors at the surface which filled slowly during deposition and gave rise to a donor current in proportion to its donor content. Similarly, when deposition was stopped, the reservoir drained at a rate in proportion to its content. It was this behavior which led *Nergaard* to regard the cathode as consisting of three more or less distinct regions; the first, a "storage region" near the surface; next, the region of the donor depletion layer; and finally, a region where the properties of the oxide are modified only slightly on the passage of current [65].

In addition to this "short term" storage, a "long term" storage was found. It was found that the cathode activated slowly subsequent to deposition and that the rate of activation depended on the cathode temperature. For example, it was observed that the two-fold activation subsequent to deposition which required 140 hours at room temperature occurred in three minutes at 1160 °K. It was further observed that at higher temperatures, the activity at first increased after deposition and then decreased. The behavior suggested that at high temperatures diffusion into the cathode and evaporation into the vacuum competed for the "stored" donors and led to an optimum temperature and time for activation of the cathode by "stored" donors.

These experiments were interpreted as confirmation of the mobile donor hypothesis. In addition, the observation of the time constant associated with the rise of activity on barium deposition suggested that the deposited barium was stored as BaO and thus did not of itself change the cathode. However, the oxygen ions removed from the lattice to form BaO at the surface would leave oxygen vacancies which could be occupied by two electrons to form F-centers*).

---

*) Auch diese $O_{\square}{}^{\cdot\cdot}$ würden zunächst an der Oberfläche entstehen und dann nach innen wandern, vgl. die Bem. d. H. zu IV. D. H.

Thus these workers were led to the conjecture that the donors might be F-centers. To investigate this conjecture, *Matheson* and *Plumlee* performed another series of experiments in which they deposited Mg, Ca, Sr, and Mg on a cathode [68]. In every instance the rise and decay of cathode activity with deposition of the reducing metal was the same within the experimental accuracy. Further it was found that the increase of activity due to deposition was proportional to the amount of metal deposited and was the same for all four elements (see Fig. 11). In view of the spread in radii of these ions, 0.78 Å for Mg^{++} to 1.43 Å for Ba^{++}, and the different diffusion rates to be expected because of the range of radii, they concluded that the metals themselves do

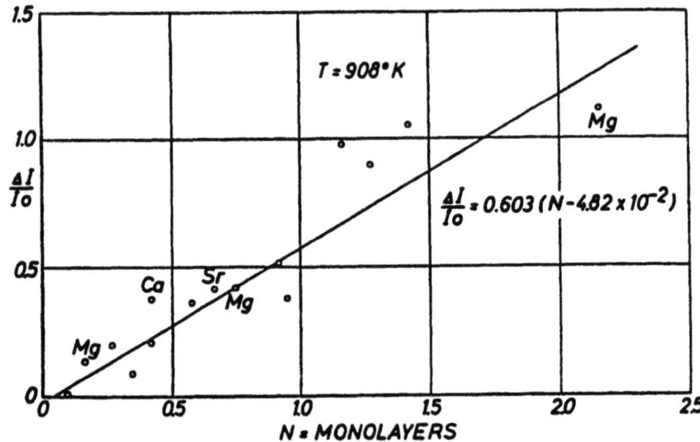

Fig. 11. *The Fractional Increment in the Anode Current of a Diode Versus Deposited Mg, Ca, Sr, and Ba. The Ba points are unlabeled. (After Matheson and Plumlee.)*

not diffuse into the oxide to form donors, but that a stoichiometric excess of cations was added to the oxide which was charge-balanced by the simultaneous formation of F-centers.

The work of *Dash, Sproull, Bever,* and *Libowitz* discussed earlier greatly clarifies the picture and leads to the identification of the electron donors in the oxide cathode with the blue color centers in BaO crystals, i. e., F-centers*).

Oxide cathodes are normally activated by heating them above the normal operating temperature and drawing current. This poses the question of how donors are formed by this procedure. The observation of a field-enhanced evaporation of oxygen by *Becker* and *Plumlee,* and *Smith* provided a clue [21, 77]. To study the possibility that field-enhanced evaporation does in fact produce donors, *Plumlee* studied the evaporation products of a BaO cathode in a mass spectrometer [100]. For this purpose he installed a pentode with a slit in the anode in the source end of the spectrometer. The first grid was used as the anode of a diode and the other grids were biased to suppress positive ions, negative ions, or both, as the particular experiment required. The most prominent peaks in the spectrum were neutral CO_2, O_2, H_2, and H_2O. A study of the O_2 peak showed that oxygen evolution increased with anode voltage,

---

*) Vgl. jedoch Abschnitt VIII. D. H.

linearly for small voltage and more slowly at higher voltages (see Fig. 12). Furthermore, the cathode was found to activate with oxygen evolution. At the same time, the rate of oxygen evolution diminished so that the slope of the oxygen current versus anode voltage curve diminished. It appears that field-enhanced oxygen evolution can be the means of activating a cathode in the absence of other reducing reactions.

In the course of these experiments *Plumlee* observed the well-known "ten-volt slump" which has been ascribed to oxygen evolution from contaminated

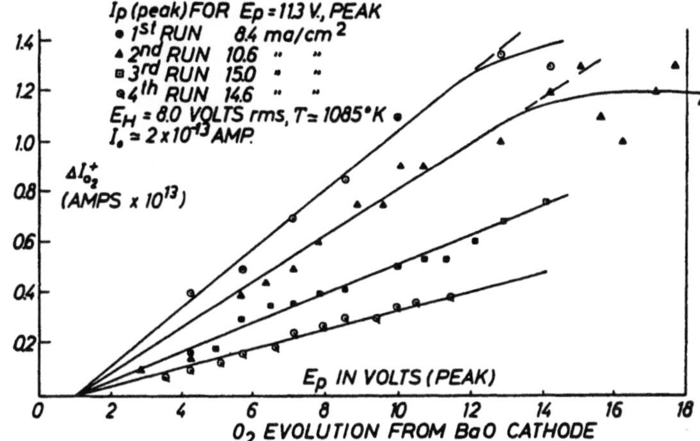

Fig. 12. *The Increase in Oxygen Evolution from a BaO Cathode as a Function of Diode Anode Voltage. The state of activity of the cathode is noted in the table in the figure. (After Plumlee.)*

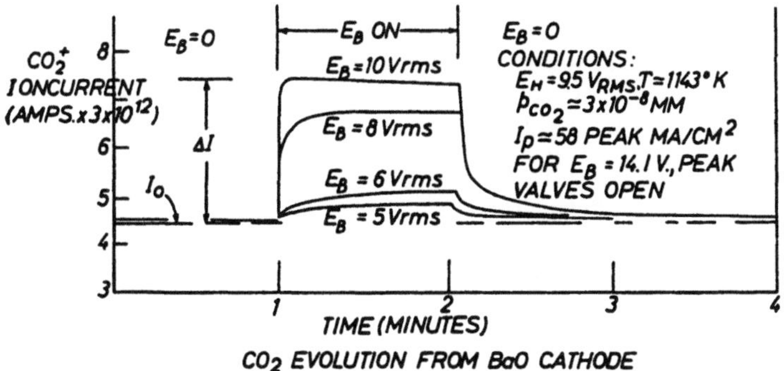

Fig. 13. *The Increase in CO₂ Evolution from a BaO Cathode as a Function of Time and Diode Anode Voltage.*
(After *Plumlee*.)

electrodes on bombardment by 10 volt (approx.) electrons. He failed to observe any increase in the height of the oxygen peak at the inception of the "slump"; in fact, the behavior of the oxygen peak with anode voltage was the same whether or not the slump occurred. It appears that the "ten-volt slump" is still not understood.

The residual CO_2 peak in these experiments was of a very convenient magnitude for study so that more accurate measurements of its behavior were possible than for other species. It was found that on application of anode voltage, the CO_2 peak increased to an asymptotic value (see Fig. 13). The time rate of rise and the symptotic value both increased with anode voltage, a behavior found for O_2 and H_2 as well. It was further found that the increment in CO_2 on application of voltage was proportional to the partial pressure of CO_2 in the system and that the temperature dependence of the evolution was that for CO_2 over barium carbonate. If it is assumed that some barium carbonate remains in solution in BaO and that the solution is a perfect one, the remaining carbonate amounts to about one part in 10^6.

The H_2O peak displayed a curious behavior in that its magnitude decreased with anode voltage. The behavior is as though H_2O reacts with BaO to form Ba $(OH \cdot e)$ and the hydroxyl ion moves into the oxide under the influence of the electric field by proton transfer. If this were the case, the hydrogen peak and part of the oxygen peak might be due to "cracking" of water at the cathode surface.

It is apparent that the reactions at the cathode surface are quite complex and that these reactions are far from understood. While the measurements described above have raised as many questions as they have answered, they also point up the utility of the mass spectrometer as a tool for the study of solids.

This section has described the experiments which have led to the identification of the donors in the oxide cathode as *F*-centers. The problem of the energy required to ionize the *F*-centers thermally remains. However, the observation of thermal excitation energies of the order of one half of the optical excitation energies in the alkali halides suggests that it will not be impossible to account for thermal activation energies of the order of 0.7 ev in BaO*).

---

*) Offenbar sind in Oxydgittern vom BaO-Typ bei den O-Lücken die Ladungszustände $O\square^{''}$, $O\square^{'}$, $O\square^{\times}$ zu unterscheiden. Die $O\square^{''}$ scheinen für die Diffusion, die $O\square^{\times}$ für die sichtbare Färbung maßgebend zu sein. Für die Ionisierung $O\square^{'} \rightarrow O\square^{''}$ $+ \ominus$ wird eine merklich höhere Energie anzunehmen sein als für $O\square^{\times} \rightarrow O\square^{'} + \ominus$ Eine schlüssige Zuordnung der beobachteten thermischen und optischen Ionisationsenergien zu diesen verschiedenen Prozessen scheint bisher noch nicht explizit durchgeführt worden zu sein. Ebenso wären Untersuchungen über die optische Nachweisbarkeit von „Antifarbzentren", $Ba\square^{''}$, $Ba\square^{'}$ und $Ba\square^{\times}$ erwünscht, deren Existenz einerseits durch die Versuche von *Redington* (s. oben), andererseits durch die wenigstens für CaO gesicherte Tatsache nahegelegt wird, daß bei Sauerstoff-Überdotierung Defektleitung beobachtet wird, also negativ aufladbare Störstellen vom Akzeptorcharakter angenommen werden müssen.

Zusatz bei der Korrektur: Nach brieflicher Mitteilung des Referenten st von *C. Timmer* [110] ein Zusammenhang der durch Glühen in Ba-Dampf erzeugten Farbzentrenkonzentration mit dem Ba-Dampfdruck proportional $p_{Ba}^{1/2}$ gefunden worden, der wohl durch zweifache Ionisation der Farbzentren ($O\square^{''}$) bei der Glühtemperatur und praktisch völlige Assoziation zu $O\square^{\times}$ bei Zimmertemperatur zu erklären wäre (vgl. Abschn. VIII). Ferner ist inzwischen (*Arizumi* und *Narita* [113]) auch bei Oxydkathoden der Nachweis einer *p*-Leitung, also wohl das Auftreten von $Ba\square^{'}$ oder $Ba^{''}$ ($+\oplus$) bei O_2-Drucken über 10^{-4} mm Hg nachgewiesen worden. Wegen der möglicherweise ausschlaggebenden Bedeutung beweglicher $HO^{\cdot}$-Donatorstellen, bei denen ein H^{+} an ein $O^{=}$-Ion des Gitters angelagert gedacht wird, das durch ein Gitterelektron neutralisiert werden kann, vgl. ebenfalls Abschn. VIII.

D. H.

VII. Pore Conduction

As was noted in the introduction, it has long been recognized that the density of the coating on an oxide cathode has an influence on the performance of the cathode. In general, a "fluffy" coating is found to give higher "emission" and to be more prone to spark than a dense, smooth coating. The word "emission" above was placed in quotation marks because most so-called emission measurements which quote emission in terms of a departure from the space-charge law probably measure the cathode resistance rather than any effect of actual emission limitation. Hence, it seems likely that the variation in performance with coating density is related to the conductance of the coating. The observation that the performance improves with less dense coatings points to the interstices between particles as playing a role in the conduction process.

Loosjes and *Vink* were the first to give serious consideration to the role of pore conduction [102]. They observed that currents of conductivity versus reciprocal-temperature have three branches; a low temperature branch, an intermediate branch extending from about 800 °K to about 1000 °K, and a high temperature branch above 1000 °K *). They also noted that the intermediate temperature branch has an activation energy of the order of the work function. These considerations led them to examine the possibility that the low temperature branch is due to semiconduction and the intermediate branch is due to pore conduction.

To measure conductivity versus cathode activity, they used two planar cathodes with the oxide surfaces pressed together by springs to ensure uniform pressure on the contact. They found conductivity versus reciprocal-temperature curves of the usual form. The low temperature branch had an activation energy which decreased from 0.22 ev to 0.09 ev with activation of the cathode and the intermediate temperature branch had an apparent activation energy which decreased from 1.4 ev to 0.48 ev with activation of the cathode. Because the low-temperature branch has the smaller activation energy, the two postulated mechanisms must be in parallel. They also found that the current-voltage characteristics were linear in the low branch, approximately square-root in the intermediate branch, and linear again in the high-temperature branch.

In a second set of experiments, they again used two cathodes in contact to measure conductivity but so arranged that they could be separated and an anode inserted between them to measure emission. The saturation current of the diodes was measured for each stage of activation for a range of temperature up to 750 °K. The saturation currents were fitted to the *Richardson* formula to determine the apparent work function of each stage of activation. The work functions so determined agree with the activation energy of the intermediate-range conductivity within about 0.1 ev.

They worked out the theory of a one-dimensional pore **) and showed that if the voltage across the pore produces a velocity small compared to the average thermal velocity, the pore will display an ohmic behavior, and if the voltage across a pore produces a velocity large compared to the average thermal velo-

---

*) Vgl. hierzu auch die Einleitung zu Abschn. III, wo allerdings als Grenze zwischen den beiden Hochtemperaturgebieten 1200 °K statt 1000 °K angegeben wird.
D. H.

**) Langer Zylinder, Achse in Stromrichtung. D. H.

13 *

city, the current-voltage characteristic will have a square-root law. They also computed the charge densities in pores of thicknesses comparable to those found in cathodes and found that the charge densities are quite adequate to support observed current densities. Further, they computed that at higher temperatures the potential minimum at the center of the pore increases in depth so that the electron gas becomes more inhomogeneous at high temperatures. They ascribe the observed high-temperature behavior of the conductivity to this inhomogeneity of the electron gas.

In summary, *Loosjes* and *Vink* proposed a model of the oxide cathode in which the current is carried by two parallel mechanisms, one the familiar semiconduction mechanism, the other pore conduction. At low temperatures the semiconducting mechanism dominates, at high temperatures pore conduction dominates. Their measurements of work function, conductivity activation energies and current-voltage characteristics support the model.

The work of *Loosjes* and his co-workers on the distribution of voltage within the oxide cathode and on pore conduction led them to examine the velocity distribution of electrons from oxide cathodes under pulsed conditions [103, 104, 105]. To measure the electron velocity distribution, they used an electrostatic analyser in which electrons suffer a deflection between an aperture in the anode of the test diode and a luminescent screen. The deflection is proportional to the ratio of the deflection voltage to the electron velocity expressed in electron volts. For metallic cathodes they found that the electron beam showed the deflection appropriate to an electron velocity corresponding to the full anode voltage of the diode. For oxide coating they found one or more lines on the luminescent screen, none of which corresponded to the full anode voltage. Therefore, part of the applied voltage appeared across the cathode and was not available for acceleration of the electrons.

For coatings of BaO, ThO_2, and a mixture of (BaSr)O with nickel powder, they found one line on the analyser screen. For (BaSr)O and SrO they found three lines. In a typical case with a (BaSr)O cathode at 1162 °K, an anode pulse of 2 microseconds duration and a repetition rate of 1000 per second, a peak pulse voltage of 564 volts, and a peak pulse current of 22.6 amperes cm^{-2}, they found three lines corresponding to velocity classes emerging from the anode aperture with velocities of 560, 503, and 402 ev. Thus, for the fastest group of electrons the cathode voltage drop was a few volts, for the next group the cathode voltage drop was 59 volts, and for the slow group the cathode voltage drop was 160 volts. When a *dc* voltage was superposed on the pulse voltage, the spectrum narrowed and as the proportion of *dc* voltage was increased, the spectrum contracted to a single line.

The complex line spectra were attributed to a high resistance in the surface layer of the coating which arises from the combined effects of semiconductor and pore conduction. An analysis of the electric field in an idealized cylindrical pore in a conductor of high resistivity led to a potential distribution which (1) permits electrons from the bottom of the pore to escape, (2) suppresses electron emission from the walls of the pore, and (3) permits the escape of secondary electrons produced on the walls near the bottom of the pore by primary electrons from the bottom of the pore. Thus three velocity classes of electrons are accounted for: (1) electrons from the bottoms of pores, (2) secondary electrons from the walls of pores, and (3) electrons from the surface of the cathode. Thus the fastest and slowest groups would have velocities differing by the voltage drop at the front surface of the cathode, approximately. The effect of *dc* current on the electron velocity distribution was ascribed to polarization of the oxide by electrolysis.

Hensley has computed the conductivity of a one-dimensional pore and an infinite rectangular prism pore with its axis parallel to the direction of current flow, the two extreme cases of theoretical pores [106). He finds that in either case the apparent mean free path of an electron is approximately the smallest dimension of the pore. He then considers the combined effects of pore conduction and semiconduction in a porous cathode and concludes that in plots of conductivity versus reciprocal-temperature the conductivity in the low-temperature range will be determined principally by semiconduction and the conductivity in the higher temperature range will be determined principally by pore conduction; hence the effects of each can be separated unambiguously. Finally, he computes the combined thermoelectric power of the pores and oxide particles. Because the thermoelectric powers differ, they give rise to circulating currents such that the greater thermoelectric voltage minus the voltage drop due to the circulating current in the material of higher thermoelectric power is equal to the lower thermoelectric voltage plus the voltage drop due to the circulating current in the material of lower thermoelectric power. Thus the apparent thermoelectric power of the dual conductor depends on the conductivities of the two materials as well as on their thermoelectric powers.

Young has measured the thermoelectric power, the electrical conductivity, and the thermonic emission of (BaSr)O and BaO in various states of activation over the temperature range from 300 °K to 1100 °K [107]. He found that the conductivity had two temperature branches and that the conductivity activation energy of the higher temperature range and the apparent work functions were about equal. He also found that the thermoelectric power displayed the behavior computed by *Hensley* and that the slope of the thermoelectric power versus reciprocal-temperature curve in the higher temperature range had a slope equal to the work function, as it should if the pore mechanism were controlling. The sign of the thermoelectric voltage was that appropriate to an *n*-type conductor.

Forman has studied the electrical conductivity and *Hall* effect of (BaSr)O cathodes so that the electron mobility in various temperature ranges could be determined [108]. His cathodes consisted of rectangular strips of oxide coating on MgO supports. Electrodes at the ends of the strips provided the contacts for passing current longitudinally through the strip. *Hall* probes and potential probes made contact at the edges of the strip for *Hall* and conductivity measurements. A planar anode faced the oxide strip so that emission measurements could be made. The anode could also be used to suppress space charge flow along the cathode surface by biasing it negative. The cathode was heated by a bifilar platinum heater external to the cathode and its support.

The conductivity measurements showed the usual low- and high-temperature branches. The *Hall* coefficients rise to a maximum with increasing temperature and then fall at still higher temperatures. This behavior is to be expected because, as in the case of the apparent thermoelectric power of a dual conductor, the apparent *Hall* coefficient depends on the conductivities of the two conductors as well as on their respective *Hall* coefficients. Forman does not compute the mobilities from a dual conductor formula; instead he computes an "apparent" mobility which is the product of the *Hall* coefficient and the conductivity. This "apparent" mobility has a value of about 3×10^5 cm² sec⁻¹ volt⁻¹ for temperatures about 800 °K and falls approximately exponentially with reciprocal-temperature for low temperatures. The very high mobility of the higher temperatures is convincing evidence of pore conduction.

Forman also finds a large magneto-resistence in his cathodes; the fractional change of resistance is as large as 0.8 for a magnetic field of 1000 gauss. He computes the magnetoresistance for pore conduction and finds that resistance changes as large as those observed are to be expected.

The conductivity, the *Hall* coefficient, and the apparent mobility of a dual conductor have been computed by *Nergaard*. For the case where the *Hall* voltages are small compared to the ohmic voltage drops, the formulas reduce to the following simple forms:

1. Conductivity

$$\sigma = \sigma_1 + \sigma_2.$$

2. *Hall* coefficient

$$R_H = \frac{\sigma_1^2 R_1 + \sigma_2^2 R_2}{\sigma^2} = \frac{\mu_1 \sigma_1 + \mu_2 \sigma_2}{\sigma^2}.$$

3. Apparent mobility

$$\mu = \frac{\sigma_1^2 R_1 + \sigma_2^2 R_2}{\sigma} = \frac{\mu_1 \sigma_1 + \mu_2 \sigma_2}{\sigma}$$

in which the subscripts refer to conductors 1 and 2 and

σ = conductivity

R_H = *Hall* coefficient

μ = mobility

Assuming that the electron density in the pores is related to the electron density in the semiconducting material by the factor exp. $(- e\,X/kT)$, where X is the electron affinity, these formulas were compared with the data of *Forman*. The formulas were found to give a reasonable fit to the data. In a particular case, the constants required to fit the data were:

$$\mu_1 \sim 3 \times 10^5,$$
$$\mu_2 \sim 3,$$
$$X \sim 0.8 \text{ eV},$$
$$\sigma_1 \sim 3.3 \times 10^{-2}\, e^{-\frac{\varepsilon}{kT}}$$
$$\varepsilon \sim 0.44 \text{ eV}.$$

These values seem quite reasonable.

The experiments described in this section demonstrate that pore conductivity does play a role in the performance of the oxide cathode. In simple terms, the electrons which contribute to the electrical conductivity are in part within the semiconducting oxide and in part in the interstices between oxide particles. The relative electron densities inside and outside the oxide are determined by the electron affinity of the semiconductor. When the product of the internal electron density and the electron mobility in the semiconductor is equal to the product of the external electron density and the mobility in the pores, semi-conduction and pore conduction contribute equally to the current. Because the electron density in the pores is determined by a property of the semi-conducting oxide, the entire conduction process is determined by the properties of the semiconducting material. If the electron density falls within the oxide, the electron density in the pores falls proportionately. It appears that the principal effect of pore conduction is to reduce the resistance of the oxide coating, a worthy end in practical applications of the cathode.

VIII. Note added in Proof

The recent work of *R. H. Plumlee* [109] and *Cornelis Timmer* [110] has made it necessary to re-examine the F-center model in its relation to the activity of the oxide cathode. The work of *Timmer* shows that a Ba partial pressure of $0.4 \cdot 10^{-6}$ mm of Hg at 1000 ° Kis required to maintain a color center density of 10^{17} cm^{-3}, i. e., about 1 part in 10^6. Because vacuum tubes are pumped to substantially lower pressure by actual pumping or by use of getters, it is apparent that the color center is not the active center in an oxide cathode.

A solution to this difficulty has been proposed by *Plumlee* [111] as a result of the mass-spectrometer studies in which he found an anomalous behavior for water in equilibrium with an oxide cathode. This behavior and a possible explanation were touched upon in Section VI of the present paper. It was noted that the water reaction was as though Ba $(OH^- \cdot e)$ were formed and the hydroxyl ion moved by proton transfer. Since the present paper was written, *Plumlee* has developed this proposal in considerable detail and the results will be published shortly [112]. Salient features pertinent to the oxide cathode are

1. $(OH^- \cdot e)$ centers are easily formed. Thermochemically, it seems impossible to avoid them, a partial pressure of H_2O of 10^{-14} atmosphere will support the number required for an active cathode in the presence of an adequate reducing potential.

2. The diffusion rate of such a center should be high. Every oxygen is a possible site for a hydrogen atom so that on this account the diffusion rate should be about six orders of magnitude greater than that given by a vacancy me-chanism where the number of vacancies limits the possible diffusion jumps. This diffusion rate accords with the observed pulse decay times (*Frost* measured $5.9 \cdot 10^{-6}$ cm^2 sec^{-1} at 1000 °K) and accounts for the discrepancy between the diffusion constant required to explain pulse decay and the diffusion constants observed in additively colored crystals.

3. By analogy with proton diffusion in ice, the activation energy for the diffusion of the center should be low, of the order of 0.25 ev., which accords with the activation energy deduced by *Frost* in his pulse decay measure-ments (0.435 ev.).

4. Excess water converts BaO to Ba $(OH)_2$ and ruins the cathode, a well known behavior.

   Further implications of this proposal are being actively pursued by *Plumlee* and perhaps by others and one may hope for a further clarification of the long-standing problem of the oxide cathode in the near future.

Zusammenfassung

Das Referat versucht einen Überblick über neuere Forschungsergebnisse zu geben, die zu einem neuen befriedigenden physikalischen Bild der Oxydkathode geführt haben. Die Kathode wird als thermisch emittierender Halbleiter betrachtet, dessen Eigenschaften durch das betreffende Erdalkali-Oxyd gegeben sind. Ein Teil des glühelektrischen Emissionsstromes wird vom Unterlagemetall zur Oberfläche durch Zwischenräume zwischen den Oxydpartikeln getragen. Sein Anteil am Gesamtstrom hängt von der Temperatur, der Größe und Gestalt der Zwischenräume und den Eigenschaften des Halbleiters ab. — Aktiviert wird der Halbleiter durch Erzeugung elektronischer Donatoren. Das heutige Beobachtungsmaterial spricht stark dafür, daß diese Donatoren Sauerstofflücken sind, die mit zwei Elektronen besetzt und somit neutral sind, analog den F-Zentren in Alkalihalogeniden. Man wird diese Deutung wohl allerdings erst dann als endgültig betrachten können, wenn eine bessere Zuordnung von optischen und thermischen Ionisierungsenergien möglich geworden ist. Die Donatoren ebenso wie andere Störstellen des Oxyds sind bei den normalen Betriebstemperaturen der Oxydkathoden beweglich. Elektrolytische Transportvorgänge, die die positiv geladenen Donatoren nach innen führen, ergeben eine Verminderung der Elektronenkonzentration an der Glüh-Oberfläche, vermindern so die Emissionsfähigkeit bei hohen Stromdichten und erzeugen eine Zone hohen Widerstands unmittelbar unter der Glüh-Oberfläche. Das Modell ist wahrscheinlich noch unvollständig und viele Details bleiben offen. Vielleicht ist das Modell nur eine Vorstufe zu einem endgültigen. Auch dann wird man aber der Meinung sein dürfen, daß es nützliche Dienste geleistet hat.

In einem Zusatz bei der Korrektur (Mai 1956) wird über inzwischen durchgeführte weitere Untersuchungen berichtet, die darauf hinweisen, daß die leicht beweglichen und für die Leitfähigkeit maßgebender Donatoren von im Oxydgitter gespeicherten H^+-Ionen gebildet werden, die durch Einwirkung des aktivierten Oxyds auf den vorhandenen Wasserdampf entstehen.

References

[1] *A. Wehnelt*, Ann. der Physik, Series 4, 4 (1904), S. 425.
[2] *M. Benjamin* and *H. P. Rooksby*, Phil. Mag. 15 (1933), S. 810.
[3] *M. Benjamin* and *H. P. Rooksby*, Phil. Mag. 61 (1933), S. 19.
[4] *W. G. Burghers*, Z. Physik 80 (1933), S. 352.
[5] *H. Haber* and *S. Wagener*, Z. Tech. Physik 23 (1942), S. 1.
[6] *O. W. Richardson*, "The Emission of Electricity from Hot Bodies", Longmans, Green and Co., London 1921.
[7] *A. Wehnelt*, Ergeb. der Exak. Naturw., Band IV, Berlin 1925.
[8] *S. Dushman*, Rev. Mod. Phys. 2 (1930), S. 381.
[9] *J. A. Becker*, Rev. Mod. Phys. 7 (1935), S. 95.
[10] *J. P. Blewett* (Part I), J. Appl. Phys. 10 (1939), S. 668; (Part II), J. Appl. Phys. 10 (1939,) S. 831.
[11] *J. P. Blewett*, J. Appl. Phys. 17 (1946), S. 643.
[12] *A. Eisenstein*, "Oxide-Coated Cathodes", "Advances in Electronics", Academic Press, Inc. (1948).
[13] *G. Hermann* and *S. Wagener*, "The Oxide Cathode", Vol. I and II, Chapman and Hall, London 1952
[14] *C. Herring* and *M. H. Nicolis*, Rev. Mod. Physics 21 (1949), S. 185.
[15] *F. Deininger*, Ann. der Phys. Series 4, 25 (1908), S. 285.
[16] *K. Fredenhagen*, Phys. Zeit. 13 (1921), S. 539; Phys. Zeit. 15 (1914), S. 19.

[17] *H. D. Arnold*, Phys. Rev. 16 (1920), S. 70.
[18] *L. R. Koller*, Phys. Rev. 25 (May 1925), S. 671.
[19] *W. Espe*, Wiss. Veröff. Siemens Werke 5 (III), (1927), S. 2946.
[20] *H. Rothe*, Z. Physik 36 (1926), S. 737.
[21] *J. A. Becker*, Phys. Rev. 34 (1929), S. 1323.
[22] *J. A. Becker* and *R. W. Sears*, Phys. Rev. 38 (1931), S. 2193.
[23] *A. Gehrts*, Z. Tech. Phys. 11 (1930), S. 246.
[24] *F. Detels*, John. D. Drahtl. Telegra. u. Teleph. 30 (1927), S. 10, 52.
[25] *E. F. Lowry*, Phys. Rev. 35 (1930), S. 1367.
[26] *A. L. Reimann* and *R. Morgoci*, Phil. Mag. 9 (1930), S. 440.
[27] *A. L. Reimann* and *L.-R. G. Treloar*, Phil. Mag. 12 (1931), S. 1073.
[28] *W. Meyer* and *A. Schmidt*, Z. Techn. Physik 13 (1932), S. 134.
[29] *A. Gehris*, Naturwiss. 20 (1932), S. 732.
[30] *M. Benjamin* and *H. P. Rooksby*, Phil. Mag. 15 (1933), S. 810; 16 (1933), S. 519; 20 (1935), S. 1.
[31] *W. Schottky*, Naturwiss. 23 (1935), S. 17.
[32] *W. Heinze* and *S. Wagener*, Z. Tech. Physik 47 (1936), S. 45.
[33] *W. Heinze* and *S. Wagener*, Z. Physik 110 (1936), S. 164.
[34] *E. Nishibori* and *H. Kawamura*, Proc. Phys. Math. Soc. Japan 22 (1940), S. 378.
[35] *N. B. Hannay, D. McNair*, and *A. H. White*, J. Appl. Phys. 20 (1949), S. 669.
[36] *E. A. Coomes*, J. Appl. Phys. 17 (1946), S. 647.
[37] *H. P. Rooksby*, Jour. Roy. Soc. Arts 88 (1940), S. 308.
[38] *A. Fineman* and *A. Eisenstein*, J. Appl. Phys. 17 (1946), S. 663.
[39] *A. Eisenstein*, J. Appl. Phys. 20 (1949), S. 776.
[40] *A. Eisenstein*, J. Appl. Phys. 22 (1951), S. 138.
[41] *D. A. Wright*, Proc. Roy. Soc. London (A) 190 (1947), S. 394.
[42] *D. A. Wright*, Proc. Phys. Soc. 62 (1944), S. 188.
[43] *J. F. Waymouth*, Jr. J. Appl. Phys. 22 (1951), S. 80.
[44] *H. B. Frost*, Proc. IRE 40 (1952), S. 230.
[45] *W. Dahlke* and *H. Rothe*, Die Telefunkenröhre 11 (1953), S. 127.
[46] *L. S. Nergaard* and *R. M. Matheson*, RCA Review 15 (1954), S. 225.
[47] *D. McNair, R. T. Lynch*, and *N. B. Hannay*, J. Appl. Phys. 24 (1953), S. 1335.
[48] *H. J. Lemmens, M. J. Jansen*, and *R. Loosjes*, Philips Tech. Rev. 2 (1950), S. 341.
[49] *H. Katz* and *K. L. Rau*, Frequenz 5 (1951), S. 192.
[50] *A. W. Hull*, Phys. Rev. 56 (1939), S. 86.
[51] *B. J. Thompson*, Phys. Rev. 36 (1930), S. 1415.
[52] *O. H. Schade*, Proc. IRE 31 (1943), S. 341.
[53] *E. A. Coomes*, J. Appl. Phys. 17 (1946), S. 654.
[54] *L. S. Nergaard, D. G. Burnside*, and *R. P. Stone*, Proc. IRE 36 (1948), S. 412.
[55] *W. S. Nottingham*, Phys. Rev. 49 (1935), S. 78.
[56] *A. R. Hutson*, Phy. Rev. 98 (1950), S. 889.
[57] *R. L. E. Seifert* and *T. E. Phipps*, Phys. Rev. 53 (1938), S. 493; 56 (1939), S. 652.
[58] *D. Turnbull* and *T. E. Phipps*, Phys. Rev. 56 (1939), S. 663.
[59] *W. B. Nottingham*, Phys. Rev. 57 (1940), S. 935.
[60] *Munik. LaBerge* and *Coomes*, Phys. Rev. 80 (1950), S. 887.
[61] *E. G. Brock, A. L. Houde*, and *E. A. Coomes*, Phys. Rev. 89 (1953), S. 851.
[62] *A. Eisenstein*, J. Appl. Phys. 20 (1949), S. 776.
[63] *R. L. Sproull*, Phys. Rev. 67 (1945), S. 166.
[64] *R. M. Matheson* and *L. S. Nergaard*, J. Appl. Phys. 23 (1952), S. 869.
[65] *L. S. Nergaard*, RCA Rev. 13 (1952), S. 464.
[66] *H. B. Frost*, Doctor's Dissertation, MIT 1954.
[67] *I. Langmuir*, Phys. Rev. 22 (1923), S. 357.
[68] *R. M. Matheson* and *R. H. Plumlee*, Report on the Fourteenth Annual Conference on Physical Electronics, MIT 1954.
[69] *L. S. Nergaard, R. H. Plumlee*, and *R. M. Matheson*, Report on the Twelfth Annual Conference on Physical Electronics, MIT 1952.
[70] *A. Rose*, Phys. Rev. 97 (1955), S. 1538.
[71] *L. S. Nergaard* and *R. M. Matheson*, RCA Rev. 15 (1954), S. 335.
[72] Unpublished data taken in measurements preliminary to the Ba deposition experiments reported in [65] and [69].
[73] *B. R. D. Nijboer*, Proc. Phys. Soc. London 61 (1939), S. 575.
[74] *R. Loosjes* and *H. J. Vink*, Philips Tech. Rev. 11 (1950), S. 271.
[75] *R. Loosjes* and *H. J. Vink*, Le Vide 5 (1950), S. 731.

[76] *R. M. Matheson* and *L. S. Nergaard*, RCA Review 15 (1954), S. 485.
[77] *R. H. Plumlee* and *L. P. Smith*, J. Appl. Phys. 21 (1950), S. 811.
[78] Private communication. Adress: Dr. *E. O. Kane*, Research Laboratory, the Knolls, Gen. El. Co. Schenectady N.Y.
[79] *K. T. Compton* and *I. Langmuir*, Rev. Mod. Physics 2 (1930), S. 123.
[80] *P. N. Russell* and *A. Eisenstein*, Phys. Rev. J. Appl. Phys. 25 (1954), S. 954.
[81] *L. Apker, E. Taft*, and *J. Dickey*, Phys. Rev. 84 (1951), S. 508.
[82] *W. W. Tyler*, Phys. Rev. 76 (1949), S. 1887.
[83] *W. W. Tyler* and *R. L. Sproull*, Phys. Rev. 83 (1950), S. 548.
[84] *H. B. DeVore* and *J. W. Dewdney*, Phys. Rev. 83 (1951), S. 805.
[85] *H. B. DeVore*, RCA Review 13 (1952), S. 453.
[86] *R. J. Zollweg*, Phys. Rev. 97 (1955), S. 288.
[87] *J. A. Krumhansl*, Phys. Rev. 82 (1951), S. 573.
[88] Private Communication.
[89] *M. Sakamoto*, LeVide 9 (1954), No. 52—53, S. 109.
[90] *T. Hibi* and *K. Ishikawa*, Phys. Rev. 87 (1952), S. 673.
[91] *T. Hibi* and *K. Ishikawa*, LeVide 9 (1954), No. 52—53, S. 121.
[92] *V. L. Stout*, Phys. Rev. 89 (1953), S. 310.
[93] *H. W. Gandy*, Doctor's Dissertation, Univ. of Missouri, 1953.
[94] *K. Noga* and *K. Nokamura*, LeVide 9 (1954), No. 52—53, S. 113.
[94a] Private communication. Adress: *Nathan Schwartz*, Electronics Laboratory, Gen. El. Co. Syracuse, N. Y.
[95] *E. O. Kane*, J. Appl. Phys. 22 (1951), S. 1214.
[96] *W. C. Dash*, Phys. Rev. 92 (1953), S. 68.
[97] *A. Smakula*, A. Physik 59 (1950), S. 603.
[98] *J. Ortusi*, LeVide 9 (1954), No. 52—53, S. 100.
[99] *R. L. Sproull, R. S. Bever*, and *G. Libowitz*, Phys. Rev. 92 (1953), S. 77.
[100] *R. E. Plumlee*, Report on the Fourteenth Physical Electronics Conference, MIT 1954.
[101] *L. S. Nergaard*, LeVide 9 (1954), No. 52—53, S. 171.
[102] *R. Loosjes* and *H. J. Vink*, Philips Res. Rep. 4 (1949), S. 449.
[103] *R. Loosjes, H. J. Vink*, and *C. G. Jansen*, J. Appl. Phys. 21 (1950), S. 350.
[104] *C. G. J. Jansen* and *R. Loosjes*, Philips Res. Rep. 8 (1953), S. 21.
[105] *C. G. J. Jansen, R. Loosjes*, and *K. Compaan*, Philips Res. Rep. 9 (1954), S. 241.
[106] *E. B. Hensley*, J. Appl. Phys. 23 (1952), S. 1122.
[107] *R. J. Young*, J. Appl. Phys. 23 (1952), S. 1129.
[108] *R. Forman*, Phys. Rev. 96 (1954), S. 1479.
[109] *R. H. Plumlee*, ,,Electrolytic Transport Phenomena in the Oxide Cathode", RCA Review (in press).
[110] *Cornelis Timmer*, ,,The Density of Color Centers in Barium Oxide as a Function of the Vapor Pressure of Barium", Doctoral Dissertation, Cornell University, Ithaca, N. Y., Feb. 1955; Journal of Applied Physics (in press).
[111] *R. H. Plumlee*, ,,Principal Electron Donors in the Oxide Cathode", Journ. of Applied Physics, Vol. 27, No. 6, pp. 659—660, June, 1956.
[112] *R. H. Plumlee*, ,,The Electron Donor Centers in the Oxide Cathode", RCA Review (in press).
[113] *T. Arizumi* and *S. Narita*, ,,Activation of the Oxide Cathode", Jour. Phys. Soc. of Japan, Vol. 6, pp. 15—20, 1951.

5a. Diskussions-Bericht und -Beitrag des Herausgebers zu Referat 5

Das Interesse, das dieses Referat gefunden hat, geht schon daraus hervor, daß sich nach dem Tagungsprotokoll an den Referatbericht eine 75 Minuten lange Diskussion anschloß. (Leider war es Herrn *Nergaard* selbst nicht möglich, zur Tagung herüber zu kommen, an seiner Stelle sprach Herr *North*, RCA Princeton.) Das Interesse der deutschen Kollegen konzentrierte sich allerdings mehr auf das Verhalten der Oxydkathoden in Verstärkerröhren bei langdauernder schwacher Belastung im Raumladungsgebiet (geringer Potentialfall auf der Oxydschicht) als auf die starken Pulsbelastungen, die im Referat von Herrn *Nergaard* eine bevorzugte Rolle spielen. Von Herrn *W. Dahlke* (Telefunken, Ulm) wurde speziell die Frage formuliert, wodurch unter normalen Betriebsbedingungen die Lebensdauer einer anfangs geeignet aktivierten Kathode begrenzt ist. Neben Vergiftungseffekten durch äußeren Restsauerstoff usw., die aber durch eine bei dem betriebsmäßigen Stromdurchgang angenommene Selbstformierung im Lauf längerer Zeiten zumindest teilweise kompensiert werden sollen (*H. Rothe*, Telefunken, Ulm, jetzt T. H. Karlsruhe), wurde als Langzeiteffekte eine auch bei Betriebsstromdurchgang allmählich wirksam werdende Paste- und insbesondere Ba-Verdampfung ins Auge gefaßt, die einerseits die Aktivierung vermindert, andererseits aber in sehr langen Zeiten auch eine Verschiebung des anfänglichen BaO/SrO-Verhältnisses zur Folge haben kann, wobei sich BaO auf den äußeren Elektroden und Isolationen niederschlägt. (Auch vergiftende Rückwirkungen, die durch Elektronenbeschuß von Oxydbelägen und dadurch bedingte Sauerstoffentwicklung entstehen, scheinen eine Rolle zu spielen.) Über die quantitative Erfaßbarkeit dieser Effekte herrschte jedoch keine Klarheit.

In diesem Zusammenhang berichtete der Herausgeber einiges über eine eigene Untersuchung von 1934, die in einem ausführlichen Aktenvermerk niedergelegt wurde und als Mikrofilm zur Verfügung steht. In dieser Arbeit wurde versucht, die Ba-, O_2- und BaO-Verdampfungsfrage soweit quantitativ zu erfassen, wie es nach den damaligen, immerhin schon ein großes Tatsachenmaterial umfassenden, Kenntnissen möglich war. Indem davon ausgegangen wurde, daß sich auch bei stationärem Elektronenstromdurchgang an jeder Stelle der Oxydschicht, und somit auch unter ihrer Oberfläche, lokales Gleichgwicht von Elektronen und Störstellen einstellt, wird überall eine eindeutige Metall- und Sauerstoffaktivität des BaO (es wurde nur der reine BaO-Fall diskutiert) definierbar, die durch chemische Potentiale μ_{Ba}, und $\mu_O = \mu_{BaO} - \mu_{Ba}$, zu kennzeichnen ist und deren Wert nahe der äußeren Oberfläche auch den äußeren Gleichgewichtsdampfdruck der Ba- und O_2-Moleküle bestimmt (vgl. hierzu auch die Bem. d. H. zu Abschnitt IV dieses Referats). Mit diesen Gleichgewichtsdrucken wurde, unter Annahme praktischen Vakuums, die stationäre Ba- und O_2-Emission in Beziehung gesetzt, wobei der Reflexionsanteil der im Gleichgewicht von außen auftreffenden Teilchen als unerheblich vernachlässigt wurde. Daraus ergab sich prinzipiell die Möglichkeit, die Verdampfungsfragen zu beantworten, wenn es gelang, die maßgebenden Störstellenkonzentrationen, sowie die Elektronenkonzentration, unter der Oberfläche im stationären Zustand zu bestimmen, und wenn es möglich war, die energetischen Konstanten (Austrittsenergien $\approx$ Verdampfungswärmen) der Ba-, O_2- sowie der BaO-Verdampfung experimentell zu ermitteln.

Unter Abtrennung dieser Sonderaufgabe war dann, wie bei *Nergaard*, die Aufgabe gestellt, die stationäre Störstellen- und Elektronenverteilung (aus der μ_{Ba} für jede Schichttiefe berechenbar ist) in einer Elektronenstromdurchflossenen BaO-Schicht zu bestimmen, eine Aufgabe, deren Lösung zugleich, bei bekannter Austrittsarbeit X (Energieunterschied Leitungsbandkante—Außenraum), die äußere Elektronendichte und damit die stationären Emissionseigenschaften der Kathode in Abhängigkeit von der Dauerstrom-Beanspruchung liefert. Hierbei sah sich nun der Herausgeber schon damals auf Grund des vorhandenen Tatsachenmaterials genötigt, von der noch vorherrschenden Oberflächenaktivierungstheorie, die eine maßgebende Beeinflussung von X durch atomare Ad-Ion-Doppelschichten annahm, abzugehen und für X einen aktivierungsunabhängigen Betrag anzunehmen, der damals zu $\approx 0,4$ (jetzt $\approx 0,6$) eV abgeschätzt wurde. Die Rechnungen über die innere Störstellenverteilung in der aktivierten Kathode behandelten zunächst, wie bei *Nergaard* und *Kane*, den Grenzfall der zu vernachlässigenden Ba- und O-Verdampfung, also des „Ionenstillstandes" in der stromdurchflossenen Oxydschicht, wobei damals allerdings nur das Quasineutralgebiet (3. bei *Kane*) diskutiert wurde, da über das Auftreten eines inneren elektronischen Raumladungsgebietes (1. und 2. bei *Kane*) noch nichts bekannt war. Für das Neutralgebiet war aber die Lösung eine etwas andere als bei *Kane*; es wurden schon damals positiv geladene Sauerstofflücken als Donatoren angenommen, diese aber (vgl. die Bemerkungen in Abschn. V) nur im zweifach geladenen, „nackten" Zustand ($O_\square{}^{\cdot\cdot}$) als beweglich betrachtet. Es zeigte sich dann, daß mit von innen nach außen abnehmender Aktivierung drei Neutralgebiete in Frage kamen, ein Assoziationsgebiet A mit überwiegenden $O_\square{}^\times$ (unbeweglich), ein einfaches Ionisationsgebiet I mit überwiegenden $O_\square{}^{\cdot}$ (unbeweglich) und ein Doppel-Ionisationsgebiet D mit überwiegenden $O_\square{}^{\cdot\cdot}$. In den beiden ersten Gebieten war bei Ionenstillstand grad $n_{O_\square{}^{\cdot\cdot}}$ und $\mathfrak{E}$ gleich 0 zu setzen, der Elektronenstrom also ein reiner Diffusionsstrom, während im D-Gebiet $n_{O_\square{}^{\cdot\cdot}}$ linear nach außen abnahm, der $O_\square{}^{\cdot\cdot}$ Diffusionsstrom durch einen entgegengesetzten $O_\square{}^{\cdot\cdot}$-Feldstrom kompensiert wurde und der Elektronenstrom, wie bei *Kane* (vgl. S. 176) gleich dem doppelten Feldstrom wurde. Für die Konzentration der gesamten $O_\square$ (als $O_\square{}^+$, $O_\square{}^{\cdot}$ und $O_\square{}^{\cdot\cdot}$) ergab sich dabei (von außen nach innen gerechnet) im D- und I-Gebiet ein linearer Anstieg (mit verschiedenen Steigungen), im A-Gebiet aber ein quadratischer Anstieg.

Durch die Möglichkeit des Auftretens einer D-Schicht mit linearem $n_{O_\square{}^{\cdot\cdot}}$- und n^--Abfall nach außen wurde auch der Herausgeber schon damals zur Diskussion eines kritischen Elektronenstrom-Grenzwertes geführt, bei dem theoretisch n^- an der Außenfläche auf 0 abgesunken wäre und die Emission somit aufhören müßte, wenn nicht unter der Oberfläche die Quasineutralität aufgehoben ist.

Es ergab sich jedoch bei diesen Betrachtungen noch eine kritische Stromstärke anderer Art: man konnte die stationäre innere Störstellenverteilung ohne Elektronenstrom unter der Annahme berechnen, daß an der Metallseite eine Ba-Überschußkonzentration (insbesondere in Form von $O_\square$) aufrechterhalten wird, und daß bei dieser Konzentration, wenn sie bis zur Oberfläche reichte, eine erhebliche Ba-Verdampfung anzunehmen wäre. Dann wird sich ein $O_\square$-Konzentrationsgefälle durch ambipolare Diffusion von $O_\square^{\cdot\cdot}$ und $\ominus$ ergeben, bei dem die Nachlieferung von innen gerade der äußeren Verdampfung entspricht. Diese ambipolare Verteilung wird bei kleinstem Elektronenstromdurchgang noch nicht merklich geändert; es ergibt sich eine kritische Stromstärke, bei der der Einfluß merklich wird, und erst bei dieser wird die „spontane" Ba-Emission der aktivierten Kathode durch den Stromdurchgang erniedrigt. Es schien damals, daß diese kritischen Stromdichten durchaus mit den üblichen Betriebsstromdichten vergleichbar waren, so daß also von einer Behinderung der thermischen Desaktivierung oder gar von einer zusätzlichen Dauer-Strom-Aktivierung (O_2-Emission) nicht ohne weiteres gesprochen werden konnte. Als Idealfall erschien damals eine Belastung, bei der die Ba- und O-Verdampfung gleich (und damit bei nicht zu hohen Temperaturen sehr klein) angenommen werden konnte, so daß der relative Aktivierungszustand dauernd erhalten blieb; es sollte dann die BaO-Verdampfung in undissoziierter Form die Oberhand gewinnen und die Mischkathoden in ihrer Lebensdauer nur noch durch die Änderung des Verhältnisses BaO zu SrO (letzteres verdampft viel schwächer) bestimmt sein.

Da durch das inzwischen festgestellte Auftreten größerer Spannungsabfälle in und besonders an der äußeren Grenze der Oxydschicht (wenigstens bei übernormalen Strombelastungen), durch die Erkenntnisse über die Rolle der Porenleitung (Abschn. VII) und Korngrenzendiffusion, sowie über die wahrscheinliche Rolle von H-Donatoren (Abschn. VIII) ohnehin eine erhebliche Modifizierung der damaligen Grundvoraussetzungen notwendig geworden ist, kann die Beschränkung der damaligen Mitteilung auf einen engeren Kreis vielleicht nicht bedauert werden. Der Herausgeber, der sich seither nicht mehr intensiver mit Oxydkathodenproblemen beschäftigen konnte, würde sich aber freuen, wenn die gemachten Andeutungen dazu beitrügen, dem Verdampfungsproblem im Zusammenhang mit der Lebensdauerfrage erneute Aufmerksamkeit zu widmen. Daß hierbei nach wie vor von einem Zusammenhang zwischen den äußersten Elektronen- und Störstellenkonzentrationen mit der partiellen Ba- und O_2-Verdampfung ausgegangen werden kann, wurde schon in der Bem. d. H. zu Abschnitt IV zur Sprache gebracht, wo diese Betrachtungen, in Verfolgung der sehr interessanten Speicher-Hypothese von Herrn *Nergaard*, überdies mit dem Auftreten hoher Oberflächenladungen in Beziehung gesetzt wurden.

Die größte Aufmerksamkeit der nahen Zukunft wird sich vermutlich der H-Donatorenhypothese (Abschn. VIII) zuwenden, die ja sowohl eine Erklärung der unerwartet hohen Donatorendichten ($\approx 10^{18}/\mathrm{cm}^3$) wie der aus Pulsabfallmessungen erschlossenen hohen Donatorenbeweglichkeit verspricht. Der Herausgeber errechnet hier, für einen gegebenen O_2- und H_2O-Druck, einen Wert des Verhältnisses $n_{H_O^{\cdot}} : n_{O_\square^{\cdot}}$, das, außer durch Energiekonstante und die Temperatur, durch das Produkt $p_{H_2O}^{1/2}\, p_{O_2}^{1/4}$ gegeben ist, also für das Überwiegen der $H_O^{\cdot}$ über die $O_\square^{\cdot}$ einen nicht zu kleinen H_2O-Dampfdruck (bzw. inneren H_2O-Gehalt) und eine nicht zu starke Aktivierung voraussetzt. (Das Verhältnis $n_{H_O^{\cdot}} : n_{O_\square^{\cdot\cdot}}$ läßt sich nur bei gegebener Elektronenkonzentration bestimmen.) Für die Absolutwerte von $n_{H_O^{\cdot}}$ ist aber andererseits eine hinreichend hohe $O_\square^{\cdot}$- oder $O_\square^{\cdot\cdot}$-Konzentration, also eine hinreichende Aktivierung

(p_0, bzw. μ_0 nicht zu groß) die Vorbedingung, so daß quantitativ die energetischen Konstanten ausschlaggebend werden. Nach wie vor spielt das durch die O□- und ⊖-Konzentrationen bestimmte chemische Potential der Eigenkomponenten des Gitters, μ_{Ba} oder μ_O, eine ausschlaggebende Rolle, so daß zur Berechnung stationärer Verteilungen und der Dampfdrucke die Bestimmung auch der O□-Verteilungen in der Schicht unerläßliche Voraussetzung scheint. Die Hauptfrage für Lebensdauerüberlegungen wird dann die sein, ob, wie vorher, das Absinken des Ba-Überschusses der aktivierten Schicht oder etwa ein Verbrauch ihres H_2O-Gehalts zu ihrer Desaktivierung führt.

Schlußbemerkung des Referenten. The writer learned of Professor *Schottky*'s 1934 work with great pleasure. He has only two regrets, (1) had he known of Professor *Schottky*'s work he would not have had to grope for the unifying idea, the mobile donor model, which he believes has correlated and explained many of the anomalous behaviors of the oxide, (2) he could have given Professor *Schottky* the credit which is due him for his remarkable insight into the cathode problem at a time when solid-state physics was in its infancy. There is no need for the writer to comment further on ·Professor *Schottky*'s contribution, the work speaks for itself. The writer is happy if the experimental work with which he has been associated has elucidated the ideas which apparently have lain dormant so long.

6.   K. ZÜCKLER*)

Siliziumkarbid, Eigenschaften und Anwendung als Material für spannungsabhängige Widerstände

Mit 7 Abbildungen

Inhaltsverzeichnis:

1. EINLEITUNG

Das Siliziumkarbid ist als Halbleiter schon seit etwa 50 Jahren bekannt [1]. Obwohl seine elektrischen Eigenschaften noch bei weitem nicht in dem Maße geklärt sind wie etwa die von Germanium oder Silizium, und seine Herstellung längst nicht so weit gesteuert werden kann — die Gründe dafür werden aus dem folgenden deutlich werden —, spielt es eine relativ bedeutende Rolle als Material für die Herstellung spannungsabhängiger Widerstände. Diese werden aus SiC-Pulvern unter Verwendung verschiedener Bindemittel hergestellt, z. T. auch gesintert. Die Spannungsabhängigkeit beruht im wesentlichen auf der Spannungsabhängigkeit der Kontakte zwischen den einzelnen Körnern. Erzwingt man durch Sinterprozesse ein Verschweißen der benachbarten Körner, so wird, wie z. B. bei den SiC-Heizwiderständen („Silit"-Stäbe), die Spannungsabhängigkeit gering. Wir wollen uns hauptsächlich mit den stärker spannungsabhängigen Widerständen beschäftigen, wie sie z. B. im Bereich kleiner Ströme und Spannungen etwa zur Funkenlöschung bei Relais („Varistoren") und im Bereich großer Ströme (bis $\lesssim 10^5$ A) als „Überspannungsableiter" in der Hochspannungstechnik verwendet werden.

---

*) Siemens-Schuckertwerke A.G., Berlin-Siemensstadt, Schaltwerk, Abt. TPh.

2. HERSTELLUNG UND KRISTALLOGRAPHISCHE EIGENSCHAFTEN VON SiC

2.1. Das SiC wird in elektrischen Öfen (Meilern) hergestellt [2], in denen man Kieselsäure (SiO_2) durch Kohlenstoff reduziert. Man mischt dazu Kohle und Sand bestimmter Qualität und führt mit Hilfe eines stromstarken Lichtbogens bei hoher Temperatur (> 1600 °C) die Reaktion herbei, die man mit der folgenden Bruttoformel beschreiben kann:

$$SiO_2 + 3\,C = SiC + 2\,CO \text{ bzw. } SiO_2 + 2\,C = Si + 2\,CO \text{ und } Si + C = SiC.$$

Verunreinigungen in den Ausgangsmaterialien werden durch Zugabe von Chloriden (z. B. NaCl) in flüchtige Chloride überführt, die bei den hohen Temperaturen aus der Reaktionszone entweichen. An den kälteren Stellen des Meilerinnern schlägt sich das SiC nieder. Die Temperaturverhältnisse im Ofen sind dabei zusammen mit den Verunreinigungen der Ausgangsstoffe entscheidend für die Struktur, Farbe und Zusammensetzung der entstehenden Kristalle. D. h. man hat durch die Wahl der Ausgangsmaterialien und Zuschläge (z. B. Metalloxyde) und die Führung des Brennprozesses die Herstellung des Materials innerhalb gewisser Grenzen in der Hand.
Über den Wachstumsmechanismus der Kristalle sind verschiedene Vorstellungen entwickelt worden. *F. C. Frank* u. M. gehen davon aus, daß die Versetzungen (Baufehler), die sich auf den bei hoher Übersättigung der Dampfphase wachsenden Kristallen bilden, bei sinkender Übersättigung als Keime für die Anlegung weiterer Ebenen wirken. (Entstehen von Wachstumsspiralen mit geringer Stufenhöhe ($\approx$ Höhe der Elementarzelle) auf der Kristalloberfläche [3].) Nach *H. E. Buckley* [4] spielen diese Wachstumsmechanismen aber nur eine untergeordnete Rolle. Er vermutet, daß die Verhältnisse im Dampf (Wirbel usw.) z. Z. der Erstarrung entscheidend sind. *L. Graf* [5] faßt die Wachstumsspiralen als Sonderfall des Lamellenwachstums auf. (Stufenhöhe größer als Elementarzelle des Gitters, Entstehung bei schnellem Wachstum.)
Die entstehenden Kristalle, die nach der Aufbereitung (Mahlen usw.) teils für Schleifscheiben, teils für die Widerstandsherstellung verwendet werden, sind größtenteils kleine hexagonale Nadeln in dichten Bündeln. Bisweilen kommen auch größere Stücke (Platten) von etwa 1 cm Linearabmessungen vor. Die Farbe ist verschieden: von klaren durchsichtigen über gelbe, hellgrüne, grüne, blaue bis zu schwarzen undurchsichtigen Kristallen sind alle möglichen Zwischenstufen vertreten. Manchmal weist ein Stück verschieden gefärbte Bereiche auf. Häufig wird die Farbe durch Einschlüsse (Kohlenstoffpartikel?) verursacht [6].
Wie die Skizze des Herstellungsprozesses und der dabei anfallenden Produkte zeigt, ist das Verfahren — verglichen mit den sonst etwa beim Germanium oder Silizium üblichen Methoden — sehr roh und unsauber. Chemische Analysen des so gewonnenen Materials ergeben Verunreinigungsgehalte in der Größenordnung von 1 %. — Der naheliegende Gedanke, saubere Einkristalle (oder solche mit definierter Dotierung) herzustellen, oder das vorliegende Material ähnlich wie Ge, Si oder die III-V-Verbindungen durch Zonenschmelzen zu reinigen [7], läßt sich nicht leicht verwirklichen, da das SiC sich bei Normaldruck schon etwa bei 2200 °C, d. h. lange vor Erreichen des Schmelzpunktes ($\approx$ 2700 °C), zersetzt und verdampft [8]. Man müßte also solche Versuche wie Zonenschmelzen unter hohem Druck ausführen, was bei den notwendigen Temperaturen sehr schwierig ist.

Die sonst bisher versuchten Laboratoriumsmethoden zur Herstellung von SiC-Kristallen (Zersetzung von Äthylen in Quarzrohren bei 1200° bis 1300 °C [9], Erhitzen von Si-Pulvern in Kohleschiffchen bei Hochvakuum [10], Sublimation unter Schutzgas [2, 11], Reaktion von $SiCl_4$ mit Kohlenwasserstoffen — und verschiedenen Chloriden zur Dotierung — an einem glühenden Kohlefaden in Wasserstoffatmosphäre [12]) liefern nur sehr kleine*) Kristalle, deren Reinheit vom Ausgangsmaterial abhängt.

2.2. In seinem Kristallbau und Bindungscharakter hat das SiC Ähnlichkeit mit den Elementen der IV. Gruppe wie C, Ge, Si. Allerdings ist beim SiC wegen der verschiedenen Elektronenaffinität von Si und C die Bindung nicht rein homöopolar, sondern es liegt noch ein heteropolarer Anteil ($\approx 12\%$) vor [13]. Siliziumkarbid tritt in verschiedenen Modifikationen auf [14, 15].

a) β-SiC bildet sich bei tieferen Temperaturen (< 1950 °C) und hat Zinkblendestruktur (zwei kubischflächenzentrierte Gitter ineinandergestellt).

b) Bei höheren Temperaturen (1950° bis 2200 °C) entsteht das α-SiC, von dem bisher mehr als 15 Modifikationen bekanntgeworden sind (s. *Ramsdell* und *J. A. Kohn* [14]). Sie stellen Zwischenstufen zwischen dem Zinkblende- und Wurtzitgitter dar und unterscheiden sich durch die wechselnde Aufeinanderfolge von „Kugel-Lagen", die sich bei den einzelnen Modifikationen in verschiedener Periodizität wiederholen. Ihre Entstehung wird auf die Temperaturabhängigkeit der Bildung bestimmter (energetisch verschiedener) Grundanordnungen der Gitterbausteine zurückgeführt.

Untersuchungen von *Lundquist* [6] ergaben einen Zusammenhang zwischen dem Al-Gehalt der Kristalle und deren Dunkelfärbung und dem Auftreten bestimmter Modifikationen. (Ein dreiwertiges Al-Atom ersetzt ein Si-Atom, infolge des fehlenden Valenzelektrons erhält man p-Leitung). Reines SiC ist klar. Die grüne Farbe wird nach *Lundquist* vermutlich durch Fe-Verunreinigungen verursacht**). Aus Versuchen von *Kendall* [12], SiC mit definierten stöchiometrischen Abweichungen und Verunreinigungen herzustellen (durch Variation der Verhältnisse der Reaktionspartner C_7H_8 : $SiCl_4$; Zuleiten entsprechender Chloride bewirkt den Einbau von Ge, Sn, P, As, Sb, Bi, Cu, Fe, B und Al), folgt nach *Kendall*: bei großem Si-Überschuß bildet sich n-leitendes SiC, das nicht genau stöchiometrisch zusammengesetzt ist. Bei Vorhandensein von genügend Kohlenstoff kann durch C-Überschuß im Kristall p-leitendes SiC entstehen. Auch Bor- oder Aluminium-Zusatz kann p-Leitung verursachen. Der Einbau der anderen genannten Elemente verursacht n-Leitung. Nach den Versuchen von *Lely* [11] (Einkristallherstellung durch Sublimation) bewirkt der Einbau von Elementen der 5. Gruppe des periodischen Systems (P, As,

---

*) *Anm. b. d. Korrektur.* Von *J. A. Lely*, Eindhoven, ist jedoch neuerdings (JUPAC Colloquium Münster 2. bis 6. 1954, Verlag Chemie 1955, S. 21) ein Verfahren zur Reindarstellung von (recht großen) SiC-Kristallen angegeben worden, das einen Sublimationsvorgang in Schutzatmosphäre in einem elektrisch geheizten Graphit-Tiegel benutzt. Zur Vermeidung von Graphitausscheidung aus dem Dampf ist hierbei ein Si/SiC-Verhältnis im Dampf von etwa 1 : 3 erforderlich; gleichwohl entstehen praktisch stöchiometrische glasklare Kristalle, so daß durch diese Versuche die Annahme, daß Abweichungen von der Stöchiometrie zu p- oder n-Leitung führen (siehe *Kendall* [12] w. u.), jedenfalls nicht gestützt wird. Im übrigen weist *Lely* besonders auf die bedeutsame, stets zu n-Leitung führende Rolle des Stickstoffs hin, dessen Wirkung bei Aussagen über den Einfluß stöchiometrischer Abweichungen sorgfältig in Rechnung gestellt werden müßte.

**) Vgl. jedoch *Lely*, w. u.

Sb, Bi) Grünfärbung und n-Leitung, der von Elementen der 3. Gruppe Blau-
färbung und p-Leitung. Dabei ließen sich die Konzentrationen von 10^{-5} bis
10^{-1} Atom-% variieren. — Die Farbe des Kristalls ist nach *Kendall* kein
eindeutiges Zeichen für den Leitungscharakter. *Kendall* erhielt n-leitende
schwarze Kristalle, deren Leitungscharakter einer nichtstöchiometrischen
Zusammensetzung zugeschrieben wird, während sonst meist Defektleitung
bei schwarzen Kristallen auftritt*).

Bei den kommerziellen SiC-Sorten ist wegen des schon erwähnten hohen Ge-
haltes an Verunreinigungen (es kommen gleichzeitig Al, Fe, Ca, Mg, Na, Ni,
Cu bis $\approx 1\%$ vor) die Zuordnung der beobachteten elektrischen Eigenschaften
zu bestimmten Störstellen auf Grund der chemischen Analysen des Materials
nicht möglich. Das Verhältnis Si : C ist dabei annähernd stöchiometrisch.
Die Oberflächeneigenschaften der Kristalle kann man durch Glüh- und Röst-
prozesse [16] beeinflussen. Bei Glühen an Luft bildet sich an der Oberfläche
eine SiO_2-Schicht wachsender Dicke aus [47, 48, 49].

Am Schluß dieses Abschnittes ist es vielleicht noch wichtig, auf die außer-
ordentliche Härte des SiC [15] — fast so hart wie Diamant oder Borkarbid —
und seine Resistenz gegenüber chemischen Angriffen (auch gegen Flußsäure
und Gemische aus Salpeter- und Flußsäure) hinzuweisen. Beide Eigenschaften
geben zusammen mit dem hohen Schmelzpunkt dem SiC eine besondere Stellung,
erschweren aber auch seine Untersuchung und Bearbeitung erheblich.

3. LEITFÄHIGKEIT VON HOMOGENEM SiC-MATERIAL

Eine Anzahl von Untersuchungen beschäftigt sich mit den optischen Eigenschaften von SiC und den bei Stromdurchgang an SiC-Kristallen auftretenden
Leuchterscheinungen. Aus der Absorptionskante bei $0{,}42\ldots0{,}44\,\mu$ [17, 18]
ergibt sich die Breite des verbotenen Bandes zu $\approx 2{,}8$ eV. Die bei Stromdurchgang bei vielen Kristallen beobachteten Leuchterscheinungen sind teilweise als
Rekombinationsleuchten der Ladungsträger (an Gitterstörungen, im p- und
n-Übergangsgebiet) nachgewiesen worden [18 bis 21]. Das in der Umgebung
der Anode auftretende Leuchten wird wahrscheinlich durch Erhitzung des
Materials an Strom-Engen verursacht [19, 22].

Für unsere Betrachtungen wollen wir aus diesen Arbeiten nur entnehmen:

a) Die Farbe der Kristalle ist kein sicheres Merkmal für den Leitungscharakter.
   Sowohl bei den dunklen (blauen) als auch bei den hellen Kristallen treten
   p- und n-Bereiche auf.

b) Die größeren Kristalle, die bei der normalen Fertigung anfallen, haben
   häufig Bereiche verschiedenen Leitungscharakters. Das muß bei Messungen
   der spez. Leitfähigkeit beachtet werden und erklärt, warum außer der
   Randschichtgleichrichtung beim SiC manchmal auch Volumengleich-
   richtung gefunden wurde [23].

Von verschiedenen Autoren sind an SiC-Kristallen verschiedener Farbe und
Herkunft Leitfähigkeitsmessungen zum Teil bei verschiedener Temperatur

---

*) Soweit die Farbe durch Einschlüsse hervorgerufen wird, ist sie natürlich kein
   Kennzeichen für den Leitungscharakter.

durchgeführt worden [24 bis 35]. In Abb. 1 sind deren Ergebnisse zusammengestellt — ohne daß die Darstellung Anspruch auf Vollständigkeit erhebt. Außer der Größenordnung der spez. Leitfähigkeit σ bei Zimmertemperatur ist noch die „Aktivierungsenergie" im $\sigma(T)$-Gesetz, die Farbe des betreffenden Kristalles und der Leitungscharakter angegeben. Die σ-Messungen werden an größeren Kristallen meist durch stromlosen Spannungsabgriff mit Hilfe einer Sondenmethode durchgeführt. In Einzelfällen wurde auch (bei Pulvern) die Messung der induktiven Erwärmung in einem magnetischen Wechselfeld [27, 33] oder (bei größeren Einkristallen) Anwendung sehr hoher Spannungen zur Ausschaltung der Kontaktschwierigkeiten benutzt [28, 35]. Der Leitungscharakter ergibt sich aus dem Vorzeichen des Halleffektes [31] und der Thermospannung [32, 12] und dem Vorzeichen der Gleichrichtung bei Kontaktierung mit Metall. Wie man an der Breite der Leit-

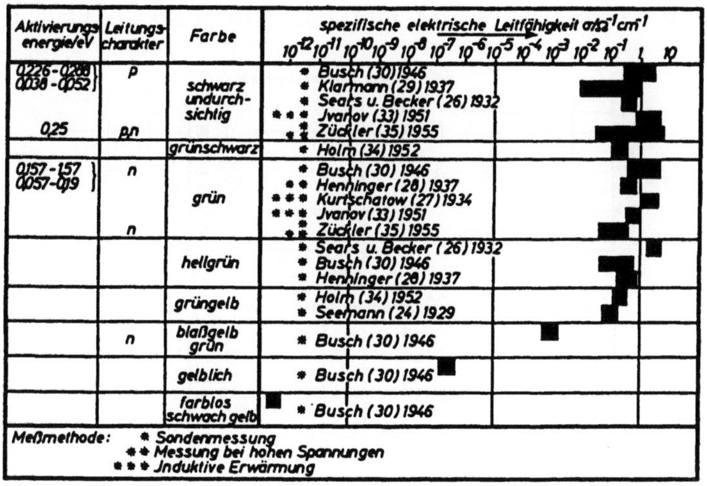

Aktivierungs-energie/eV	Leitungs-charakter	Farbe	spezifische elektrische Leitfähigkeit $\sigma/\Omega^{-1}\mathrm{cm}^{-1}$
$0{,}226-0{,}288$ $0{,}038-0{,}052$	p	schwarz undurch-sichtig	* Busch (30) 1946 * Klarmann (29) 1937 * Sears u. Becker (26) 1932 *** Jvanov (33) 1951
$0{,}25$	p,n		** Zückler (35) 1955
		grünschwarz	* Holm (34) 1952
$0{,}157-1{,}57$ $0{,}057-0{,}19$	n	grün	* Busch (30) 1946 ** Henninger (28) 1937 *** Kurtschatow (27) 1934 *** Jvanov (33) 1951
	n		** Zückler (35) 1955
		hellgrün	* Sears u. Becker (26) 1932 * Busch (30) 1946 * Henninger (28) 1937
		grüngelb	* Holm (34) 1952 * Seemann (24) 1929
	n	blaßgelb grün	* Busch (30) 1946
		gelblich	* Busch (30) 1946
		farblos schwach gelb	* Busch (30) 1946

Meßmethode: * Sondenmessung ** Messung bei hohen Spannungen *** Jnduktive Erwärmung

Abb. 1.
Größenordnung der spezifischen Leitfähigkeit bei Zimmertemperatur nach verschiedenen Autoren.

fähigkeitsbereiche sieht und auch bei dem geschilderten Herstellungsverfahren der SiC-Kristalle nicht anders erwarten kann, schwankt die Leitfähigkeit von Kristall zu Kristall sehr. Eine eindeutige Abhängigkeit der Größe der Leitfähigkeit und des Leitungscharakters von der Farbe existiert nicht. Man kann höchstens sagen, daß mit steigender Reinheit (Durchsichtigkeit) der Kristalle die Leitfähigkeit abnimmt. Die dunklen Kristalle sind meist p-, die grünen meist n-Leiter. Manche Kristalle weisen eine homogene Leitfähigkeit auf, während andere Bereiche unterschiedliche Leitfähigkeit zeigen [18, 23, 35].

Die weitaus ausführlichste Untersuchung des Temperaturverhaltens der spezifischen Leitfähigkeit von SiC verdankt man *G. Busch* [30 bis 32]. Er untersuchte Leitfähigkeit und Halleffekt an einer großen Zahl von geeignet ausgewählten und bearbeiteten Kristallen verschiedener Farbe im Temperaturgebiet von $100\ldots1100\,^{\circ}\mathrm{K}$. Zwei typische Beispiele, ein dunkler p-leitender, ein grüner n-leitender Kristall [$\sigma(T)$, Hallkonst. $R(T)$ und daraus folgende

14*

Beweglichkeit $\mu(T) \approx |R| \cdot \sigma]$ sind in Abb. 2 wiedergegeben. Bei Gültigkeit *Boltzmann*scher Statistik und einer Beweglichkeit $\mu \sim T^{-\imath/\imath}$ müßten die im Hochtemperaturgebiet auftretenden Maxima der Leitfähigkeitskurven bei höheren Temperaturen liegen. Da die Beweglichkeit bei hohen Temperaturen ($\gtrsim$ 500 °K, d. h. $10^3/T \lesssim 2$) das theoretische $T^{-\imath/\imath}$-Gesetz erfüllt, muß der Verlauf der Leitfähigkeit auf einer Abweichung der Ladungsträgerkonzentration von den Gesetzen der Boltzmannstatistik beruhen. Aus dem Knick in der $\sigma(T)$-Kurve bei $10^3/T \approx 5 \dots 9$ ist andererseits zu schließen, daß bei tiefen Temperaturen zwei Störstellenniveaus beteiligt sind. Man kann in einem weiten Bereich des Tiefentemperaturgebietes die Leitfähigkeit durch eine Formel:

$$\sigma(T) = A_1\, e^{-\varepsilon_1/2\,k\,T} + A_2\, e^{-\varepsilon_2/2\,k\,T}; \qquad T < T_{\sigma\,\max} \tag{1}$$

($\varepsilon_1, \varepsilon_2$ = Aktivierungsenergien, k = *Boltzmann*sche Konstante, A_1, A_2 = Konstante) beschreiben. — Weiter fällt der Beweglichkeitsabfall bei tiefen

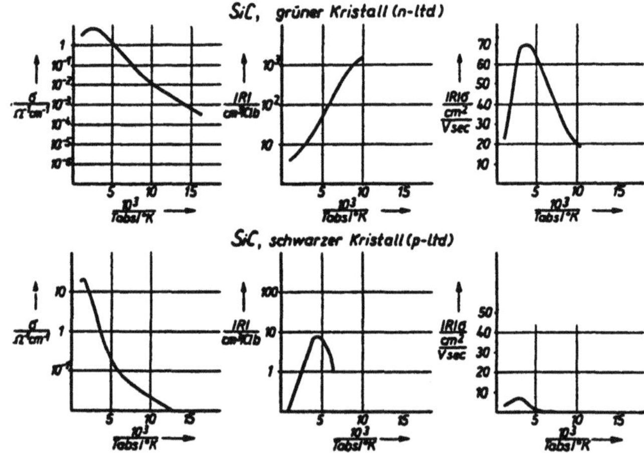

Abb. 2. Spezifische Leitfähigkeit σ, Hallkonstante R und Beweglichkeit für verschiedene Temperaturen (nach *Busch* und *Labhart*).

Temperaturen auf. Er legt den Gedanken nahe, daß der Strom von Trägern mit verschiedener Beweglichkeit, d. h. verschiedener effektiver Masse, in verschiedenen Bändern geführt wird. Die Ladungsträgerkonzentrationen liegen bei höheren Temperaturen in der Gegend von $10^{18} \dots 10^{19}\,\mathrm{cm^{-3}}$, d. h. man muß hier mit beginnender Fermi-Entartung des Elektronengases rechnen [31, 36]. Außerdem kann bei der hohen Störstellendichte der Fall eintreten, daß die Störstellen miteinander in Wechselwirkung treten und Elektronen untereinander austauschen, d. h. daß bei tiefen Temperaturen, wo die Zahl der freien Träger sehr klein geworden ist, „Störbandleitung" [12, 31, 37 bis 39] hervortritt. *Busch* und *Labhart* deuten daher ihre Messungen folgendermaßen [31]:

1. Unter dem Leitungsband (über dem Valenzband) liegen je zwei Störniveaus, die Elektronen abgeben bzw. aufnehmen können und bei denen ein Elektronenaustausch zwischen den Störstellen möglich ist (Leitung in „Stör-

·bändern"). Dadurch wird es möglich, daß etwa beim n-SiC der Strom von Elektronen im L-Band und daneben von Defektelektronen und Elektronen in Störbändern getragen wird (beim p-SiC entsprechend). Bei tiefen Temperaturen wird der Störbandanteil entscheidend. Bei diesem Leitungsprozeß treten große effektive Massen und damit kleine Beweglichkeiten [schmale Bänder $\triangleq$ kleine Beweglichkeiten μ *)] auf.

2. Außerdem wird für hohe Temperaturen noch die wegen der großen Trägerdichte einsetzende „Entartung des Elektronengases", d. h. die Abweichung der freien Trägerzahl (n) von dem durch die *Boltzmann*-Verteilung gegebenen Wert, berücksichtigt. Der sich bei Anwendung der Fermistatistik ergebende Ausdruck für den Beitrag der freien Elektronen zur spezifischen Leitfähigkeit:

$$\sigma(T) = \frac{2\,e^2\,n\,\bar{\tau}}{m^* \left[1 + \left(1 + 4\left\{\frac{(m^*\,k/2^{1/3}\,\pi\,\hbar^2)^{3/2}}{n_D} - \right\} T^{-3/2}\,e^{\Delta E/k\,T}\right)^{1/2}\right]} \tag{2}$$

mit $\bar{\tau}$ = mittl. Relaxationszeit $= \mu\,\dfrac{m^*}{e}$, m^* = effektive Masse des freien Elektrons,

    n_D = Störstellendichte, k = *Boltzmann*-Konstante, e = Ladung des Elektrons,

    $\hbar$ = *Planck*sche Konstante$/2\,\pi$, ΔE = Abstand Band—mittl. Störniveau, das zwischen den beiden obenerwähnten Niveaus angenommen wird,

gibt den experimentellen Verlauf bei höheren Temperaturen und die Lage des Maximums gut wieder.

Eine weitergehende Deutung der *Busch*schen Messungen im Störbandgebiet versuchte *Kendall* [12]. Danach ergibt sich für alle Störstellen mit der Dielektrizitätskonstante ε = 7 des SiC unter Voraussetzung wasserstoffähnlicher Zustände eine Ionisierungsenergie für den Grundzustand von 0,275 eV, von 0,07 eV für den ersten angeregten Zustand. Damit werden 0,275 und 0,07 eV unter dem Leitungsband bzw. über dem Valenzband neue Niveaus geschaffen (Abb. 3). Bei dem untersuchten SiC sind die Störstellendichten hoch genug,

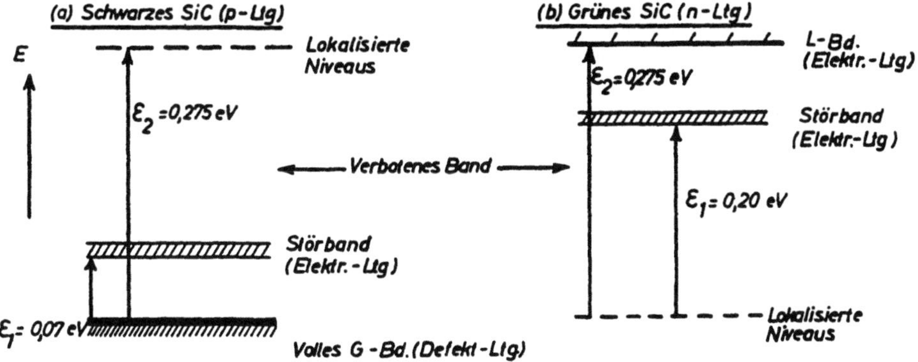

Abb. 3. Energiebändermodell für SiC [nach *J. T. Kendall*, Chem. Phys. **21** (1953), S. 821].

*) Vgl. *E. Spenke*, Elektronische Halbleiter, S. 206f. (Springer 1955).

daß Elektronen zwischen den Störstellen ausgetauscht werden können, da die Bahnen der in angeregten Zuständen befindlichen Elektronen sich überlappen (bei $n_D = 10^{20}$ cm^{-3} wird der mittlere Abstand der Störatome $\approx 24 \cdot 10^{-8}$ cm gegenüber einem *Bohr*schen Radius für den ersten angeregten Zustand von $\approx 22 \cdot 10^{-8}$ cm). Beim grünen SiC führt dann eine Anregung mit 0,2 eV zur Störbandleitung (bei kleinen T, μ sehr klein), bei höheren Temperaturen erfolgt der Elektronenübergang ins Leitungsband mit 0,275 eV.

Beim schwarzen p-SiC gehen bei tiefen Temperaturen mit einer Aktivierungsenergie von 0,07 eV Elektronen in den ersten angeregten Zustand über (gleichzeitig p-Leitung im Valenzband und n-Leitung im Störband mit sehr kleiner Beweglichkeit). Bei höheren Temperaturen tritt mit 0,275 eV Anregung in die lokalisierten Akzeptorniveaus ein (Defektleitung im Valenzband). — Wenn dieses Modell auch näherungsweise die Werte für einige experimentell gefundene Aktivierungsenergien liefert, so ergeben sich jedoch unter anderem folgende Schwierigkeiten:

1. Beim p-SiC kann der Übergang eines Elektrons aus dem Valenzband in das „Anregungs-Band" keine Leitfähigkeitserhöhung bringen, da das „Anregungs-Band" aus angeregten neutralen Akzeptoren ($A^{\times}$) — mit Defektelektronenleitungsmöglichkeit, die durch Elektronenzufuhr vermindert würde — besteht. Ähnlich wie beim n-SiC wäre der tiefste energetisch mögliche Prozeß die Anregung der lokalisierten Niveaus mit 0,2 eV:

$$(A^{\times})_{\text{Grundzustand}} \rightarrow (A^{\times})_{\text{angeregt}}.$$

2. Die von *Kendall* benutzte Überlappung der Bahnen der angeregten Elektronen als Ursache der Elektronenaustauschmöglichkeit zwischen den Störstellen kann erst bei hohen Temperaturen wirksam werden, da sich ja nur die angeregten $A^{\times}$- oder $D^{\times}$-Störstellen ($\Delta E \approx 0,2$ eV) überlappen können. Ein derartiger Mechanismus müßte einen anderen Temperaturgang der Leitfähigkeit zur Folge haben.

Weitere theoretische Berechnungen beobachteter Aktivierungsenergien unter Annahme mehrfach geladener Störstellen stammen von *K. Lehovec* [40].

Bemerkung des Herausgebers. Die neueren Versuche der Purdue Group unter *Lark-Horovitz, Lafayette*, über „Störleitung" in p- und n-Ge sowie InSb (insbesondere von *H. Fritzsche*) scheinen darauf hinzudeuten, daß hier die Störleitung bei kleinen Störstellenkonzentrationen stets an eine Doppeldotierung (Majoritätsstörstellendichte $N_{\text{ma}} >$ Minoritätsstörstellendichte $N_{\text{mi}} > 0$) gebunden ist. Dadurch werden bei tiefen Temperaturen N_{mi} voll besetzte Minoritätsstörstellen und $N_{\text{ma}} - N_{\text{mi}}$ besetzte, N_{mi} unbesetzte Majoritätsstörstellen geschaffen. Es scheint, daß man für die Störleitung bei geringeren Konzentrationen, wo die Bahnen der Grundzustände der besetzten Mulden sich noch nicht überlappen, nur mit Trägerübergängen von besetzten zu unbesetzten Majoritätsstörstellen zu rechnen hat, die ein Analogon zu der vom Herausgeber 1935 diskutierten Tunnel-Haftleitung bilden. Das wesentliche ist aber, daß man in dem skizzierten Bilde mit den bekannten Donator- und Akzeptorstörstellen-Termen auskommt, ohne zusätzliche unbekannte Haftstellen von Cis-Donator- und Trans-Akzeptor-Charakter (vgl. Bd. I dieser Reihe, Referat *Schottky/Stöckmann*) zu Hilfe nehmen zu müssen.

Es ist verlockend, auch beim SiC die — für die Geschichte der Störleitungsphysik grundlegenden — Untersuchungsergebnisse von *G. Busch* und Mitarbeitern auf ein analoges

Zusammenwirken der durch Hochtemperaturmessungen als bekannt nachgewiesenen gewöhnlichen Donator- und Akzeptorstörstellen zurückzuführen, wobei die jeweils im Überschuß vorhandene Störstellenart (N_{ma}) den Leitungscharakter bestimmt. Die Ionisierungsenergie der Majoritätsstörstellen würde dann aber in die Leitfähigkeitsformel für die Leitung durch freie Träger [ε_1-Glied von *Busch* in Formel (1)] nicht mit $E/2$, sondern mit E selbst eingehen, wenigstens solange die Zahl n bzw. p der freien Träger noch kleiner als N_{mi} ist. Erst bei $n > N_{mi}$ würde das $E/2$-Gesetz in Kraft treten; es wäre denkbar, daß das von den Schweizer Autoren seinerzeit durch reine Entartungserscheinungen gedeutete Hochtemperatur-Leitfähigkeitsmaximum zu einem wesentlichen Teil mit einem solchen Übergang von einem E- zu einem $E/2$-Anstieg in Verbindung zu bringen wäre, wobei der letztere durch die $T^{-3/2}$-Abnahme der freien Beweglichkeit überkompensiert wird.

Das Auftreten einer zweiten, wesentlich kleineren Aktivierungsenergie im Störleitungsgebiet bei tiefen Temperaturen [ε_2-Glied in (1)] wurde vom Herausgeber versuchsweise (unveröffentlicht) mit der entpolarisierenden Wirkung in Zusammenhang gebracht, die ein von einer besetzten zu einer unbesetzten ma-Störstelle übergegangener Träger in der (partiell heteropolaren) Ionenumgebung der leeren Störstelle hervorruft. Diese Energie ist beim Übergang von der besetzten zur unbesetzten Störstelle als Verlustenergie zusätzlich aufzuwenden und demnach der besetzten Mulde zuzuführen, ehe ein Übergang möglich wird. Eben diese Polarisationsenergie E_{pol} ist es dann, die die Aktivierungsenergie im Störleitungsgebiet bestimmt ($E_{pol} \approx \varepsilon_2/2$), und es ist befriedigend, daß diese Energie beim merklich heteropolaren SiC als ein nicht sehr kleiner Bruchteil der Ionisierungsenergie E gefunden wird. Die weitere Ausführung dieser Andeutungen, ebenso wie die Frage ihrer Anwendbarkeit auf die normalerweise als rein homöopolar betrachteten diamantartigen Gitter, muß späteren Veröffentlichungen überlassen bleiben.

Abschließend läßt sich sagen: SiC ist ein amphoterer Halbleiter, dessen Charakter durch Einbau von Störstellen (Al, B ... Ca gibt p-Leitung, fünfwertige Elemente liefern n-Leitung) und möglicherweise durch Abweichungen von der genauen stöchiometrischen Zusammensetzung bestimmt wird. [11, 12]. Definierte Dotierungsversuche sind abzuwarten.

4. KONTAKTWIDERSTAND

4.1. Experimentelles Material

4.11. Einzelkontakte

4.111. Kontakt Metall/SiC (Detektorkennlinien)

Das Verhalten von Kontakten zwischen SiC-Kristallflächen und aufgesetzten Metallspitzen ist häufig untersucht worden. Siehe z. B. [20, 21, 34, 35, 41 bis 46]. Die Ergebnisse der Untersuchungen stimmen nicht in allen Punkten überein, was größtenteils durch die verschiedene Untersuchungsmethodik (verschiedener Kontaktdruck, Formierung?, keine sperrfreien rückwärtigen Kontakte — am günstigsten erwiesen sich nach *Kendall* [43] angeschmolzene Kohle-Kontakte und nach *Busch* [30] durch Zersetzung von AgF aufgebrachte Silberkontakte —) und durch das verschiedene Material (Oberfläche verschieden stark oxydiert usw.) erklärbar ist. Als gesicherte Tatsachen können gelten:

a) Die U-J-Kennlinie ist nicht ohmisch (Abb. 4). Nur für sehr kleine Spannungen gibt es einen Ohmschen Bereich.

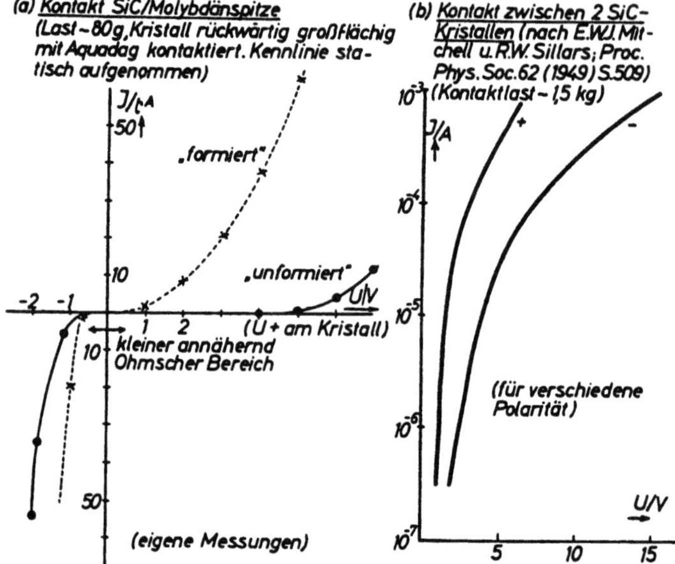

Abb. 4.   Kennlinien von Einzelkontakten.

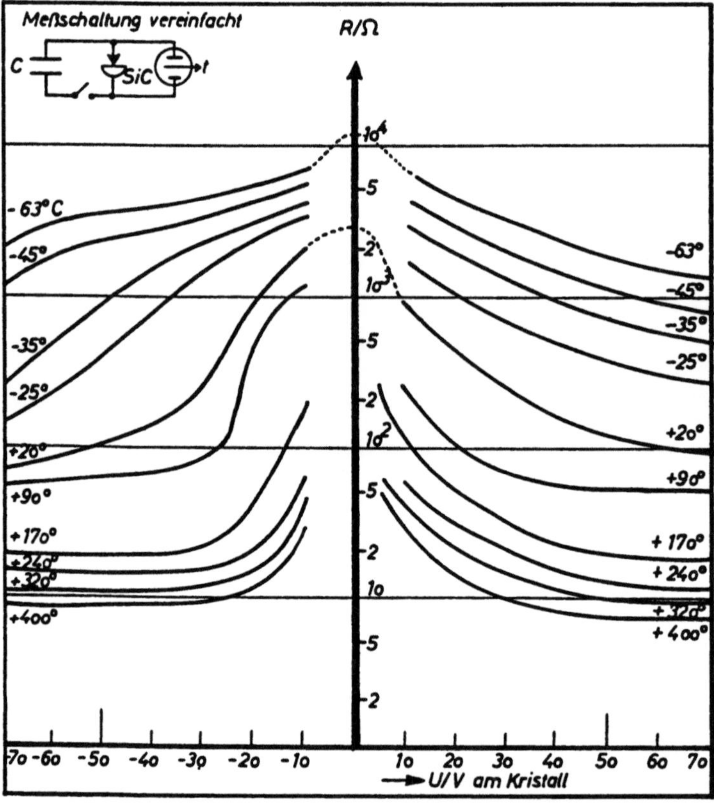

Abb. 5.   Temperaturabhängigkeit der Kontaktkennlinien [R (U)]. Molybdän-Schneide/SiC rückwärtig
großflächig mit Aquadag kontaktiert. R (U) aus Kondensatorentladungskurven bestimmt [35].

b) Von Punkt zu Punkt der Oberfläche und von Kristall zu Kristall ist der Kennlinienverlauf (Höhe der Sperrspannung, Gleichrichtungsverhältnis) verschieden [26, 42].

c) Bei kleinen Gleichspannungen ist das (differentielle) Gleichrichtungsverhältnis am größten [42].

d) Bei Überschreiten einer bestimmten Spannung tritt eine irreversible Änderung der Kennlinie ein: das Gleichrichtungsverhältnis sinkt, der Widerstand wird kleiner („Formierung" [42 bis 44]). Manchmal tritt sogar eine Umkehr des Gleichrichtungseffektes ein. Das Einsetzen der Formierung (Durchschlag einer Oxydhaut, siehe auch 4.214) hängt auch vom Kontaktdruck ab [21].

e) Die Kennlinien werden durch das Kontaktmaterial beeinflußt [42].

f) Bedampfen der Oberfläche der SiC-Kristalle mit SiO_2, Glühen in Sauerstoff, Abschleifen oder Abätzen der Oberflächenschichten mit HF oder einer Salzschmelze ändert die „formierte" Kennlinie wenig [44, 46].

g) Elektronenbeugungsaufnahmen ergeben, daß auf der SiC-Oberfläche meistens eine dünne SiO_2-Haut sitzt, deren Dicke durch Glühen des Kristalles wächst. Die dünne Haut muß sich nach Entfernung in der Luft sehr schnell wieder bilden ($d \lesssim 10^{-7}$ cm) [47, 48]. Glühen im Vakuum führt zu Si-Verdampfung, auf der Kristalloberfläche bildet sich eine dünne Graphithaut (zurückbleibendes C des SiC-Gitters) [49].

h) Die spannungsabhängigen Kontaktwiderstände ändern sich stark mit der Temperatur (vgl. Abb. 5 [35]). Bei der Aufnahme dieser Kennlinien (Auswertung von Kondensatorentladungskurven) ist die Aufheizung der Kontakte durch den fließenden Strom möglichst vermieden.

i) Das Vorzeichen der Gleichrichtung spricht häufig für einen Raumladungsmechanismus [43].

4.112. Kontakte zwischen zwei Kristallen

Ähnlich wie die Detektorkontakte wurde auch der Kontakt zwischen einzelnen Kristallen häufiger untersucht [35, 43, 45]. Man erhält ebenfalls eine Mannigfaltigkeit von nichtohmschen und im allgemeinen auch nichtsymmetrischen Kennlinien (Beispiel Abb. 4b). Ein Formiereffekt, d. h. eine irreversible Veränderung des Kontaktes bei Durchgang größerer Ströme ist auch vorhanden. Die Kapazität solcher Kontakte hängt von der angelegten Spannung ab [45]. Die Temperaturabhängigkeit ist ähnlich wie bei den Kontakten zwischen Metallspitzen und Kristallen [35].

4.12. Aggregate mit vielen Kristallen

Schüttet man eine Menge von SiC-Körnern in einen isolierenden Behälter und setzt diese Schüttung unter Druck, so verhält sich dieses Aggregat wie eine Reihen- und Parallelschaltung sehr vieler Einzelkontakte, wobei die zufälligen Asymmetrien der Einzelkontakte natürlich herausfallen.

Man kann die Kennlinie der Schüttung innerhalb gewisser Grenzen (abhängig vom Druck, der Korngröße und den Dimensionen) auf die Kennlinie der Einzelkontakte zurückführen [50].

4.121. Aufbau, Bindemittel

Die in der Praxis verwendeten SiC-Widerstände werden aus SiC-Pulver verschiedener Korngröße und Qualität hergestellt. Die Wahl der Korngröße ist bestimmend für die Kontaktzahl und damit für die Eigenschaften der Kennlinie. Im allgemeinen verwendet man Körner mit einem Durchmesser von $\lesssim 0{,}3$ mm. Als Bindemittel dienen meist elektrisch indifferente Substanzen: organische und anorganische Binder (z. B. Zemente) und keramische Binder. Weiter benutzt man meist neutrale Zusätze zur Ausfüllung des Porenvolumens und als Plastifizierungsmittel. Der Fertigungsvorgang schließt Formpreß-, Trocken- und Brennprozesse ein. Die elektrischen Eigenschaften der Widerstände werden also auch hier durch die SiC-Kontakte und Körner bestimmt. In manchen Fällen versucht man auch durch „aktive" Zusätze die Kennlinie zu beeinflussen (vgl. z.B. [16]). Diese Fälle wollen wir aber hier nicht betrachten.

4.122. Varistoren [51, 52, 67]

Die für den Bereich kleiner Ströme und Spannungen hergestellten Widerstandsscheiben, häufig „Varistoren" genannt, werden in der Elektrotechnik z. B. als Schutzwiderstand zum Abschneiden von Überspannungen, zur Funkenlöschung bei Relais usw. verwendet. Man charakterisiert sie durch Angabe der U/J-Kennlinie (Abb. 6a), die meist durch einen Potenz-Ansatz:

$$J = A\,U^{\alpha} \tag{3}$$

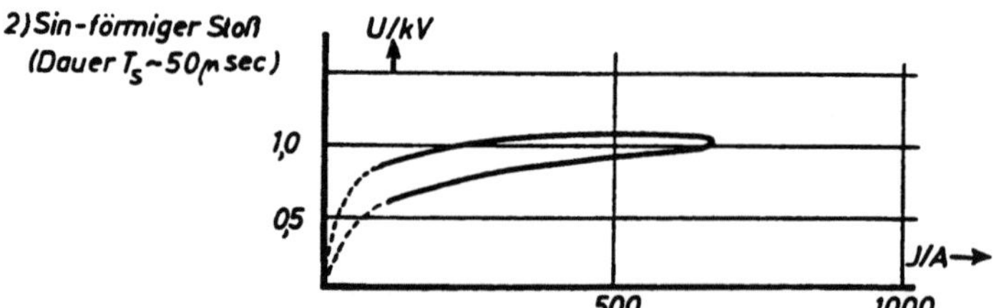

Abb. 6. J-U-Kennlinien (nach Oszillogrammen).

beschrieben wird. Dabei ist die „Steilheit" der Kennlinie durch den Exponenten α, der im allgemeinen zwischen 3 und 5 liegt, gegeben. Der Hersteller hat dabei durch Wahl der SiC-Sorte, Korngröße, Formgebung und Führung des Herstellungsprozesses die Gestalt der Kennlinie des Widerstandes bis zu einem gewissen Grade in der Hand. Die von diesen Widerständen geführten Ströme sind klein (im allgemeinen $\lesssim 1$ A), so daß thermische Effekte keine große Rolle spielen.

4.123. Überspannungsableiter [27, 35, 53 bis 55]

Hier handelt es sich um ähnlich aufgebaute Widerstände aus SiC-Pulvern, die stoßweise (100 ... 1000 µsec) mit Strömen bis 10^5 A belastet werden. Sie haben die Aufgabe, bei Blitzeinschlag und bei Schaltvorgängen auftretende Überspannungen zu begrenzen und die Isolation des Netzes zu schützen [56]. Das geschieht dadurch, daß nach Ansprechen der vor dem spannungsabhängigen SiC-Widerstand liegenden Funkenstrecke dieser infolge der hohen anliegenden Spannung zusammenbricht und den Stoßstrom zur Erde ableitet. Dabei wird der Widerstand warm, insbesondere die Kontakte der Körner. Die dadurch bedingte Widerstandserniedrigung vergrößert die Steilheit (bzw. bei U als Ordinate, die Abflachung) der Kennlinie. (Bei hohem J wird α bis ≈ 10 [54].) Außerdem fallen (Abb. 6b) Hin- und Rücklauf der Kurve nicht mehr zusammen, was sich bei der oszillographischen Kennlinienaufnahme in der Aufspaltung der Kurve zeigt. Die Größe dieser Aufspaltung hängt dabei ab von:

a) den SiC-Materialeigenschaften (Temperaturabhängigkeit der Leitfähigkeit, Wärmeleitung, Wärmekapazität),

b) den Eigenschaften der Widerstandsscheibe: je homogener die Scheibe und je größer der mittlere Korndurchmesser ist, um so geringer wird die Aufspaltung.

c) Vom Stromstoß, der durch die Widerstandsscheibe geht. Je größer J_{max}, je steiler der zeitliche Stromanstieg und je länger die Dauer des Stromes ist, um so größer wird die Aufspaltung [35, 53].

d) Die Aufspaltung wächst — unter sonst gleichen Verhältnissen — mit abnehmender Außentemperatur [53].

Die sich in der Kennlinienaufspaltung zeigende thermische Widerstandsänderung der Ableiterscheibe darf nicht zu groß werden, da der Widerstand nach dem Abklingen des Stoßstromes den infolge der Netzspannung noch über den Ableiter zur Erde fließenden Strom so weit begrenzen muß, daß die vorgeschaltete Funkenstrecke beim nächsten Nulldurchgang der Netzspannung löschen kann. Die Kennlinie der Widerstandskörper wird durch das Hindurchschicken großer Ströme geändert. Insbesondere ändern sich dabei die Widerstandswerte bei kleinen Spannungen. Daher werden gefertigte Widerstandsscheiben mit hohen Stoßströmen belastet, „formiert", um ihnen definierte Eigenschaften zu geben. Die bei der Formierung an den Einzelkontakten auftretenden Stromdichten sind sehr hoch ($\approx 10^6$ A/cm^2). Dabei treten an den Kontaktstellen beträchtliche Übertemperaturen auf, die die Spitzen der Körper glühen und zum Teil verdampfen lassen [53]. Die erreichten Temperaturen liegen in der Gegend von $\gtrsim 2000\,^0$C, was sich auch daran zeigt, daß bei Versuchen an Pulvern ohne Bindemittel bei Stoßbelastung mit entsprechenden

Strömen ein Verschweißen einzelner Kontakte stattfindet. Für das Verständnis der Vorgänge sind noch folgende Beobachtungen wichtig:

1. Aggregate aus vielen Körnern, bei denen der Raum zwischen den Körnern durch Öl oder Füllstoffe ausgefüllt ist, zeigen fast die gleiche Kennlinie wie solche ohne Füllstoff. Ebenso hat eine Veränderung des Gasdruckes in dem die Körner enthaltenden Behälter keinen Einfluß [53, 55]. Der Widerstand bei sehr kleinen Spannungen pro Kontakt ($U < 0{,}2$ V) sinkt proportional $e^{-\beta T}$ [35, 53].

2. Die Kennlinie wird verändert, wenn man SiC verwendet, welches längere Zeit an Luft oder Gasatmosphäre geglüht wurde. Die Glühung bewirkt eine Erhöhung des Widerstandes (vgl. z. B. [53]).

3. Die Kennlinie hängt (bei sonst gleichen Verhältnissen) von der Form der Körner ab. Runde Körner geben höhere Widerstände als flächenbegrenzte [53]. (Einfluß auf die Feldstärke an den Kontaktstellen.)

4. Die Widerstandsaggregate haben eine Kapazität, die im wesentlichen durch die der Einzelkontakte bestimmt ist. Diese fällt linear mit dem Druck pro Kontakt. Ihr Wert ändert sich mit der Formierung. Während er vorher unabhängig von einer überlagerten Gleichspannung ist, ändert er sich nachher mit der angelegten Gleichvorspannung [35, 45]. Die Kapazitätswerte pro Kontakt liegen in der Größenordnung von 1 pF (bei $\nu \approx 10^4\,\mathrm{sec}^{-1}$).

4.2. Theoretische Deutungsversuche

Durch Versuche bei verschiedenem Druck, mit und ohne Magnetfeld und bei Ausfüllung der Zwischenräume (Porenvolumen) zwischen den SiC-Körnern mit isolierenden Stoffen [53, 55], konnten ältere Theorien, die das Arbeiten der SiC-Widerstände durch Gasentladungseffekte zu erklären suchten [57, 58] widerlegt werden. Die experimentellen Daten sprechen dafür, daß die Kennlinie der Widerstände durch die Spannungsabhängigkeit der Kontaktwiderstände, durch Temperatureffekte verstärkt, bestimmt wird.

4.21. Einzelkontakttheorien

4.211. *Kurtschatow* u. M. [27] versuchten eine Deutung der Spannungsabhängigkeit des Kontaktwiderstandes auf folgender Grundlage:

a) Der Übergang der Elektronen von Korn zu Korn beruht auf der Überwindung der von einem leeren Kontaktzwischenraum ($\delta \approx 10^{-7}$ cm) gebildeten Potentialschwelle durch Tunneleffekt (*Wilson*sche Theorie).

b) Die Elektronen gehorchen einem *Boltzmann*schen Verteilungsgesetz. Solange die Spannung pro Kontakt kleiner ist als die halbe Höhe der Potentialschwelle (d.h. bei Austrittsarbeit des SiC $\approx 4{,}5$ eV kleiner als $\approx 2{,}5$ eV), (diese Voraussetzung wird bei der Abschätzung der Durchtrittswahrscheinlichkeit durch die Potentialschwelle benutzt) gilt dann für den Einzelkontakt eine Stromspannungsbeziehung der Form:

$$j_K = \frac{3}{4}\frac{kT}{el}\,\sigma(T)\,e^{-\frac{4\pi}{h}\sqrt{2m\Phi}\,\delta}\;e^{\frac{\pi}{h}\sqrt{2m/\Phi}\,\delta e U}\,(1 - e^{-eU/kT}). \tag{4}$$

Dabei: $\sigma(T)$ = Leitfähigkeit des SiC,
T = Temperatur,
l = freie Weglänge der Elektronen,
δ = Breite der Potentialschwelle,
U = Spannung am Kontakt,
Φ = Austrittsarbeit (in eV),
j_K = Stromdichte am Kontakt,
m = Masse des Elektrons; sonstige Bezeichnungen wie vorher.

Die Leitfähigkeiten der sich berührenden Kristalle werden dabei als gleich angenommen. Mit $\sigma \approx 0{,}5\ \Omega^{-1}\ \mathrm{cm}^{-1}$, $\delta \approx 10^{-7}$ cm, $l \approx 10^{-6}$ cm wird bei Zimmertemperatur für entsprechende U-Werte:

$$j_K \approx 1{,}3 \cdot 10^{-6}\ e^{1{,}21\,U}\ (\mathrm{Amp/cm^2}). \tag{5}$$

Braun und *Busch* [49] gehen von ähnlichen Voraussetzungen aus. Sie nehmen zwischen den Körnern trennende SiO_2-Häute an ($\delta \approx 10^{-7}$ cm). Für kleine U ($\approx 0{,}5\ldots2{,}5$ V) gilt dann die *Kurtschatow*sche Formel, während im Gebiet kleinster Spannungen die Leitfähigkeit der Fremdschichten *auf den Kristallen* entscheidend ist. Bei höheren Spannungen ($U \gtrsim 2{,}5$ V) werden die bei *Kurtschatow* vernachlässigten Änderungen der Potentialschwelle durch Feldeffekte *(Erniedrigung der Austrittsarbeit, Durchgangsmöglichkeit durch die Potentialschwelle für langsame Elektronen)* berücksichtigt. Unter Voraussetzung gleicher Leitfähigkeit in den sich berührenden Körnern ergibt sich:

$$j_K = \frac{3\,kT}{4\,el}\,\sigma\,e^{-\frac{4}{3}\frac{\sqrt{2m}}{e\hbar}\frac{\Phi^{3/2}}{F}\cdot\varphi(y_0)}, \tag{6}$$

dabei: F = Feldstärke am Kontakt, $\varphi(y_0)$ = Nordheimfunktion, die den Einfluß der Potentialschwellenerniedrigung *durch die Bildkraft* berücksichtigt [*L. Nordheim*, Proc. Roy. Soc. 121 (1928), S. 626].

Aus der weiteren Analyse des empirischen Materials folgt, daß thermische Effekte die Kennlinie stark beeinflussen müssen. Die bei größeren Strömen und Spannungen auftretende Aufspaltung der Kennlinie (Hysterese) wird durch eine thermische Widerstandsänderung gedeutet. Diese tritt nach *Braun* und *Busch* vorwiegend durch eine Steigerung der Leitfähigkeit der Fremdschichten ein (Feldemissionsstrom geht in Leitungsstrom über), oder durch die Erhöhung der thermischen Elektronendichte im Kontaktgebiet der SiC-Körner, so daß Elektronen schon durch thermische Energie die (infolge der hohen Feldstärke herabgesetzte) Austrittsarbeit zur Zwischenschicht überwinden können (*Schottky*-Effekt). Eine phänomenologische Theorie, die nur thermische Vorgänge an den Kontakten berücksichtigt, beschreibt die Kennlinie nicht. Nach *Busch* sind im Anfang nur Feldeffekte entscheidend, die thermischen Effekte kommen (wegen der thermischen Trägheit) erst bei großen Strömen und beim Rücklauf der Kurve zur Wirkung.

Die große Zahl der freien Parameter (Kontaktfläche, σ, l usw.) gestattet, die sich aus theoretischen Formeln ergebenden Kurven in weiten Bereichen mit experimentellen Kurven (von Aggregaten) in Übereinstimmung zu bringen [53], ohne daß damit ein schlüssiger Beweis für die Richtigkeit des der Rechnung jeweils zugrunde liegenden Modells erbracht wäre. Gegen die skizzierten Vorstellungen sprechen folgende experimentelle Erfahrungen:

1. Das Vorzeichen der Gleichrichtung bei Metall/SiC-Kontakten ist entgegengesetzt, wie man es nach der *Wilson*schen Theorie (Tunneleffekt durch Leer-

schicht bzw. Isolierschicht [59]) erwarten sollte [43]. Damit wird die entscheidende Rolle der isolierenden Zwischenschicht auch für die Übergänge
der Ladungsträger von Korn zu Korn wenigstens bei den formierten Kontakten
in Frage gestellt [45].

2. Gegen einen Kontaktmechanismus, der auf dem Vorhandensein einer
Isolierschicht beruht, spricht weiter die Abhängigkeit derKontaktkapazität von
einer überlagerten Gleichspannung [45, 35].

3. Die Voraussetzung gleicher Leitfähigkeit für die verschiedenen Körner,
unter der die Formeln abgeleitet sind, ist sicher nicht erfüllt. Messungen an
Kristallen gleicher Herkunft zeigten Schwankungen um drei Zehnerpotenzen
(s. a. Abb. 1). Zudem hat man sogar mit teilweise verschiedenem Leitungscharakter zu rechnen, da eine Menge z. B. „schwarzen" SiC-Pulvers stets
einen größeren Prozentsatz von andersfarbige Körnern (besonders blau, grün
und hell durchsichtig) enthält. Daher kann man von den skizzierten Theorien
keine quantitativ zutreffenden Ergebnisse erwarten.

Außerdem müßte außer der Aufheizung der eigentlichen Kontaktzone noch
die thermische Absenkung des Ausbreitungswiderstandes hinter den Kontakten und bei langen Stößen die Aufheizung der Körner in den Kontaktketten, die den meisten Strom führen, berücksichtigt werden [61, 34, 35].

4.212. *C. C. Dilworth* [59] geht von ähnlichen Voraussetzungen wie *Kurtschatow* aus: Potentialschwelle der Höhe Φ/e (von Spalt und isolierender
Zwischenschicht) zwischen dem halbleitenden Innern der Kristalle wird durch
den Tunneleffekt überwunden. Die Kristalle werden als kugelförmig (Radius r)
betrachtet. Das führt für den Einzelkontakt zu einer Strom-Spannungsbe-
ziehung der Form (vgl. auch [61]):

$$I \approx F\,(n, \sigma, T)\, f\!\left(\frac{r\,U}{\alpha}\right) \mathrm{e}^{-\alpha \delta_0/e\,U}\,(1 - \mathrm{e}^{-e\,U/k\,T}). \qquad (7)$$

Dabei sind die auch früher verwendeten Bezeichnungen benutzt. Außerdem
bedeuten: δ_0 = Breite der Potentialschwelle (= Isolierschichtdicke an der

Berührungsstelle) $\alpha = \dfrac{8\pi\,\sqrt{2\,m}}{3\,h}\,(\Phi^{3/2} - (\Phi - e\,U)^{3/2})$. Bei Anwendung der

Formel auf Aggregate läßt sich mit geeigneten Werten für die Parameter
(σ, n, r, δ_0) eine größenordnungsmäßige Übereinstimmung mit experimentellen
Kurven herstellen. Es gelten aber die gleichen Einwände wie bei *Busch* und
Kurtschatow (4.211). Um die Polarität der Gleichrichtung von Kontakten
SiC-Kristall/Metallspitze in Einklang mit der Erfahrung zu bringen, nimmt
Dilworth an, daß sich hinter der Isolierschicht (Austrittsarbeiten Φ_1 und Φ_2
aus dem Metall und dem SiC sind verschieden!) noch eine Raumladungszone
befindet, deren Breite von der angelegten Spannung abhängt. *Dilworth* kombiniert also die *Wilson*sche Theorie mit der *Schottky*schen Raumladungs-
theorie [60]. Die am Kontakt liegende Spannung U teilt sich dann auf die zu
durchtunnelnde Isolierschicht und die Randschicht auf (U_1, U_2). Damit ergibt
sich bei kleinen U für SiC-Metallkontakte eine Stromspannungsbeziehung der
Form:

$$I \approx F_1\,(T, \Phi_1, \Phi_2, n, \sigma, \delta)\,\{\mathrm{e}^{-(\Phi - e\,U_1)/k\,T} - \mathrm{e}^{-e\,U_2/k\,T}\} \qquad (8)$$

mit

$$U_1 + U_2 = \frac{1}{e}\,\Phi + U = \frac{1}{e}\,(\Phi_1 - \Phi_2) + U$$

(dabei sonstige Bezeichnungen wie in den anderen Formeln).

Diese Gleichung liefert das richtige Vorzeichen der Gleichrichtung bei Metall-SiC-Kontakten. Die große Zahl der freien Parameter gestattet aber bei ihr ebensowenig wie bei den für größere Spannungen abgeleiteten Ausdrücken eine quantitative Prüfung.

4.213. Auch *R. Holm* [61] und *E. Holm* [34] gehen von ähnlichen Voraussetzungen wie *Kurtschatow* aus: An den Kontakten besteht eine 10—20ÅE dicke Schicht geringer Leitfähigkeit (evtl. SiO_2-Haut), die durch Tunneleffekt überwunden wird. (Über die Schwierigkeiten, die sich aus dieser Vorstellung ergeben, s. Bem. zu 4.211). — Die Spannungsbegrenzung bei großen Strömen erklären *R.* u. *E. Holm* dadurch, daß sich bei Stromdurchgang das hinter dem Kontakt liegende Gebiet des Ausbreitungswiderstandes nach der *Holm*schen Spannungs-Temperaturbeziehung:

$$\Theta = \frac{U^2}{8\,\bar{\varrho}\,\bar{\lambda}}; \qquad (9)$$

(dabei: $\Theta =$ Übertemperatur des Kontaktes,

$\bar{\varrho}, \bar{\lambda} =$ geeignete Mittelwerte des spez. Widerstandes und der Wärmeleitfähigkeit)

aufheizt. Dabei treten Kontakttemperaturen von $> 2000\,^{\circ}K$ auf. Durch diese Temperaturerhöhung sinkt der Ausbreitungswiderstand so weit, daß die beobachtete Kennlinie entsteht.

Die von *Holm* angenommene thermische Absenkung des Ausbreitungswiderstandes spielt bei großen Strömen sicher eine wesentliche Rolle. Allerdings erscheint das geforderte Einsetzen der Eigenleitung, ebenso wie die mit 2 eV angenommene Brandbreite fraglich. Außerdem muß man bei Stößen mit sehr steilen Fronten (Stromanstiegszeit $\lesssim 1\ \mu sec$) berücksichtigen, daß die Aufheizung der kontaktnahen Zonen Zeit braucht, daß also in solchen Fällen zunächst nur die Feldeffekte zur Wirkung kommen. — Die Art, wie sich Feld- und thermischer Effekt überlagern, hängt von der Form des Stromstoßes, d. h. seinem zeitlichen Verlauf, ab. Bei sehr lange dauernden Stromstößen wird man außerdem die Aufheizung der Körner durch die an den Kontakten freiwerdende und ins Korninnere abfließende Wärme zu berücksichtigen haben („Dynamische Kennlinie").

4.214. *E. W. J. Mitchell* und *R. W. Sillars* [45] sowie *N. F. Mott* [62] entwickelten Vorstellungen, die die Schwierigkeiten beseitigen, die das Vorzeichen der Gleichrichtung, die spannungsabhängige Kapazität und der geringe Einfluß der SiO_2-Häute nach der Formierung den bisher dargestellten Deutungen bereitet. Sie nehmen an, daß am Kristall/Kristall-Kontakt in beiden Kristallen Raumladungsschichten vorhanden sind, und diese etwa wie zwei gegeneinander geschaltete Gleichrichter wirken. Die diese Raumladungen kompensierenden Ladungen müssen an der Oberfläche der Kristalle gebunden werden. Die Natur dieser bindenden Zentren („Oberflächenzustände") ist nicht geklärt. Bei *n*-leitendem SiC wäre an adsorbierte Sauerstoffatome zu denken, die sich negativ aufladen [63]. Eine solche Anordnung hat einen Widerstandsverlauf und eine Kapazität, wie man sie beobachtet. *W. Heywang* versuchte eine quantitative Durchrechnung dieses Modells unter vereinfachten Annahmen über Störstellendichte, Termlage usw. [64], allerdings ohne Berücksichtigung der Selbstaufheizung der Kontakte. Dadurch ist diese Durchführung des Modells im Bereich höherer Ströme nicht anwendbar (s. a. Abb. 7).

Bei einem Vergleich der verschiedenen theoretischen Modelle mit den experimentellen Daten darf nicht übersehen werden, daß das gesammelte Material sehr heterogen ist. Es gibt kaum einen „reinen" Metall/SiC-Kontakt. Die SiC-Kristalle unterscheiden sich — abhängig von ihrer Herstellung — sehr stark hinsichtlich ihrer Leitungseigenschaften (Art und Konzentration der Störstellen) und ebenso in ihrer Oberflächenbeschaffenheit (Oxydhaut usw.). Sicher spielt in vielen Fällen (abhängig von der Vorgeschichte des Kristalls) eine SiO_2-Haut eine Rolle, so lange diese nicht durch hohen Kontaktdruck mechanisch oder durch hohe Spannung elektrisch durchbrochen ist. Die Einzelheiten bei der „Formierung" der Kontakte infolge des Durchganges großer Ströme sind auch noch nicht geklärt.

Bei den Kontakten Metallspitze-SiC wären Effekte ähnlich wie bei der Formierung von Ge- oder Si-Spitzenkontakten möglich. (Bildung von Bereichen anderen Leitungscharakters, Einwanderung von Störstellen [65].) Bei Kontakten zwischen SiC-Kristallen muß man bei den hohen Übertemperaturen an den Berührungsstellen ein Verschweißen der Einzelkörner, Oxydationsprozesse und ein Herausdampfen von Si-Atomen aus dem Gitter in Betracht ziehen *). Bei gebundenen Scheiben können auch Reaktionen des SiC mit den Zusätzen oder Bindemitteln an den überhitzten Stellen stattfinden. — Eine der skizzierten einfachen Theorien wird kaum das gesamte an verschieden behandelten und verschieden beanspruchten Kontakten gesammelte Erfahrungsmaterial wiedergeben können. Wahrscheinlich kommen die Randschicht- und Trap-Modelle den Verhältnissen bei formierten Kontakten, Isolierschichtmodelle den bei kleinen Spannungen und unformierten Kontakten zutreffenden Tatsachen am nächsten (vgl. Abb. 7).

4.22. Die Anwendung der skizzierten Theorien auf Aggregate aus vielen Körnern (Größenordnung 10^7 pro Scheibe) geht von einer vereinfachten Anordnung der Körner (idealisierte Form und Packung) aus und rechnet mit einer homogenen Stromverteilung. Die Kennlinie ergibt sich dann aus der Parallel- und Reihenschaltung vieler Einzelkontakte.

Die Spannungsabhängigkeit der Kapazität der formierten Scheiben spricht für ein Randschichtmodell bei den Einzelkontakten. Bei größeren Strömen und länger dauernden Wellen (es kommen Stöße, die länger als 1000 μsec dauern, vor) treten die thermischen Effekte (Aufheizung der Ausbreitungszone [34] und des Korninnern [35]) in Aktion. Diese Erscheinungen werden noch wirksamer dadurch, daß die Kontaktketten, die infolge der zufälligen Anordnung ihrer nicht völlig gleichen Kontakte und Körner den geringsten

---

*) *Anm. des Herausgebers.* Der letztgenannte Effekt dürfte vielleicht besondere Beachtung verdienen. Es würde sich dann in der Übergangszone ein mit zahlreichen Si-Lücken durchsetztes Gebiet bilden, und falls diese Lücken, wie man es bei Ge-Lücken in nukleonenbombardiertem Ge kennt, als einigermaßen nahe der Bandmitte liegende akzeptorartige Trap-Terme wirkten, wäre die an den Korngrenzen verlangte Trapwirkung zunächst für n-Material verständlich. Damit allerdings bei p-Material die hier verlangte positive Überschußladung zustande kommt, wäre außerdem noch die Anwesenheit einer hinreichenden Zahl von positiven Störstellen (die nicht notwendig umladbar zu sein brauchten) zu fordern. Man könnte hier vielleicht an C- oder Si-Zwischengitterionen denken.

Autor	Kurtschatow u. M. [27] 1935	Braun u. Busch [49] 1947	Dilworth [59] 1948	R. Holm [61] 1946/1941 E. Holm [34] 1952	Sillars u. M. [45] 1949 Mott [62] 1951 Heywang [64] 1954
Potential-schema	$\phi =$ Austritts-arbeit; ϕ/e; U; δ; $(U\neq0)$	ϕ/e; U; δ; $(U\neq0)$	Kontakt: Metall/SiC; ϕ_1/e; ϕ_2/e; U_1; $(U\neq0)$; $U_2+\frac{1}{e}(\phi_1+\phi_2)$; keine Oberflächen-Ladung; δ_1; Raumladg; δ_2	ϕ/e; U; δ; $(U\neq0)$	$(Fall\ U=0)$; ξ
Modell	Kontaktspalt der Breite $\delta \sim 10^{-7}$ cm wird durch Tunneleffekt überwunden: $$I \approx K_1 e^{K_2 U}(1 - e^{-\varepsilon U/kT})$$ $U \lesssim 0{,}5\,\Phi/e \approx 2{,}5$ V	Überwindung der Isolierschicht der Dicke $\delta \lesssim 3\cdot 10^{-7}$cm bei $U \lesssim 3$ V durch Tunneleffekt: $$I \approx K_1 e^{K_2 U}(1 - e^{-\varepsilon U/kT})$$ bei $U \lesssim 3$ V durch Feldemission: $$I \approx B_1 e^{-(B_2/U)\varphi(y_0)}$$ Bei großem U: therm. Vergrößerung d. Kontaktleitfähigkeit oder Schottky-Effekt	Isolierschicht δ_1 und Raumladungsschicht $\delta_2 (U)$ Tunneleffekt und Raumladungstheorie: $$I \approx F_1\{e^{-(\Phi - \varepsilon U_1)/kT} - e^{-\varepsilon U_2/kT}\}$$ $$U = U_1 + U_2 - \frac{1}{e}(\Phi_1 - \Phi_2)$$ Kontakt SiC/SiC: Ähnlich wie bei *Kurtschatow*: (Kugelform der Körner berücksichtigt) $$I \approx F(n,\sigma,T)f(r,U,\delta)(1 - e^{-\varepsilon U/kT})$$	Bei kleinem U wird d. Isolierschicht [61] durch Tunneleffekt überwunden. Bei großem U wird der Ausbreitungswiderstand und dessen thermische Absenkung nach $$\Theta \approx U^2/8\,\bar\varrho\,\bar\lambda$$ entscheidend	2 Raumladungsrandschichten mit Kompensationsladungen in Oberflächenzuständen. Durchführung [64] der Ansätze ergibt Temperaturgang des Anfangswiderstandes in Übereinstimmung mit den Experimenten [53, 35] zu $\sim e^{-\beta T}$.
evtl. Gültigkeitsbereich	Bereich kleiner U (vor der Formierung)	Gesamter Bereich	Gesamter Bereich	Gesamter Bereich	Gesamter Bereich
Schwierigkeiten	Vorzeichen der Gleichrichtung bei formierten Kontakten mit Metall. Bereich großer U? Kapazitätsverhalten $R(T)$ für kleine U	Vorzeich. d. Gleichrichtung b. Kontakten mit Metall. Ungleichheit d. Körner. Vernachlässigung d. Ausbreitungs- und Kornwiderstände. Kapazitätsverhalten	Vernachlässigung d. thermischen Effekte (Selbstaufheizung) Kapazitätsverhalten $R(T)$ für kleine U	Vorzeichen der Gleichrichtung bei Kontakten mit Metall Kapazitätsverhalten $R(T)$ für kleine U	thermische Effekte

Abb. 7. Übersicht über verschiedene Kontakttheorien.

Anfangswiderstand haben, bei Durchgang eines Stromes sich stärker aufheizen
und so immer mehr Strom übernehmen (Durchschlagsgefahr, wenn der Strom
in einer Kontaktkette so stark anwächst, daß Kontakte verdampfen und sich
Lichtbögen ausbilden!). Die durch die Zeitabhängigkeit der Aufheizungseffekte
(Wärmeleitung ins Korninnere) verursachte Abhängigkeit der Kernlinienform
von der Form des Stromstoßes, die komplizierten geometrischen Verhältnisse
und die unbekannten Eigenschaften der einzelnen nicht völlig gleichen Körner
lassen es unmöglich erscheinen, die $J = F(U, t)$-Kennlinie einigermaßen
exakt zu berechnen.

4.221. *Braun* und *Busch* haben ihre Kontakttheorie [53] wie schon erwähnt,
auf Aggregate angewendet. Sie führen die thermische Widerstandserniedrigung
im wesentlichen auf die Erwärmung der Isolierschicht (bzw. *Schottky*-Effekt)
zurück und vernachlässigen die Aufheizung des Ausbreitungs- und Kornwiderstandes bei Stromdurchgang. Bei *Holm* [61] werden die Ausbreitungswider-
stände berücksichtigt. Nicht erklärbar bleibt — ebenso wie bei *Busch* — das
Kapazitätsverhalten der formierten Scheiben (s. Abb. 7). In den Theorien von
Dilworth [59] und *Heywang* [64] werden — wie schon erwähnt — die thermischen Effekte nicht berücksichtigt.

4.222. Die Gesamtheit des vorgetragenen Materials legt folgende Vorstellung
nahe. Bei kleinen Spannungen spielen die auf den Kristallen sitzenden Fremdschichten verschiedener Dicke, die durch den Tunneleffekt überwunden
werden, eine Rolle — sie können durch die Verarbeitung des Materials (Trocken-
und Brennprozeß) noch verstärkt sein. — Bei der Formierung (Durchgang
hoher Ströme — $j \geq 10^6$ A/cm^2 — Verdampfungs- und Oxydationsprozesse
an den überhitzten Kontakten) werden diese isolierenden Häute durchschlagen.
Es bilden sich Randschichten im Sinne von *Sillars* und *Mott* (4.214). Die
Kennlinie wird dann durch die in Sperr-Richtung gepolten Randschichten
bestimmt, und bei großen Spannungen führen zunächst Feldeffekte zum Zu-
sammenbruch des Widerstandes. Ähnlich wie beim Durchschlag eines Gleichrichters können Paßleitungseffekte (hohe Störstellendichte [60]) oder Stoß-
ionisationsprozesse*) [65] die entscheidende Rolle spielen. Der auch zur Erklärung herangezogene Zenereffekt [66] scheint wegen des anderen Temperaturganges unwesentlich zu sein. Die Spannung, bei der der steile Zu-
sammenbruch des Widerstandes einsetzt, verschiebt sich nämlich mit steigender Temperatur zu kleineren Werten [35].

Der Feld-Zusammenbruch des Widerstandes wird in einem von der Steilheit
des Stromanstiegs abhängigen Maße überlagert von der Absenkung des Aus-
breitungs- und später des Kornwiderstandes durch die Aufheizung infolge des
Stromdurchganges [34, 35]. Der Zeitbedarf der Aufheizung ist die Ursache für
die Abhängigkeit der maximalen am Widerstand auftretenden Spannung von
der Stromsteilheit. Die Abschätzung des Wärmeleitungsvorganges in den
Körnern gibt den Einfluß der Korngröße und Stoßdauer auf die Widerstands-
absenkung und den Durchschlag der Scheiben (d. h. Zerstörung des Widerstandes durch Überlastung einzelner Strombahnen) richtig wieder. Die thermische Widerstandserniedrigung ist um so größer, je kleiner die Körner und
je länger die Stromstöße sind [35].

---

*) Im Fall der Abb. 6b, 1 liegen bei 1 kV-Spannung etwa 20 V Spannung am Einzel-
kontakt!

5. Bei Betrachtung der verwickelten Verhältnisse und der Materialschwierigkeiten beim SiC stellt sich die Frage, ob es nicht vernünftig wäre, zu einem anderen Material, dessen technologische Beherrschung einfacher ist, überzugehen und dort einfachere geometrische und physikalische Verhältnisse zu schaffen. Ein Schritt in der Richtung ist zum Beispiel der Siliziumableiter, das ist ein Schaltelement, das aus einer n-Si-Platte mit 2 p-Si-Rändern besteht [67]. Die genannte Frage ist berechtigt. Es ist aber auf folgendes hinzuweisen:

a) Es ist schwer, mit anderen Materialien Elemente zu bauen, die, z. B. für 1000 μsec, Belastungen von $\geq 10^3$ Amp. bei z. B. 2 bis 3 kV Spannung an einer Scheibe von $\approx$ 1 cm Höhe aushalten, ohne dabei eine zu starke thermische Nachwirkung zu zeigen. Wie schon (4.123) betont, muß der Widerstand bei kleineren Spannungen nach der Belastung groß genug bleiben, um die Nachstromlöschung (mit Hilfe einer vorgeschalteten Funkenstrecke) zu garantieren. Diese Forderung ist beim SiC wegen seiner großen Bandbreite ($\approx$ 2,8 eV) und des damit zusammenhängenden späten Einsetzens der Eigenleitung sowie seines hohen Schmelzpunktes leichter zu erfüllen als etwa beim Si.

b) Der technische Einsatz verlangt von den Widerstandsscheiben das Einhalten einer bestimmten Kennlinie. Durch entsprechende Sorten- und Kornauswahl, geeignete Vorbehandlung des Materials, Dimensionierung usw. gelingt es, mit dem billigen technischen SiC die geforderten Bedingungen zu erfüllen.

Herrn Professor *Schottky* danke ich für wertvolle Ratschläge und Hinweise.

Literatur

[1] *H. Gewecke*, ETZ. **35** (1914), S. 386, vgl. auch hist. Bem. in [45].
[2] *F. Müller* u. *T. Sunde*, Angew. Chem. **56**, 51/52 (1943), S. 355.
[3] *F. C. Frank*, Phil. Mag. **42** (7) (1951), S. 1014.
   W. K. Burton, *N. Cabrera* u. *F. C. Frank*, Nature **163** (1949), S. 398.
   S. Amelincx, J. Chim. phys. **50** (1953), S. 45.
   A. R. Verma, Proc. Phys. Soc. **65** (1952), S. 525.
[4] *H. E. Buckley*, Z. Elektrochem., Ber. Bunsenges. Phys. Chem. **26** (1952), S. 275;
   Proc. Phys. Soc. **65** (1952), S. 578.
[5] *L. Graf*, Metallkde. **45** (1954), S. 36.
[6] *D. Lundquist*, Acta Chem. Scand. **2** (1948), S. 177.
[7] *R. Emeis*, Z. Naturforschg. **9a** (1954), S. 67.
[8] *O. Ruff* u. *M. Konschak*, Z. Elektrochem., Ber. Bunsenges. Phys. Chem. **32 II**
   (1926), S. 515.
[9] *R. Iley* u. *H. L. Riley*, Nature **160** (1947), S. 468.
[10] *B. Reuter* u. *H. Knoll*, Naturwiss. **34** (1947), S. 372.
[11] *J. A. Lely*, Z. Angew. Chem. **66** (1954), S. 713.
[12] *J. T. Kendall*, J. Chem. Phys. **21**, 5 (1953), S. 821.
[13] *L. Pauling*, Nature of the Chemical Bond (1940), S. 58—75, New York/London.
[14] *H. Otto*, Z. Kristallogr. **61** (1925), S. 515; **62** (1925), S. 201; **63** (1926), S. 1.
   N. W. Thibault, Amer. Mineral. **29** (1944), S. 249, 327; **31** (1946), S. 512.
   L. S. Ramsdell, Amer. Mineral. **32** (1947), S. 64.
   L. S. Ramsdell u. *J. A. Kohn*, Acta Cryst **5** (1952), S. 215.
[15] *H. G. F. Winkler*, Struktur u. Eigenschaften d. Kristalle (1950), S. 92, 143, 179, 209.
[16] *S. Teszner*, *P. Séguin* u. *J. Millet*, Ann. Télécommunication **8** (1953), S. 271.
[17] *O. Weigel*, Nachr. Ges. Wiss. Göttingen (1915), S. 264.
[18] *K. Lehovec*, *C. A. Accardo*, *E. Jamgochian*, Phys. Rev. **83** (1951), S. 603;
   89 (1953), S. 20.
[19] *M. Schön*, Z. Naturforschg. **8a** (1953), S. 442.
[20] *O. W. Lossew*, Phys. Z. **34** (1933), S. 397; C. R. (Doklady) Acad. Sci. U.R.S.S. **29**
   (1940), S. 360, 363.
[21] *B. Claus*, Ann. Phys. **11** (1931), S. 331.
[22] *H. Tetzner*, Z. angew. Phys. **1** (1948), S. 153.

[23] *M. K. Chakravarty* u. *R. S. Khastgir*, Z. Phys. 105 (1937), S. 88.
[24] *H. J. Seemann*, Phys. Z. 30 (1929), S. 143.
[25] *P. Guillery*, Ann. Phys. 14 (1932), S. 216.
[26] *R. W. Sears* u. *J. A. Becker*, Phys. Rev. 40 (1933), S. 1055.
[27] *J. W. Kurtschatow, T. Z. Kostina* u. *L. J. Rusinow*, Phys. Z. d. S. U. 7 (1935), S. 129.
[28] *F. P. Henninger*, Ann. Phys. 28 (1937), S. 245.
[29] *Klarmann*, Unveröffentl. Ber. d. Siemens Forschungslab. (1937).
[30] *G. Busch*, Helv. Phys. Acta 19 (1946), S. 167.
[31] *G. Busch* u. *H. Labhart*, Helv. Phys. Acta 19 (1946), S. 463.
[32] *G. Busch, P. Schmid* u. *H. Spöndlin*, Helv. Phys. Acta 20 (1947), S. 461.
[33] *L. J. Ivanov, V. J. Pruzinina — Granovskaja* u. *V. J. Cernina*, J. Techn. Phys. (russ.) 21 (1951), S. 1050.
[34] *E. Holm*, J. Appl. Phys. 23 (1952), S. 509.
[35] *K. Zückler*, Z. angew. Phys. (1956), S. 34.
[36] *K. Lehovec* u. *H. Kedesdy*, J. Appl. Phys. 22 (1951), S. 65.
[37] *B. Gudden* u. *W. Schottky*, Z. f. Techn. Physik 17 (1935), S. 323.
W. Schottky, Z. Elektrochem. 50 (1939) S. 33;
W. Meyer, Z. Elektrochem. 50 (1944), S. 274.
[38] *C. Erginsoy*, Phys. Rev. 80 (1950), S. 1104; 88 (1952), S. 893.
C. S. Hung, Phys. Rev. 79 (1950), S. 727.
[39] *W. Baltensperger*, Phil. Mag. 44 (1953), S. 1355.
[40] *K. Lehovec*, Phys. Rev. 92 (1953), S. 253.
[41] *B. Claus*, Ann. Phys. 14 (1932), S. 644.
[42] *P. Specht*, Z. Phys. 90 (1934), S. 145.
[43] *J. T. Kendall*, Proc. Phys. Soc. 56 (1944), S. 123.
[44] *T. K. Jones, R. A. Scott* u. *R. W. Sillars*, Proc. Phys. Soc. 62A (1949), S. 333.
[45] *E. W. J. Mitchell*, u. *R. W. Sillars*, Proc. Phys. Soc. 62B (1949), S. 509.
[46] *T. Nakatogawa*, J. Jap. Chem. Soc. 54 (1951), S. 441.
[47] *H. G. Heine, P. Scherrer*, Helv. Phys. Acta 13 (1940), S. 489.
[48] *G. J. Finch, H. Wilmann*, Trans. Faraday Soc. 33 (1937), S. 337.
[49] *A. Braun* u. *G. Busch*, Helv. Phys. Acta 20 (1947), S. 33.
[50] *F. A. Schwertz* u. *J. J. Mazenko*, J. Appl. Phys. 24 (1953), S. 1015.
[51] *R. O. Grisdale*, Bell Labor. Rec. 19 (1940), S. 46.
K. Nentwig, Elcktrotechnik 36 (1954), S. 1154.
[52] *C. J. Frosch*, Bell Labor. Rec. 32 (1954), S. 336.
[53] *A. Braun* u. *G. Busch*, Helv. Phys. Acta 15 (1942), S. 571.
[54] *H. F. Jones* u. *C. J. O. Garrard*, Proc. Inst. Electr. Eng. 97 (1950), S. 365.
[55] *A. Gantenbein*, Bull. S. E. V. 32 (1941), S. 695.
H. Geissler, ETZ 61 (1940), S. 229.
[56] *K. Frühauf*, Überspg. u. Überspg.-Schutz, Berlin 1950, W. de Gruyter u. Co.
[57] *J. Slepian, R. Tanberg* u. *C. E. Krause*, Trans. A. I. E. E. 49 (1930), S. 257.
[58] *D. Müller-Hillebrand*, E. T. Z. 55 (1934), S. 733, 765, 782.
[59] *C. C. Dilworth*, Proc. Phys. Soc. 60 (1948), S. 315.
[60] *W. Schottky*, Z. Phys. 118 (1942), S. 539.
[61] *R. Holm*, Electric Contacts (1946), Stockholm, H. Geber, S. 186. J. appl. Phys. 22 (1951), S. 569.
[62] *N. F. Mott* in „Semiconducting Materials"/*K. H. Henisch* (1951), S. 5 — London, Butterworth Scientific Publ. —.
[63] *H. J. Engell* „in Halbleiterprobleme I"/*W. Schottky* (1954), S. 249 (Braunschweig, Vieweg).
[64] *W. Heywang*, Phys. Verh. 5 (1954), S. 150.
[65] *G. K. Mc. Kay* u. *K. B. Mc. Afee*, Phys. Rev. 91 (1953), S. 1079.
[66] *W. R. Swinne*, Phys. Verh. 4 (1953), S. 119.
[67] *Th. B. Merrill*, Mat. & Meth. 110 (1954 Nov.), S. 102.
G. L. Pearson u. *C. S. Fuller*, Proc. I. R. E. 42, 4, (1954), S. 760.

Summary: Preparation, crystal structure and properties of silicon carbide. Conductivity of uniform crystals. Resistance of the contact between silicon carbide and a metal probe, between pieces of silicon carbide and resistance of arrays of contacts (silicon carbide grain pressed between metal plates or bonded discs with metal sprayed faces).
Survey of experimental results (voltage-current characteristic, rectification effect) and theoretical interpretations (Tunneleffect, field emission, space-charge barrier, thermal reduction of the constriction resistance). Importance of SiC as material for variable resistors.

Prof. *Busch**) wies darauf hin, daß die — besser beherrschten und definierten — Ge- oder Si-Kristalle ähnliche Effekte zeigen sollten wie die SiC-Kristalle, wenn man sie nicht zu stark zusammenpreßt. Der Einfluß der chemischen Deckschichten (deren Existenz durch Elektronenbeugungsaufnahmen nachgewiesen ist) sei nicht zu unterschätzen. Daß aber außer von einer Isolierschicht die Kontaktvorgänge noch von Raumladungseffekten beherrscht werden, wobei die Kompensationsladungen der Raumladungen in Oberflächenzuständen gebunden sind, ergibt sich aus der Tatsache, daß unter bestimmten Bedingungen p- und n-leitendes SiC gleiches Verhalten zeigt. Die Gesamtheit der Erscheinungen erfordert die Berücksichtigung sowohl der eigentlichen Kontakttheorien als auch der thermischen Effekte. Die Beurteilung von Versuchsergebnissen und der Vergleich mit Theorien wird durch die Verschiedenheit des benutzten Materials erschwert.

---

*) Zürich, E. T. H.

H. J. G. MEYER*)

Ionenschwingungsprobleme
bei Übergängen lokalisierter Elektronen in Halbleitern

Mit 6 Abbildungen

Inhaltsverzeichnis

1. Problemstellung

Die wichtigsten Fragen der modernen theoretischen Halbleiter-Elektronen-Physik können auf übersichtliche Weise im folgenden Schema angegeben werden:

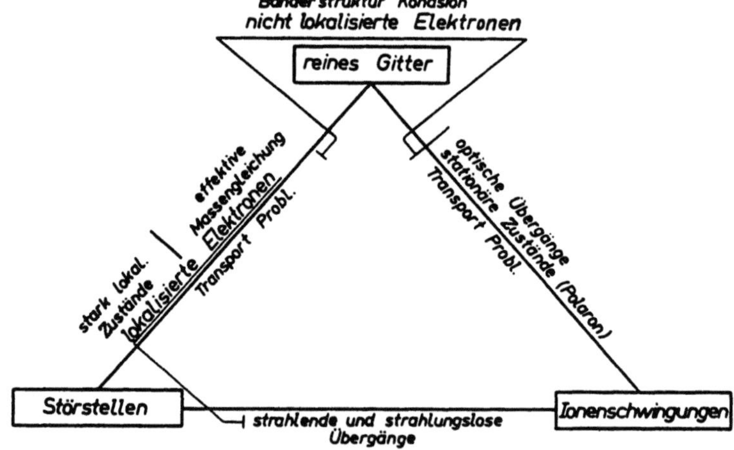

Abb. 1. Schema des Zusammenhangs der wichtigsten theoretischen Probleme der Halbleiter-Elektronen-Physik.

*) Philips Forschungslaboratorium, N. V. Philips Gloeilampenfabrieken Eindhoven, Holland.

Den stationären Elektronenzuständen im reinen Gitter entsprechen bekanntlich gewisse, räumlich nicht lokalisierte Wellenfunktionen (Bloch-Wellen) und die dazu gehörenden Energien sind bänderartig verteilt (siehe z. B. Referat *Volz* [1]).

Die Wechselwirkung der Ionenschwingungen mit diesen *nicht* lokalisierten, durch Eigenfunktionen im idealen Kristallgitter dargestellten Elektronen führen nun zu dem großen Problemkreis der Transportphänomene (siehe Referat *Pfirsch* [2]), zu den Theorien über Polaronen (siehe Referat *Haken* [3]) und zu den im Rahmen dieser Reihe noch nicht behandelten optischen Übergängen von Leitungselektronen, sofern Ionenschwingungen daran wesentlich beteiligt sind. Zu diesen letzteren Phänomenen gehört die Absorption von elektromagnetischer Strahlung mit elektronischen Zustandsänderungen innerhalb des Überschuß- oder Defektleitungsbandes [4] (Drude-Zener-Absorption). Für optische Band—Band- und Exzitonen-Übergänge kann im Falle *einfacher* Bänder-Strukturen in nullter Näherung der Einfluß der Ionenschwingungen außer Betracht bleiben (siehe Referat *Reichardt* [8]); bei komplizierteren Bänderstrukturen [5, 6, 7] erscheint jedoch die Berücksichtigung von Ionenschwingungen schon in nullter Näherung wesentlich.

Die Einführung von Gitterstörungen (etwa in der Art von Fremdionen oder Leerstellen) verursacht bekanntlich das Entstehen gewisser *lokalisierter* Elektronenzustände. Die Berechnung der energetischen Lage und der Wellenfunktion dieser lokalisierten Zustände kann in den beiden Extremfällen räumlich über viele Atomabstände ausgedehnter und räumlich sehr konzentrierter Wellenfunktionen näherungsweise durchgeführt werden. Wenn die Energie-Bänderstruktur des Kristalls einfach ist (nicht entartete Bänder, kugelförmige Flächen gleicher Energie im Wellenvektor-Raum), verhält sich das Störzentrum im ersten Fall, soweit es die Lage der Energieniveaus und die Form der Wellenfunktion des Elektrons betrifft, jedenfalls in nullter Näherung, wie ein wasserstoffartiges System, das in einem dielektrischen *) Kontinuum eingebettet ist. Im zweiten Fall wird die nullte Näherung geliefert durch die Eigenschaften des freien Störatoms oder -Ions. Diesen nullten Näherungen, bei denen das Kristallgitter als völlig starr angenommen wird, entnimmt man richtig, daß zufolge der Wechselwirkung des Störsystems mit dem Feld der elektromagnetischen Strahlung optische Übergänge zwischen den (gebundenen) stationären Zuständen (der richtigen Symmetrie) des Störsystems möglich sind. Es zeigt sich jedoch, daß diese strahlenden Übergänge zusätzlich einige auffallende Eigenschaften besitzen, die innerhalb dieser nullten Näherung unverständlich bleiben. Diese Eigenschaften sind:

1. Wenn wir die mittlere Energie des ausgestrahlten Lichtes bei einem Übergang zwischen zwei bestimmten Energieniveaus des Störsystems mit $\langle h\nu \rangle_\varepsilon$ und die zum inversen Übergang (an dem also dieselben Niveaus beteiligt sind) gehörige mittlere Absorptionsenergie mit $\langle h\nu \rangle_\alpha$ bezeichnen, dann gilt ganz allgemein:

$$\langle h\nu \rangle_\varepsilon < \langle h\nu \rangle_\alpha \qquad \text{(Franck-Condon-Verschiebung)}.$$

---

*) Für die folgende Argumentation wesentlich erscheint, daß der Referent nur allenfalls die dielektrische Wirkung der Elektronenpolarisation, aber noch nicht den mittleren Effekt einer etwaigen (radialen) Ionenpolarisation in die nullte Näherung einbezieht. D. H.

Diese Verschiebung ist in vielen Fällen erheblich*). Als Beispiel ist die Größe $[\langle h\nu\rangle_\alpha - \langle h\nu\rangle_\varepsilon]/\langle h\nu\rangle_\alpha$ für Alkali-Halogenid-F-Zentren in Tabelle 1 angegeben.

2. Die Absorptions- (und Emissions-) Linien haben oft eine erhebliche (Halb-werts-) *Breite H*, die obendrein auch noch stark temperaturabhängig sein kann. Auch diese ist in Tabelle 1 am selben Beispiel illustriert.

3. Die Größe der mittleren *Absorptions- (Emissions-) Frequenz* selbst ist in manchen Fällen *temperaturabhängig* (siehe Beispiel in Tabelle 1).

Tabelle 1. Frank-Condon-Verhältnis, relative Halbwertsbreite und Temperaturab-hängigkeit der mittleren Absorptionsfrequenz für einige Alkalihalogenid-F-Zentren**)

Substanz	$\left[\dfrac{\langle h\nu\rangle_\alpha - \langle h\nu\rangle_\varepsilon}{\langle h\nu\rangle_\alpha}\right]_{0\,°K}$	$[H/\langle h\nu\rangle]_\alpha$		$\langle h\nu\rangle_\alpha$ [eV]	
		0 °K	873 °K	0 °K	873 °K
NaCl..........	—	0,124	0,37	2,73	2,36
KCl	0,45	0,125	0,38	2,275	1,95
KBr	0,53	0,083	0,35	2,06	1,76
KJ	0,54	0,095	0,38	1,885	1,62
RbCl	0,46	0,039	0,39	—	—

4. Außer strahlenden Übergängen sind auch *strahlungslose Übergänge* möglich. Das heißt, daß zum Beispiel ein Störzentrum, das durch Absorption von Licht in einen angeregten Zustand gebracht ist, ohne Ausstrahlung von Licht in den Grundzustand zurückkehren kann. Dieser Vorgang ist sogar der allgemeine, da nur ganz spezielle, wenige Stoffe Fluoreszenz aufweisen und auch bei diesen nehmen die strahlungslosen Prozesse überhand, wenn man den fluoreszierenden Stoff auf eine genügend hohe Temperatur bringt.

Alle hier aufgezählten Erscheinungen können nun, jedenfalls im Prinzip, ver-standen werden, wenn man den Einfluß der Gitterschwingungen auf das Ver-halten des Störzentrums in Rechnung bringt***).

Unser Referat beschränkt sich auf die Übergänge zwischen gebundenen Zu-ständen verschiedener Energie an Störstellen, in Wechselwirkung mit Ionen-schwingungen (untere Dreieckseite von Abb. 1), wobei wesentlich an heteropolare Gitter gedacht ist. Es ist die Absicht dieses Beitrages, einen Über-blick über die allgemeinen Methoden, die man in den letzten Jahren zur Be-handlung dieses Problemkreises angewendet hat, zu geben und aufzuzeigen, von welcher Art die noch ungelösten Fragen auf diesem Gebiet sind. Hierbei werden also strahlende und strahlungslose Übergänge von einem völlig ein-heitlichen Gesichtspunkte aus behandelt werden und wir glauben, daß schon wegen dieser Einheitlichkeit eine nochmalige Behandlung der strahlungslosen Übergänge an Störstellen, die ja schon im ersten Band besprochen wurden (s. Referat *Haug* [12]), gerechtfertigt ist.

---

*) Vgl. hierzu Bd. I, S. 93ff. dieser Reihe. D. H.

**) Die experimentellen Daten für Absorption und Emission sind den Arbeiten von *Mollwo* [9] bzw. von *Botden* et al. [10] entnommen.

***) Es sei hier bemerkt, daß eine ganze Reihe von Mechanismen für strahlungslose Übergänge denkbar und vermutlich oft auch verwirklicht sind [11]. In diesem Beitrag beschränken wir uns jedoch von vornherein auf diejenigen, die eine direkte Folge der Wechselwirkung des Störzentrums mit den Gitterschwingungen sind.

2. Allgemeine Lösungsansätze

2.1. Der totale Hamiltonoperator

Der totale Hamiltonoperator eines Kristalls mit einer Störstelle, das mit dem elektromagnetischen Strahlungsfeld in Wechselwirkung steht, hat die folgende Form:

$$H_{\text{tot}} = H_s + h_{s,g} + H_g + h_{g,z} + H_z + h_{z,s}. \tag{2.1}$$

Hierin ist H_s der Hamiltonoperator des freien Strahlungsfeldes und $h_{s,g}$ beschreibt die Wechselwirkung des Kristallgitters (ohne Störstelle) mit dem Strahlungsfeld; wenn wir uns nur für Frequenzen des Strahlungsfeldes interessieren, die größer sind als die infrarote Reststrahlfrequenz des Kristalls und kleiner als die Frequenz der elektronischen Grundgitterabsorption, dann ist die Wirkung von $h_{s,g}$ identisch mit der eines kontinuierlichen Mediums mit der Dielektrizitätskonstante ε_∞, die nur von der quasielastischen Elektronenpolarisation des Gitters herrührt, so daß also $H_s + h_{s,g} = H_s(\varepsilon_\infty)$. Die stationären Zustände des Strahlungsfeldes beschreiben wir mittels Funktionen Γ^v, die der Gleichung

$$H_s(\varepsilon_\infty)\,\Gamma^v = E^v\,\Gamma^v \tag{2.2}$$

genügen.

H_g ist der Hamilton-Operator des reinen Gitters; vernachlässigt man nichtlineare Elongationsterme, so lassen sich die Elongationen und Bewegungen der Ionenschwerpunkte durch Superposition von Normalschwingungen beschreiben, und für H_g gilt die Beziehung:

$$H_g = H_{g\,\text{kin}} + H_{g\,\text{pot}} = \sum_i \left[-\frac{h^2}{2}\frac{\partial^2}{\partial q_i^2} + \frac{1}{2}\,\omega_i^2 q_i^2 \right]. \tag{2.3}$$

Hier geht die Summe $\sum_i$ über alle Normalschwingungen i, q_i sind die Normalkoordinaten des Gitters und ω_i ist die Eigenfrequenz der i-ten Normalschwingung.

H_z ist der Hamiltonoperator des Störstellenelektrons, wenn alle Ionen des Gitters in den (zum reinen Gitter gehörigen) Gleichgewichtslagen fixiert sind *).

$$H_z = -\,(\hbar^2/2\,m)\,\Delta + V, \tag{2.4}$$

wobei V das durch die (ionisierte) Störstelle hervorgerufene Potential ist **).

Die Masse m ist entweder die normale Elektronenmasse oder die effektive Masse des Störstellenelektrons. Welcher dieser zwei Werte gewählt werden sollte, hängt davon ab, ob die Wellenfunktion des Störstellenelektrons über viele Gitterstellen verschmiert oder auf kleinem Raum konzentriert ist. Die

---

*) Wie sich später erweist, ist der Zusatz „zum reinen Gitter gehörig" nicht notwendig, siehe unten und auch die Fußnote zu Gl. (3.23).

**) Eigentlich sollte auf der rechten Seite von (2.4) auch noch das vom reinen Gitter verursachte exakt periodische Potential stehen. Wenn aber die Störstellenelektronenwellenfunktion sich über mehrere Gitterabstände erstreckt, dann kann dieses periodische Potential dadurch berücksichtigt werden, daß m als „effektive" Masse aufgefaßt wird. Bei einer stark lokalisierten Wellenfunktion kann es dagegen höchstens einen durch Störungsrechnung zu erfassenden Einfluß haben. In beiden Grenzfällen ist also eine Gleichung von der Form (2.4) eine für unsere Zwecke genügende Näherung. (Für eine ausführlichere Diskussion dieses Punktes siehe [13].)

weiteren Betrachtungen dieses Abschnittes sind jedoch unabhängig vom tatsächlichen Wert von m.

Der Ausdruck $h_{g,z}$ ist eine Funktion der Koordinaten $\vec{r}$ des Störstellenelektrons und der Normalkoordinaten q_i des Gitters, die wir oft einfach durch q symbolisieren. $h_{g,z}(\vec{r},q)$ beschreibt die Wechselwirkung der Gitterschwingungen mit dem Störstellenelektron. Die explizite Form von $h_{g,z}$ braucht vorläufig noch nicht näher präzisiert zu werden; sie hängt von der Art des betrachteten Kristalls ab (ionisch oder covalent usw.) und ebenso von der Art der Störstelle.

Schließlich beschreibt $h_{z,s}$ die Wechselwirkung des Strahlungsfeldes mit dem Störstellenelektron; $h_{z,s}$ lautet [14]:

$$h_{z,s} = (e\,h/m\,c\,i) \sum_{\gamma} [\mathrm{grad}_r (\xi_\gamma \vec{G}_\gamma + \xi_\gamma^* \vec{G}_\gamma^*)]. \tag{2.5}$$

Auch hier muß m entweder als normale oder effektive Masse interpretiert werden je nach der Näherungsmethode, die für das Störzentrum angewandt werden muß. Die Größen ξ_γ und ξ_γ^* sind die zur Normalschwingung γ des Strahlungsfeldes gehörigen Vernichtungs- und Erzeugungsoperatoren*) und

$$\vec{G}_\gamma = \vec{e}_\gamma\, (4\,\pi\,c^2/\varepsilon_\infty)^{1/2} e^{i\,\vec{\alpha}\,\vec{r}}, \tag{2.6}$$

wobei $\vec{e}_\gamma$ die Polarisationsrichtung und $\vec{\alpha}$ den Wellenvektor der betrachteten Lichtwelle angibt.

2.2. Die adiabatische Näherung

Unsere Aufgabe ist jetzt die Lösung der zeitabhängigen Schrödinger-Gleichung:

$$i\,h\,\frac{\partial \Psi}{\partial t} = H_{\mathrm{tot}}\Psi. \tag{2.7}$$

Wir nehmen nun an, daß wir die Lösung kennen von:

$$[H_z(\vec{r}) + h_{g,z}(\vec{r}, q)]\,\varphi^\varkappa(\vec{r}, q) = E^\varkappa(q)\,\varphi^\varkappa(\vec{r}, q), \tag{2.8}$$

wobei q als Parameter betrachtet wird und $\varkappa$ einen gequantelten stationären Elektronenzustand der Störstelle kennzeichnet. Gl. (2.8) bestimmt die stationären Wellenfunktionen des Störstellenelektrons unter dem kombinierten Einfluß der Störstellenladung im reinen Gitter nebst der von ihr, ohne Ionenverschiebung, hervorgerufenen quasielastischen Elektronenpolarisation der Störstellenumgebung (enthalten in H_z) und des Zusatzpotentials (einschließlich abgeänderter Elektronenpolarisation), das durch die — aus beliebigen Gründen — eingetretene Verschiebung der Gitterionen aus der Gleichgewichtslage des reinen Gitters bedingt ist (enthalten in $h_{g,z}$). Da H_z und $h_{g,z}$ immer gemeinsam auftritt, ist es aber auch erlaubt, in H_z bereits den Einfluß einer durch die Störstellen-Ladung (und -Raumbeanspruchung) bedingten Ruheverschiebung der benachbarten Gitterionen enthalten zu denken und in $h_{g,z}$ nur den Zusatz-

---

*) Bekanntlich entstehen diese Operatoren durch lineare Kombination der (in der Quantenmechanik zu einem Operator gewordenen) Normalkoordinate und dem entsprechenden kanonisch konjugierten Impuls, welche beiden Größen ihrerseits zu einer Fourierzerlegung des Strahlungsfeldes gehören. Wenn ξ_γ^* auf die zum n-ten Quantenzustand gehörende Eigenfunktion des harmonischen Oszillators γ wirkt, geht diese über in die zum $n+1$-ten Zustand gehörende Eigenfunktion. (Siehe z. B. [14a].)

beitrag zu dieser Ruheverschiebung zu erfassen. Die Lösungen von (2.8) bestimmen in beiden Fällen die stationären Elektronenzustände unter der Annahme, daß der Lagenzustand des Gitters, der nach unseren Voraussetzungen durch die Normalkoordinaten q des Gitters beschrieben werden kann, beliebig lange Zeit festgehalten wird. Infolge der Gitterschwingungen ist aber eine gewisse vorgegebene Deformation q nach einer Zeit der Größenordnung $1/\omega$ auseinandergelaufen, wobei wir mit ω eine charakteristische Gitterfrequenz andeuten. Dies heißt also, daß die Verwendung der Lösungen von (2.8) nur dann sinnvoll ist, wenn es möglich ist, innerhalb einer Zeit $t \ll 1/\omega$ das Niveau $\varkappa$ von seinen benachbarten Niveaus zu unterscheiden und wegen der Unbestimmtheitsbeziehung kann diese ausgedrückt werden durch die Bedingung:

$$\hbar\,\omega/\varDelta E \ll 1 \tag{2.9}$$

wobei $\varDelta E$ die Größenordnung des Abstandes der Nachbarniveaus von $\varkappa$ angibt. Die Gültigkeit von (2.9) wird im folgenden vorausgesetzt.

Bei festem q bilden die $\varphi^{\varkappa}\,(\vec{r}, q)$ ein orthonormales System; wir können dann unsere Gesamtwellenfunktion $\varPsi$ nach diesem System, in Kombination mit dem System $\varGamma^{v}$, das alle Einzelbestandteile v des Strahlungsfeldes darstellt, entwickeln:

$$\varPsi = \sum_{v', \varkappa'} Q^{v', \varkappa'}\,(q, t)\,\varGamma^{v'}\varphi^{\varkappa'}, \tag{2.10}$$

wobei in den Koeffizienten $Q\,(q, t)$ der Momentanwert der Wellenfunktion des Gitters bei gegebenem Strahlungsfeld und Elektroneneigenzustand $\varkappa$ enthalten ist.

Wir gehen nun mit (2.10) in (2.7) ein, multiplizieren mit (dem konjugierten Wert von) $\varphi^{\varkappa}\,\varGamma^{v}$ und integrieren über $\vec{r}$ und ξ und finden dann wegen (2.2) und (2.8)

$$i\,\hbar\,\frac{\partial}{\partial t}Q^{v, \varkappa}(q, t) = [E^{v} + E^{\varkappa}(q) + H_{g}]Q^{v, \varkappa}(q, t) + \langle\varphi^{\varkappa}|[H_{g\,\mathrm{kin}};\ \varphi^{\varkappa}]\rangle\,Q^{v, \varkappa}(q, t)$$

$$+ \sum'_{\varkappa'}\langle\varphi^{\varkappa}|[H_{g\,\mathrm{kin}};\ \varphi^{\varkappa'}]\rangle\,Q^{v, \varkappa'}(q, t)$$

$$+ \sum_{v'}\sum_{\varkappa'}\langle\varGamma^{v}\varphi^{\varkappa}|h_{s,z}|\varGamma^{v'}\varphi^{\varkappa'}\rangle\,Q^{v', \varkappa'}(q, t), \tag{2.11}$$

wobei

$$[H_{g\,\mathrm{kin}};\ \varphi^{\varkappa}] \equiv H_{g\,\mathrm{kin}}\varphi^{\varkappa} - \varphi^{\varkappa}H_{g\,\mathrm{kin}}$$

$$= \sum_{i}\left[-\hbar^{2}\frac{\partial\varphi^{\varkappa}}{\partial q_{i}}\frac{\partial}{\partial q_{i}} - \frac{\hbar^{2}}{2}\frac{\partial^{2}\varphi^{\varkappa}}{\partial q_{i}^{2}}\right]; \tag{2.12}$$

die $\langle\ \rangle$-Symbole bedeuten hier die bekannten Matrixelemente des betreffenden Operators. Wir nehmen nun an, daß die beiden letzten Glieder in (2.11) so klein sind, daß wir sie als Störungsglieder auffassen dürfen. Die ungestörte Gleichung enthält dann nur noch eine zu einem festen $\varkappa$ und v gehörige Funktion $Q^{v\,\varkappa}$. Wenn wir nun die Lösungen der entsprechenden zeitunabhängigen Gleichung kennen:

$$H^{\varkappa}(q)Q_{m}^{\varkappa}(q) \equiv \{E^{\varkappa}(q) + H_{g} + \langle\varphi^{\varkappa}|[H_{g\,\mathrm{kin}};\ \varphi^{\varkappa}]\rangle\}\,Q_{m}^{\varkappa}(q) = E_{m}^{\varkappa}Q_{m}^{\varkappa} \tag{2.13}$$

(m hier gleich Laufzahl der stationären q-Zustände), dann können wir schreiben

$$Q^{v, \varkappa}(q, t) = \sum_{m'} c\,(v, \varkappa, m', t)\,Q_{m'}^{\varkappa}\exp\left[-i\,t\,(E^{v} + E_{m'}^{\varkappa})/\hbar\right], \tag{2.14}$$

wodurch unsere totale Wellenfunktion von der Form wird:

$$\Psi(\xi, q, \vec{r}, t) = \sum_{v', \varkappa', m'} c(v', \varkappa', m', t)\, \Gamma^{v'}(\xi)\, \varphi^{\varkappa'}(\vec{r}, q)\, Q_{m'}^{\varkappa'}(q) \cdot \exp\left[-it(E^{v'} + E_{m'}^{\varkappa'})/\hbar\right]. \tag{2.15}$$

Wenn wir nun annehmen, daß sich zum Zeitpunkt $t = 0$ unser System im Zustand $v_0\, \varkappa_0\, m_0$ befindet, dann gilt für die Wahrscheinlichkeitsamplitude $c(v, \varkappa, m, t)$ nach Anwendung von zeitabhängiger Störungsrechnung die Gleichung:

$$-\frac{\hbar}{i}\frac{\partial}{\partial t} c(v, \varkappa, m, t) = \langle Q_m^{\varkappa} \Gamma^v \varphi^{\varkappa} | h_{s,z} | \varphi^{\varkappa_0} \Gamma^{v_0} Q_{m_0}^{\varkappa_0} \rangle \cdot \exp\left[it(E_m^{v\varkappa} - E_{m_0}^{v_0\varkappa_0})/\hbar\right]$$
$$+ \delta_{v, v_0} \langle Q_m^{\varkappa} \varphi^{\varkappa} | [H_{g\,\text{kin}};\ \varphi^{\varkappa_0}] Q_{m_0}^{\varkappa_0} \rangle \exp\left[it(E_m^{\varkappa} - E_{m_0}^{\varkappa_0})/\hbar\right], \tag{2.16}$$

deren Lösung ja bekanntlich zu dem folgenden Ausdruck für die Übergangswahrscheinlichkeit pro Zeiteinheit $w_{v_0\, \varkappa_0\, m_0 \to v\varkappa m}$ vom Zustand $v_0\, \varkappa_0\, m_0$ in den Zustand $v\,\varkappa\,m$ führt [15]:

$$w_{v_0\, \varkappa_0\, m_0 \to v\varkappa m} = \frac{|c(v, \varkappa, m, t)|^2}{t} = \frac{2\pi}{\hbar}\Big\{|\langle Q_m^{\varkappa}\Gamma^v\varphi^{\varkappa}|h_{s,z}|\varphi^{\varkappa_0}\Gamma^{v_0}Q_{m_0}^{\varkappa_0}\rangle|^2 \cdot \delta(E_m^{v\varkappa} - E_{m_0}^{v_0\varkappa_0})$$
$$+ \delta_{v, v_0} |\langle Q_m^{\varkappa}\varphi^{\varkappa}|[H_{g\,\text{kin}};\ \varphi^{\varkappa_0}] Q_{m_0}^{\varkappa_0}\rangle|^2\, \delta(E_m^{\varkappa} - E_{m_0}^{\varkappa_0})\Big\}, \tag{2.17}$$

wobei $w_{v_0\, \varkappa_0\, m_0 \to v\varkappa m}$ die Übergangswahrscheinlichkeit pro Zeiteinheit für den Übergang vom Zustand $v_0\, \varkappa_0\, m_0$ in den Zustand $v\,\varkappa\,m$ ist. Da nun $h_{s,z}$ linear in ξ ist, ist wegen der bekannten Eigenschaften der Eigenfunktionen des Strahlungsfeldes das erste Glied in (2.17) Null für die Übergänge $(v_0\, \varkappa_0\, m_0) \to (v\,\varkappa\,m)$, falls sich der Zustand des Strahlungsfeldes nicht ändert ($v = v_0$), also gerade dann, wenn der zweite Term ungleich Null ist. Das erste Glied verursacht also *strahlende* Übergänge, während das zweite Glied für die *strahlungslosen* Übergänge verantwortlich ist, und in der hier betrachteten Näherung (erste Ordnung der zeitabhängigen Störungstheorie) sind diese beiden Prozesse voneinander unabhängig.

Wenn wir uns nun auf einen rein formalen Standpunkt stellen, dann können wir sagen, daß die Behandlung des Gliedes

$$\sum_{\varkappa'}' \langle \varphi^{\varkappa} | [H_{g\,\text{kin}};\ \varphi^{\varkappa'}] \rangle\, Q^{v, \varkappa'} \tag{2.18}$$

in (2.11) als (vernachlässigbares!) Störungsglied gleichbedeutend ist mit der Annahme der Gültigkeit der adiabatischen Näherung*). Der einzig völlig sichere Weg, die Kleinheit dieses Gliedes nachzuprüfen [16], besteht nun in der Berechnung der Übergangswahrscheinlichkeit pro Zeiteinheit infolge der Anwesenheit dieses Gliedes (d. h. also infolge der Abweichung vom strengen adiabatischen Verhalten), die bei Gültigkeit der adiabatischen Näherung klein sein sollte verglichen mit ω. Wie wir weiter unten an Hand eines Modells sehen werden, ist das Resultat einer derartigen Berechnung, was die Größenordnung betrifft, daß die Übergangswahrscheinlichkeit pro Zeiteinheit proportional ist zu:

$$\omega\left(\frac{1}{y}\right)^{y+1} S^{\nu}\, e^{-S}, \tag{2.19}$$

---

*) Vgl. hierzu die Ausführungen in Bd. I, S. 231/232 und Bd. II, S. 163 dieser Reihe. D. H.

wobei $y = \Delta E / \hbar \omega$, also reziprok zu dem Ausdruck (2.9) ist. S ist ein Koppelungsparameter, der die Stärke des Koppelungsgliedes $h_{g,z}$ angibt; wobei für uns im Augenblick wichtig ist, daß die Art der hier betrachteten Probleme bedingt, daß $S < y$ ist (für die physikalische Bedeutung dieser Bedingung vgl. Abschn. 4).

Nach dem oben Gesagten bedingt also nun die Gültigkeit der adiabatischen Näherung, daß

$$\frac{1}{y} \left(\frac{S}{y}\right)^{y} e^{-S} \ll 1. \tag{2.20}$$

Wenn also $y \gg 1$, d. h. $\hbar \omega / \Delta E \ll 1$, dann ist, auch wenn S nur wenig kleiner als y ist, die Gültigkeit der adiabatischen Näherung gesichert. Dies ist dann die Folge der Langsamkeit der Ionenbewegung verglichen mit der des Störstellenelektrons [siehe auch die an Gleichung (2.8) anschließende Diskussion].

Im Gegensatz zum obigen steht der Fall $y \approx 1$. Auch dann kann unter Berücksichtigung der oben erwähnten Nebenbedingung ($S < y$) die Ungleichung (2.20) erfüllt werden, nämlich wenn $S \ll 1$. Dies heißt aber, daß die Wechselwirkung zwischen Elektron und Gitter sehr klein ist. Da dann der adiabatischen Näherung nur noch eine rein formale Bedeutung zukommt und da ja $h_{g,z}$ in (2.1) jetzt nur eine sehr kleine Störung darstellt, ist es weitaus sinnvoller, in nullter Näherung $h_{g,z}$ ganz wegzulassen. Die entsprechende Wellenfunktion nullter Ordnung besteht dann aus einem Produkt einer nur die Elektronenkoordinaten und einer nur die Gitterkoordinaten enthaltenden Funktion. Wie von *Gummel* und *Lax* [17] und in etwas anderem Zusammenhang auch von *Ziman* [18] gezeigt wurde, ergibt in diesem Fall tatsächlich die rein formale Anwendung der adiabatischen Näherung und der (dann viel sinnvollere) Gebrauch des „Produktansatzes" genau dasselbe Resultat, jedenfalls in erster Ordnung einer Störungsrechnung.

3. Strahlende Übergänge

3.1. Allgemeine Ausdrücke für die Momente der spektralen Verteilung [19]

Für den strahlenden Übergang vom Zustand $v_0 k_0 m$ in den Zustand $v k n$ gilt nun nach (2.17)

$$w_{v_0 x_0 m_0 \to v x n} = \frac{2\pi}{\hbar} |\langle Q_n^{x}(q) \varphi^{x}(\vec{r}, q) \Gamma^{v} | h_{z,s} | \Gamma^{v_0} \varphi^{x_0}(\vec{r}, q) Q_m^{x_0}(q) \rangle|^2$$
$$\delta(E_n^{x} + E^{v} - E_m^{x_0} - E^{v_0}). \tag{3.1}$$

Natürlich interessiert uns nicht die Wahrscheinlichkeit für den Übergang zwischen diesen beiden bestimmten Zuständen, sondern die totale thermisch gemittelte Wahrscheinlichkeit pro sec für den Übergang vom Elektronenzustand x_0 in den Elektronenzustand x, also die Größe $\bar{w}_{x_0 \to x}$. Wir müssen darum $w_{v_0 x_0 m \to v x n}$ summieren über alle Endzustände $v n$ und thermisch mitteln über alle Anfangszustände m, d. h. es gilt:

$$\bar{w}_{x_0 \to x} = \sum_{m} P(m) \sum_{n} \sum_{v} w_{v_0 x_0 m \to v x n} \tag{3.2}$$

wobei $P(m)$ die thermische Wahrscheinlichkeit für den Anfangs-Schwingungszustand m des Gitters angibt. Die explizite Ausführung dieser Summe, *soweit sie die Summierung über v betrifft*, ist nun völlig analog der gleichen Summierung im bekannten Problem der Strahlungsabsorption und Emission eines Wasserstoffatoms. Der einzige Unterschied liegt darin, daß das Strahlungsfeld und das atomare System sich in einem Medium mit der Dielektrizitätskonstante ε_∞ befinden. Wir finden schließlich für die totale gemittelte *Emission*swahrscheinlichkeit pro Zeiteinheit $\overline{w}_{\lambda \to \varkappa}$ und für den *Absorption*squerschnitt $\sigma_{\varkappa \to \lambda}$ (wir nehmen von jetzt ab an, daß der Elektronenzustand $\varkappa$ tiefer liegt als λ):

$$w_{\lambda \to \varkappa} = \int \varepsilon_\infty^{1/2} \frac{64\,\pi^4}{3\,h\,c^3} \nu^3 I_{\lambda \to \varkappa}(\nu)\, d(h\,\nu),$$

$$\sigma_{\varkappa \to \lambda}(\nu) = \varepsilon_\infty^{-1/2} \frac{8\,\pi^3\,\nu}{3\,c} I_{\varkappa \to \lambda}(\nu), \tag{3.3}$$

wobei*)

$$I_{\varkappa \to \lambda}(\nu) = \mathrm{Av}_m \sum_n |\langle Q_n^\lambda(q) | M_{\lambda\varkappa}(q) | Q_m^\varkappa(q)\rangle|^2 \delta(E_n^\lambda - E_m^\varkappa - h\,\nu) \tag{3.4}$$

und

$$\mathrm{Av}_m \equiv \sum_m P(m)$$

und

$$M_{\lambda\varkappa}(q) = \langle \varphi^\lambda(\vec{r}, q) | e\,\vec{r} | \varphi^\varkappa(\vec{r}, q)\rangle. \tag{3.5}$$

Die Funktionen $I_{\lambda \to \varkappa}(\nu)$ und $I_{\varkappa \to \lambda}(\nu)$ bestimmen nun die Form der Emissions- bzw. Absorptionslinie. Im Fall der Strahlung eines freien Atoms ist, wenn von der natürlichen Breite der Linie abgesehen wird, $I(\nu) = |M|^2 \delta(E^\lambda - E^\varkappa - h\,\nu)$. Die Momente der Verteilungsfunktion $I_{\varkappa \to \lambda}(\nu)$ (und analog natürlich von $I_{\lambda \to \varkappa}$) kann man nun wie folgt bestimmen.

Wir führen für die δ-Funktion in (3.4) deren Fourier-Darstellung ein:

$$\delta(E_n^\lambda - E_m^\varkappa - h\,\nu) = \frac{1}{h} \int_{-\infty}^{+\infty} e^{i\frac{t}{\hbar}(E_n^\lambda - E_m^\varkappa - h\,\nu)} d\,t \tag{3.6}$$

und können hiermit für (3.4) schreiben:

$$I_{\varkappa \to \lambda}(\nu) = \frac{1}{h} \int_{-\infty}^{+\infty} d\,t\, e^{-i\,2\pi\nu t} \mathrm{Av}_m \sum_n \langle Q_m^\varkappa | M^* e^{i\frac{t}{\hbar}H^\lambda(q)} | Q_n^\lambda\rangle$$

$$\langle Q_n^\lambda | M\, e^{-\frac{i\,t}{\hbar}H^\varkappa(q)} | Q_m^\varkappa\rangle. \tag{3.7}$$

Wir können nun die Summen über n ausführen und finden

$$I_{\varkappa \to \lambda}(\nu) = \frac{1}{h} \int_{-\infty}^{+\infty} d\,t\, e^{-i\,2\pi\nu t} I_{\varkappa \to \lambda}(t), \tag{3.8}$$

wobei wir gesetzt haben:

$$I_{\varkappa \to \lambda}(t) = \mathrm{Av}_m \langle Q_m^\varkappa | M^* e^{\frac{i\,t}{\hbar}H^\lambda(q)} M\, e^{-\frac{i\,t}{\hbar}H^\varkappa(q)} | Q_m^\varkappa\rangle. \tag{3.9}$$

Die Verteilungsfunktion $I_{\lambda \to \varkappa}(t)$ für Emission folgt aus dem obigen Ausdruck durch Vertauschung von $\varkappa$ und λ und durch die Transformation $i \to -i$.

---

*) Av_m = Mittelwert (Average) über m. D. H.

Durch Fourier-Umkehrung finden wir nun aus (3.8)

$$I_{x\to\lambda}(t) = \int I_{x\to\lambda}(\nu)e^{i2\pi\nu t}d(h\nu) \tag{3.10}$$

und hieraus erhalten wir durch Differentiation nach t direkt die Momente der Verteilungsfunktion. Es gilt ja:

$$\int I(\nu)(h\nu)^r d(h\nu) = \left(\frac{h}{i}\right)^r \frac{d^r}{dt^r} I(t)\Big|_{t=0} \tag{3.11}$$

Mit (3.9) finden wir nun leicht explizit für die ersten drei Momente der Absorptionslinie:

$$\int I_{x\to\lambda}(\nu)d(h\nu) = \{M^2\}_x, \tag{3.12}$$

$$\int I_{x\to\lambda}(\nu)(h\nu)d(h\nu) = \{M^2\Delta E\}_x + \{M[H^\lambda;M]\}_x, \tag{3.13}$$

$$\int I_{x\to\lambda}(\nu)(h\nu)^2 d(h\nu) = \{M^2(\Delta E)^2\}_x - \{M^2[H^\lambda;H^x]\}_x$$
$$+ 2\{M[H^\lambda;M]\Delta E\}_x + \{M[H^\lambda;[H^\lambda;M]]\}_x, \tag{3.14}$$

wobei ein Klammerausdruck wie z. B. $\{M^2\}_x$ gegeben ist durch:

$$\{M^2\}_x = A\,v_m\langle Q_m^x|M^2|Q_m^x\rangle \tag{3.15}$$

und wobei eine eckige Klammer $[H^\lambda;M]$ den Kommutator von H^λ und M andeutet:

$$[H^\lambda;M] = H^\lambda M - M H^\lambda \tag{3.16}$$

und wo schließlich

$$\Delta E \equiv H^\lambda - H^x. \tag{3.17}$$

Es sei noch darauf hingewiesen, daß die einzige Bedingung für die Gültigkeit von (3.12) bis (3.14) die Gültigkeit der adiabatischen Näherung ist.

3.2. Explizite Berechnung der Momente für ein einfaches Modell

Aus dem Vorhergehenden ist deutlich, daß für eine explizite Auswertung der allgemeinen Ausdrücke die Kenntnis von $M(q)$ — und das heißt also wegen (3.5) die Kenntnis von $\varphi^x(\vec{r},q)$ und $\varphi^\lambda(\vec{r},q)$ und die Kenntnis von H^x und H^λ und ihren Eigenfunktionen Q_m^x und Q_n^λ — nötig sind. Um die folgenden Rechnungen nicht allzu kompliziert zu machen, wollen wir von nun ab annehmen, daß alle Normalschwingungen, die mit dem Störzentrum in Wechselwirkung stehen, dieselbe Frequenz ω besitzen. Dies ist eine gute Näherung im Falle eines polaren Kristalls und eines räumlich ziemlich ausgebreiteten Zentrums; dann findet nämlich die Wechselwirkung hauptsächlich statt mit den longitudinalen optischen Normalschwingungen und diese haben nur eine geringe Dispersion der Schwingungsfrequenz. Im Fall von rein polarer Wechselwirkung hat das Wechselwirkungsglied $h_{g,z}$ die allgemeine Form [28]*):

$$h_{g,z} = -\frac{1}{\sqrt{N}}\sum_i \frac{2e\,P_0}{\sigma_i}\left\{\begin{array}{l}1-\cos(\vec{\sigma_i}\vec{r})\\ \sin(\vec{\sigma_i}\vec{r})\end{array}\right\}q_i \equiv -\frac{1}{\sqrt{N}}\sum_i A_i(\vec{\sigma_i},\vec{r})\,q_i. \tag{3.18}$$

---

*) Unser Ausdruck (3.18) unterscheidet sich von dem entsprechenden in der Arbeit [28] durch Auftreten von $1-\cos(\vec{\sigma_i}\vec{r})$ anstatt von $-\cos(\vec{\sigma_i}\vec{r})$. Der Grund ist, daß hier die Wechselwirkung mit dem ganzen Zentrum (Elektron plus positive Ladung im Ursprung) und dort nur die Wechselwirkung mit einem Elektron betrachtet wird.

Hier ist N die Zahl der Elementarzellen des betrachteten Kristalls, die Summe $\sum_i$ geht über alle Wellenvektoren $\vec{\sigma_i}$ in der ersten Brillouinzone, die wir durch eine willkürliche Ebene durch den Ursprung in zwei Hälften geteilt denken. Das Klammersymbol $\{\ \}$ bedeutet hier, daß zu den Wellenvektoren der einen Hälfte die Funktion $1 - \cos(\vec{\sigma_i}\vec{r})$, zu denen der anderen Hälfte die Funktion $\sin(\vec{\sigma_i}\vec{r})$ gehört. Die Stärke der Koppelung wird durch die Konstante P_0 bestimmt. Da der Beitrag der akustischen Schwingungen in den meisten Fällen nicht vernachlässigbar ist, betrachten wir hier P_0 als eine anpaßbare Größe, um auf diese Weise noch etwas den Einfluß der akustischen Schwingungen zu erfassen. Der theoretische Ausdruck für P_0 lautet (bei rein polarer Wechselwirkung):

$$P_0 = \omega \left[\frac{2\pi}{v_a} \left(\frac{1}{\varepsilon_\infty} - \frac{1}{\varepsilon_s} \right) \right]^{1/2}, \qquad (3.19)$$

wo v_a das Volumen der Elementarzelle des Kristalls ist und ε_∞ und ε_s bzw. die „optische" und statische dielektrische Konstante.

a) Nullte Näherung

Wir wollen nun (angenäherte) Lösungen von (2.8) und (2.13) bestimmen, wobei $h_{g,z}$ durch (3.18) gegeben ist. Da exakte Lösungen von (2.8) nicht möglich sind, wollen wir annehmen, daß $h_{g,z}$ klein ist gegenüber H_z, so daß eine Störungsrechnung sinnvoll ist. Die einfachsten Resultate liefert die *nullte* Näherung der Wellenfunktion, wobei man also für $\varphi^\varkappa$ die Lösungen $\varphi_0^\varkappa$ der Gleichung:

$$H_z(\vec{r})\,\varphi_0^\varkappa(\vec{r}) = E_0^\varkappa \varphi_0^\varkappa(\vec{r}) \qquad (3.20)$$

annimmt, in der H_z in Übereinstimmung mit (2.4) zum Gitter mit unverschobenen Ionen gehört. In dieser Näherung hängen die $\varphi^\varkappa = \varphi_0^\varkappa$ und deshalb auch das Dipolmatrixelement M gar nicht von q ab (*Condon*sche Näherung). Die mit diesen Wellenfunktionen bestimmte Energie (in erster Ordnung) liefert:

$$E^\varkappa(q) = E_0^\varkappa + \langle \varphi_0^\varkappa | h_{g,z} | \varphi_0^\varkappa \rangle = E_0^\varkappa - \frac{1}{\sqrt{N}} \sum_i A_i^\varkappa q_i, \qquad (3.21)$$

wobei wir $\int \varphi_0^{\varkappa *}(\vec{r}) A_i(\vec{\sigma_i}, \vec{r}) \varphi_0^\varkappa(\vec{r})\, d\tau$ mit $A_i^\varkappa$ bezeichnet haben. Mit (3.21) und unserer von q unabhängigen Funktion $\varphi_0^\varkappa$ finden wir nun für Gleichung (2.13)

$$H^\varkappa(q) = E_0^\varkappa + \sum_i \left[-\frac{\hbar^2}{2} \frac{\partial^2}{\partial q_i^2} + \frac{1}{2} \omega^2 q_i^2 \right] - \frac{1}{\sqrt{N}} \sum_i A_i^\varkappa q_i \qquad (3.22)$$

und für die in (3.13) und (3.14) auftretende Größe ΔE

$$\Delta E = E_0^\lambda - E_0^\varkappa - \frac{1}{\sqrt{N}} \sum_i (A_i^\lambda - A_i^\varkappa) q_i \equiv \Delta E_0 - \frac{1}{\sqrt{N}} \sum_i A_i q_i. \qquad (3.23)$$

Das lineare Glied in (3.22) können wir wegtransformieren durch Einführung der folgenden neuen Koordinaten *):

$$q_i^\varkappa = q_i - \frac{1}{\sqrt{N}} \frac{1}{\omega^2} A_i^\varkappa \equiv q_i - c_i^\varkappa. \qquad (3.24)$$

---

*) Wegen der Möglichkeit einer derartigen linearen Transformation könnte man auch von Anfang an q anders definieren als in Abschn. 2.1, siehe die dortige Fußnote zu Gl. (2.4).

Ausgedrückt in diesen neuen Koordinaten wird der Operator H^x von der Form:

$$H^x(q^x) = E^x + \sum_i \left[-\frac{\hbar^2}{2} \frac{\partial^2}{\partial q_i^{x2}} + \frac{1}{2} \omega^2 q_i^{x2} \right], \tag{3.25}$$

wobei

$$E^x = E_0^x - \frac{\hbar \omega}{2 \hbar \omega^3} \frac{1}{N} \sum_i (A_i^x)^2. \tag{3.26}$$

Bis auf die Konstante E^x ist H^x also die Summe von N Hamiltonfunktionen von N harmonischen Oszillatoren, die um die Gleichgewichtslagen $c_i^x = N^{-1/2} \omega^{-2} A_i^x$ schwingen. Diese Gleichgewichtslagen hängen vom Elektronenzustand des Störzentrums ab. Die Eigenfunktionen $Q_m^x(q)$ sind in den neuen Koordinaten also von der einfachen Form:

$$Q_m^x(q^x) = \Pi_i \zeta_{m_i}(q_i^x), \tag{3.27}$$

wobei $\zeta_{m_i}(q_i^x)$ die zur Quantenzahl m_i gehörige Eigenfunktion des harmonischen Oszillators ist. Mit Hilfe der bekannten Eigenschaften der Matrixelemente des harmonischen Oszillators

$$\int \zeta_{m_i}(q_i^x) q_i^x \zeta_{m_i}(q_i^x) \, dq_i^x = 0$$

und wegen (3.12) folgt hieraus:

$$\int \zeta_{m_i}^x(q_i^x) q_i \zeta_{m_i}(q_i^x) \, dq^x = \frac{1}{\sqrt{N}} \frac{1}{\omega^2} A_i^x. \tag{3.28}$$

Weiter gilt:

$$\int \zeta_{m_i}^x(q_i^x) (q_i^x)^2 \zeta_{m_i}(q_i^x) \, dq_i^x = \int \zeta_{m_i}^x(q_i^x) q_i^2 \zeta_{m_i}(q_i^x) \, dq_i^x = (m_i + \tfrac{1}{2}) \hbar/\omega, \tag{3.29}$$

und mit Hilfe des bekannten Ausdruckes für den thermischen Mittelwert $\overline{m}_i$ der Zahl der Quanten eines Oszillators:

$$\overline{m}_i + \tfrac{1}{2} = \tfrac{1}{2} \coth \tfrac{1}{2}\beta, \tag{3.30}$$

wobei

$$\beta = \hbar \omega/kT, \tag{3.31}$$

können wir nun ohne weiteres in der hier betrachteten Näherung die Momente der spektralen Verteilung explizit anschreiben. Wir finden für das *normalisierte* erste und zweite Moment der Absorptionslinie $\langle h\nu \rangle_\alpha$ und $\langle (h\nu)^2 \rangle_\alpha$ [dies sind die Ausdrücke (3.13) und (3.14) geteilt durch $\{M^2\}_x = M_0^2$]:

$$\langle h\nu \rangle_\alpha = \Delta E_0 - \hbar \omega \frac{1}{\hbar \omega^3} \frac{1}{N} \sum_i A_i A_i^x, \tag{3.32}$$

$$\langle (h\nu)^2 \rangle_\alpha = (\langle h\nu \rangle_\alpha)^2 + (\hbar \omega)^2 \left[\frac{1}{2 \hbar \omega^3} \frac{1}{N} \sum_i A_i A_i \right] \coth \tfrac{1}{2}\beta \tag{3.33}$$

und damit für das um die gemittelte Absorptionsfrequenz zentrierte zweite Moment:

$$\langle (h\nu - \langle h\nu \rangle_\alpha)^2 \rangle_\alpha = (\hbar \omega)^2 \left[\frac{1}{2 \hbar \omega^3} \frac{1}{N} \sum_i A_i A_i \right] \coth \tfrac{1}{2}\beta. \tag{3.34}$$

Unter Einführung der abgekürzten Schreibweise:

$$\Delta E_0 - \hbar\omega \, \frac{1}{2\,\hbar\omega^3} \, \frac{1}{N} \sum_i (A_i^{\lambda\,2} - A_i^{\varkappa\,2}) = h\nu_0 \qquad (3.35)$$

und

$$\frac{1}{2\,\hbar\omega^3\,N} \sum_i (A_i)^2 = \frac{\omega}{2\,\hbar} \sum_i (c_i^{\lambda} - c_i^{\varkappa})^2 \equiv \frac{\omega}{2\,\hbar} \sum_i c_i^2 \equiv S \qquad (3.36)$$

finden wir *):

$$\langle h\nu\rangle_\alpha = h\nu_0 + \hbar\omega S, \qquad (3.37)$$

$$\langle (h\nu - \langle h\nu\rangle_\alpha)^2\rangle_\alpha = (\hbar\omega)^2\, S \coth \tfrac{1}{2}\,\beta. \qquad (3.38)$$

und auf völlig analoge Weise für die normalisierten Momente der Emissionslinie:

$$\langle h\nu\rangle_\varepsilon = h\nu_0 - \hbar\omega S, \qquad (3.39)$$

$$\langle (h\nu - \langle h\nu\rangle_\varepsilon)^2\rangle_\varepsilon = (\hbar\omega)^2\, S \coth \tfrac{1}{2}\,\beta. \qquad (3.40)$$

Wir sehen, daß in dieser Näherung das Zentrum der Absorption gegenüber dem der Emission um den Betrag $2\hbar\omega S$ verschoben ist; die Lage der mittleren Absorptionsfrequenz ist jedoch von der Temperatur *unabhängig*. Die berechnete Verschiebung des Zentrums der Emission gegen das der Absorption (Franck-Condon-Verschiebung) folgt in erster Linie aus der Annahme einer linearen Koppelung (Annahme linearer Rückstellkräfte), also aus der (hieraus folgenden) Tatsache, daß die Gleichgewichtslagen der Ionen vom Elektronenzustand der Störstelle abhängig sind; zweitens ist der Wert dieser Verschiebung eine Folge der Annahme der adiabatischen Näherung, d. h. der Tatsache, daß die Ionenbewegung langsam ist verglichen mit der Bewegung des Störzentrumelektrons.

Aus den obigen Gleichungen ist ersichtlich, daß die Konstante S nicht nur die Größe der Franck-Condon-Verschiebung, sondern auch die Breite der Linien bestimmt. Schließlich bestimmt nach Gleichung (3.36) die wichtige Konstante S auch noch eine dritte physikalische Größe, nämlich die Summe der Quadrate der relativen Verschiebung der Gleichgewichtspositionen der Normalkoordinaten. Da ja die Normalkoordinaten die Koeffizienten in einer Fourier-Reihenentwicklung der wirklichen Verrückung der Ionen sind, kann man mittels der Vollständigkeitsrelation S leicht durch die Summe der Quadrate dieser Verrückungen ausdrücken [22]**).

Wenn man (zum Zweck einer größenordnungsmäßigen Abschätzung) annimmt, daß nur die Gleichgewichtspositionen der sechs nächsten Nachbarn des Störzentrums eine Verrückung durch die Änderung des Elektronenzustands erleiden, und zwar alle um denselben Betrag δ, dann ergibt sich für das Verhältnis von δ zum Abstand der nächsten Nachbarn die Formel:

$$\delta^2/a^2 = S\,\hbar^2/3\,a^2\hbar\omega M, \qquad (3.41)$$

wobei für den Fall eines F-Zentrums in NaCl M die Masse eines Na-Ions wäre. Numerisch ergäbe sich für diesen Fall

$$\delta/a \approx 1,6\,\sqrt{S}\cdot 10^{-2},$$

was für $S = 25$ ein Resultat von der Größenordnung 10^{-1} liefern würde.

---

*) Die Resultate der nullten Näherung wurden zuerst auf völlig andere Weise von *Huang* und *Rhys* [20] und auch von *Pekar* [21] abgeleitet.

**) In der zitierten Arbeit [22] wird jedoch nicht der direktere und einfachere Weg über die Vollständigkeitsbeziehung gebracht.

b) Erste Näherung

Es ist nun auch möglich, die Lösung der Gleichung (2.8) eine Ordnung weiter-
zuführen. Unter der Voraussetzung, daß die Funktionen $\varphi_0^\varkappa$ nicht entartet
sind, liefert die *rein formale* Störungsrechnung dann Korrektionsglieder zu
$\varphi_0^\varkappa$, die linear in q sind. Wir erhalten

$$\varphi^\varkappa = \varphi_0^\varkappa - \sum_{u}' N^{-1/\iota} \sum_j [A_{uj}^\varkappa/(E_0^\varkappa - E_0^u)]\, q_j \varphi_0^u. \qquad (3.42)$$

wobei

$$A_{uj}^\varkappa = \int \varphi_0^{u*}\, A_i(\vec{\sigma}_i,\, \vec{r})\, \varphi_0^\varkappa d\,\tau. \qquad (3.43)$$

In derselben Näherung hängt jetzt auch $M\,(q)$ linear von q ab und $H^\varkappa$ wird mit
einem Korrektionsglied vervollständigt, das quadratisch in q ist. Man kann
dies auch so ausdrücken, daß nun auch die Eigenfrequenzen der Gitteroszillatoren vom Elektronenzustand des Störzentrums abhängig werden *), während
in unserer nullten Näherung nur die Gleichgewichtslagen der Ionen hiervon
abhingen. Die Auswertung unserer allgemeinen Ausdrücke für die Momente
wird nun erheblich langwieriger, bietet aber keine prinzipiellen Schwierigkeiten [23, 24]. Wir begnügen uns darum hier mit der Angabe der Schluß-
ergebnisse; diese lauten:

$$\langle h\nu \rangle_\alpha = h\nu_{0\alpha} - \hbar\omega B \coth \tfrac{1}{2}\,\beta, \qquad (3.44)$$

$$\langle (h\nu - \langle h\nu \rangle_\alpha)^2 \rangle_\alpha = (\hbar\omega)^2 S_\alpha \coth \tfrac{1}{2}\,\beta - (\hbar\omega)^2\, C \qquad (3.45)$$

und

$$\langle h\nu \rangle_\varepsilon = h\nu_{0\varepsilon} - \hbar\omega B \coth \tfrac{1}{2}\,\beta, \qquad (3.46)$$

$$\langle (h\nu - \langle h\nu \rangle_\varepsilon)^2 \rangle_\varepsilon = (\hbar\omega)^2 S_\varepsilon \coth \tfrac{1}{2}\,\beta + (\hbar\omega)^2\, C. \qquad (3.47)$$

Für den Zusammenhang zwischen den hier auftretenden neuen Konstanten
und den Matrixelementen von $h_{g,z}$ bzw. $A_i(\vec{\sigma}_i, \vec{r})$ verweisen wir auf die Literatur [23]. Wir wollen uns hier auf die Diskussion der qualitativen Aspekte der
Formeln und vor allem der qualitativen Unterschiede gegenüber den Ausdrücken (3.37) bis (3.40) beschränken.

In erster Linie fällt auf, daß die ersten Momente nun temperaturabhängig
sind. Diese Temperaturabhängigkeit ist in den obigen Betrachtungen die
direkte Folge des Gebrauchs einer höheren Näherung, also mit anderen Worten
von der Nichtanwendung der *Condon*schen Näherung.

Es muß hier bemerkt werden, daß die obigen Überlegungen völlig auf einer
konsequenten Behandlung einer rein linearen Elektronen-Gitter-Wechsel-
wirkung beruhten. Man sollte sich darum bewußt sein, daß eventuelle nichtlineare Terme in dieser Wechselwirkung ziemlich gleichartige Effekte zur Folge
haben würden wie die, die aus einer Behandlung in höherer Näherung der rein
linearen Wechselwirkung entstehen.

3.3. Vergleich mit experimentellen Resultaten [25]

Unsere allgemeinen qualitativen Ausdrücke für die ersten beiden Momente
der spektralen Verteilung einer Bande **), die zustande kommt durch den Übergang eines Störstellenelektrons zwischen zwei diskreten stationären Zuständen,

---

*) Vgl. hierzu auch die Diskussion. D. H.
**) Hierunter sei, wie üblich, die durch Wechselwirkung mit den Gitterschwingungen
   bei thermischem Ausgangszustand verbreiterte Absorptionslinie verstanden.

können wir nun mit den Ergebnissen von *Mollwo's* klassischen Experimenten über die Lichtabsorption durch *F*-Zentren in Alkalihalogeniden vergleichen. Bevor wir zu diesem Vergleich übergehen, müssen wir jedoch erst das zweite Moment durch die Halbwertsbreite ausdrücken, die ja direkt aus der Messung gewonnen wird. Unter der Voraussetzung, daß die Form der Bande gaussisch ist — eine Annahme, die für diesen Fall eine befriedigende Näherung darstellt [19, 25] — gilt für die Halbwertsbreite *H* der Absorptionsbande:

$$H^2 = \delta \ln 2\,(\hbar\omega)^2\,[S_\alpha \coth \tfrac{1}{2}\beta - C]. \tag{3.48}$$

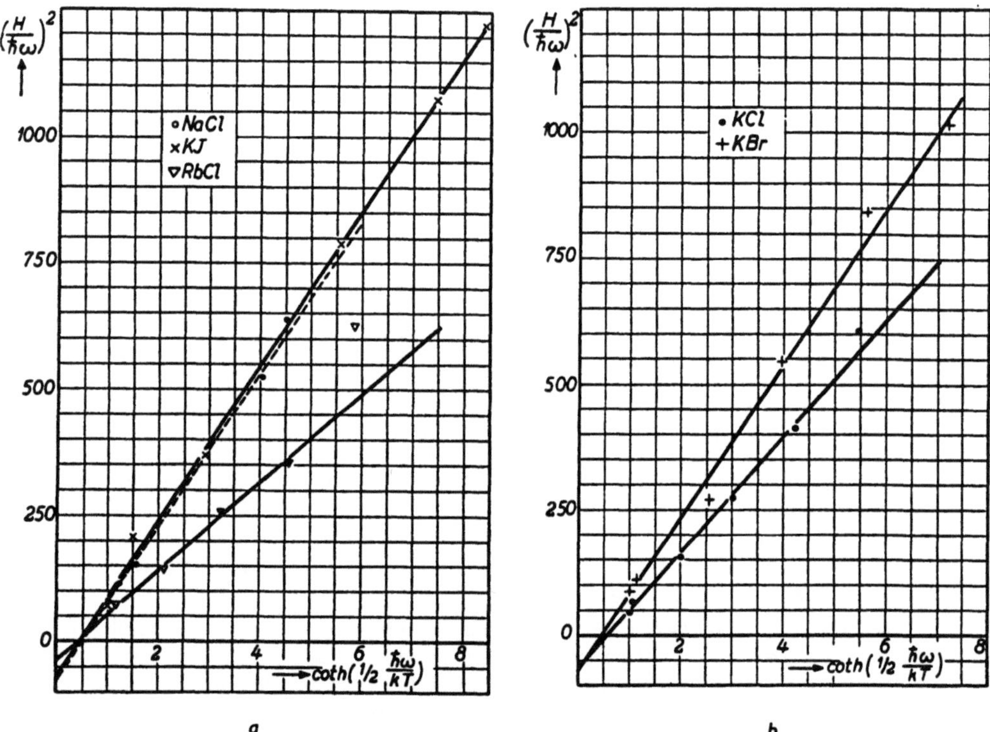

Abb. 2. Das Quadrat der Halbwertsbreite in Einheiten $(\hbar\omega)^2$ von *F*-Zentren-Absorptionslinien als Funktion von coth $(\hbar\omega/2\,kT)$ für: a) NaCl, KJ und RbCl; b) KCl und KBr. (Experimentelle Daten von *Mollwo* [8]).

In Abb. 2 haben wir das Quadrat von *Mollwo's* [9] experimentellen Werten der Halbwertsbreiten in Einheiten $(\hbar\omega)^2$ als Funktion von coth $\tfrac{1}{2}\beta$ dargestellt und in Abb. 3 die experimentellen·Werte der mittleren Absorptionsfrequenz in Einheiten $\hbar\omega$ auch als Funktion von coth $\tfrac{1}{2}\beta$. Die Frequenz ω ist hier der maximalen Frequenz der longitudinalen optischen Schwingungen gleichgesetzt*). Die numerischen Werte können leicht nach der Formel [26] $\omega = 2\pi\,(\varepsilon_s/\varepsilon_\infty)^{1/2}\,\nu_{\rm rest}$ und den von *Mott* und *Gurney* [27] gegebenen Werten der Dielektrizitätskonstante und Reststrahlfrequenz $\nu_{\rm rest}$ berechnet werden; (eine Tabelle von ω-Werten findet man bei *Callen* [28]).

---

*) Siehe hierzu die Einleitung zu Abschn. 3.2.

Auf Grund unserer qualitativen Resultate müssen in beiden Figuren die Meßpunkte auf Geraden liegen. Dies ist auf sehr befriedigende Weise der Fall. Besonders sei hier noch auf die Tatsache hingewiesen, daß die Geraden für das Quadrat der Halbwertsbreite nicht durch den Ursprung gehen, in Übereinstimmung mit dem Auftreten der Konstanten C in der Klammer von (3.48). Quantitativ ist der Beitrag dieses Terms zur Breite von der gleichen Größenordnung wie die Breite für $T = 0$ (d. h. $\coth \frac{1}{2} \beta = 1$), also nicht vernachlässigbar.

Aus den Figuren können natürlich auch die verschiedenen eingeführten Konstanten bestimmt werden. Die Werte dieser Konstanten sind für F-Zentren in den von *Mollwo* gemessenen Alkali-Halogeniden in Tabelle 2 gegeben.

3.4. Diskussion

Wir haben im obigen auf Grund ziemlich weniger und recht allgemeiner Voraussetzungen (adiabatische Näherung; Elektron-Gitter-Wechselwirkung nicht zu groß; alle, für die Wechselwirkung wichtige, Normalschwingungen dieselbe Frequenz) qualitative Ausdrücke für die Momente einer Störstellen-Absorptions- oder Emissionsbande abgeleitet. Aber gerade durch diese Allgemeinheit war eine gewisse, etwas zu formale Behandlungsweise nicht zu vermeiden und konnten nur *qualitative* Ergebnisse erzielt werden. Es ist jedoch aus dem Obigen deutlich, in welcher Richtung eine Verbesserung dieser Lage zu er-

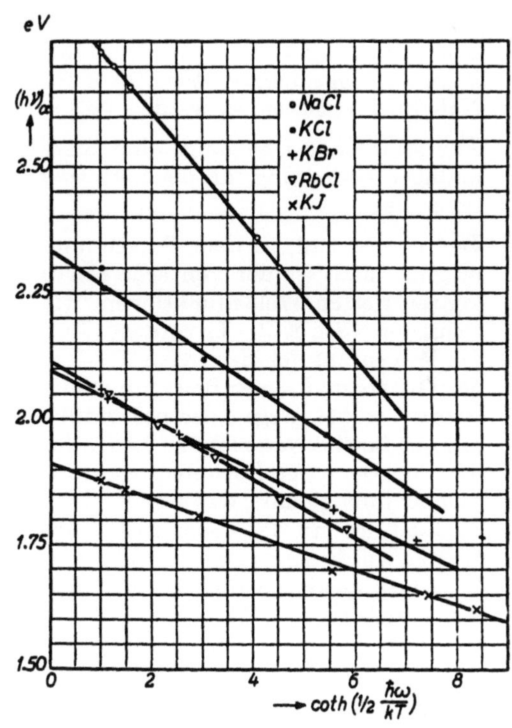

Abb. 3.
Mittlere Absorptionsfrequenz von F-Zentren als Funktion von coth ($\hbar\omega/2\,kT$).

Tabelle 2. Empirische Werte einiger Konstanten für Absorptionsspektren von Alkali-Halogenid-F-Zentren*)

Substanz	S_α	C	B	$h\nu_{0\alpha}$ [eV]
NaCl	27,5	12,6	2,9	2,84
KCl	21,0	11,4	2,4	2,73
KBr	27,5	12,1	2,3	2,10
KI	29,4	10,8	2,0	1,91
RbCl	15,8	6,1	2,25	2,10

*) Leider sind die experimentellen Daten über Fluoreszenz von Alkali-Halogenid-F-Zentren noch so spärlich, daß in dieser Hinsicht noch keine definitiven Schlüsse aus einem Vergleich zwischen Theorie und Experiment gezogen werden können [10, 25].

reichen ist. Was nötig ist, ist eine genaue Kenntnis der Wellenfunktion und der Energie des Störstellenelektrons und der Verlauf dieser Größen als Funktion der Gitterdeformation; und dies alles sowohl für den Grundzustand wie für den angeregten Zustand des Störzentrums. Brauchbare Methoden, um alle diese Größen jedenfalls näherungsweise zu bestimmen, gibt es aber im Augenblick nur für zwei extreme Fälle und unglücklicherweise liegt das hier oben behandelte Beispiel der F-Zentren, wovon so schönes experimentelles Material vorliegt, gerade zwischen diesen beiden extremen Fällen.

1. Für den Fall eines sehr flachen Störstellenpotentials, zu dem also eine räumlich sehr ausgebreitete Wellenfunktion des Störstellenelektrons gehört, kann die sogenannte „Methode der effektiven Masse" in befriedigender Näherung angewendet werden [29].

   Für strahlende Übergänge sind diese flachen Niveaus natürlich nur von mäßiger Bedeutung, da die korrespondierende Strahlung nicht im Sichtbaren liegt.

2. Der zweite Fall, in dem Berechnungen ausgehend von „first principles" möglich sind, ist der von sehr tief liegenden Niveaus mit räumlich sehr konzentrierten Wellenfunktionen, wie er z. B. im Fall von mit Tl verunreinigtem KCl, KCl—Tl vorliegt. In diesem Fall kann in nullter Näherung die Wellenfunktion des freien Tl$^+$-Ions genommen werden und der Einfluß des Gitters und seiner Bewegung dann mittels Störungsrechnung bestimmt werden, wobei, wegen der beschränkten Ausdehnung der Wellenfunktion, nur der Einfluß von nicht zu fernen Ionen des Gitters von großer Bedeutung ist. Eine derartige Rechnung wurde von *F. E. Williams* [30] unter der Annahme durchgeführt, daß das Tl$^+$-Ion sowohl im Grund- wie im angeregten Zustand nur mit den nächsten Cl$^-$-Ionen in direkter Wechselwirkung steht. Weiter wurde angenommen, daß von allen möglichen Verschiebungen der Cl$^-$-Ionen aus ihren Gleichgewichtslagen nur die radialsymmetrischen aller sechs zugleich von Wichtigkeit sind. Als einzige Konfigurationskoordinate tritt dann in diesen Betrachtungen auch nur $\varDelta a$, die radiale Verschiebung der Cl$^-$-Ionen, auf. Bei der Berechnung der totalen Energie als Funktion von $\varDelta a$ wurde neben der Wechselwirkung des Tl$^+$-Ions im $^1S_0$- und $^3P_1^0$-Zustand mit den Cl$^-$Ionen- noch die Wechselwirkung der letzteren Ionen mit den K$^+$-Ionen auf den 200-Plätzen in Rechnung gebracht und es wurde angenommen, daß diese K$^+$-Ionen bei gegebenem $\varDelta a$ sich so verschieben, daß die totale Energie minimal ist. Die Tl$^+$—Cl$^-$-Wechselwirkung wurde aus den folgenden Beiträgen aufgebaut: Madelung-Energie, Austausch-Abstoßungs-Energie, van der Waals-, Ionen-Dipol- und Coulomb-Überlappungs-Energie. Die Resultate dieser Berechnungen sind in den Abb. 4 und 5 angegeben.

Obwohl man Kritik üben kann an einigen nicht unwichtigen Details der *Williams*schen Rechnung*), ist die von ihm zuerst angewendete Methode von der größten Bedeutung für die Behandlung von strahlenden Übergängen zwischen derartigen tief liegenden Niveaus.

---

*) So geschieht z. B. die Berechnung der sehr wichtigen Abstoßungsenergie auf eine ziemlich willkürliche Weise; auch sind die später erschienenen „Verbesserungen" der ersten Arbeit abzulehnen, da ein kubisches Feld niemals zur Aufspaltung eines p-Terms führen kann [31].

Schließlich muß noch eine im vorigen Abschnitt ohne weiteren Kommentar gemachte, etwas problematische Annahme erwähnt werden, die den Wert der Frequenz ω betrifft. Beim Vergleich unserer allgemeinen theoretischen Ausdrücke mit den Daten von *Mollwo* wurde ω mit der maximalen Frequenz der longitudinalen optischen Schwingungen identifiziert. Wenn jedoch die Störstelle eine genügend starke Änderung der Bindungskräfte mit den Nachbarionen hervorruft, dann könnten diese mit einer Frequenz schwingen, die sich von der genannten Frequenz des reinen Gitters sehr unterscheidet [32, 33, 34]. Wenn also die Wechselwirkung des Störzentrums mit dem Gitter hauptsächlich durch die nächsten Nachbarn bestimmt wird (wie in dem von *Williams* behandelten Fall), dann können Schwingungen

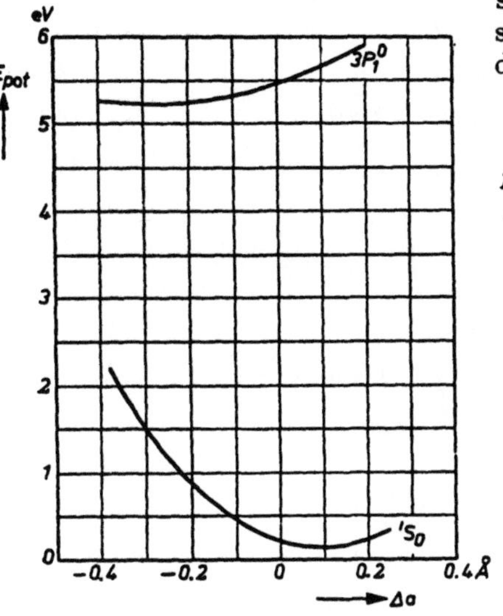

Abb. 4. Berechnete Kurven der potentiellen Energie von K Cl-Tl als Funktion der radialen Verrückung Δa der nächsten Nachbarn eines Tl$^+$-Ions im $^1S_0$- und $^3P_1^0$-Zustand. (Nach *Williams* [30]).

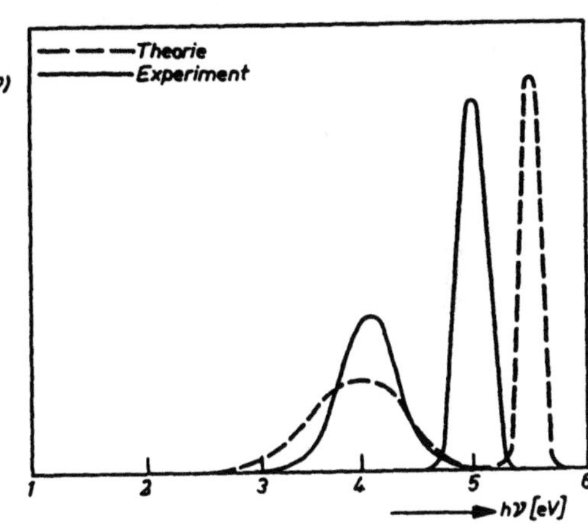

Abb. 5.

Vergleich der theoretischen und experimentellen Absorptions- und Emissionsbande von K Cl-Tl. (Nach *Williams* [30]).

mit einer dem reinen Gitter fremden Frequenz eine große Rolle spielen. In der von *Williams* gegebenen Analyse werden diese tatsächlich gefunden.

4. Veranschaulichung einiger Züge der allgemeinen Theorie

Wir können einige der oben abgeleiteten Resultate auf folgende Weise etwas anschaulicher machen. Die potentielle Energie als Funktion der Normalkoordinaten ist nach (3.25) in den elektronischen Zuständen $\varkappa$ und λ gegeben durch:

$$H_{pot}^{\varkappa} = E^{\varkappa} + \tfrac{1}{2}\omega^2\sum_i q_i^{\varkappa\,2}, \tag{4.1}$$

$$H_{pot}^{\lambda} = E^{\lambda} + \tfrac{1}{2}\omega^2\sum_i q_i^{\lambda\,2}, \tag{4.2}$$

und nach (3.24) gilt

$$q_i^{\lambda} = q_i^{\varkappa} - (c_i^{\lambda} - c_i^{\varkappa}) \equiv q_i^{\varkappa} - c_i. \tag{4.3}$$

Wenn also in Zustand $\varkappa$ alle (Normal-) Gitterkoordinaten die Werte $q_i^{\varkappa} = c_i$ haben würden, dann würde dies der Gitterkonfiguration entsprechen, bei der

H_{pot}^{λ} minimal wäre. Wir erhalten nun ein „eindimensionales Ersatzmodell" unserer Störstelle im Gitter, wenn wir nur solche Gitterdeformationen betrachten, die proportional sind zu der, die von der Konfiguration: alle $q_i^{\varkappa} = 0$, zur Konfiguration: alle $q_i^{\lambda} = 0$, führt. Wir setzen also

$$q_i^{\varkappa}/c_i = q_j^{\varkappa}/c_j = \cdots = q_N^{\varkappa}/c_N = x/\sqrt{2S}, \tag{4.4}$$

wobei wir jetzt nur noch einen Parameter x haben, der den Deformationszustand des Gitters gegenüber der zum Elektronenzustand $\varkappa$ gehörenden Gleichgewichtskonfiguration beschreibt. Wenn wir nun $E^{\varkappa}$ als Nullpunkt der Energie wählen und (4.4) in (4.1), (4.2) einführen, dann erhalten wir unter Berücksichtigung der S-Definition nach (3.36):

$$H_{\text{opt}}^{\varkappa} = \tfrac{1}{2}\hbar\omega x^2, \tag{4.5}$$

$$H_{\text{pot}}^{\lambda} = \hbar\omega y + \tfrac{1}{2}\hbar\omega\,(x - \sqrt{2S})^2, \tag{4.6}$$

wobei noch

$$E^{\lambda} - E^{\varkappa} = \hbar\omega y \tag{4.7}$$

gesetzt ist.

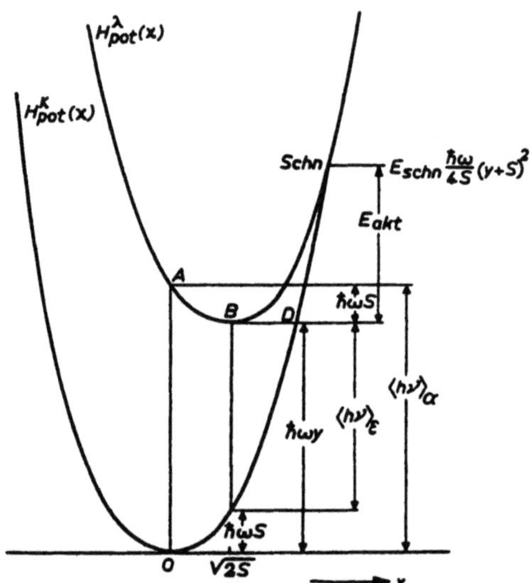

Abb. 6. Veranschaulichung einiger Resultate des Viel-Koordinaten-Problems mittels einer „effektiven Normalkoordinate" x.

gesetzt ist. Die Bedeutung der Größe S als Maß für die relative Verschiebung der Gleichgewichtslagen und für den Unterschied zwischen der mittleren Absorptions- und Emissionsfrequenz ist aus Abb. 6 ersichtlich. In diesem eindimensionalen Modell liefert auch das zweite Moment der Absorptions- und Emissionslinie denselben Ausdruck wie (3.38) und (3.40).

Schließlich hat dieses Ersatzmodell noch einen anderen Zug mit dem allgemeineren Modell (4.1), (4.2) gemeinsam, der für die Theorie der strahlungs*losen* Übergänge von Bedeutung ist. Es handelt sich hier um die Lage des Schnittpunktes der beiden Kurven (4.5) und (4.6). Dieser Schnittpunkt x_{schn} ist gegeben durch

$$x_{\text{schn}} = (y + S)/\sqrt{2S}, \tag{4.8}$$

und die dazugehörige Energie ist:

$$E_{\text{schn}} = (\hbar\omega/4S)\,(y + S)^2. \tag{4.9}$$

Der Energieunterschied E_{akt} (akt = Aktivierung) zwischen E_{schu} und der Minimalenergie von H^λ_{pot} ist:

$$E_{akt} = E_{schu} - \hbar\omega y = (\hbar\omega/4S)\,(y - S)^2. \tag{4.10}$$

Man kann nun sehr einfach zeigen, daß genau derselbe Ausdruck gefunden wird, wenn man den Energieunterschied berechnet zwischen dem Energieminimum E_{durch} (min) der Durchschneidung der beiden Flächen (4.1), (4.2) und dem Minimum E^λ von H^λ_{pot}. Die Minimalenergie der Durchschneidung liegt in dem Punkt, der gegeben wird durch:

$$q_i^\varkappa/c_i = q_j^\varkappa/c_j = \cdots = q_N^\varkappa/c_N = (y + S)/2S, \tag{4.11}$$

und die dazugehörige Energie ist:

$$E_{durch} (\text{min}) = E^\varkappa + (\hbar\omega/4S)\,(y + S)^2. \tag{4.12}$$

Wir erhalten somit:

$$E_{durch} (\text{min}) - E^\lambda = (\hbar\omega/4S)\,(y - S)^2, \tag{4.13}$$

also genau den Ausdruck (4.10).

Das hier eingeführte eindimensionale Ersatzmodell kann also für viele Zwecke das oben gebrauchte und im allgemeinen wirklichkeitsnähere vieldimensionale Modell ersetzen. Weiter unten [s. Abschn. (5.4a)] wird sich jedoch erweisen, daß ein zu großes Vertrauen in ein derartiges eindimensionales Modell u. U. zu falschen Schlüssen führen kann.

5. Strahlungslose Übergänge

5.1. Die Methode der Slater-Summen [35]

Als Ausgangspunkt für eine Theorie der strahlungslosen Übergänge von Störstellenelektronen wählen wir, genau wie bei den strahlenden Übergängen, wieder die Formel (2.17). Die Wahrscheinlichkeit pro Sekunde für den strahlungslosen Übergang vom Zustand $\varkappa_0\,m$ in den Zustand $\varkappa n$ ist also:

$$\Phi_{\varkappa_0\,m \to \varkappa n} = \frac{2\pi}{\hbar} \left| \left\langle Q_n^\varkappa \varphi^\varkappa \left| \sum_i - \frac{\hbar^2}{2} \frac{\partial^2 \varphi^{\varkappa_0}}{\partial q_i^2} - \hbar^2 \frac{\partial \varphi^{\varkappa_0}}{\partial q_i} \frac{\partial}{\partial q_i} \right| Q_m^{\varkappa_0} \right\rangle \right|^2$$
$$\cdot\, \delta\,(E_n^\varkappa - E_m^{\varkappa_0}). \tag{5.1}$$

In der *Condon*schen Näherung nach unserer obigen Definition ($\varphi^{\varkappa_0}$ unabhängig von q, $E^{\varkappa_0}(q) = E_0^{\varkappa_0} + \langle \varphi_0^{\varkappa_0} | h_{g,z} | \varphi_0^{\varkappa_0} \rangle$) würde die Wahrscheinlichkeit für den strahlungslosen Übergang gleich Null sein. Um ein Resultat ungleich Null zu erhalten, muß man also jetzt die Wellenfunktion wenigstens einschließlich linearer Glieder in q bestimmen und dabei dann auch die zur ersten Ordnung der Störungsrechnung gehörige Energie $E^\varkappa$ beibehalten*).

Wir wollen uns im folgenden auf diese Näherung beschränken und können dann also den Term mit $\partial^2 \varphi^{\varkappa_0}/\partial q_i^2$ in (5.1) weglassen, während $\partial \varphi^{\varkappa_0}/\partial q_i$ nun von q unabhängig ist. Für die totale thermisch gemittelte Übergangswahr-

---

*) Es ist also nicht ganz konsequent, in der Wellenfunktion bis zu Gliedern erster Ordnung und gleichzeitig in der Energie bis zu Gliedern zweiter Ordnung zu gehen, wie es in [36] und [37] gemacht wurde.

scheinlichkeit $\Phi_{\varkappa_0 \to \varkappa}$ vom Zustand $\varkappa_0$ in den Zustand $\varkappa$ müssen wir wieder über alle Endzustände n summieren und thermisch über alle Anfangszustände m mitteln, wobei bekanntlich die thermische Wahrscheinlichkeit für den Schwingungszustand m gegeben wird durch:

$$P(m) = \Pi_j (1 - e^{-\beta_j}) e^{-\beta_j m_j} = \Pi_j \, 2 \sinh \tfrac{1}{2} \beta_j \, e^{-\beta_j (m_j + 1/2)}. \tag{5.2}$$

Wir finden also nun mit (3.6), (3.26), (3.27)

$$\Phi_{\varkappa_0 \to \varkappa} = \frac{2\pi}{\hbar} \frac{1}{h} \int\limits_{-\infty}^{+\infty} dt \, e^{\frac{it}{\hbar}(E^\varkappa - E^{\varkappa_0})} \sum_m \sum_n \Pi_j \, 2 \sinh \frac{1}{2} \beta_j$$

$$\cdot e^{-(b_j + i\omega_j t)(m_j + 1/2)} \, e^{i\omega_j t (n_j + 1/2)}$$

$$\cdot \left| \sum_i \left\langle \varphi^\varkappa \left| -\hbar^2 \frac{\partial \varphi^{\varkappa_0}}{\partial q_i} \right\rangle \int dq_i \zeta_{n_i}(q_i^\varkappa) \frac{\partial}{\partial q_i} \zeta_{m_i}(q_i^{\varkappa_0}) \Pi_j' \int dq_j \zeta_{n_j}(q_j^\varkappa) \zeta_{m_j}(q_j^{\varkappa_0}) \right|^2 \tag{5.3}$$

und nach einigen Vertauschungen der Reihenfolge verschiedener Operationen und Ausschreiben des Quadrates als Produkt erhalten wir:

$$\Phi_{\varkappa_0 \to \varkappa} = \frac{2\pi}{\hbar} \frac{1}{h} \int\limits_{-\infty}^{-\infty} dt \, e^{\frac{it}{\hbar}(E^\varkappa - E^{\varkappa_0})} \int dq_1 \ldots \int dq_N \int dq_1 \ldots \int dq_N \, \hbar^4 \sum_i \sum_l$$

$$\left\langle \varphi^\varkappa \left| \frac{\partial \varphi^{\varkappa_0}}{\partial q_i} \right\rangle \left\langle \varphi^\varkappa \left| \frac{\partial \varphi^{\varkappa_0}}{\partial q_l} \right\rangle \Pi_j \sum_{n_j} \zeta_{n_j}(q_j^\varkappa) \zeta_{n_j}(q_j^\varkappa) e^{i\omega_j(n_j + 1/2)} \right. \right.$$

$$\cdot \frac{\partial}{\partial q_i} \frac{\partial}{\partial q_l} \sum_{m_j} \zeta_{m_j}(q_j^{\varkappa_0}) \zeta_{m_j}(q_j^{\varkappa_0}) \, e^{-(\beta_j + i\omega_j t)(m_j + 1/2)} \, 2 \sinh \frac{1}{2} \beta_j. \tag{5.4}$$

Der springende Punkt der nun anzuwendenden Methode, auf deren Brauchbarkeit für die hier besprochenen Probleme zuerst von *Kubo* [35] hingewiesen wurde, ist nun, daß die Summe $\sum_{n_j}$ und $\sum_{m_j}$ in (5.4) exakt auszuführen sind, wobei das Ergebnis in geschlossener Form erhalten wird. Diese Summen sind nämlich nichts anderes als die aus der statistischen Mechanik bekannten *Slater*schen Summen für einen harmonischen Oszillator [38]. Nach Ausführung der Summen können auch noch die Differentiationen nach q_i und q_l und schließlich die Integrationen über $q_1 \cdots q_N$ und $q_1 \cdots q_N$ exakt in geschlossener Form durchgeführt werden. Die genaue Ausführung all dieser Rechnungen ist etwas langwierig, bietet aber keine prinzipiellen Schwierigkeiten*). Als Resultat erhält man schließlich [17]:

$$\Phi_{\varkappa_0 \to \varkappa} = \hbar^2 \int\limits_{-\infty}^{+\infty} dt \, e^{\frac{it}{\hbar}(E^\varkappa - E^{\varkappa_0})} \sum_i \frac{1}{2} \frac{\omega_i}{\hbar} (\omega_i^\varkappa - c_i^{\varkappa_0})^2 g(\omega_i t)$$

$$\cdot \left\{ \left[\sum_i \left| \left\langle \varphi^\varkappa \left| \frac{\partial \varphi^{\varkappa_0}}{\partial q_i} \right\rangle \right|^2 \frac{1}{2} \frac{\omega_i}{\hbar} [g(\omega_i t) + (2\bar{n}_i + 1)] \right. \right. \right.$$

$$\left. + \left[\sum_i \frac{1}{2} \frac{\omega_i}{\hbar} \left\langle \varphi^\varkappa \left| \frac{\partial \varphi^{\varkappa_0}}{\partial q_i} \right\rangle (c_i^\varkappa - c_i^{\varkappa_0}) g(\omega_i t) \right]^2 \right\}. \tag{5.5}$$

---

*) Für den Fall von strahlenden Übergängen, auf die diese Methode auch angewandt werden kann, sind die weitgehend gleichartigen Berechnungen sehr explizit in [39] angegeben. Neuerdings wurden diese Berechnungen auch nochmals für den Fall der strahlungslosen Übergänge explizit in der Literatur angegeben [37].

Innerhalb der hier gebrauchten Störungsrechnungen für die Lösungen der Gleichungen (2.8) und (2.11) ist dieses Ergebnis noch exakt. Die Funktion $g(\omega_j t)$ wird gegeben durch:

$$g(\omega_j t) = (\overline{n_j} + 1)\, e^{i\omega_j t} + \overline{n_j}\, e^{-i\omega_j t} - (2\, n_j + 1) \tag{5.6}$$

und n_j ist der thermische Mittelwert der Anzahl der Quanten im j-ten Gitteroszillator:

$$n_j = (e^{\beta_j} - 1)^{-1}. \tag{5.7}$$

Die $c_i^\varkappa$ sind durch (3.24) gegeben.

5.2. Diskussion einiger neuerer Arbeiten

Als letzte, jedoch sehr schwere Aufgabe bleibt nun noch die Ausführung der Integration über t in (5.5) übrig. Diese Integration ist im allgemeinen nicht exakt durchzuführen und verschiedene moderne Arbeiten über das hier behandelte Problem lassen sich jedenfalls global durch die Näherungen charakterisieren, die bei der Ausführung dieser Integration gemacht worden sind*).

Davydov [40]**) geht von einer exakteren Lösung der Gleichung (2.11) aus, wodurch er im Integranden von (5.5) noch einen zusätzlichen Faktor $\exp[-\overline{\Phi}_{\varkappa_0 \to \varkappa}\, t]$ erhält. Nun entwickelt er die Funktion $g(\omega_i t)$ nach Potenzen von $\omega_i t$ und bricht nach den quadratischen Termen ab. Die Gültigkeit dieses Verfahrens wird bestimmt durch die Ungleichung $\omega_i \ll \overline{\Phi}_{\varkappa_0 \to \varkappa}$. Diese könnte sowieso nur erfüllt sein für unwahrscheinlich hohe Übergangswahrscheinlichkeiten $\overline{\Phi}$ und in dem Fall, daß diese beständen, würde die Beschreibung des Gitters durch Gitteroszillatoren ihren Sinn verlieren.

Ein Resultat, das dem von *Tewordt* [22] auf andere Weise erreichten im wesentlichen gleichwertig ist, das aber zur numerischen Auswertung von (5.5) nicht brauchbar ist, erhält man, wenn man den zweiten Faktor im Integranden von (5.5) als Produkt schreibt und jeden Faktor in eine *Fourier*sche Reihe entwickelt. Man erhält dann genau wie *Tewordt* unhandliche Summen von Produkten von modifizierten Bessel-Funktionen.

Gummel und *Lax* [17] entwickeln den obengenannten Faktor nach Potenzen des Exponenten. Wenn man nun wie diese Autoren den Fall sehr flacher Störstellenniveaus betrachtet, bei dem nur Ein-Phonon-Prozesse wichtig sind, kann man diese Entwicklung nach dem linearen Glied abbrechen und so eine numerische Auswertung von $\overline{\Phi}$ erzielen. Bei tieferen Niveaus, bei denen mehrere Phononen eine Rolle spielen und höhere Glieder der Entwicklung benötigt werden, werden jedoch die Summen über die Normalschwingungen, die dann unter Berücksichtigung der Energieerhaltung auszuführen sind, wohl große Schwierigkeiten bieten. Die Integration über t wurde ja gerade eingeführt, um die Ausführung dieser Summationen zu umgehen.

Mit Hilfe einer eleganten Anwendung des Faltungssatzes aus der Theorie der Laplacetransformation [41] auf den Ausdruck (5.5) gelang es *Kubo* und

---

*) Für eine Übersicht über ältere Arbeiten auf diesem Gebiet verweisen wir auf [12].
**) Ich bin Herrn Prof. *Stasiw* für das Überlassen einer Fotokopie dieser Arbeit zu Dank verpflichtet.

Toyozawa [24], einige allgemeine Aussagen über den Mechanismus der strahlungslosen Übergänge im Falle sehr tiefer und sehr hoher Temperaturen zu machen. Wir kommen hierauf weiter unten noch zurück [s. Fußnoten zu Abschn. 5.4. *b*) und *c*)].

5.3. Explizite Berechnung für ein einfaches Modell

Wenn man jedoch schließlich, genau wie bei der obigen Behandlung der strahlenden Übergänge, die Annahme macht, daß alle Normalschwingungen i, die merkbar zur Wechselwirkung mit dem Zentrum beitragen, dieselbe Frequenz ω besitzen, dann kann die Integration über t ohne jede weitere Näherung explizit durchgeführt werden. Das Ergebnis ist dann*):

$$\Phi_{x \to x_0} = \frac{\pi}{2}\, \omega \cosech \frac{1}{2}\, \beta\, e^{-S \coth \frac{1}{2} \beta}\, e^{\mp \frac{1}{2} \nu \beta}$$

$$\sum_{p=-\infty}^{+\infty} \delta(y-p)\, \{Q^2 [I_{y-1}(a) + I_{y+1}(a)]$$

$$+ \cosech \tfrac{1}{2} \beta \tfrac{1}{8} Z^2 [I_{y-2}(a) - 4 \cosh \tfrac{1}{2} \beta I_{y-1}(a)$$

$$+ (2 \cosh \tfrac{1}{2} \beta + 2) I_y(a) - 4 \cosh \tfrac{1}{2} \beta I_{y+1}(a) + I_{y+2}(a)]\}, \qquad (5.8)$$

wobei die neu eingeführten Symbole die folgende Bedeutung haben:

$$y = |(E^x - E^{x_0})/\hbar\omega|, \qquad (5.9)$$

$$Q^2 = \frac{\hbar}{\omega} \sum_i \left| \left\langle \varphi^x \left| \frac{\partial}{\partial q_i} \varphi^{x_0} \right. \right\rangle \right|^2, \qquad (5.10)$$

$$Z^2 = \left| \sum_i (c_i^x - c_j^{x_0}) \left\langle \varphi^x \left| \frac{\partial}{\partial q_i} \varphi^{x_0} \right. \right\rangle \right|^2. \qquad (5.11)$$

p ist eine ganze Zahl und $I_y(a)$ ist die modifizierte Besselfunktion vom Index y und Argument a, wo

$$a = S \cosech \tfrac{1}{2} \beta, \qquad (5.12)$$

$I_y(a)$ wird also durch das folgende Integral dargestellt:

$$I_y(a) = \frac{1}{2\pi} \int_0^{2\pi} \exp[i\,y\,x + a \cos x]\,dx. \qquad (5.13)$$

Das minus-Zeichen und das plus-Zeichen im Faktor $e^{\mp \frac{1}{2} \nu \beta}$ von (5.8) gelten bzw. für den Fall thermischer Anregung ($E^x > E^{x_0}$) und thermischer De-excitation ($E^x < E^{x_0}$). Das Auftreten der δ-Funktionen in (5.8) ist eine Folge unserer vereinfachenden Annahme, daß ω für alle in Rechnung gebrachten Normalschwingungen denselben Wert hat. Um jedenfalls das qualitative. Verhalten von $\Phi_{x \to x_0}$ diskutieren zu können und eine grobe Abschätzung der Größenordnung dieses Ausdrucks zu erhalten, haben *Huang* und *Rhys* [20], *Meyer* [36] und neuerdings auch *Trlifaj* [51] und *Kubo* und *Toyozawa* [24] angenommen, daß y gleich einer ganzen Zahl y_0 ist und haben dann $\delta(y - y_0)$ gleich 1 gesetzt.

---

*) Dieses Ergebnis wurde zuerst auf eine andere Weise von *Huang* und *Rhys* [20] abgeleitet.

Der singuläre Charakter der δ-Funktionen wird jedoch auf etwas natürlichere Weise unschädlich gemacht, wenn einer der Zustände $\varkappa$ oder $\varkappa_0$ einem kontinuierlichen Spektrum angehört, wie es bei den Prozessen thermischer Ionisation und strahlungslosem Einfang von „freien" Elektronen der Fall ist. Zum Beispiel gilt für die Ionisierungswahrscheinlichkeit pro Zeiteinheit aus dem diskreten Zustand $\varkappa$ (wir nehmen von nun ab an, daß $\varkappa$ der Grundzustand ist) infolge von *direkten* Übergängen aus $\varkappa$ in das Leitfähigkeitsband

$$\Phi_{\varkappa \to \text{Leitf.-Band}} = \frac{V}{(2\pi)^3} \int dk\, k^2 \int d\Omega\, \overline{\Phi}_{\varkappa \to \vec{k}}, \qquad (5.14)$$

wobei $\vec{k}$ der Wellenvektor des Elektrons im Leitfähigkeitsband ist; das Integral über $d\Omega$ geht über alle Orientierungen von k. Der Ausdruck (5.14) stellt jedoch *nicht* die *totale* Ionisierungswahrscheinlichkeit dar, da vermutlich bei nicht sehr flachen Niveaus die Ionisierung stufenweise vor sich gehen wird: von $\varkappa$ erst in das nächste höher liegende diskrete Niveau λ und von da aus direkt oder auch noch in Stufen ins Leitfähigkeitsband.

Was die Behandlung des umgekehrten Prozesses, Einfang eines „freien" Elektrons in den Grundzustand einer Störstelle, anbelangt, so ist diese ziemlich problematisch, wenn es sich nicht um Einfang in ein sehr flaches Niveau handelt, wobei nur ein Schwingungsquant benötigt wird [17]. Dies hängt damit zusammen, daß für ein „freies" Elektron die adiabatische Näherung im allgemeinen nicht gültig ist, so daß man die q-Abhängigkeit der Wellenfunktion des Anfangszustandes nicht aus dieser Näherung bestimmen kann. Wenn jedoch nur ein Schwingungsquant benötigt wird und die Störungsrechnung ist wirklich zulässig, dann liefert die Produktapproximation (s. Abschn. 2.2) ja dasselbe Resultat wie ein rein formaler (aber physikalisch bedeutungsloser) Gebrauch der adiabatischen Näherung [17]. Beim Prozeß der Ionisation, bei dem ja der „freie" Zustand der Endzustand ist, genügt es, diesen in der Produktapproximation zu kennen, was natürlich auch nur zulässig ist, wenn die Relaxationszeit infolge der Streuung durch Gitterwellen für die in Frage kommenden „freien" Elektronen genügend groß ist. Aber auch dann, wenn diese Bedingung erfüllt ist, bleibt eine *quantitative* Theorie der Ionisationswahrscheinlichkeit durch Gitterschwingungen nicht möglich; und zwar einfach darum, weil eine quantitative Theorie der Übergänge zwischen diskreten Niveaus, die ja auf mehrfache Weise in eine Theorie der totalen Ionisationswahrscheinlichkeit eingehen würde, im Augenblick noch nicht entwickelt ist.

Trotz dieser großen Beschränkungen kann man doch erwarten, daß das qualitative Verhalten des Ausdrucks (5.8) unter den Annahmen $y = y_0$ und $\delta(y - y_0) = 1$ einigen Aufschluß ergibt über den Mechanismus und die Temperaturabhängigkeit von strahlungslosen Übergängen. Wir wollen darum diesen Ausdruck noch ein wenig näher diskutieren, und zwar für den Prozeß von thermischer Deexcitation aus dem ersten angeregten Niveau λ in den Grundzustand $\varkappa$.

Die einzigen Größen in (5.8), die noch von der genauen Art der Störstelle und ihrer Koppelung mit den Ionenschwingungen abhängen, sind die Koeffizienten Q^2 und Z^2. Bei kugelsymmetrischem Störstellenpotential und Identifizierung von λ und $\varkappa$ mit einem p- und einem s-Elektronenzustand (z. B.

$2\,p$ und $1\,s$) gilt insbesondere aus Symmetriegründen: $Z^2 = 0$. Wir wollen annehmen, daß dieser Fall vorliegt. Die explizite Berechnung von Q^2 für ein bestimmtes Modell, die am einfachsten mit Hilfe der in Abschn. 5.1 angegebenen Störungsrechnung geschehen kann [20], aber auch dann noch etwas langwierig ist, wollen wir unterlassen. Eine genauere Berechnung dieser Größe wurde mit Hilfe einer von *Pekar* stammenden kombinierten Variations- und Störtechnik [43] vor kurzem von *Trlifaj* durchgeführt [42].

Mit Gebrauch der obenerwähnten Annahmen über y und $\delta\,(y - y_0)$, und eine weitere Ausarbeitung des Ausdruckes Q^2 unterlassend, finden wir nun:

$$\overline{\Phi}_{\lambda\to\varkappa} = \frac{\pi}{2} Q^2 \omega\,\mathrm{cosech}\,\frac{1}{2}\beta\, e^{-S\coth\frac{1}{2}\beta}\, e^{\frac{1}{2}v_*\beta}\,[I_{y_*-1}(a) + I_{y_*+1}(a)]. \quad (5.15)$$

Nach einer Formel von *Lehmer* [44] gilt nun für nicht zu kleine y (z. B. $y \geqq 5$) und willkürliches a in sehr guter Näherung

$$I_y(a) = \frac{1}{(2\pi y z)^{1/2}}\,(z - 1)^y\left(\frac{y}{a}\right)^y e^{yz}, \quad (5.16)$$

wobei

$$z \equiv \sqrt{1 + (a/y)^2}. \quad (5.17)$$

Da die Formel (5.16) ziemlich undurchsichtig ist, ist es ratsam, die Spezialfälle hoher und tiefer Temperatur gesondert zu betrachten.

1. Für tiefe Temperaturen $(kT \ll \hbar\omega)$ gilt $a \approx 2\,S e^{-\hbar\omega/2kT} \ll 1$. Wenn nun T so tief ist, daß:

$$\frac{a}{y} \approx \frac{2S}{y}\,e^{-\hbar\omega/2kT} \ll 1,$$

dann erhält (5.16) die bekannte Form:

$$I_y(a) \approx \left(\frac{a}{2}\right)^y \frac{1}{\Gamma(y+1)}\,.$$

Hiermit können wir nun den Ausdruck (5.15) für den Grenzfall $T \ll \hbar\omega/k$ berechnen. Man findet:

$$\overline{\Phi}_{\lambda\to\varkappa} \approx \pi Q^2 \omega\,\frac{e^{-S} S^{v_*-1}}{(y_0 - 1)!} \approx \pi Q^2 \omega\, e^{-S}\left(\frac{S}{y_0 - 1}\right)^{v_*-1} \quad (kT \ll \hbar\omega). \quad (5.18)$$

2. Für so hohe Temperaturen, daß $a/y \gg 1$, geht $I_y(a)$ über in:

$$I_y(a) \approx \frac{1}{\sqrt{2\pi a}}\,e^a\, e^{-\frac{1}{2}v^2/a},$$

so daß wir in diesem Grenzfall für die Übergangswahrscheinlichkeit näherungsweise finden:

$$\overline{\Phi}_{\lambda\to\varkappa} \approx \frac{\pi}{2} Q^2 \omega\,\frac{1}{\sqrt{\pi S}}\sqrt{\frac{kT}{\hbar\omega}}\, e^{-\frac{S\hbar\omega}{4kT}\left[\frac{v_*-1}{S}-1\right]^2} \quad \left(kT \gg \frac{y_0\hbar\omega}{2S}\right). \quad (5.19)$$

Aus beiden Formeln ist ganz deutlich ersichtlich, daß der energetische Abstand y_0 der beiden Störstellenniveaus allein gar nicht bestimmend ist für die Größe der Übergangswahrscheinlichkeit. Wichtig in dieser Hinsicht ist vielmehr das Verhältnis S/y_0, das nach unseren Betrachtungen im Abschnitt 3.2. *a*) etwa mit der relativen Breite der entsprechenden Absorptionslinie übereinstimmt.

5.4. Diskussion

a) Allgemeine Gültigkeitsbedingungen

Bevor wir nun zur Diskussion der physikalischen Bedeutung der Formeln (5.18) und (5.19) übergehen, wollen wir einige allgemeine Bedingungen erwähnen, die erfüllt sein müssen, wenn die obigen Betrachtungen nicht ihren Sinn verlieren sollen.

An erster Stelle lag diesen Betrachtungen die Annahme zugrunde, daß die nullte und erste Näherungslösung der Gleichung (2.8) tatsächlich sukzessive Näherungen ihrer Lösung bilden. Mit anderen Worten, als notwendige Bedingung (die im allgemeinen durchaus nicht genügend zu sein braucht) haben wir zu fordern, daß $\langle \hbar_{g,z} \rangle \ll \langle \hbar \omega y \rangle$, und da die Größe von $\langle h_{g,z} \rangle$ sehr gut durch $S \hbar \omega$ charakterisiert wird, lautet unsere Bedingung $S < y$. An Hand unserer Abb. 6 können wir dies einfach interpretieren: wir müssen fordern, daß das Minimum der höher liegenden Konfigurationsparabel innerhalb der unteren Parabel liegt, oder noch anders formuliert: der angeregte Zustand sollte für strahlende Übergänge nicht metastabil sein. Wenn diese Bedingung erfüllt ist, dann wird der Gebrauch von Störungsrechnung zur Bestimmung von $\varphi^{x \bullet}$ [Gleichung (3.42)] jedenfalls größenordnungsmäßig richtige Resultate liefern. Es ergibt sich dann leicht, daß größenordnungsmäßig Q^2 gleich $(\hbar \omega / \Delta E)^2 S$ gesetzt werden darf. Hiermit finden wir als Größenordnung für $\overline{\Phi}_{\lambda \to \varkappa}$ bei sehr tiefen Temperaturen.

$$\Phi_{\lambda \to \varkappa} \sim \omega \, (1/y)^{y+1} S^{y} \, e^{-S}, \tag{5.20}$$

wobei stets $S < y$.

Eine andere Annahme, die bei den Ableitungen in den vorigen Abschnitten gemacht wurde, ist implizit darin enthalten, daß wir stets thermisch gemittelte Übergangswahrscheinlichkeiten berechnet haben. Es wurde jedoch vor kurzem von *Dexter, Klick* und *Russel* [45] darauf hingewiesen, daß in einer Anzahl tatsächlich vorkommender Fälle das betrachtete System vielleicht gar nicht die Gelegenheit hat, in die thermische „quasi-Gleichgewichtsverteilung", die zum Elektronen-Zustand λ gehört, zu gelangen. Dieser Fall könnte grundsätzlich dann auftreten, wenn das System unmittelbar nach der Absorption eines Quantums $h\nu$ (Punkt A in Abb. 6) eine höhere Energie besitzt als die zum Schnittpunkt der beiden Parabeln gehörige Energie E_{schn} (Punkt Schn. in Abb. 6). Wie im Abschnitt 4 auseinandergesetzt wurde, entspricht diesem Schnittpunkt im realistischeren mehrdimensionalen Bild der Punkt minimaler Energie E_{durch} (min) auf der Durchschneidungskurve der zwei adiabatischen Energieflächen. Ein System mit einer Energie höher als E_{durch} (min) wäre also tatsächlich prinzipiell imstande, Konfigurationen zu erreichen, die auf oder nahe dieser Durchschneidungskurve lägen; aus einem solchen Punkte könnte dann vielleicht ein Übergang zum tieferen Elektronenzustand mit großer Wahrscheinlichkeit auftreten. Die erwähnten Autoren [45] waren der Meinung, daß ein derartiger Mechanismus die niedrige Quantenausbeute der Fluoreszenz von Alkali-Halogenid-F-Zentren erklären könnte. Gegen diesen Standpunkt muß man jedoch einwenden, daß die Wahrscheinlichkeit, in eine Konfiguration nahe der Durchschneidungskurve zu geraten, nur groß ist in einem ein-dimensionalen Bild. In einem Fall, in dem mehrere Gitterschwingungsfreiheitsgrade mit dem Elektronensystem gekoppelt sind, wird dieser Wahrscheinlichkeit im allgemeinen verschwindend klein sein. Unserer Meinung nach haben wir dann

auch hier ein Beispiel für die große Gefahr, die mit einem allzu vertrauens
vollen Gebrauch eines ein-dimensionalen Konfigurationsbildes verbunden ist.

Daß der von *Dexter* et. al. vorgeschlagene Mechanismus zur Erklärung der
geringen Ausbeute der F-Zentren-Fluoreszenz nicht die Ursache dieser Erscheinung ist, kann noch auf folgende, semiempirische Weise ersichtlich
gemacht werden. Nach dem Kriterium dieser Autoren würde nur eine sehr
schwache Fluoreszenz auftreten, wenn die Energie des Systems unmittelbar
nach der Absorption höher wäre als E_{schn} (min). Nach unseren Formeln (3.37)
und (4.13) (oder nach Abb. 6) kann dies leicht umgeformt werden in die Bedingung: Es tritt nur eine schwache Fluoreszenz auf (nach Anregung im
Zentrum der Absorptionsbande), wenn $3\,S > y$. Daß dies durchaus keine
triviale Bedingung ist, ist aus Tabelle 3 ersichtlich, in der die Zahlenwerte
von $3\,S$ und y für die im Abschnitt 3.3 besprochenen Alkali-Halogenid-F-Zentren
angegeben sind. In der nullten Näherung des Abschnittes 3.2 ist S gleich der
Größe S_α aus Tabelle 2 und in der gleichen Näherung findet man den Wert
von y nach den Formeln (3.37) und (3.44) durch Abziehen von S vom Werte
$\hbar \nu_{0x}/\hbar \omega$ aus Tabelle 2. Wenn die anregende Absorption bei tiefer Temperatur
und an der langwelligen Seite der Absorptionsbande geschehen würde, zum
Beispiel bei der Halbwertsfrequenz, dann würde die Fluoreszenz schwach
sein, wenn ungefähr $3\,S - 2\sqrt{S} > y$. Auch die Zahlenwerte der linken Seite
dieser Ungleichung sind in Tabelle 3 angegeben.

Tabelle 3

Substanz	$3\,S$	$3\,S-2\sqrt{S}$	y
NaCl	82,5	72	47
KCl	63	54	64
KBr	82,5	72	72,5
KJ	88	77	77
RbCl	47	39	65

Wie aus dieser Tabelle ersichtlich ist, müßte nach dem erwähnten Kriterium
ein auffallender Unterschied bestehen zwischen der Stärke der Fluoreszenz
in RbCl und in den anderen Alkali-Halogeniden, wenn Einstrahlung im Zentrum
der Absorptionsbande stattfände. Weiter müßte die Stärke der F-Zentrum-
Fluoreszenz in KCl auffallend zunehmen, wenn die Anregung ausschließlich
durch Absorption an der langwelligen Seite stattfände. Bisher ist jedoch nichts
hiervon gefunden [46].

Aus den Daten der Tabelle 3 kann auch noch der folgende Schluß gezogen
werden. Die Tatsache nämlich daß in allen der betrachteten Substanzen bis
auf eine, die Energie unmittelbar nach der Anregung größer ist als E_{durch}(min),
muß in jedem Fall in einer detaillierten Theorie der Deexcitation von F-
Zentren in diesen Stoffen berücksichtigt werden, wenn auch anscheinend die
Effekte hiervon nicht so markant sind, wie es von *Dexter* et. al. erwartet wurde.
Dies bedeutet, daß unsere obigen Formeln, die unter der Annahme von thermischem „quasi-Gleichgewicht" abgeleitet waren, nur auf die relevanten
F-Zentren-Fälle angewendet werden könnten nach einer gründlichen Untersuchung der Übergangsprozesse vom Zustand unmittelbar nach der Absorption
in den quasi-Gleichgewichtszustand. Für das Gebiet in der Umgebung der

Durchschneidungskurve ist jedoch die adiabatische Näherung nicht mehr gültig, so daß mit einer derartigen Untersuchung wohl große Schwierigkeiten verbunden sein dürften (siehe auch weiter unter 5.4 c).

Nach diesen allgemeinen Bemerkungen können wir uns jetzt der Diskussion unserer Formeln (5.18) und (5.19) zuwenden.

b) Verhalten bei tiefen Temperaturen

Der Ausdruck für tiefe Temperaturen ist von der Temperatur unabhängig entsprechend der Tatsache, daß in diesem Temperaturgebiet die strahlungslosen Übergänge nur eine Folge der Nullpunktschwingungen sind. Zufolge dieser Schwingungen kann das System einen „tunnel"-artigen Übergang zwischen Zuständen gleicher Energie ausführen *). (In Abb. 6 etwa vom Punkt B in den Punkt D.) Dieser Prozeß ist also nicht rein klassisch verständlich.

Es ist instruktiv, den Ausdruck für tiefe Temperaturen direkt aus (5.1) ohne den Weg über die Slatersummen abzuleiten. Bei $T \approx 0$ sind ja im Anfangszustand keine freien Gitterquanten anwesend und nach (5.1) gilt für die Übergangswahrscheinlichkeit pro Sekunde:

$$\Phi_{\lambda \to \varkappa} = \frac{2\pi}{\hbar} \hbar^4 \sum_n \sum_i \left| \left\langle \varphi^\varkappa \left| \frac{\partial \varphi^\lambda}{\partial q_i} \right\rangle \right|^2 \left| \left\langle Q_n^\varkappa \left| \frac{\partial}{\partial q_i} \right| Q_0^\lambda \right\rangle \right|^2 \delta(E_n^\varkappa - E_0^\lambda). \tag{5.21}$$

Nach (3.27) gilt nun:

$$Q_0^\lambda = \zeta_0(q_1^\lambda)\zeta_0(q_2^\lambda) \dots \zeta_0(q_i^\lambda) \dots \zeta_0(q_N^\varkappa).$$
$$Q_n^\varkappa = \zeta_{n_1}(q_1^\varkappa)\zeta_{n_2}(q_2^\varkappa) \dots \zeta_{n_i}(q_i^\varkappa) \dots \zeta_{n_N}(q_N^\varkappa), \tag{5.22}$$

wobei wir wegen der δ-Funktion in (5.21) nur die n zu betrachten brauchen, wofür $\sum_j n_j = y_0$ ist.

Wir müssen also nun die folgenden Integrale berechnen:

$$\int_{-\infty}^{+\infty} \zeta_{n_j}(q_j^\varkappa) \, \zeta_0(q_j^\lambda) \, d q_j. \tag{5.23}$$

Der Term mit $\partial/\partial q_i$ liefert völlig gleichartige Integrale, da ja

$$\int_{-\infty}^{+\infty} \zeta_{n_i}(q_i^\varkappa) \frac{\partial}{\partial q_i} \zeta_0(q_i^\lambda) \, d q_i = \left[\frac{(n_i + 1)\,\omega}{2\hbar}\right]^{1/2} \int \zeta_{n_i + 1}(q_i^\varkappa) \zeta_0(q_i^\lambda) \, d q_i$$
$$- \left(\frac{n_i\,\omega}{2\hbar}\right)^{1/2} \int \zeta_{n_i - 1}(q_i^\varkappa) \zeta_0(q_i^2) \, d q_i. \tag{5.24}$$

Weiter gilt:

$$q_j^\lambda - q_j^\varkappa = -c_j = -(1/\omega^2\sqrt{N})\,A_j. \tag{5.25}$$

Wie man leicht, zum Beispiel durch Taylor-Entwicklung von $\zeta_0(q_j^\varkappa - c_j)$ nach Potenzen von c_j einsieht, ist das obenstehende Integral proportional zu $c_j^{n_j}$, das heißt zu $(1/\sqrt{N})^{n_j}$, und zwar ergibt die genaue Berechnung [47]:

$$\int_{-\infty}^{+\infty} \zeta_{n_j}(q_j^\varkappa) \zeta_0(q_j^\lambda) \, d q_j = \left(\frac{\omega}{\hbar}\right)^{(n_j - 1)/2} (2^{n_j} \cdot n_j!)^{-1/2} \frac{A_j^{n_j}}{\omega^{2n_j}} \frac{1}{\sqrt{N}^{n_j}} \exp\left(-\frac{1}{4}\frac{\omega}{\hbar}c_j^2\right). \tag{5.26}$$

---

*) Eine allgemeinere Ableitung dieser Eigenschaft, die direkt vom Ausdruck (5.5) ausgeht, wurde von *Kubo* und *Toyozawa* [24] gegeben (s. Abschn. 5.2, Schluß).

Wenn $n_i \neq 0$ ist, dann wird es effektiv durch den Operator $\partial/\partial q_i$ nach (5.24) um 1 vermindert, so daß also, da $\sum_j n_j = y_0$, das quadratierte Matrixelement $\left| \left\langle Q_n^{\varkappa} \left| \dfrac{\partial}{\partial q_j} \right| Q_0^{\lambda} \right\rangle \right|^2$

aus der Summe (5.21) maximal von der Größenordnung $\left(\dfrac{1}{N}\right)^{y_0-1}$ sein kann. Wenn alle von Null verschiedenen n_j nicht größer als 1 sind, dann ist die Zahl der Terme dieser Größenordnung (bei festem i) gleich: $\dfrac{(N-1)!}{(y_0-1)!\,(N-y_0)!} \approx \dfrac{N^{y_0-1}}{(y_0-1)!}$, also von der Größenordnung N^{y_0-1}, während diese Zahl in allen anderen Fällen um wenigstens einen Faktor $1/N$ kleiner ist, und wegen der Größe von N machen wir dann einen vernachlässigbaren Fehler, wenn wir schreiben:

$$\sum_n \delta\left(E_n^{\varkappa} - E_0^{\lambda}\right) \approx \frac{1}{\hbar\,\omega}\,\frac{1}{(y_0-1)!}\,\sum_{j_1}\sum_{j_2}\cdots\sum_{j_{y_0-1}}, \tag{5.27}$$

wobei durch den Faktor $\dfrac{1}{(y_0-1)!}$ die Ununterscheidbarkeit der Gitterquanten in Rechnung gebracht ist. Der Faktor $1/\hbar\,\omega$ tritt hier auf, da durch die δ-Funktion ja die Zahl der Zustände pro Einheits-*Energie*intervall eingeführt wird. Wegen (5.26) und (5.27) erhalten wir nun, da alle $n_j = 1$ oder 0 sind:

$$\Phi_{\lambda\to\varkappa} = \frac{2\pi}{\hbar}\,\hbar^4\,\frac{1}{\hbar\,\omega}\,\frac{1}{(y_0-1)!}\,\frac{\omega}{2\hbar}\,\sum_i \left| \left\langle \varphi^{\varkappa} \left| \frac{\partial\,\varphi^{\lambda}}{\partial q_i} \right\rangle \right|^2 \right.$$

$$\cdot \sum_{j_1}\cdots\sum_{j_{y_0-1}}\frac{1}{2N}\frac{A_{j_1}^2}{\hbar\,\omega^3}\cdots\frac{1}{2N}\frac{A_{j_{y_0-1}}^2}{\hbar\,\omega^3}\cdot\exp\left(-\frac{\omega}{2\hbar}\sum_j c_j^2\right), \tag{5.28}$$

woraus wegen (5.10) und (3.36) folgt:

$$\Phi_{\lambda\to\varkappa} = \pi Q^2\,\omega\,\frac{e^{-S}\,S^{y_0-1}}{(y_0-1)!}, \tag{5.29}$$

also unser Resultat (5.18). Die überragende Rolle, die das Überlappungsintegral hier spielt, wird aus dieser Ableitung deutlich.

c) Verhalten bei hohen Temperaturen

Unser Resultat (5.19) für den Grenzfall sehr hoher Temperaturen enthält als wichtigsten Term eine Exponentialfunktion mit einer Aktivierungsenergie. Diese Aktivierungsenergie ist gerade die minimale Energie E_{act} (min), die nötig ist, um das System aus dem tiefsten Punkt der Energiefläche λ bis zur Durchschneidung mit der Fläche $\varkappa$ anzuregen (siehe auch Abb. 6). Bei sehr hohen Temperaturen findet der strahlungslose Übergang also hauptsächlich über den angeregten Zustand, in dem sich die Potentialkurven einander nähern, statt. Die anschauliche Bedeutung eines derartigen Prozesses ist schon ausführlich im Band I dieser Reihe diskutiert [48].

Es muß jedoch bemerkt werden, daß die obige Diskussion nicht allzu wörtlich genommen werden darf. Gerade weil nämlich zwischen den beiden Zuständen $\varkappa$ und λ strahlungslose Übergänge möglich sind, werden die zwei dazugehörigen Energieflächen einander in Wirklichkeit nicht schneiden. Zufolge einer gegenseitigen Abstoßung der beiden Flächen in der Umgebung der „Durchschneidung" wird vielmehr die dort herrschende Entartung aufgehoben werden. Dies bedeutet, daß einer verbesserten Berechnung der Übergangswahrscheinlichkeit bei diesen hohen Temperaturen erst eine Berechnung der Aufspaltung der Entartung vorhergehen müßte*). Trotzdem wird aus den obigen Betrachtungen deutlich, wie ein strahlungsloser Übergang bei hoher Temperatur grundsätzlich verläuft. Zufolge der thermischen Schwingungen wird in einem gegebenen

---

*) Der prinzipielle Gang einer solchen Rechnung ist schon von *Kubo* und *Toyozawa* [24] angegeben.

Moment eine Gitterkonfiguration erreicht, die sich nur relativ wenig unterscheidet von einer zur selben Energie, aber zum anderen elektronischen Zustand gehörigen Konfiguration. Wegen der erheblichen Überlappung der entsprechenden Wellenfunktionen kann dann von dieser „thermisch vorbereiteten" Situation aus ein Übergang leicht erfolgen.

d) Bemerkung zu numerischen Ergebnissen

Was die Zahlenwerte für die Übergangswahrscheinlichkeit anbelangt, so hängen diese außerordentlich stark von den genauen Werten der Größen S und y_0 ab, wie aus den Formeln (5.18) und (5.19) ersichtlich ist. Die Werte dieser Konstanten könnten nur dann empirisch mit genügender Genauigkeit bestimmt werden, wenn die nullte Näherung des Abschnittes 3.2 eine sehr gute wäre. Außerdem ist auch der Einfluß der Vernachlässigung einer Dispersion der ω_i, die der Ableitung der Formel (5.8) zugrunde lag, sehr schwer abzuschätzen; der Einfluß hiervon auf die numerischen Ergebnisse könnte sehr erheblich sein. Es folgt also, daß alle Zahlenwerte, die in der Literatur für verschiedene Spezialfälle gegeben sind [20, 36, 37, 42, 24], in hohem Maße unsicher sind. Außerdem gilt für einen großen Teil der behandelten Fälle die Ungleichung $3\,S > y$, so daß hierfür die am Anfang dieses Abschnittes geäußerte Kritik von Gültigkeit ist. Unserer Meinung nach bleibt jedoch der Schluß erlaubt, daß der hier behandelte Mechanismus wenigstens prinzipiell im Stande ist, strahlungslose Übergänge unter Dissipation vieler Phononen zu beschreiben, da Übergangswahrscheinlichkeiten von passender Größenordnung mit sehr plausiblen Werten der Konstanten S und y_0 leicht erhalten werden können.

Die erwähnte außerordentlich starke Abhängigkeit der strahlungslosen Übergangswahrscheinlichkeit von S und y_0 macht unserer Meinung nach übrigens auch qualitativ verständlich, warum Übergangselemente wie Cu und Ni in Germanium die Rekombination von Elektronen und Löchern so stark beeinflussen. Diese Übergangselemente sind vermutlich infolge der großen Verschieblichkeit ihrer Elektronenhülle im Stande, einen quasi-homöopolaren Charakter anzunehmen, wodurch sie substitutionsartig in das Germaniumgitter eingebaut werden [49]. Bekanntlich [50] hat ja jedes Cu- oder Ni-Atom u. a. ein Störniveau nicht weit von der Mitte der verbotenen Zone, wodurch schon eine der Bedingungen für maximale Rekombinationswahrscheinlichkeit, nämlich y_0 so klein wie möglich, gewährleistet ist. Die diesem Störniveau entsprechende Elektronenbahn ist hauptsächlich auf die das Störatom enthaltende Zelle lokalisiert. Die Aufnahme eines Elektrons oder eines Loches geht dann aber zusammen mit dem Zufügen bzw. Abbrechen einer homöopolaren Bindung und dies könnte dann leicht relativ große Verschiebungen der nächsten Störatome zur Folge haben (großes S).

Literatur

[1] *H. Volz*, Halbleiterprobleme I, Friedr. Vieweg & Sohn, Braunschweig (1954), S. 1.
[2] *D. Pfirsch*, ebenda S. 49.
[3] *H. Haken*, Halbleiterprobleme II, Friedr. Vieweg & Sohn, Braunschweig (1955), S. 1.
[4] *T. Holstein*, Phys. Rev. **96** (1954), S. 534; *H. Schmidt*, Z. Physik **139** (1954), S. 433.
[5] *L. H. Hall, J. Bardeen* und *F. J. Blatt*, Phys. Rev. **95** (1954), S. 559.
[6] *H. J. G. Meyer*, Physica **22** (1956), S. 109.
[7] *J. Jaumann*, Referat Mainz 1955 (erscheint später).
[8] *W. E. Reichardt*, Halbleiterprobleme II (1955), S. 161.
[9] *F. Mollwo*, Z. Physik **85** (1933), S. 56.

17*

[10] *Th. P. J. Botden, C. Z. van Doorn* und *Y. Haven*, Philips Res. Rep. 9 (1954), S. 469.
[11] *F. A. Kröger*, Ergebnisse exakt. Naturw., **29** (1956), S. 61.
[12] *A. Haug*, Halbleiterprobleme I (1954), S. 227.
[13] *H. J. G. Meyer*, Dissertation Amsterdam, Excelsior, den Haag (1956), § 2.
[14] *W. Heitler*, The Quantum Theory of Radiation, 3d, ed. Clarendon Press, Oxford (1954), Section 14.
[14a] *W. Heitler*, ebenda, sections 6 und 7.
[15] Nachweis 13,. S. 139.
[16] Siehe jedoch *C. Herring*, Atl. City Conf. Photocond., John, Wiley and Sons, New York, im Erscheinen.
[17] *H. Gummel* und *M. Lax*, Phys. Rev. 97 (1955), S. 1469.
[18] *J. M. Ziman*, Proc. Camb. phil. Soc. 51 (1955), S. 707.
[19] *M. Lax*, J. chem. Phys. 20 (1952), S. 1752.
[20] *K. Huang* and *A. Rhys*, Proc. roy. Soc. A 204 (1950), S. 406.
[21] *S. I. Pekar*, J. exp. theor. Phys. USSR 20 (1950), S. 510.
[22] *L. Tewordt*, Z. Physik 137 (1954), S. 604.
[23] *H. J. G. Meyer*, Physica 21 (1955), S. 253.
[24] *R. Kubo* und *Y. Toyozowa*, Progr. theor. Phys. 13 (1955), S. 160.
[25] *H. J. G. Meyer*, Physica 20 (1954), S. 1016.
[26] *H. Froehlich*, Theory of Dielectrics, Clarendon Press, Oxford (1949), S. 155.
[27] *N. F. Mott* und *R. W. Gurney*, Electronic Processes in Ionic Crystals, 2nd. ed., Clarendon Press, Oxford (1950), S. 12 und 25.
[28] *H. B. Callen*, Phys. Rev. 76 (1949), S. 1394.
[29] Siehe z. B. *C. Kittel* und *A. H. Mitchell*, Phys. Rev. 96 (1954), S. 1488; *J. M. Luttinger* und *W. Kohn*, Phys. Rev. 97 (1955), S. 869.
[30] *F. C. Williams*, J. chem. Phys. 19 (1951), S. 457; 57 (1953), S. 44.
[31] *H. A. Bethe*, Annalen Phys. 3 (1929), S. 133.
[32] *M. Lax*, Phys. Rev. 94 (1954), S. 1391.
[33] *E. Fues* und *H. Stumpf*, Z. Naturf. 9a (1954), S. 897.
[34] *E. W. Montroll* und *R. B. Potts*, Phys. Rev. 100 (1955), S. 525.
[35] *R. Kubo*, Phys. Rev. 86 (1952), S. 929.
[36] *H. J. G. Meyer*, Physica 20 (1954), S. 181.
[37] *H. D. Vasileff*, Phys. Rev. 96 (1954), S. 603; 97 (1955), S. 891.
[38] *G. E. Uhlenbeck* und *L. S. Ornstein*, Phys. Rev. 36 (1930), S. 823.
[39] *R. C. O'Rourke*, Phys. Rev. 91 (1953), S. 265.
[40] *A. S. Davydov*, J. exp. theor. Phys. U. S. S. R. 24 (1953), S. 397.
[41] Siehe z. B. *G. Doetsch*, Handbuch der Laplace Transformation, Birkhäuser, Basel (1950), S. 402.
[42] *M. Trlifaj*, Cechos. J. Phys. 5 (1955), S. 133.
[43] *S. I. Pekar*, Fortschritte Phys. 1 (1954), S. 367.
[44] *D. H. Lehmer*, Math. Tables Aids Comp. 1 (1943/1944), S. 133.
[45] *D. L. Dexter*, *C. C. Klick* und *G. A. Russel*, Phys. Rev. 100 (1955), S. 603.
[46] *Y. Haven*, persönliche Mitteilung.
[47] *A. Erdely*, Tables of Integral Transforms II, Mc Graw Hill, New York (1954), S. 289.
[48] *W. Schottky*, Halbleiterprobleme I (1954), S. 240.
[49] *F. van der Maesen* und *J. A. Brenkman*, J. electr. chem. Soc. 102 (1955), S. 229.
[50] *J. A. Burton*, Physica 20 (1954), S. 845.

Summary: Some aspects of the influence of ionic vibrations on transitions of trapped electrons are surveyed mainly from a theoretical point of view. After a discussion of the significance and the validity of the adiabatic approximation radiative transitions are treated on the basis of Lax's general expressions for the moments of the spectral distribution. The first two of these are explicitely calculated for a simple model containing a large number of degrees of freedom (*Huang* and *Rhys*) and the influence of the Condon approximation is discussed. The results are compared with *Mollwo*'s experimental data on Alkali-halide *F* center absorption lines. Then certain features of models containing only one configurational coordinate for the description of the ionic motion are discussed. Finally attention is given to radiationless transitions in so far as they are induced by the lattice vibrations. First the general method of attack is explained (method of Slater Sums, *Kubo*) and comment is given on some recent work. Then more detailed features of the process of such a transition are discussed on the basis of the same simplified model as used above in treating radiative transitions.

Diskussion zu Referat 7

1. Diskussionsbeitrag H. Stumpf *)

Zur Frage der Elektron-Ion-Kopplung in Kristallen

Das vorangehende Referat beschäftigt sich mit der optischen Auswirkung der Kopplung zwischen Elektronen und Ionen (allgemeiner: Kernen mit Ladungswirkung) in Halbleitern. Herr *Meyer* verwendet dabei gewisse Kopplungsglieder, die in ihrer Form die weitere Rechnung wesentlich bestimmen. Um die physikalische Konsequenz eines speziellen Ansatzes besser beurteilen zu können, erscheint es mir nützlich und notwendig, die Beziehung dieser Ansätze zu den Grundgleichungen des Kristalls aufzuzeigen. Dazu gehen wir von der Schrödingergleichung des Gesamtkristalls aus.

§ 1. Die Wellenfunktion des Gesamtkristalls in adiabatischer Näherung

Wir betrachten zunächst einen Kristall ohne (Strahlungs-)Wechselwirkung mit der Umgebung. Er sei dann ein abgeschlossenes System in einem Gleichgewichtszustand. Zu diesem gehört eine Energie E. Sie wird durch die Schrödingergleichung des Gesamtkristalls

$$\left[-\frac{\hbar^2}{2m} \sum_{i=1}^{N'} \frac{\partial^2}{\partial x_i^2} - \frac{\hbar^2}{2M_k} \sum_{k=1}^{N} \frac{\partial^2}{\partial X_k^2} + V(x_i X_k) \right] \Psi = E \Psi \tag{1}$$

bestimmt. Die Koordinaten x_i charakterisieren dabei sämtliche N'-Elektronenfreiheitsgrade, und die X_k die N-Kernfreiheitsgrade, einfach durchindiziert, in einem kartesischen System.

Die adiabatische Näherung stellt den stationären Zustand durch die Wellenfunktion

$$\Psi(x_i X_k) = \psi(x_i X_k)\, \varphi(X_k) \tag{2}$$

dar, und spaltet die Gesamtgleichung auf in

$$\left[-\frac{\hbar^2}{2m} \sum_{i=1}^{N'} \frac{\partial^2}{\partial x_i^2} + V(x_i X_k) \right] \psi(x_i X_k) = U(X_k)\, \psi(x_i X_k) \tag{3}$$

und

$$\left[-\frac{\hbar^2}{2M_k} \sum_{k=1}^{N} \frac{\partial^2}{\partial X_k^2} + U(X_k) \right] \varphi(X_k) = E\, \varphi(X_k). \tag{4}$$

Dabei werden von der ursprünglichen Gleichung zwei Terme vernachlässigt, deren Bedeutung wir noch angeben werden.

Die Gleichungen (3) und (4) stellen ein einseitig gekoppeltes System dar. Die Energiewerte von (3) können ohne Verbindung mit (4) berechnet werden. Dies besagt, daß die Elektronenzustände nur von der momentanen Kernkonfiguration abhängig sind. Gleichung (3) besitzt ein diskretes Spektrum von Energieeigenwerten für jedes Werte-N-tupel der Parameter $X_1 \cdots X_N$. Die

---

*) Inst. f. theor. Physik der T. H. Stuttgart.

Quantenzustände seien durch den Index n gekennzeichnet[*]). Dann lauten die elektronischen Energieeigenwerte als Funktionen der $X_1 \cdots X_N$.

$$U_n (X_1 \cdots X_N) \qquad n = 1, 2, \ldots$$

Für die Berechnung der Kerneigenfunktionen setzen wir die $U_n (X_k)$ als bekannt voraus, da sie prinzipiell unabhängig berechnet werden können.

Zu jedem $U_n (X_k)$ gehört eine Kerngleichung, die ihrerseits wiederum eine diskrete Folge von Eigenwerten besitzt, die durch den Index m gekennzeichnet werden mögen. Wie haben dann die Lösung

$$\varphi_m^n (X_k) \quad \begin{pmatrix} n = 1, 2 \ldots \\ m = 1, 2 \ldots \end{pmatrix}$$

mit den Energieeigenwerten E_m^n, zu denen unter Vernachlässigung der Störglieder die Eigenfunktionen des Gesamtsystems

$$\Psi_{nm} (x_i X_k) = \psi_n (x_i X_k) \, \varphi_m^n (X_k)$$

gehören.

Jeder Elektronenzustand ist demnach mit einem ganz bestimmten Satz von Kerneigenschwingungen verknüpft, wobei im allgemeinsten Fall alle Sätze voneinander verschieden sein können.

§ 2. Gitter im Grundzustand

Um die Vorstellung der zu jedem Elektronenzustand gehörigen Sätze von Eigenschwingungen zu vertiefen, und sie zu einem verwendungsfähigen Konzept auszugestalten, sehen wir uns die Eigenfunktionen genauer an. Wir greifen ein bestimmtes $U_n (X_k)$ heraus und lösen die zugehörige Gleichung.

Die Wellenfunktion eines eindimensionalen harmonischen Oszillators ist eine Verteilung $\varphi (X - \alpha)$ um den Mittelwert α der Koordinate X für den energetisch tiefsten Zustand. Entsprechend setzen wir für das Gitter als Lösung die Wellenfunktion

$$\varphi^n \equiv \varphi^n (X_1 - \alpha_1^n, \ldots X_N - \alpha_N^n) \tag{5}$$

an, wobei die α_i^n die Mittelwerte der Koordinaten X_i für $T = 0$ sein sollen, wenn sich das elektronische System im n-ten Quantenzustand befindet.

Die Lösung von (5) ist daher ein kombiniertes algebraisch-differentielles Problem, da neben der Wellenfunktion φ^n auch die Konstanten α_i^n bestimmt werden müssen.

Wir beginnen das Lösungsverfahren mit der Annahme, daß die Wellenfunktion bereits bekannt ist. Die α_i^n bestimmen sich dann aus der Forderung, daß

$$\int \varphi^{n*} H \varphi^n \, d\tau \tag{6}$$

ein Extremum für die richtigen Werte α_i^n sein muß.

Die kinetische Energie der Kerne in (6) wird eine von α_i^n abhängige Konstante $C_1 (\alpha_1^n \ldots \alpha_N^n)$, und in der potentiellen Energie entwickeln wir $U_n (X_k)$ an den Stellen $X_k = \alpha_k^n$ in eine Taylor-Reihe. Im Glied nullter Ordnung kann man

---

[*]) Index $\varkappa$ des Referats. D. H.

$U_n(\alpha_k^n)$ hervorziehen, und erhält wegen der Normierung die Gesamtenergie als

$$E = C_1(\alpha_1^n \ldots \alpha_N^n) + U_n(\alpha_1^n \ldots \alpha_N^n) + C_2(\alpha_1^n \ldots \alpha_N^n), \qquad (7)$$

wobei $C_2(\alpha_1^n \cdots \alpha_N^n)$ die höheren Glieder der Taylor-Entwicklung von $U_n(X_k)$ an den Stellen α_k^n gemittelt über die Verteilung $\varphi^{n*}\varphi^n$, umfaßt. Die Gesamtenergie im n-ten Elektronenzustand erscheint in dieser Weise als Funktion der Kerngleichgewichtslagen α_k^n. Ein Gleichgewichtszustand, d. h. eine stabile Konfiguration des Systems wird dann erreicht, wenn die Energie im Grundzustand $m = 1$ der Kernschwingung einen Minimalwert annimmt. Die Gleichgewichtsbedingungen entstehen durch Variation nach den Parametern aus (7) und liefern die Gleichungen

$$\frac{\partial C_1(\alpha_k^n)}{\partial \alpha_i^n} + \frac{\partial U_n(\alpha_k^n)}{\partial \alpha_i^n} + \frac{\partial C_2(\alpha_k^n)}{\partial \alpha_i^n} = 0 \qquad (i = 1, \ldots N). \qquad (8)$$

Da wegen der großen Kernmassen im Vergleich zum Elektron die Kernwellenfunktionen sehr viel stärker lokalisiert sein werden, müssen für den Grundzustand die Streuung und die höheren Momente der Verteilung $\varphi^{n*}\varphi^n$ klein sein. Dies bedeutet aber, daß der Mittelwert der Gesamtenergie in seinen von α_k^n abhängigen Gliedern nicht wesentlich vom Energiewert $U_n(\alpha_1^n \ldots \alpha_N^n)$ für die Ruhelagen abweichen kann, da die höheren Glieder der Taylorentwicklung in (7) eben mit jenen Momenten multipliziert werden. Es liegt daher nahe, die Lösung von (8) durch einen Iterationsprozeß zu approximieren, indem beim ersten Schritt die Glieder

$$\frac{\partial C_1(\alpha_k^n)}{\partial \alpha_i^n} + \frac{\partial C_2(\alpha_k^n)}{\partial \alpha_i^n}$$

vernachlässigt werden und wir die Gleichungen

$$\frac{\partial U_n(\alpha_k^n)}{\partial \alpha_i^n} = 0 \qquad (i = 1 \ldots N) \qquad (9)$$

lösen. Auf diese Weise ist das algebraisch-differentielle Problem entkoppelt, weil (9) die Kenntnis von $\varphi^{n*}\varphi^n$ nicht mehr voraussetzt. Wir gehen auf die Iteration nicht weiter ein, da bereits Gleichung (9) die für uns bedeutsamen Informationen liefert. Im nächsten Paragraphen untersuchen wir noch die zugeordneten Gitterschwingungen.

§ 3. Quantendynamische Gitterdynamik

Um die Wellenfunktionen des Systems (4) zu berechnen, die den klassischen Oszillationen der Kerne um ihre Ruhelagen entsprechen, nehmen wir in der potentiellen Energie eine Entwicklung um die α_k^n vor, vernachlässigen die Glieder dritter und höherer Potenz in den $(X_k - \alpha_k^n)$ und schreiben

$$\frac{1}{2}\left(\frac{\partial^2 U_n}{\partial X_j \, \partial X_k}\right)_{X_k = \alpha_k^n} = a_{kj}^n. \qquad (10)$$

Dann entsteht aus (4), wenn wir die konstanten Glieder nach rechts bringen

$$\left[-\frac{\hbar^2}{2\,M_k} \sum_{k=1}^{N} \frac{\partial^2}{\partial X_k^2} + \sum_{k,j}^{N} a_{kj}^n (X_k - \alpha_k^n)(X_j - \alpha_j^n) \right] \varphi_m^n$$
$$= \varepsilon_m^n \, \varphi_m^n = [E_m^n - U_n(\alpha_k^n)] \, \varphi_m^n, \qquad (11)$$

wobei ε_m^n die reine Kernschwingungsenergie eines stationären Zustandes ist. Mit der Transformation $(X_k - \alpha_k^n) = \xi_k^n$ und einer weiteren orthogonalen Transformation

$$q_k^n = \sum_{l}^{N} A_{kl}^n \, \xi_l^n$$

für die

$$\sum_{l,j} (A_{kl}^n)^{-1} \, a_{lj}^n \, A_{ji}^n = C_k^n \, \delta_{ki}$$

gilt, geht dann (11) in

$$\left[-\frac{\hbar^2}{2\,M} \sum_{k=1}^{N} \frac{\partial^2}{\partial q_k^{n\,2}} + \sum_{k=1}^{N} C_k^n \, q_k^{n\,2} \right] \overline{\varphi}_m^n = \varepsilon_m^n \, \varphi_m^n \qquad (12)$$

über, wenn wir der Einfachheit halber einatomige Gitter voraussetzen. Mit einem Produktansatz kann (12) in ein System ungekoppelter harmonischer Oszillatoren aufgelöst werden, von denen jeder einer klassischen Schwingung des Gitters zugeordnet ist, und die gleiche Frequenz wie diese besitzt.

Im Hinblick auf das Ziel unserer Diskussion können wir die vorangehenden Betrachtungen so zusammenfassen:

Zu jedem Quantenzustand des gesamten elektronischen Systems gehört ein vollständiges System von Kernschwingungen um ganz bestimmte Kernruhelagen. Sind die elektronischen Quantenzustände verschieden, so werden im allgemeinen Fall sowohl die zugehörigen Kernruhelagen als auch die Eigenschwingungsformen und deren Frequenzen voneinander verschieden sein, wie die Gleichungen (9) und (10) lehren. Dort findet man jeweils die Ruhelagenkoordinaten und die a_{kj}^n als Funktionen des elektronischen Quantenzustandes n, was wir behauptet hatten. Von dieser allgemeinen Form ausgehend, werden wir im folgenden den Ansatz von Herrn *Meyer* ableiten und diskutieren.

§ 4. Die Normalkoordinaten-Kopplung

Das Ziel einer Untersuchung der Wellengleichung des Gesamtkristalls besteht darin, einen deduktiven Weg zum Verständnis der Gesamtkonfiguration der Kerne und Elektronen anzugeben. Dieses Ziel kann bereits mit Hilfe der vorangehenden Erörterungen erreicht werden, indem ein Iterationsprozeß sowohl in den Elektronen- als auch in den Kernwellenfunktionen durchgeführt wird, wobei man von sinnvollen Näherungen nullter Ordnung auszugehen hat. Als solche dienen etwa Slater-Determinanten, deren Einelektronenfunktionen noch frei bewegliche Kernparameter besitzen, u. s. f. Wir wollen aber die speziellen Probleme dieser Methode hier nicht erörtern, sondern stellen in Kenntnis der allgemeinen Beziehungen nunmehr die Frage, wie sich daraus die in der Literatur auftretenden Kopplungsansätze zwischen Kernen und Elektronen ableiten oder rechtfertigen lassen. Denn in der historischen Entwicklung hatten an Stelle einer streng deduktiven Beweisführung die heuristischen Begründungen an speziellen Modellen den Vorrang, und ihre Ergebnisse werden in der Literatur verwendet.

Wir kehren zu diesem Zweck noch einmal zu den Gleichungen (3) und (4) zurück, wobei wir aber nun das Potential $V(x_i X_k)$ in drei Anteile zerlegen

$$V(x_i X_k) = V_1(x_i) + V_2(x_i X_k) + V_3(X_k).$$

V_1 ist das rein elektrostatische Elektronenpotential, V_3 das rein elektrostatische Kernpotential, und V_2 die statische Elektronen-Kernwechselwirkung. Für die weitere Ableitung nehmen wir an, daß nur $N'' = \alpha$ Leitungs- und Störstellenelektronen (gemeinsam als „gitterfremde" Elektronen bezeichnet) explizit in die Statistik aufgenommen werden, wogegen die Wirkung der stärker gebundenen Elektronen durch eine entsprechend gewählte Potentialfunktion V_3 und ein Wechselwirkungspotential V_2 Berücksichtigung findet. Dann kann man setzen

$$\left[-\frac{\hbar^2}{2m}\sum_{i=1}^{\alpha}\frac{\partial^2}{\partial x_i^2} + V_1(x_i) + V_2(x_i X_k) + V_3(X_k)\right]\psi_n(x_i X_k) = U_n(X_k)\,\psi_n(x_i X_k). \quad (13)$$

Bringt man $V_3(X_k)$ auf die rechte Seite, und substituiert

$$\bar{U}_n(X_k) = [U_n(X_k) - V_3(X_k)], \quad (14)$$

so gibt $U_n(X_k)$ den Einfluß der gitterfremden Elektronen auf die Ionenbewegung wieder.

Die Ionenbewegung wird dann durch

$$\left[-\frac{\hbar^2}{2M_k}\sum_{k=1}^{N}\frac{\partial^2}{\partial X_k^2} + V_3(X_k) + U_n(X_k)\right]\varphi_m^n(X_k) = E_m^n\,\varphi_m^n(X_k) \quad (15)$$

beschrieben.

Um nun die Gleichungen (13) und (15) einer analytischen Behandlung zugängig zu machen, beginnen wir ein Näherungsverfahren.

Wir sehen zunächst: die in den Paragraphen 1—3 angegebenen verschiedenen Sätze von Normalschwingungen für jeden verschiedenen Elektronenzustand sind allein in $\bar{U}_n(X_k)$ enthalten (weil man keine Anregung der gittereigenen Elektronen annimmt). Läßt man also $\bar{U}_n(X_k)$ gänzlich weg, so gibt es nur einen Satz von Normalschwingungen, und diese sind von den Zuständen der gitterfremden Elektronen unabhängig. Um nun eine Kopplung des Gitters auch an die gitterfremden Elektronen zu erhalten, kann man sukzessive Näherungen ausführen. Diese sind bedingt durch die Größe der Abweichungen, die die statischen und dynamischen Zustände des Gitters durch die Anwesenheit der gitterfremden Elektronen erfahren. Ohne solche, also in nullter Näherung, seien die Kerne in $X_1^0 \ldots X_N^0$. Auf die gitterfremden Elektronen wird demnach ein Potential

$$V_2(x_i X_k) = V_2(x_i X_k^0) + \sum_{k=1}^{N}\frac{\partial V_2}{\partial X_{k/x_i X_k^0}}(X_k - X_k^0)\ldots \quad (16)$$

wirken, das wir in erster Näherung abbrechen, unter der Annahme, der Einfluß dieser Elektronen und die Temperatur des Gitters sei so gering, daß $(X_j - X_j^0)$ $(X_k - X_k^0) \approx 0$ sei, und deshalb die Werte der Wellenfunktionen für größere Ausschläge nicht notwendig bekannt sein müssen. Nun wissen wir: die Ausschwingungen der Ionen sind auch ohne gitterfremde Elektronen vorhanden. Es werden also aus der Zahl aller möglichen Elektronenwellenfunktionen in bezug auf die Kernparameter immer nur jene gebraucht, die einer bestimmten Gitterschwingungskonfiguration oder einer Überlagerung von mehreren Gitterschwingungen entsprechen. Daher ist es sinnvoll, eine Transformation von $(X_i - X_j^0) = \xi_j^0$ auf die Eigenschwingungen des unbeeinflußten Ionengitters anzunehmen, die wir mit dem Index Null kennzeichnen

$$\xi_j^0 = a_{j\varrho}^0 \, q_\varrho^0,$$

so daß die Entwicklung von V_2 übergeht in

$$V_2 = V_2\,(x_i\,X_k^0) + \sum_{\varrho,\,k\,=\,1}^{N} \frac{\partial V_2}{\partial X_{k/x_i\,X_k^0}} \, a_{k\varrho}^0 \, q_\varrho^0. \tag{17}$$

In dieser Näherung werden, wie man aus der Rechnung von Herrn *Meyer* entnehmen kann [Gleichungen (3.10) bis (3.13)] nur die Ionenruhelagen vom Zustand der gitterfremden Elektronen abhängig, und zwar werden die Verschiebungen durch die Eigenvektoren q_ϱ^0 ausgedrückt. Die Schwingungsformen, die von den a_{ik} abhängen, werden dagegen noch nicht vom Elektronenzustand abhängig. Um auch diese Abhängigkeit einzubeziehen, bedarf es quadratischer Glieder in der Energie. Dazu genügt es nicht, eine zweite Näherung mit dem Potential (17) durchzuführen. Vielmehr ist mit diesem Potential nur eine lineare Korrektur möglich, weil nach Voraussetzung alle $(X_j - X_j^0)\,(X_k - X_k^0)$ verschwinden sollen, also auch jene in der resultierenden Energieform. Um also die Veränderung der a_{ik} in Abhängigkeit von den Leitungselektronen zu studieren, muß die Entwicklung

$$V_2 = V_2\,(x_i\,X_k^0) + \sum_{\varrho,\,k}^{N} \frac{\partial V_2}{\partial X_k} \, a_{k\varrho}^0 \, q_\varrho^0 + \frac{1}{2} \sum_{\substack{k,\,j \\ \varrho,\,\mu}}^{N} \frac{\partial^2 V_2}{\partial X_k \partial X_j} \, a_{k\varrho}^0 \, a_{j\mu}^0 \, q_\varrho^0 \, q_\mu^0$$

fortgeführt werden, und hier die Energie in quadratischer Form durch eine Störungsrechnung bestimmt werden.

Die Ausdehnung auf die quadratischen Glieder und damit die Berücksichtigung der Veränderung der Schwingungsformen, vermißt der Verfasser in der Arbeit von Herrn *Meyer*. Da es sich aber um die prinzipiellen Aspekte handelt, so sei dies als Nachtrag aufzufassen, der dann von Bedeutung sein kann, wenn die Elektronen lokalisierte Wellenfunktionen einnehmen, die bei der Anregung ihren Symmetriecharakter ändern, und demzufolge ganz anders geartete Wechselwirkungen mit den Ionen, als im vorangehenden Zustand aufweisen. Dann wird die Änderung der Eigenschwingungsform wesentlich.

Ferner sei auf eine rechnerische Überlegung hingewiesen: In (3.9) des Referats wird eine Kopplung nur mit ebenen Wellen vorgenommen. Nun ist aber bei Störzentren bekannt, daß Eigenschwingungen auftreten, die ihren Sitz im Zentrum haben, und vom Zentrum weg exponentiell abklingen. Die Lokalisation eines Elektrons an einem solchen Zentrum würde dann z. B. eine radiale Bewegung der Ionen auf das Zentrum hin bzw. davon weg in Gang bringen. Die Verschiebungen in die neuen Gleichgewichtslagen wären dann bei einer Fourieranalyse mit Einschluß der Störschwingung wohl durch einige wenige Zentralschwingungen darstellbar, wogegen eine Zerlegung nach ebenen Wellen sehr viele Funktionen ins Spiel brächte. Dies wirkt sich dann so aus, daß die Übergangswahrscheinlichkeiten nicht leicht berechnet werden können.

Damit sind wir am Ende der speziellen Diskussion.

Der Vollständigkeit halber, und um zu sehen, von wie großer Bedeutung die Einsicht in die Elektron-Kern-Kopplung ist, wollen wir die angegebenen Gesichtspunkte noch am Beispiel der *Bloch*schen Leitfähigkeitstheorie demonstrieren.

§ 5. Kritik der *Bloch*schen Leitungstheorie

Führen wir in erster Näherung für die Leitungselektronen die Transformation auf Normalkoordinaten der Schwingungen aus, so entsteht

$$V_2 = V_2(x_i X_k^0) + \sum \frac{\partial V^2}{\partial X_k} a_{k\varrho}^0 q_\varrho^0,$$

und Benutzung von ebenen Wellen als Normalschwingungen $a_{k\varrho}^0 = e^{i\varkappa_\varrho X_k^0}$ liefert, wenn man die Anregungsstärke (Amplitude) q_ϱ^0 zunächst unbestimmt läßt, die Übergangswahrscheinlichkeiten für die Bloch-Theorie, indem man $\frac{\partial V_2}{\partial X}\Big|_{k/x_i X_k^0} e^{i\varkappa_\varrho X_k^0}$ als zur Zeit $t = 0$ einsetzende Störung der beiden Gleichungen

$$\left[-\frac{\hbar^2}{2m} \sum_{i=1}^{\alpha} \frac{\partial^2}{\partial x_i^2} + V_1(x_i) + V_2(x_i X_k^0) \right] \psi_n(x_i) = E_n \psi_k(x_i),$$

$$\left[-\frac{\hbar^2}{2M_k} \sum_{k=1}^{N} \frac{\partial^2}{\partial X_k^2} + V_3(X_k) \right] \varphi_m(X_k) = E_m \varphi_m(X_k)$$

betrachtet. Es treten dann Übergänge zwischen den Produkten $\psi_n(x_i) \varphi_m(X_n)$ auf. Werden diese Übergänge mit Hilfe einer *Boltzmann*schen Stoßgleichung beschrieben, so entsteht eine vollkommene Irreversibilität der Übergänge, da die klassischen statistischen Gleichungen nur Streuprozesse ohne Umkehrbarkeit erlauben[1]). Gleichbedeutend mit der Irreversibilität ist eine irreversible Streuung des Impulses der Elektronen und auf diese Weise gelangt man zu einer endlichen Leitfähigkeit.

Man darf sich jedoch nicht täuschen: Die Ableitung in den Paragraphen 1 bis 4 zeigt, daß die *Bloch*sche Kopplung aus der adiabatischen Näherung stammt. Für diese gilt jedoch der Impulserhaltungssatz des Elektronensystems (wie man leicht an der Gestalt der Eigenfunktionen erkennt), auch wenn eine starke Elektron-Kern-Kopplung existiert. Diese Elektron-Kern-Kopplung ist im Energie- und Impulsaustausch reversibel und ruft keinen endlichen Wert der Leitfähigkeit hervor. Es ist lehrreich, sich diese Auffassung an einem halbklassischen Bild zu veranschaulichen. Wie verwenden eine klassische Ionenbewegung. Nach der adiabatischen Näherung ist das Potential dann $U_n(X_1 \ldots X_N)$

---

[1]) Siehe hier zu *F. Bopp*, Zeitschrift für Naturforschung **9a** (1954), S. 579—600.

herrührend aus der Elektronengleichung (3). Es findet dann ein andauernder
Austausch zwischen potentieller Elektronenenergie $U_n(X_1 \ldots X_N)$ und ki-
netischer Energie der Kerne statt. Zu jedem $U_n(X_1 \ldots X_N)$ gehört ein
$\psi_n(x_i X_1 \ldots X_N)$. Da die Kerne sich klassisch bewegen sollen, so ist in jedem
Zeitpunkt ein bestimmtes $\psi_n(x_i X_1 \ldots X_N)$ vorhanden, und die Konfigurationen kehren periodisch mit der Schwingung wieder, ohne daß die Elektronen
den n-ten Quantenzustand verlassen. Ein einmal erzeugter Strom dauert
demnach unendlich lange weiter fort. Die Betrachtung gilt für die vollständige
Elektronen-Kern-Kopplung in adiabatischer Näherung. Es ist aber offen-
kundig, daß, wenn in der Kopplung eine erste Näherung ausgeführt wird, die
Betrachtungen weiterhin gelten, und auch dann kein Impuls- und Energieverlust der Elektronen auftreten darf, d. h. z. B. durch die Störungsglieder der
Bloch-Theorie. Nur die unzulässige Kombination der Störungsrechnung mit
klassischen statistischen Gleichungen liefert eine endliche Leitfähigkeit, und
damit ein falsches Ergebnis.

Fragt man nun, welcher Mechanismus für die Leitfähigkeit verantwortlich ist,
so bleiben nur jene Effekte übrig, die mit der Elektronenträgheit zusammen-
hängen, und sich in jenen Gliedern manifestieren, die nicht nur von den momentanen Kernlagen, sondern auch den Kernimpulsen abhängig sind. Diese
wurden aus der adiabatischen Näherung ausgeschlossen. Ihre nachfolgende
Aufnahme muß demnach eine endliche Leitfähigkeit ergeben. Es ist zu erwarten, daß bei Verwendung dieser viel kleineren irreversiblen Anteile der
Elektron-Kern-Kopplung an Stelle der Bloch-Glieder, in der *Fröhlich-Bardeen*-
schen Theorie der Supraleitung der viel zu große Wert des kritischen Magnetfeldes auf die richtige Größe korrigiert werden kann.

Unabhängig vom Verfasser kam auch *J. M. Ziman*[1]) durch eine Untersuchung
der Leitfähigkeit in der adiabatischen Näherung zu denselben Ergebnissen,
die hier kurz angedeutet wurden.

Damit scheinen die wesentlichen Punkte aufgewiesen zu sein, die für die
Elektronen-Gitter-Kopplung in der zeitgenössischen Literatur eine Rolle spielen.

2. Bemerkung des Herausgebers

Zu dem vorstehenden Beitrag von Herrn *Stumpf* hat Herr *Meyer* in einer
Zuschrift an den Herausgeber bemerkt, daß von der adiabatischen Näherung
in Anwendung auf *Leitungs*elektronen im Referat kein Gebrauch gemacht
wird; der Referent hält diese Anwendung a priori für nicht gerechtfertigt *), so
daß die betreffenden Bemerkungen in § 4 von Herrn *Stumpf* auf Störstellenelektronen zu beschränken wären und der Inhalt von § 5 zweifelhaft erscheint.
Bezüglich der Störstellenelektronen schreibt Herr *Meyer*:

> Wenn die Koeffizienten der linearen Glieder einer Potenzreihenent-
> wicklung von V_2 genügend groß sind verglichen mit den entsprechenden
> Koeffizienten der quadratischen Glieder, dann ist es doch wohl möglich,
> daß der Einfluß der linearen Glieder in zweiter Ordnung der Störungs-
> rechnung viel größer ist als der der quadratischen in erster Ordnung.
> Der eventuelle Einfluß quadratischer Glieder wird auch bei mir erwähnt
> [Abschn. 3.2. b) des Referats].

---

[1]) Proc. of Cambr. Phil. Soc. Vol. **51** (1955), S. 707—713.
*) Siehe auch die Diskussion im Abschnitt 2.2.

Auch Herr *Haken* hat sich freundlicherweise zu den Ausführungen von Herrn *Stumpf* geäußert. Er weist zunächst auf eine Arbeit von *M. Born* (Festschrift der Göttinger Akademie 1951, Verlag Springer) hin, die ähnliche allgemeine Betrachtungen wie in § 2—4 enthält. Ferner hält auch Herr *Haken* die Anwendung der adiabatischen Näherung auf Leitungselektronen (Metalltheorie) für bedenklich. Endlich stimmt Herr *Haken* der Bemerkung von Herrn *Meyer* zu, daß auch eine in den Ionenverschiebungen X lineare Störung bei einer Störungsrechnung 2. Ordnung ein in X quadratisches Glied der Energie ergibt. Er hält eine Abschätzung dieses Gliedes im Vergleich mit der Berücksichtigung nicht linearer Rückstellkräfte auf die Gitterpunkte zur Klärung der Frage für notwendig, ob bereits die Berechnungsweise von Herrn *Meyer* die wesentlichen Energiebeiträge ergibt.

Endlich liegt zu dieser Äußerung von Herrn *Haken* noch eine schriftliche Rückäußerung von Herrn *Meyer* vor:

„Während ohne Zweifel die von Herrn *Haken* gewünschte Abschätzung für eine wirklich befriedigende Klärung der in Rede stehenden Frage nötig ist, ist immerhin der Effekt des linearen Gliedes (Franck-Condon-Verschiebung) so groß, daß sein Einfluß in 2. Ordnung ohne Zweifel bereits einen wichtigen Teil der Temperaturabhängigkeit des ersten Moments (die ja von der in zweiter Ordnung erhaltenen Abhängigkeit der Eigenfrequenzen der Gitteroszillatoren vom Elektronenzustand der Störstelle herrührt) erklären kann. Solange wirklich quantitative Berechnungen noch nicht möglich sind, wird man sich mit einem derartigen qualitativen Resultat begnügen müssen."

Der Herausgeber muß sich mit dieser Wiedergabe der vorgetragenen Meinungen begnügen, da er sich in der zur Verfügung stehenden Zeit nicht eingehend genug mit den Problemen des vorliegenden Referats beschäftigen konnte, um selbst Stellung zu nehmen.

Sachregister für Band I bis III
in systematischer Themengruppierung

Von der in Bd. I gegebenen Gesamtgruppierung sind die Obergruppen I bis XVI und die nächsten Untergruppen 1, 2 usw. vollständig wiedergegeben, die weitere Unterteilung a), b)... α), β)... nur, soweit die Unterthemen in den Beiträgen von Bd. I bis III vertreten sind. Die Referate und sonstigen Beiträge, in denen das betreffende Thema der Gruppierung behandelt ist, sind nur durch die Nummern der betreffenden Beiträge gekennzeichnet; Themen, die den Hauptinhalt des betreffenden Beitrages bilden, sind durch Unterstreichung der Beitragsnummern gekennzeichnet. Die Beiträge aus Bd. I bis III sind durch Vorsetzen von I, II und III gekennzeichnet und untereinander aufgeführt.

	I. Begriffsbildungen und Bezeichnungen auf dem Halbleitergebiet
I 1, 1a, 2, 3b, 6, 15′, 15″ II 1	1. Elektronik
I 3, 3a, **3b**, **4**, 6, 7, 7a	2. Störstellen
I 8, 9, 9a, 10, 10a III 3, 4, 4a	3. Randschichten und Oberflächen
I 3, 3a, 6 II 6 III 2	4. Statistische und thermodynamische Begriffe und Bezeichnungen
I 11, 11a II 10	5. Gleichrichtertechnik
I 12, 13, 14, 15′	6. Kristallverstärkertechnik
I	7. Sonstige Halbleitertechnik
	II. Allgemeines über stationäre Quantenzustände in Halbleitern
I **1**, **1a**	1. Allgemeine Viel-Elektronentheorie ohne Gitterschwingungen
I 5, 5a, 7, 7a II 1 III 7, 7a	2. Quantelung von Gitterschwingungen
I 5a II **1**	3. Allgemeines über stationäre Elektronenzustände mit Gitterschwingungen
I 7, 7a III 7, 7a	4. Allgemeines über elektronische und Schwingungszustände an Störstellen

III. Das unangeregte Gitter

1. Das Wirtsgitter

2. Störstellen:

IV. Angeregte elektronische Quantenzustände im Gitter

1. Das Wirtsgitter

I $\underline{6}$ V. Thermische Gleichgewichtsstatistik in Halbleitern und Nachbarphasen

1. Das Wirtsgitter

2. Störstellen

I **15′**
———
II **5a**   c) Inhomogene Störstellenverteilung, insbesondere bei zwei Träger-
                   arten. n, p; n, n'; n, i-Übergänge usw. nebst Durchschlagsfragen

IX. Störstellen-Transportphänomene

II 6   1. Elemente des Bewegungsvorgangs; der Sattelsprung

              2. Allgemeine Behandlung zeitlicher Konfigurationsänderungen
                 von geladenen und ungeladenen Störstellen

II **6**   3. Störstellenbewegung im Konzentrationsgefälle, Temperatur-
   —   gefälle und elektrischen Feld

III **5, 5a** 4. Verhältnisse bei zusätzlicher elektronischer Leitfähigkeit
    ———

II 6   5. Störstellentransportbeobachtungen im Konzentrations-,
                 Temperatur- und Potentialgefälle und ihre Auswertung

II 5a   6. Kinetik der Assoziation und Dissoziation materieller Stör-
                 stellen

              7. Anomale Störstellenbeweglichkeiten bei starken Feldern

X. Verhalten von Halbleitern gegenüber elektromagnetischen Wechselfeldern aller Frequenzen

              1. Verhalten freier Träger, Exzitonen usw.

II 2, 7   a) Absorption und Dispersion durch freie Träger, Zusammenwirken
                    von Massenbeschleunigung und Stößen

II 2   c) Beschleunigungs- und Stoßverhalten freier Träger im magneto-
                    statischen und Wechselfeld: Zyklotronresonanz

II 7   d) Koppelung mit Gitterschwingungen

II 7   e) Inverse Effekte bei a) bis d)

              2. Verhalten materieller gebundener Teilchen

              3. Elementarvorgänge beim Ansprechen gebundener Elektronen
                 auf elektromagnetische Wechsel- und Wellenvorgänge

II 7   b) Optisches und UV-Gebiet: Dispersion und Absorption durch
III 5   Valenzelektronen des Gitters; Bandübergänge, Exzitonenanregung

II 7   c) Röntgengebiet: Röntgenstrukturforschung, Kantenabsorption

II 7   d) Elektronische Quantensprünge an Störstellen und in ihrer Umge-
                    bung bei elektromagnetischer Welleneinwirkung aller Frequenzen

II 7   e) Koppelung elektronischer und materieller Quantenübergänge in
III **7**   Absorption
    —

              4. Elementarvorgänge bei quantenhafter Strahlungsemission

II 7   a) Bei elektronischen Quantensprüngen im Wirtsgitter: Paar-
                    Rekombination, Exzitonenstrahlung, innere Schalen-Übergänge

II 7   b) Störstellenstrahlung bei Übergängen frei/gebunden, bei Übergängen zwischen Anregungszuständen und bei Paarvernichtung an Störstellen

I 4
III 7   c) Einfluß von Gitterzuständen auf diese Emissionsprozesse

II 7   d) Emission im Röntgengebiet

5. Gesamtvorgänge bei Strahlungsbeteiligung

II 5a, 5   b) Vereinfachung bei quasithermischem Verhalten der freien Träger

II 5a, 5
III 3   c) Bilanz bei Paarbildung und Rekombination mit Strahlungseffekten

I 15″
III 3   d) Das Gesamtbild des inneren und p-n-Photoeffektes

XI. Volumeffekte in Halbleitern bei Korpuskulareinstrahlung

1. Beugungseffekte gegenüber Elektronen und anderen Korpuskularstrahlen, Strukturforschung durch Materiewellen

2. Elektronische Quanteneffekte bei Korpuskulareinstrahlung; Anregung und Ionisation

3. Störstellenbildung und Kernumwandlungen bei Atombombardement

XII. Störstellenbewegungen als sekundäre Folge von Strahlung- und Korpuskulareinwirkung

II 8, 8a   1. Sekundäreinwirkung elektronischer Quantenprozesse, Halbleiterphotochemie

II 8   a) Sekundärreaktionen unter Beteiligung von Eigenstörstellen des Wirtsgitters bei Strahlungs- oder Korpuskular-Ionisierung

II 8, 8a, 8b   b) Sekundäre Störstellenreaktionen bei Fremdstörstellen

II 8b   c) Bildung neuer Phasen im Innern

d) Bildung neuer Phasen an Oberflächen (vgl. XIII)

II 8, 8a, 8b   e) Physik und Chemie beim photographischen Prozeß

2. Sekundäre Störstellenreaktionen nach Atombombardement

XIII. Grenzflächenphänomene

1. Abänderungen der Energetik und Gleichgewichtsstatistik an und in der Nähe von Grenzflächen; Raumladungsrandschichten

II 3   c) an Block- und Korngrenzen

I 6   d) an der Grenze Halbleiter/Metall

I 6, 8
III 4, 4a   e) an freien Oberflächen im Vakuum oder Gasraum; Einfluß auf die Voltaspannung

I 6   f) an der Grenze Halbleiter/Halbleiter

II 9, 9a   g) an der Grenze Halbleiter/Flüssigkeit

II 9, 9a
III 4, 4a   h) bei dünnen Halbleitern ohne Neutralgebiet

2. Transportvorgänge an inneren Grenzflächen

III 6   b) Elektronendurchgang durch Korngrenzen mit und ohne Oberflächenstörstellen (SiC-Problem)

3. Transportvorgänge an der Grenze Metall/Halbleiter

4. Transportvorgänge an der Grenze Halbleiter/Vakuum bzw. Halbleiter/Gasraum

I 15′
II 4, 5
III 4, 4a   a) Elektronische Paarkatalyse an freien Oberflächen bei gegebener Störstellenverteilung in und unter der Oberfläche

III 5   c) Thermischer Elektronenaustritt an freien Halbleiteroberflächen

III 4a, 5   d) Störstellenwanderungen des Halbleiters von und zur Oberfläche, Fall der Feld- und Diffusionsströmung

I 8
III 4, 4a   e) Elektronische Leitfähigkeitsbeeinflussung von Oberflächenrandschichten durch äußere Felder, Oberflächen- und Volumstörstellen

II 3, 3a
III 5   f) Wachstums- und Sublimationsvorgänge an freien Halbleiteroberflächen, mit und ohne Fremdbestandteile

I 9, 9a   **5. Transportvorgänge an der Grenze zweier Halbleiter mit verschiedenem Wirtsgitter (Doppelrandschichten)**

I 9   a) Elektronische Strömungsvorgänge bei nur einer Trägerart: $n^{(1)}$, $n^{(2)}$- und $p^{(1)}$, $p^{(2)}$-Übergänge

I 9, 9a   b) Desgleichen bei zwei Trägerarten: Paarbildungskatalyse an der Grenzfläche. $n^{(1)}$, $p^{(2)}$-Übergänge

I 9, 9a   c) Bedeutung von Störstellen in und nahe der Grenzfläche für die Paarkatalyse

I 9a   d) Feld- und Paßleitungseffekte an der Grenzfläche

I 9a   f) Einfluß von Doppelschichten und Oberflächenladungen

6. Transportvorgänge an der Grenze Halbleiter/Flüssigkeit

II 9, 9a   a) Neutrale Wachstums- und Auflösungsvorgänge in Schmelzen und Elektrolyten

II 9, 9a   b) Umladung von Elektrolytionen an Halbleiteroberflächen ohne Ionenanlagerung: passive Halbleiter

7. Transportvorgänge bei dünnen Halbleiterschichten

III 4, 4a   b) Massiver Halbleiter/dünner Halbleiter/Gasraum (z. B.: Homogene Fremdschichten bei Fremdreaktionen z. B. mit O_2, Einfluß auf Oberflächen-Paarkatalyse, Korngrenzeneffekte usw.)

I 10, 10a
II 9, 9b   c) Metall/Halbleiter/Elektrolyt (Passivitätsprobleme in Elektrolyten Ventilwirkung usw.)

8. Strahlungseinwirkungen an Halbleiter-Grenzflächen

II 8b
III 5   a) Äußerer und Randschicht-Photoeffekt (im Ultrarot- bis Röntgengebiet) an Halbleitern, mit und ohne Oberflächenstörstellen

II 5   b) Sperrschichtphotoeffekt an der Grenze Metall/Halbleiter

9. Einwirkung von Korpuskularstrahlen an Halbleiter-Grenzflächen

XIV. Technik der halbleitenden Gleichrichter und Detektoren

I 11, 11a
II 10   1. Gütedefinition für Leistungsgleichrichter; Erhitzbarkeit und Kühlprobleme

I 11, 11a   2. Technik (Herstellung, Kenngrößen, Anwendung) des Cu_2O- und Se-Leistungsgleichrichters

II 10   3. Technik der p-n-Leistungsgleichrichter

4. Weitere Leistungsgleichrichter

5. Gütedefinition für Nachrichten- und Meßgleichrichter

6. Randschicht- und p-n-Gleichrichter dieses Typs

7. Spitzendetektoren

XV. Technik der Kristallverstärker

I 12   1. Güte- und Schaltungsfragen. Anwendungsgebiete

I 13, 14   2. Technik der Spitzentransistoren

3. Technik der Transistoren mit inneren Sperrschichten

4. Kristallverstärker auf Trägerverdrängungsbasis

II 4   5. Kristallverstärker mit magnetischen Sperrschichten

XVI. Sonstige Halbleitertechnik

1. Technische Ausnutzung des temperaturabhängigen Widerstandes (z. B. für Meß-, Regel- und Verzögerungszwecke)

2. Leitungsfragen in keramischen Substanzen (Kalt-Isolation, Heiß-Isolation, dosierte Elektronenleitung in Kaltisolatoren)

3. Ausnutzung der Thermokraft von Halbleitern und Fastmetallen

II 4   4. Ausnutzung galvanomagnetischer Effekte in Halbleitern

III **6**   5. Ausnutzung nichtlinearer elektronischer Übergangswiderstände (insbesondere in Überspannungsableitern)

III 5, 5a   6. Technische Halbleiterprobleme in Vakuum- und Entladungs-
röhren

III 3   7. Technik der halbleitenden Massiv- und Randschicht-Photo-
elemente und Photozellen

8. Technik der halbleitenden Röntgen- und Korpuskularzähler

9. Technische Probleme des äußeren Photoeffektes an halbleitenden Schichten

10. Technische Sekundärstrahlenausnutzung an halbleitenden
Schichten

I **15″**   11. Technische Systeme mit kombinierter Elektronen- und
Lichteinwirkung auf halbleitende Schichten (Halbleitende
Abtastsender usw.)

12. Frage der Brennstoffketten mit festen Elektrolyten

13. Gas-Korrosionsschutz durch halbleitende Deckschichten

14. Gasreaktionen an halbleitenden Schichten (Beziehungen zum
Problem der heterogenen Katalyse)

I 10, 10a   15. Technische Halbleiterprobleme in Systemen mit flüssigen
Elektrolyten

Halbleiter in Forschung und Anwendung

Im gleichen Verlag erschienen ferner:

Halbleiterprobleme, Band I

In Referaten des Halbleiterausschusses des Verbandes Deutscher Physikalischer Gesellschaften, Innsbruck 1953. Herausgeg. und kommentiert v. Prof. Dr. Dr.-Ing. E. h. W. Schottky VIII, 387 Seiten mit 111 Abbildungen. 1954. Leinen DM 28,80

Halbleiterprobleme, Band II

In Referaten des Halbleiterausschusses des Verbandes Deutscher Physikalischer Gesellschaften, Hamburg 1954. Herausgeg. und kommentiert v. Prof. Dr. Dr.-Ing. E. h. W. Schottky VIII, 292 Seiten mit 62 Abbildungen. 1955. Leinen DM 28,80

In Vorbereitung befinden sich:

Halbleiter und Phosphore

In Referaten des Internationalen Kolloquiums über Halbleiter und Phosphore, Garmisch-Partenkirchen 1956.

*

Elektrolumineszenz und Elektrophotolumineszenz

Von Prof. Dr. F. Matossi
Etwa 136 Seiten mit etwa 50 Abbildungen. 1956. Kart. etwa DM 16,80

Probleme der Halbleitertechnik

NTF-Nachrichtentechnische Fachberichte, Band 5, 64 Seiten mit zahlreichen Abbildungen. Kart. DM 12,—

MIX
Papier aus verantwortungsvollen Quellen
Paper from responsible sources
FSC® C105338

If you have any concerns about our products,
you can contact us on
ProductSafety@springernature.com

In case Publisher is established outside the EU,
the EU authorized representative is:
Springer Nature Customer Service Center GmbH
Europaplatz 3, 69115 Heidelberg, Germany

Printed by Libri Plureos GmbH
in Hamburg, Germany